北大社"十四五"普通高等教育本科规划教材

高等院校土建类专业"互联网+"创新规划教材

土木工程材料

主　编　任书霞　张志伟
副主编　田秀淑　孙国文
参　编　吕臣敬　罗永会
　　　　张希清　杜永刚
　　　　刘亚州　梅世刚
主　审　常　钧　葛　勇

北京大学出版社
PEKING UNIVERSITY PRESS

内 容 简 介

本书根据土木工程专业的培养要求,结合现行标准、规范和已经广泛应用的新成果,以纸质教材与数字资源相结合编写而成。

本书共分 11 部分,包括:绪论,土木工程材料的基本性质,气硬性胶凝材料,水泥,混凝土,建筑砂浆,墙体材料,建筑钢材,沥青及沥青混合料,建筑功能材料,高分子材料。书中设有知识框架、学习目标、导入案例、工程案例、思考与讨论、拓展阅读、知识延伸及练习题等,便于学生更好地理解和掌握本书内容。

本书可作为普通高等院校土木工程及相关专业的教学用书,也可作为土建类工程技术人员的参考书。

图书在版编目(CIP)数据

土木工程材料 / 任书霞,张志伟主编. ‐‐ 北京:北京大学出版社,2025.2. ‐‐ (高等院校土建类专业"互联网+"创新规划教材). ‐‐ ISBN 978‐7‐301‐35800‐9

Ⅰ.TU5

中国国家版本馆 CIP 数据核字第 2024C0H563 号

书　　　名	土木工程材料 TUMU GONGCHENG CAILIAO
著作责任者	任书霞　张志伟　主编
策 划 编 辑	童君鑫
责 任 编 辑	伍大维
数 字 编 辑	蒙俞材
标 准 书 号	ISBN 978‐7‐301‐35800‐9
出 版 发 行	北京大学出版社
地　　　址	北京市海淀区成府路 205 号　100871
网　　　址	http://www.pup.cn　新浪微博:@北京大学出版社
电 子 邮 箱	编辑部 pup6@pup.cn　总编室 zpup@pup.cn
电　　　话	邮购部 010‐62752015　发行部 010‐62750672　编辑部 010‐62750667
印 刷 者	河北博文科技印务有限公司
经 销 者	新华书店
	787 毫米×1092 毫米　16 开本　21.25 印张　504 千字 2025 年 2 月第 1 版　2025 年 2 月第 1 次印刷
定　　　价	68.00 元

未经许可,不得以任何方式复制或抄袭本书之部分或全部内容。
版权所有,侵权必究
举报电话: 010‐62752024　电子邮箱: fd@pup.cn
图书如有印装质量问题,请与出版部联系,电话: 010‐62756370

本书以土木工程专业的培养要求为依据,在现行土木工程材料教材的基础上,参考国家现行的标准和规范,结合实际教学需求编写而成,体现了应用型高等院校教材编写的指导思想,着重培养学生分析与解决实际问题的能力。

本书在编写过程中不仅采用了我国现行的有关标准和规范,在内容上也尽可能反映本学科国内外前沿的科研成果。本书力求包含土木工程所涉及的各大类材料,根据实际工程需求,在内容设置时突出重点、难点,且在介绍基本知识的基础上,结合工程案例、拓展阅读、思考与讨论等形式,激发学生的学习兴趣,便于学生更好地理解和掌握本书内容。

本书具有以下特点。

(1) 各章主要知识点均设有工程案例,将理论知识与实际工程相结合,体现学以致用,培养学生分析问题和解决问题的能力。

(2) 各章通过导入案例、工程案例、拓展阅读等形式,将体现党的二十大精神的课程思政元素有机融入所讲内容,培养学生的社会主义核心价值观,提升学生的道德情操和公民素养。

(3) 各章均设有思考与讨论专栏,提出问题让学生思考和讨论,以激发学生主动学习和创新的意识。

(4) 各章均设有知识框架和学习目标,便于学生厘清各层次知识点的逻辑关系,有效提高学习效率。

(5) 各章均附有类型丰富的练习题,帮助学生通过练习掌握所学知识。

(6) 本书在附录部分提供了 AI 伴学内容及提示词,引导学生利用生成式人工智能(AI)工具,如 DeepSeek、Kimi、豆包、通义千问、文心一言、ChatGPT 等来进行拓展学习。

本书由石家庄铁道大学任书霞和张志伟担任主编,石家庄铁道大学田秀淑和孙国文担任副主编,石家庄铁道大学吕臣敬、罗永会、张希清、杜永刚、刘亚州和梅世刚参编。本书具体编写分工如下：绪论和第 1 章由任书霞编写，第 2 章由张志伟编写，第 3 章由张志伟和孙国文编写，第 4 章由张希清、刘亚州和孙国文编写，第 5 章由罗永会编写，第 6 章由吕臣敬编写，第 7 章由田秀淑和梅世刚编写，第 8 章由张志伟编写，第 9 章由田秀淑编写，第 10 章由杜永刚编写。大连理工大学常钧教授和哈尔滨工业大学葛勇教授审阅了本书，并提出了宝贵意见。本书在编写过程中，得到了石家庄铁道大学要秉文教授、高振国教授、付华教授以及北京大学出版社的大力帮助，在此一并表示感谢。

由于土木工程材料品种繁多，新材料、新理论不断出现，标准、规范门类多且更新快，加之编者水平有限，书中疏漏和不足之处在所难免，敬请广大读者批评指正。

编　者

2025 年 1 月

【资源索引】

目 录

绪论 …………………………………… 1
  0.1 土木工程材料的定义与分类 …… 1
  0.2 土木工程材料的地位与作用 …… 2
  0.3 土木工程材料的发展历史与
      方向 ……………………………… 4
  0.4 土木工程材料的技术标准 ……… 5
  0.5 土木工程材料的教学目标、课程
      特点与学习方法 ………………… 6

第1章 土木工程材料的基本性质 …… 9
  1.1 材料的物理性质 ……………… 11
  1.2 材料的力学性质 ……………… 23
  1.3 材料的耐久性和环境协调性 … 27
  1.4 材料的组成、结构和构造 …… 30
  本章小结 …………………………… 34
  练习题 ……………………………… 34

第2章 气硬性胶凝材料 ……………… 36
  2.1 石灰 …………………………… 39
  2.2 石膏 …………………………… 47
  2.3 水玻璃 ………………………… 53
  本章小结 …………………………… 55
  练习题 ……………………………… 55

第3章 水泥 …………………………… 57
  3.1 硅酸盐水泥 …………………… 59
  3.2 掺混合材料的硅酸盐水泥 …… 76
  3.3 特种水泥和专用水泥 ………… 83
  本章小结 …………………………… 93
  练习题 ……………………………… 93

第4章 混凝土 ………………………… 95
  4.1 混凝土的组成材料 …………… 98
  4.2 混凝土拌合物的和易性 …… 121
  4.3 混凝土的力学性能 ………… 126
  4.4 混凝土的变形 ……………… 134
  4.5 混凝土的耐久性 …………… 138
  4.6 混凝土的质量控制与强度评定 … 144
  4.7 混凝土的配合比设计 ……… 149
  4.8 其他种类混凝土 …………… 162
  本章小结 ………………………… 178
  练习题 …………………………… 178

第5章 建筑砂浆 …………………… 181
  5.1 砌筑砂浆 …………………… 182
  5.2 抹面砂浆 …………………… 189
  本章小结 ………………………… 194
  练习题 …………………………… 194

第6章 墙体材料 …………………… 195
  6.1 砖 …………………………… 197
  6.2 砌块 ………………………… 202
  6.3 墙用板材 …………………… 212
  6.4 墙体材料的发展趋势 ……… 219
  本章小结 ………………………… 220
  练习题 …………………………… 220

第7章 建筑钢材 …………………… 222
  7.1 钢材的生产和分类 ………… 224
  7.2 建筑钢材的主要技术性能 … 227
  7.3 钢材的组成结构及其对钢材性能的
      影响 ………………………… 234

7.4 建筑钢材的品种与选用 …………… 236
  7.5 钢材的腐蚀与防护 ………………… 243
  本章小结 …………………………………… 246
  练习题 ……………………………………… 246

第 8 章　沥青及沥青混合料 …………… 248
  8.1 沥青 ………………………………… 250
  8.2 沥青混合料 ………………………… 262
  本章小结 …………………………………… 272
  练习题 ……………………………………… 272

第 9 章　建筑功能材料 …………………… 274
  9.1 防水材料 …………………………… 276
  9.2 绝热材料 …………………………… 284
  9.3 吸声隔声材料 ……………………… 289
  9.4 装饰材料 …………………………… 293
  9.5 建筑功能材料的新发展 …………… 297

  本章小结 …………………………………… 300
  练习题 ……………………………………… 300

第 10 章　高分子材料 …………………… 302
  10.1 高分子基础知识 …………………… 304
  10.2 建筑塑料 …………………………… 310
  10.3 工程橡胶制品 ……………………… 313
  10.4 涂料 ………………………………… 318
  10.5 注浆材料 …………………………… 321
  10.6 黏合剂 ……………………………… 323
  10.7 工程复合材料 ……………………… 325
  本章小结 …………………………………… 328
  练习题 ……………………………………… 329

附录　AI 伴学内容及提示词 ………… 330

参考文献 ……………………………………… 334

绪论

0.1 土木工程材料的定义与分类

广义的土木工程材料（civil engineering materials）是土木工程中所使用的各种材料及其制品的总称，包括三大类：第一类是构成建筑物、构筑物实体的材料，如石灰、水泥、混凝土、砂浆、钢材、墙体材料、功能材料等；第二类是施工过程中所需要的辅助材料，如脚手架、模板、板桩等；第三类是各种建筑器材，如消防设备、给水排水设备、网络通信设备等。狭义的土木工程材料是指构成土木工程实体的材料。

土木工程材料种类繁多，可从不同角度进行分类：按材料来源可分为天然材料和人造材料；按材料化学成分可分为无机材料（inorganic materials）、有机材料（organic materials）和复合材料（composite materials）；按材料在土木工程中的使用功能可分为结构材料、功能材料和围护材料。土木工程材料的分类详见表0-1。

表0-1 土木工程材料的分类

分类原则	类别		常用土木工程材料
材料来源	天然材料		黏土、木材、石材等
	人造材料		水泥、混凝土、钢材等
材料化学成分	无机材料	金属材料	黑色金属	钢、铁等
			有色金属	铜、铝及其合金等
		非金属材料	天然石材	砂、石及石材制品等
			烧土制品	砖、瓦、玻璃、陶瓷等
			胶凝材料	石灰、石膏、水泥、水玻璃等
			混凝土及硅酸盐制品	混凝土、混凝土砌块等

续表

分类原则	类别		常用土木工程材料
材料化学成分	有机材料	植物材料	木材、竹材等
		沥青材料	石油沥青、煤沥青、沥青制品等
		高分子材料	塑料、涂料、胶黏剂、合成橡胶等
	复合材料	有机-无机非金属复合材料	玻璃钢、聚合物混凝土、沥青混凝土等
		有机-金属复合材料	PVC钢板、有机涂层铝合金板等
		金属-无机非金属复合材料	钢纤维混凝土、钢筋混凝土等
材料在土木工程中的使用功能	结构材料（指梁、板、基础、墙体和其他受力构件所用的材料）		钢材、石材、混凝土等
	功能材料（指担负建筑功能的非承重材料）		防水、装饰、保温隔热、吸声隔声等材料
	围护材料（指建筑物围护结构所用的材料）		加气混凝土、石膏板、墙板、砌块等

0.2 土木工程材料的地位与作用

土木工程材料是建筑物、构筑物的物质基础（material base）。俗话说，"巧妇难为无米之炊"，如果没有土木工程材料，即使再高超的建筑师也不能将设计变为建筑；脱离了土木工程材料，就不可能有形态各异、功能不同的各种建筑。

在土木工程中，材料费用占工程造价的50%～70%。材料选择的正确性和使用的合理性将直接影响工程造价（project cost）与工程质量（project quality）。大量实践证明，掌握各种土木工程材料的特性，正确选用、合理使用与科学管理是降低工程造价和保证工程质量的有效途径。

【工程案例0-1】 因材料问题而导致的工程质量事故与原因分析

1994年10月21日，韩国首尔圣水大桥主干的支撑钢筋在上午上班高峰时间突然断裂，导致中部整个桥板瞬间塌入汉江，造成32人死亡。调查显示，大桥在施工过程中使用劣质钢材、焊接质量不过关及大桥设计缺陷等问题是导致大桥坍塌的主要原因。

1999年1月4日，重庆市綦江彩虹桥坍塌，造成40人伤亡。调查显示，建桥使用的主拱钢管存在严重的质量缺陷，是引起垮桥的直接原因之一。

2018年8月14日，意大利热那亚莫兰迪公路桥垮塌，造成43人死亡。调查显示，对桥梁的维护保养不善，致使钢筋锈蚀，直接缩短了桥梁的使用寿命，从而造成公路桥突然坍塌。

2021年3月,长沙问题混凝土案宣判,长沙一搅拌站混凝土出现重大质量问题,多处项目(涉及100多个楼盘)工程混凝土强度未满足设计要求,致使部分楼层需要拆除重建。调查显示,这一事件发生的根本原因在于原材料质量不合格以及施工存在问题。

土木工程材料的性能与特点制约着建筑设计(architectural design)和结构设计(structure design)的形式,影响着施工技术的发展。新材料的出现促使了建筑形式的变化、结构设计和施工技术的革新。例如,轻质材料和保温材料的出现对减轻建筑物自重,提高建筑物的抗震能力,改善工作与居住环境条件等起到了十分有益的作用,并推动了节能材料的发展;再如,新型装饰材料的出现不仅起到了装饰作用,使建筑物绚丽多彩,还赋予其多种环保功能。典型建筑物见图0-1。

(a) 五粮液成都演艺中心(铝蜂窝板)

(b) 成都来福士广场(清水混凝土)

(c) 布罗德美术馆(玻璃纤维增强混凝土)

(d) 国家体育场(钢结构)

(e) 国家游泳中心(ETFE膜)

(f) 挪威SR银行(木结构)

(g) 北京银河SOHO(钢混结构)

(h) 陶朱隐园(绿色装配式建筑)

(i) 非洲当代艺术博物馆(钢混结构)

图0-1 典型建筑物

综上可见,土木工程材料在土木工程中占据十分重要的地位,是土木工程的基础。因此,作为土木工程技术人员,除需熟练进行结构设计或施工管理外,还需了解或掌握土木工程材料的技术性能、精通质量检验,并能够按建筑物及其使用环境条件合理选用材料,充分发挥每一种材料的优势,做到材尽其能、物尽其用,这对节约材料、降低成本、提高建筑物的质量与使用功能、增强建筑物的使用寿命,以及保证建筑物的安全、适用、美观、耐久等方面具有十分重要的作用。

0.3 土木工程材料的发展历史与方向

回顾土木工程材料的历史，就是回顾人类文明的发展史。人类最早是穴居野处，进入石器时代后，才开始利用土、石、木等天然材料从事营造活动，挖洞搭棚。随着社会生产力的发展，到了 10 世纪前后，人类学会了用黏土烧制砖、瓦，用岩石烧制石灰、石膏。这些人造土木工程材料的相继出现，使人类冲破天然材料的束缚，开始大量修建房屋和防御工程等，这是土木工程的第一次飞跃。"秦砖汉瓦"是华夏文明宝库中一颗璀璨的明珠，万里长城（图 0-2）选材因地制宜，堪称建筑史上的典范。17 世纪 70 年代在土木工程中开始使用生铁，1781 年通车的英国塞文河铁桥是人类历史上的第一座铁桥，见图 0-3。19 世纪初，人类开始使用熟铁建造桥梁和房屋，出现了钢结构的雏形。从 19 世纪中叶开始，随着延性好、抗压和抗拉强度高、质量均匀的建筑钢材的出现，钢结构得到迅速发展，结构物的跨度从几十米发展到百米、几百米，直到现代的千米以上。随着结构设计理论和施工技术的进一步完善，土木工程又产生了一次飞跃。1889 年的埃菲尔铁塔是钢铁建筑的典型作品（图 0-4）。1824 年，英国人阿斯谱丁发明了波特兰水泥，在此基础上，易于成型的混凝土随之出现，并很快与钢筋复合制成钢筋混凝土结构。1903 年建造的英格尔斯大楼是世界上第一座钢筋混凝土高层建筑，见图 0-5。20 世纪 30 年代，预应力混凝土材料的出现，不仅为土木工程带来了新的经济、美观的工程结构形式，还促进了结构设计理论和施工技术的蓬勃发展，这是土木工程的又一次飞跃。进入 21 世纪，日新月异的土木工程结构设计理论和施工技术对土木工程材料的发展提出了越来越高的要求，新型防水、保温、智能材料等一大批新型土木工程材料应运而生。

图 0-2 万里长城

图 0-3 英国塞文河铁桥

随着社会的发展，更有效地利用地球有限的资源，全面改善及迅速扩大人类工作与生存的空间势在必行。未来土木工程材料的发展方向有以下几个方面。

（1）绿色低碳化（green low carbonization）。随着环保意识的增强，土木工程材料的发展趋势是朝着绿色低碳化方向发展的。例如，绿色低碳土木工程材料（如再生土木工程材料、低碳混凝土等）的研发和应用逐渐增加，以降低能源消耗和减少废弃物的产生。

图 0-4 埃菲尔铁塔

图 0-5 英格尔斯大楼

（2）高性能与多功能（high performance and multi function）。追求更高的性能指标和更广泛的功能是土木工程材料的发展方向之一。例如，超高强度材料、高性能纤维复合材料等在结构工程中的应用逐渐增加，这些材料可以提供更高的强度、刚度和耐久性；纳米材料的研发和应用可以提高材料的力学性能、导热性能和光学性能，从而实现更广泛的应用领域。

（3）智能化与数字化（intelligentize and digitalization）。随着科技的快速发展，土木工程材料也向智能化和数字化方向发展。例如，传感器和监测技术的应用可以实时监测结构的健康状况，实现材料本身的自感知、自调节、自修复功能，从而提高结构的安全性和可靠性。

（4）低成本与高效率（low cost and high efficiency）。随着经济的发展，人们对土木工程材料的成本和施工效率要求也越来越高。土木工程材料的发展方向是追求更低的成本和更高的效率，以满足大规模建设项目的需求。

0.4 土木工程材料的技术标准

在土木工程中，材料的生产、选择、运输、保存和使用等任何一个环节出现失误都可能造成工程事故。为了确保土木工程的质量，必须实行土木工程材料的标准化。土木工程材料的技术标准（technical standards）是生产、流通和使用单位检验、确定产品质量的技术依据。生产企业必须按标准生产合格产品，使用者应按标准选材、设计与施工，以保证工程建设的优质、高效和低成本。同时，技术标准还是供需双方对产品进行质量检查和验收的依据。

在我国，依据发布单位与适用范围，技术标准可分为国家标准（national standards）、行业标准（industry standards）、地方标准（local standards）和企业标准（enterprise standards）四级，见表0-2。强制性国家标准的技术要求应当全部强制，并且可验证、可操作；地方标准或企业标准所制定的技术要求应高于国家标准。

表0-2 常用的标准名称及代号

标准级别	标准名称及代号
国家标准	强制性国家标准（代号GB）；推荐性国家标准（代号GB/T）
行业标准	建工行业标准（代号JG）；交通行业标准（代号JT）；建材行业标准（代号JC）；冶金行业标准（代号YB）；化工行业标准（代号HG）
地方标准	地方标准（代号DB）
企业标准	企业标准（代号QB）

技术标准的表示方法一般为：标准名称＋标准代号＋标准编号＋批准年份，如《通用硅酸盐水泥》（GB 175—2023）。

工程中有时也会涉及国际标准（代号ISO）、美国材料与试验协会标准（代号ASTM）、日本工业标准（代号JIS）、德国工业标准（代号DIN）、英国标准（代号BS）及法国标准（代号NF）等国际或国外标准。

0.5 土木工程材料的教学目标、课程特点与学习方法

0.5.1 土木工程材料的教学目标

土木工程材料是土木工程等相关专业的一门基础课，它以混凝土为核心，包括混凝土组成中的胶凝材料（水泥、沥青）、砂石集料、增强增韧材料（钢筋，拓展到钢结构）、外加剂等，涵盖了常用土木工程材料的生产、组成、性质、技术要求、检验方法和应用等方面的知识。其教学目标包括以下几个方面。

(1) 知识目标：熟悉常用土木工程材料的基本组成、技术性质、性能特点和应用范围，理解材料组成、结构、性能与应用的关系，了解土木工程材料的发展方向。

(2) 能力目标：培养学生材料选用、试验操作、性能检测、质量控制和技术评定等方面的技能，提高学生的实践能力、创新能力和分析解决实际工程问题的能力。

(3) 素质目标：培养学生严谨细致的工作态度和科学精神，增强学生的团队协作和沟通能力，为今后从事土木工程设计和施工工作打下坚实的基础；培养学生关注环境、社会和可持续发展的意识，使其能够从全局角度思考问题，为未来社会的可持续发展做出贡献。

综上所述，土木工程材料的教学目标旨在培养具备专业素养、实践能力、创新能力、团队合作精神和社会责任感的高素质人才，为土木工程行业的发展提供有力支持。

0.5.2 土木工程材料的课程特点

土木工程材料的课程特点主要包括以下几个方面。

(1) 知识点多而散：土木工程材料种类繁多，每种材料又有其独特的性质和用途，导致课程知识点多且较为分散，需要学生具备较好的归纳和总结能力。

(2) 理论性与实践性并重：既强调理论知识的传授，如材料的组成、结构和性能等，也注重实践应用能力的培养，如材料的试验操作、性能检测等。要求在学习过程中将理论与工程实践相结合，既要理解理论知识，也要掌握实践操作技能。

(3) 逻辑性与经验性相融合：在本课程中，学生不仅要掌握材料的内在规律和联系，还要理解材料的性能与应用之间的逻辑关系。同时，课程中涉及的一些经验性的内容，如材料的配合比、试验方法等，也需要学生在实践中不断积累和总结。

(4) 文字性与归纳性共存：土木工程材料中涉及大量的文字性描述和归纳性的内容，如材料的性质、用途、分类等。学生需要认真阅读和理解课程内容，同时也要学会对知识点进行归纳和总结，以便更好地掌握和记忆。

结合上述课程特点，学生在学习过程中要全面考虑，注重理论与实践相结合，认真阅读和理解课程内容，同时也要学会对知识点进行归纳和总结。

0.5.3 土木工程材料的学习方法

为了更好地学习土木工程材料，可以采取以下学习方法。

(1) 按主线点面结合。土木工程材料种类繁多，不应面面俱到，需以组成、结构、性能与应用为主线，重点掌握材料的性能与应用，而对材料的生产过程只做一般性了解。本书每章均有知识框架和学习目标，指出了学习要求、学习重点和难点，学生可以按主线点面结合的方法进行学习。学生在学习过程中需不断归纳和总结知识点，形成完整的知识体系，便于理解、记忆和应用。

(2) 重视并做好试验。学生应认真对待试验课程，通过亲手操作试验器材、观察试验结果，并进行仔细记录、准确计算、认真分析，从而加深对理论知识的理解，提高动手能力和分析问题、解决问题的能力，培养科研能力和严谨的科学态度。

(3) 培养能力，提升素质。本书每章均设有工程案例，引导学生理论联系实际；设有思考与讨论，提出挑战性问题，激发学生培养创新意识；利用拓展阅读，帮助学生开阔视野、激发兴趣、培养逻辑思维。学生在学习过程中一方面要多做习题，以便加深对知识点的理解和记忆；另一方面要积极参与课堂讨论，交流学习心得和经验，拓宽自己的思路和视野。

（4）**借助网络资源，持续学习**。土木工程材料是一门不断发展的学科，新的材料和技术不断涌现，学生需要利用互联网等手段，查找相关资料，以加深对课程内容的理解；同时需要关注学科前沿及行业动态，了解新材料、新技术的发展趋势，不断提升自己的专业素养。

总之，学习土木工程材料需要学生综合运用多种学习方法，既要扎实掌握理论知识，又要注重实践经验的积累。通过不断的努力和实践，学生可以逐步提高自己的专业水平，为未来的工程实践打下坚实的基础。

第1章 土木工程材料的基本性质

📚 知识框架

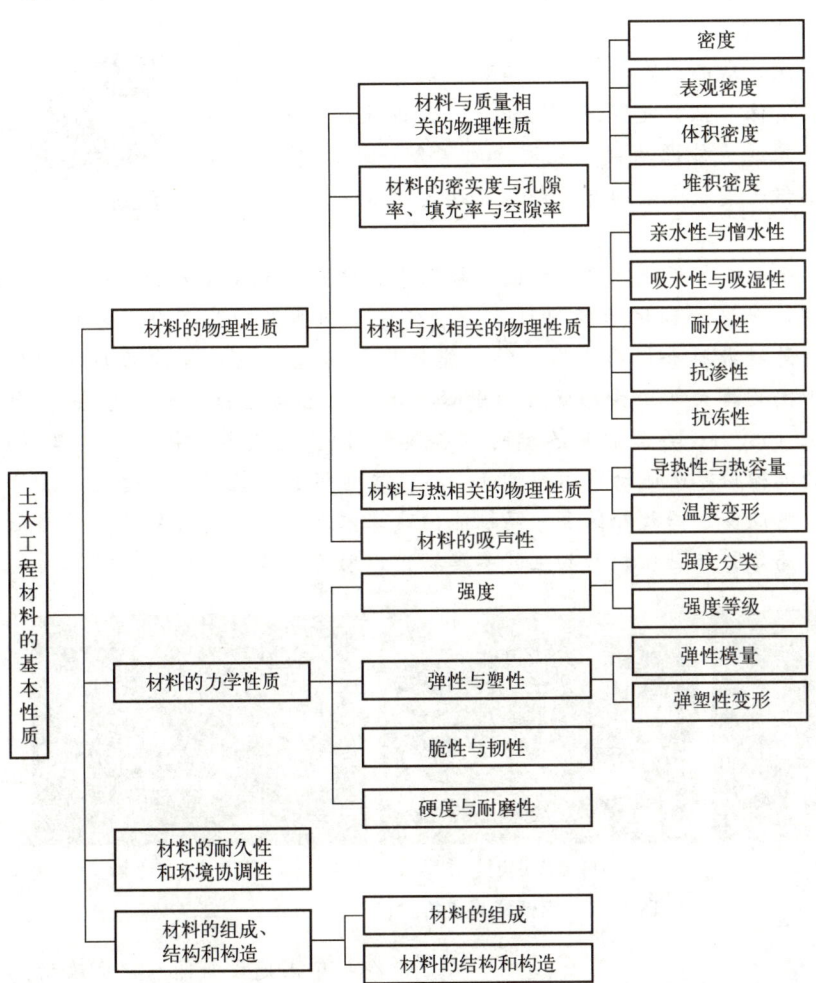

土木工程材料

学习目标

知识目标	熟悉材料基本性质的概念及计算公式，理解各种性质之间的区别与联系
	了解材料耐久性的环境作用及评定
	理解材料组成、结构和构造与材料性质的关系
能力和素质目标	能结合材料组成、结构和构造及环境因素分析材料的性质，理解其应用，树立环保意识和可持续发展观

导入案例

"会呼吸的建筑"——超低能耗建筑助力建筑业实现"双碳"目标

党的二十大报告中提出"积极稳妥推进碳达峰碳中和""推进工业、建筑、交通等领域清洁低碳转型"。相关数据显示，全国碳排放近40%来源于建筑的全寿命周期能耗——这意味着必须尽早尽快实现建筑领域碳达峰碳中和。超低能耗建筑是指依据气候特征和场地条件，通过被动式建筑设计，最大幅度降低建筑供暖、空调、照明需求，充分利用可再生能源，从而以最少的能源消耗提供舒适的室内环境的建筑。超低能耗建筑具有保温强、气密好、用能少、噪声低、空气佳等诸多优点，可以较大幅度地减少能源消耗，也被称为"会呼吸的建筑"。大力发展超低能耗建筑不仅是建筑未来的发展趋势，也是推进碳达峰碳中和的重要方式之一。

【拓展视频】

目前，各大城市及企业在超低能耗建筑方面积极探索，诸如在北京城市副中心，建成了一批近零碳排放楼宇、社区和园区示范项目，其中建成全国能源行业首个近零碳（能耗）项目——副中心智慧能源服务保障中心，综合能耗降低超过70%；天津首座"零能耗"被动式建筑——中德天津大邱庄生态城展示中心，实现了自动化的"冬暖夏凉"，每年可减少二氧化碳排放156.5t；再如北京冬奥村（冬残奥村）、延庆冬奥村（冬残奥村）和有"冰菱花"之称的五棵松冰上运动中心（图1-1），这些超低能耗建筑通过使用清洁和可再生能源、节能节水设备、高效外保温和高性能门窗，以及被动式建筑幕墙等最新低碳技术，打造了健康、高效并与自然和谐共生的冬奥场馆，助力"双碳"目标的实现。

(a) 北京冬奥村

(b) 延庆冬奥村

(c) 五棵松冰上运动中心

图1-1 超低能耗建筑

［来源：中国建设新闻网（有改动）］

思考：超低能耗建筑性能与外墙材料密切相关，试分析如何提高外墙材料的保温隔热效果。

1.1 材料的物理性质

1.1.1 材料与质量相关的物理性质

在土木工程材料中，大多数材料内部都含有孔隙（pore），见图1-2。孔隙率和孔隙特征对材料性质有重要影响，在一定程度上决定了材料在工程中的不同用途。按连通性，孔隙可分为开口孔隙（opened pore or permeable pore）和闭口孔隙（closed pore or impermeable pore）。开口孔隙与外界相通，常压下外界水分可进入；闭口孔隙与外界隔绝，外界物质无法侵入。图1-3所示为材料内部的孔隙构造。

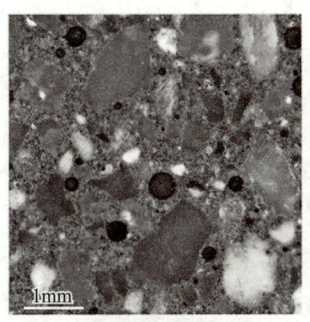

(a) 普通混凝土的内部孔隙　　(b) 泡沫混凝土的内部孔隙

图1-2　材料中的孔隙

 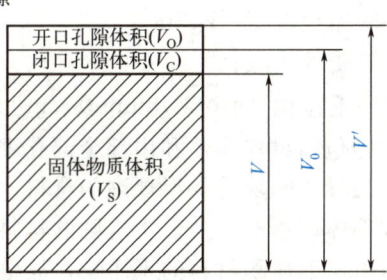

图1-3　材料内部的孔隙构造

1. 密度

密度（density）是指材料在绝对密实状态下单位体积的质量，可按式(1-1)计算：

$$\rho = \frac{m}{V} \tag{1-1}$$

式中　ρ——材料的密度，g/cm³；

　　　m——材料的质量（绝对干燥至恒重），g；

　　　V——材料的绝对密实体积（absolute volume），cm³。

密度的测定，关键是绝对密实体积的测定。所谓绝对密实体积是指材料内部固体物质的体积，也即不含有任何孔隙的材料实体体积。在土木工程材料中，对于少数近似密实的材料，如钢、玻璃等，可直接采用排液法测定其绝对密实体积；对于绝大多数材料，如砖、石等，都含有一定的孔隙，对于这些材料应将其磨成细粉（粒径小于0.2mm），干燥后用李氏密度瓶测定粉末体积，所测得的粉末体积即为绝对密实体积。材料磨得越细，内部孔隙消除得越完全，测定结果越准确。

密度主要取决于材料组成及其微观结构，与材料所处环境、干湿状态和孔隙无关。工程中，常将材料密度与4℃纯水密度（1g/cm³）的比值称为相对密度（relative density），旧称比重。

2. 表观密度

表观密度（apparent density）是指材料在自然状态下单位表观体积的质量，可按式(1-2)计算：

$$\rho_0 = \frac{m}{V_0} \tag{1-2}$$

式中　ρ_0——材料的表观密度，kg/m³；

　　　m——材料的质量，kg；

　　　V_0——材料的表观体积（apparent volume），m³。

所谓表观体积是指材料实体体积和内部闭口孔隙体积之和。对于砂、石等散粒材料，可直接采用排液法或水中称重法测得其表观体积。

3. 体积密度

体积密度（volume density）是指材料在自然状态下单位毛体积的质量，可按式(1-3)计算：

$$\rho' = \frac{m}{V'} \tag{1-3}$$

式中　ρ'——材料的体积密度，kg/m³；

　　　m——材料的质量，kg；

　　　V'——材料的毛体积（gross volume），m³。

所谓毛体积是指包括材料实体和内部全部孔隙（含开口孔隙和闭口孔隙）在内的总外观体积。对于砖、混凝土砌块等外形规则的材料，可通过直接测量几何尺寸的方法（简称几何法）计算得到毛体积；对于外形不规则的材料，可采用蜡封排液法测得毛体积。

体积密度是指单位毛体积材料的干质量，故也称干体积密度。其是沥青混合料配合比设计和沥青路面质量控制的一个至关重要的指标。对于沥青混合料、无砂混凝土等，必须进行体积密度的测定。

4. 堆积密度

堆积密度（bulk density）是指散粒材料（粉状、粒状或纤维状等）在堆积状态下单位体积的质量，可按式(1-4)计算：

$$\rho'_0 = \frac{m}{V'_0} \tag{1-4}$$

式中 ρ'_0——材料的堆积密度，kg/m³；

m——材料的质量，kg；

V'_0——材料的<u>堆积体积</u>（bulk volume），m³。

所谓<u>堆积体积</u>是指散粒材料在堆积状态下的总外观体积，即包括所有散粒材料占有体积和颗粒之间空隙的体积之和，可通过已标定容积的刚性容器计量而得，如图1-4所示。根据散粒材料堆积的紧密程度不同，堆积体积有自然堆积体积和紧密堆积体积之分，以此测得的相应密度又分别称为<u>松散堆积密度</u>和<u>紧密堆积密度</u>。

密度、表观密度、体积密度和堆积密度之间既有联系又有区别，相同之处在于四者均为材料单位体积的质量，不同之处在于四种密度的体积含义与测定方法不同，详见表1-1。

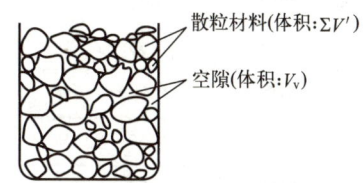

图1-4 堆积体积测定示意图

表1-1 四种密度的体积含义与测定方法

材料密度	计算式	体积情况		工程意义
		体积含义	测定方法	
密度	$\rho = \dfrac{m}{V}$	V 表示不含孔隙的材料体积，即 $V=$ 实体体积	排液法、李氏密度瓶法	鉴定物质
表观密度	$\rho_0 = \dfrac{m}{V_0}$	V_0 表示含有闭口孔隙的材料体积，即 $V_0=$ 实体体积＋闭口孔隙体积	排液法、水中称重法	配合比设计、计算材料用量
体积密度	$\rho' = \dfrac{m}{V'}$	V' 表示含有孔隙的材料外观体积，即 $V'=$ 实体体积＋开口与闭口体积	几何法、蜡封排液法	计算材料和构件的质量等
堆积密度	$\rho'_0 = \dfrac{m}{V'_0}$	V'_0 表示含有颗粒体积及颗粒间空隙体积，即 $V'_0=$ 颗粒体积＋空隙体积	密度筒法	评定材料堆积的紧密程度、计算材料的堆放空间、运输车辆等

由于绝大多数材料内部存在孔隙，故<u>同一种材料在干燥状态下，其密度≥表观密度≥体积密度＞堆积密度</u>。常用土木工程材料的密度、表观密度、体积密度和堆积密度见表1-2。

表1-2 常用土木工程材料的密度、表观密度、体积密度和堆积密度

材料名称	密度/(g/cm³)	表观密度/(kg/m³)	体积密度/(kg/m³)	堆积密度/(kg/m³)
水泥	2.80～3.10	—	—	1100～1300
混凝土用砂	2.50～2.60	—	—	1350～1650
混凝土用石	2.60～2.90	—	—	1400～1700（碎石）
普通混凝土	—	—	2100～2600	—

续表

材料名称	密度/(g/cm³)	表观密度/(kg/m³)	体积密度/(kg/m³)	堆积密度/(kg/m³)
钢材	7.80～7.90	7850	7850	—
木材	1.55～1.60	—	400～800	—
烧结普通砖	2.50～2.70	—	1500～1800	—
烧结多孔砖	2.60～2.70	—	800～1480	—
烧结空心砖	2.60～2.70	—	1000～1400	—
建筑陶瓷	2.50～2.70	—	1800～2500	—
玻璃	2.45～2.55	2450～2550	2450～2550	—
泡沫塑料	0.85～1.10	20～50	—	—

【思考与讨论 1-1】

请问用李氏密度瓶测定含孔隙材料的密度时，为什么材料磨得越细，测得的密度值就越接近实际值？

【参考答案】

【拓展阅读】 微晶格材料——目前世界上最轻的建筑材料

微晶格（microlattice）材料由微型空心管网格构成，其空心管的壁厚只有 100nm，据称其 99.99% 由空气组成。这种材料在外形上呈三维开放蜂窝聚合物结构，密度极低（约 0.9mg/cm³），比泡沫轻 100 倍，甚至可以放在一朵蒲公英顶端而不会压散它（图 1-5）。这种材料不仅轻，而且非常牢固，其多孔排列十分有序，使得它在结构上具有很高的稳固性，且可以在变形 50% 的情况下恢复原状。这种材料有望在航空领域得到应用，造出更轻、更省的燃油飞机。

图 1-5 微晶格材料

1.1.2 材料的密实度与孔隙率、填充率与空隙率

1. 密实度与孔隙率

(1) 密实度（density index）是指材料内部固体物质的体积占总体积的百分率，通常用 D 表示，它反映材料体积内被固体物质充实的程度。

(2) 孔隙率（porosity）是指材料内部孔隙体积占总体积的百分率，通常用 P 表示，

它反映材料的致密程度。孔隙率可分为开口孔隙率（P_O）和闭口孔隙率（P_C），前者是指材料内部开口孔隙占总体积的百分率，后者是指材料内部闭口孔隙占总体积的百分率。孔隙率相同的材料，其孔隙特征可以不同。

2. 填充率与空隙率

（1）填充率（filling rate）是指散粒材料在某堆积体积中，被其颗粒所填充的程度，通常用 D' 表示。

（2）空隙率（voidage）是指散粒材料在堆积状态下，颗粒间空隙体积占堆积总体积的百分率，通常用 P' 表示，它反映散粒材料堆积时颗粒互相填充的致密程度。

孔隙率与空隙率的计算式及工程意义见表 1-3。

表 1-3　孔隙率与空隙率的计算式及工程意义

性质	计算式	工程意义
孔隙率	可按式(1-5)计算： $P = \dfrac{V'-V}{V'} \times 100\% = \left(1 - \dfrac{\rho'}{\rho}\right) \times 100\%$　(1-5) $P + D = 1$	材料的强度、热工性质、声学性质、吸水性、吸湿性、抗渗性、抗冻性等许多性质与孔隙密切相关，这些性质取决于材料孔隙率的大小及孔隙特征
密实度	可按式(1-6)计算： $D = \dfrac{V}{V'} \times 100\% = \dfrac{\rho'}{\rho} \times 100\%$　(1-6)	
空隙率	可按式(1-7)计算： $P' = \dfrac{V'_0 - V'}{V'_0} \times 100\% = \left(1 - \dfrac{\rho'_0}{\rho'}\right) \times 100\%$　(1-7) $P' + D' = 1$	空隙率可作为控制混凝土、砂浆和沥青混合料集料的级配及计算砂率的依据。由于粗集料空隙被细集料填充，细集料空隙被水泥浆或沥青胶浆填充，因此，为了节约胶凝材料，宜选用空隙率小的砂、石
填充率	可按式(1-8)计算： $D' = \dfrac{V'}{V'_0} \times 100\% = \dfrac{\rho'_0}{\rho'} \times 100\%$　(1-8)	

【思考与讨论 1-2】

试分析材料的孔隙率和孔隙特征对其性能有何影响？不同的孔隙形状、尺寸对材料性能的影响一致吗？

【参考答案】

【拓展视频】

【拓展视频】

【知识延伸】　神奇的气凝胶

气凝胶是一种神奇的材料！它非常轻，即使把一块气凝胶放在花蕊上也不会将花蕊压弯。之所以如此轻是因为气凝胶的内部包含了许许多多细小的孔，这些孔的尺寸为纳米或微米级,所有孔的体积合起来占整个气凝胶体积的绝大部分,甚至可以达到99%以上。所以气凝胶是世界上已知的密度最低的人造固体材料,有"固态烟雾"(solid smoke)之称。虽然气凝胶90%以上都是空气,只有剩下的10%是固体,但它却可以承受相当于自重几千倍的压力,可以作为宇航服。

[来源:中科院之声(有改动)]

1.1.3 材料与水相关的物理性质

1. 亲水性与憎水性

材料在使用过程中常与水或大气中的水汽相接触,然而,水分与不同固体材料表面之间的相互作用情况是不同的,因而会呈现出不同的性质。

(1) 亲水性(hydrophilicity)是指当材料与水接触时,能被水润湿的性质。具有亲水性的材料称为亲水性材料,如土木工程材料中石材、水泥、混凝土、砖、瓦、钢材等大部分无机材料,以及木材等少量有机材料。

(2) 憎水性(hydrophobicity)是指当材料与水接触时,不能被水润湿的性质。具有憎水性的材料称为憎水性材料,如沥青、油漆、石蜡、有机硅及某些塑料等大部分有机材料。

【拓展视频】

亲水性与憎水性的评定方法及工程意义见表1-4。

表1-4 亲水性与憎水性的评定方法及工程意义

性质	原理		评定指标与依据	工程意义
亲水性	当材料分子与水分子间的吸引力大于水分子间的内聚力时,材料表面易被水润湿,水能通过毛细管作用而渗入材料内部	润湿现象	润湿角(θ),是指在固体材料、水和空气三相交点处,沿水表面的切线与水和固体接触面所成的夹角 判断依据:$\theta \leqslant 90°$	有助于增强材料与水的融合,用于更多需要黏合的设计部位,可以使建筑更稳固
憎水性	当材料分子与水分子间的亲合力小于水分子间的内聚力时,材料表面不易被水润湿,会阻止水渗入材料内部	憎水现象	判断依据:$\theta > 90°$	常用作防水或防潮材料,还可用于涂覆在亲水性材料表面,以降低其亲水性,提高抗渗性

2. 吸水性与吸湿性

吸水性(water absorption)是指材料浸入水中吸收水分的性质,用材料吸水饱和时的吸水率(water content)表示。各种材料的吸水率相差很大,主要取决于材料的孔隙率及孔隙特征。一般来说,具有细微而连通的孔隙且孔隙率大的材料,吸水率较大;而具有粗大开口孔隙的材料,水分虽然容易渗入,但仅能润湿材料孔壁表面而不易在孔内存留,吸水率较小；仅有闭口孔隙或密实的材料，不吸水。如花岗岩等致密岩石的吸水率仅为 0.5%~0.7%，普通混凝土为 2%~3%，黏土砖为 8%~20%，而开口孔隙率较大的加气混凝土、软木或其他部分轻质材料吸水率可大于 100%，这类材料宜采用体积吸水率表示。常温下吸水饱和时的体积吸水率，即为开口孔隙率。

【拓展视频】

吸湿性（hydroscopicity）是指材料在潮湿的空气中吸收水分的性质，用含水率（percentage of moisture content）表示。材料含水率的大小与其孔隙率、孔隙特征及环境温湿度等因素密切相关。一般来说，具有细微而连通的孔隙且孔隙率大的材料，吸湿性较强，反之则较小；当环境湿度增大、温度降低时，材料含水率变大，反之则变小。此外，亲水性材料比憎水性材料具有更强的吸湿性。吸湿作用一般是可逆的。材料既可吸收空气中的水分，又可向空气中释放水分。材料中所含水分与空气中的湿度相平衡时的含水率，称为平衡含水率。

吸水性与吸湿性的评定方法及工程意义见表 1-5。

表 1-5 吸水性与吸湿性的评定方法及工程意义

性质		评定指标与计算式	工程意义
吸水性	吸水率	质量吸水率（W_m）	可按式（1-9）计算： $$W_m = \frac{m_1 - m_0}{m_0} \times 100\% \quad (1-9)$$ 式中 W_m——材料的质量吸水率，%；m_0——材料在绝干状态下的质量，g 或 kg；m_1——材料在吸水饱和状态下的质量，g 或 kg	材料吸水或吸湿后，可削弱内部质点间的结合力，对其力学性质、耐久性及热性能等都会产生不利影响，导致材料强度降低，体积密度和导热系数增加，体积膨胀，保温性和吸声性下降，抗冻性变差，腐蚀加剧等
		体积吸水率（W_V）	可按式（1-10）计算： $$W_V = \frac{m_1 - m_0}{V'} \cdot \frac{1}{\rho_w} \times 100\% \quad (1-10)$$ 式中 W_V——材料的体积吸水率，%；ρ_w——水的密度，常温下取 1.0 g/cm³	
		两者的关系式如下： $$W_V = W_m \rho' \quad (1-11)$$ 式中 ρ'——材料在绝干状态下的体积密度，kg/cm³	
吸湿性	含水率		可按式（1-12）计算： $$W_h = \frac{m_1 - m_0}{m_0} \times 100\% \quad (1-12)$$ 式中 W_h——材料的含水率，%；m_1——材料在吸湿状态下的质量，g 或 kg	

【思考与讨论 1-3】

为什么房屋一楼容易潮湿？如何解决？

3. 耐水性

耐水性（water resistance）是指材料长期在水的作用下不被破坏、强度也不显著降低的性质，用软化系数（coefficient of softness）表示。

【参考答案】

材料遇水后，水分会吸附到材料内部物质微粒的表面，减弱微粒间的结合力，如花岗岩长期浸泡在水中，强度将下降3%，软木吸水后强度降低会更大；同时，水分子进入材料内部，也会使材料吸水湿胀或使可溶性物质溶解，导致材料开裂、孔隙率增大，进而降低材料强度。软化系数可反映这一变化的程度。

耐水性的评定方法及工程意义见表1-6。

表1-6 耐水性的评定方法及工程意义

性质		耐水性	
评定指标	软化系数 (K_R)	可按式(1-13)计算：$$K_R = \frac{f_1}{f_0}$$ 式中 K_R——软化系数； f_1——材料在吸水饱和状态下的抗压强度，MPa； f_0——材料在绝干状态下的抗压强度，MPa	(1-13)
工程意义		(1) 软化系数表示材料在浸水饱和后强度降低的程度，波动范围在0～1之间，软化系数值越大，意味着材料耐水性越好。通常将$K_R \geq 0.85$的材料称为耐水材料。 (2) 用于长期浸泡或长期处于潮湿环境中的重要结构材料，要求$K_R \geq 0.85$；用于受潮湿较轻或次要结构的材料，要求$K_R \geq 0.75$	

4. 抗渗性

抗渗性（impermeability）是指材料抵抗压力水渗透的性质，用渗透系数（permeability coefficient）或抗渗等级（impermeability grading）表示。其中，渗透系数表示在一定时间内、一定的水压作用下，单位厚度的材料，在单位截面积上的透水量。渗透系数越小，意味着材料的抗渗性越好。抗渗等级表示用标准方法进行渗水性试验，测得的材料不渗水时的最大水压力。抗渗等级越高，意味着材料的抗渗性越好。

当材料两侧存在不同的水压时，一切破坏介质（如腐蚀性介质）都可通过水或气体进入材料内部，然后把所分解的产物带出材料，使材料逐渐破坏，因此，抗渗性是决定材料工程使用寿命的重要因素。

材料的抗渗性与材料的孔隙率、孔隙特征、亲水性、憎水性等因素有关。一般来说，水易渗入连通孔隙，则材料的抗渗性差；对于闭口孔隙，水不易渗入，材料的抗渗性良好；憎水性材料即使有连通孔隙也不易渗水，抗渗性要优于亲水性材料。

抗渗性的评定方法及工程意义见表1-7。

表1-7 抗渗性的评定方法及工程意义

性质		抗渗性	
评定指标	渗透系数 (K_S)	对一些抗渗、防水材料，如油毡、瓦、水工沥青混凝土等，其抗渗性用渗透系数表示，可按式(1-14)计算：$$K_S = \frac{Qd}{AtH}$$	(1-14)

续表

性质		抗渗性	
评定指标	渗透系数（K_S）	式中　K_S——渗透系数，cm/h； 　　　Q——透水量，cm^3； 　　　d——试件厚度，cm； 　　　A——透水面积，cm^2； 　　　t——时间，h； 　　　H——水头高度，cm	
	抗渗等级（P）	常用于评价砂浆、混凝土的抗渗性，可按式(1-15)计算： $$P=10H-1 \qquad (1-15)$$ 式中　P——材料的抗渗等级； 　　　H——材料渗水时的最大水压力，MPa	
工程意义	与水有接触的部位，如地下建筑、基础、压力管道、水工建筑等经常受到压力水或水头差的作用，故要求选择具有一定抗渗性的材料；对于各种防水材料，要求具有更高的抗渗性		

5. 抗冻性

抗冻性（frost resistant）是指材料在吸水饱和状态下，能经受多次冻结和融化作用（冻融循环）而不被破坏、强度也不显著降低的性质。

材料吸水后，当温度下降至负温时，水结冰其体积膨胀约9%，将对材料孔壁产生巨大的压力而使孔壁开裂，随着温度的交替变化，冻结和融化循环进行，冰冻对材料的破坏作用逐步加剧，其表面将出现裂纹、剥落等现象，造成质量损失、强度降低。这种破坏称为冻融破坏（freezing and thawing damage）。

材料的抗冻性与其强度、孔隙率、孔隙构造、含水率及冻结条件等因素有关。一般来说，材料的强度越高，其抗冻性越好；材料的开口毛细孔越多、含水率越大，其抗冻性越差。减少开口孔隙，增大总的孔隙率，可提高材料的抗冻性。

抗冻性的评定方法及工程意义见表1-8。

表1-8　抗冻性的评定方法及工程意义

性质		抗冻性	
评定指标	抗冻等级	慢冻法	(1) 评定方法：强度损失率≤25%，且质量损失率≤5%，无明显损坏和剥落时所能承受的最大冻融循环次数。 (2) 以"Dn"表示，其中n表示材料能承受的最大冻融循环次数，如D25、D50、D100等，分别表示在经受25次、50次、100次的冻融循环后仍可满足使用要求
		快冻法	(1) 评定方法：相对动弹性模量值下降至初始值的60%或质量损失率达到5%时的冻融循环次数。 (2) 以"Fn"表示，其中n表示材料能承受的最大冻融循环次数，如F50、F100、F200等，分别表示材料在一定试验条件下能承受的最大冻融循环次数不少于50次、100次、200次

续表

性质	抗冻性
工程意义	具有良好抗冻性的材料，其抵抗温度变化、干湿交替等风化作用的能力也较强，因此，抗冻性常作为考查材料耐久性的一个指标，寒冷地区和寒冷环境的建筑必须选择抗冻性好的原材料

【参考答案】

【思考与讨论1-4】

为什么在生产材料时常有意引入部分封闭的小气孔（小气泡）？如在混凝土中掺入引气剂，可以改善其抗冻性吗？

【工程案例1-1】 加气混凝土砌块的孔结构

概况：某施工队原使用普通烧结黏土砖，后改为多孔、体积密度为 $700kg/m^3$ 的加气混凝土砌块。在抹灰前往墙上浇水，发现原使用的普通烧结黏土砖易吸足水量，但加气混凝土砌块从表面看浇水不少，但实则吸水不多，请分析原因。

原因分析：加气混凝土砌块虽然多孔，但其气孔大多数为"墨水瓶"结构，肚大口小，毛细管作用差，只有少数孔是水分蒸发形成的毛细孔，其吸水及导湿速度均较缓慢，吸水量少。所以，材料的吸水性不仅与孔隙率有关，而且与材料的孔隙特征有关。

【拓展阅读】 透水混凝土

透水混凝土是由粗集料、水泥和水拌制而成的一种多孔轻质混凝土。其具有透气、透水、质量轻的特点，可增加地表的透水、透气面积，调节环境温度、湿度，减少城市热岛效应，维持地下水位和植物生长，有利于人类生存环境的良性发展及城市雨水管理与水污染防治等工作，具有多方面的重要意义。

1.1.4　材料与热相关的物理性质

为节约或降低建筑使用能耗，必须考虑所选用的土木工程材料的热工性质（thermal properties），以确保达到维持建筑物室内温度的目的。土木工程材料常需要考虑的热工性质有导热性、热容量和温度变形。

1. 导热性与热容量

导热性（heat conductivity）是指当材料两侧有温差时，热量会从温度高的一侧向温度低的一侧传导的性质，可用导热系数（thermal conductivity）来表示。导热系数的物理意义是厚度为1m的材料，当温度每改变1K时，在单位时间（1h）内通过单位面积（$1m^2$）的热量。其值越小，表示材料的热传导能力越差，保温隔热性能越好。

热容量（heat capacity）是指材料在温度变化时吸收或放出热量的能力，可用比热容（specific heat capacity）来表示。比热容的物理意义是单位质量（1kg）的材料在温度改变1K时吸收或放出的热量。其值真实反映不同材料热容量的大小。热容量较大的材料，有利于保持室内温度的相对稳定。

材料的导热性和热容量的评定方法及工程意义见表1-9。

表1-9 材料的导热性和热容量的评定方法及工程意义

性质	导热性		热容量	
评定指标	导热系数	按式(1-16)计算： $$\lambda = \frac{Qd}{At(T_2-T_1)} \quad (1-16)$$ 式中 λ——材料的导热系数，W/(m·K)； Q——传导的热量，J； d——材料厚度，m； A——材料传热的面积，m^2； t——传热时间，s； (T_2-T_1)——材料两侧的温差，K	比热容	按式(1-17)计算： $$C = \frac{Q}{m(T_2-T_1)} \quad (1-17)$$ 式中 C——材料的比热容，J/(kg·K)； Q——材料的热容量，J； m——材料的质量，kg； (T_2-T_1)——材料受热或冷却前后的温差，K
工程意义	(1) 材料的导热系数和比热容是设计建筑物围护结构（墙体、屋盖）、进行热工计算时的重要参数，设计时应选用导热系数较小而比热容较大的土木工程材料，以使建筑物保持室内温度的稳定性。 (2) 导热系数也是工业窑炉热工计算和确定冷藏库绝热层厚度时的重要数据			

材料的导热系数与其组成、结构、孔隙率、孔隙特征、温湿度等因素有关。一般来说，金属材料、无机材料、晶体材料的导热系数分别大于无机非金属材料、有机材料、非晶体材料的导热系数；对于同种材料，其孔隙率越大且为细小、闭口孔隙时，因避免了空气的对流导热作用，导热系数会减小；环境温度越高，材料内分子热运动加剧，热量传递增多，导热系数会增大（金属材料除外）。此外，材料含水或冰冻后导热系数也会急剧增大，故多孔的保温隔热材料要注意防潮、防冻。

通常将 $\lambda \leq 0.23 W/(m·K)$ 的材料称为绝热材料，如泡沫塑料。常用建筑材料的热工性质指标见表1-10。

表1-10 常用建筑材料的热工性质指标

材料名称	导热系数/[W/(m·K)]	比热容/[J/(kg·K)]
钢	55	0.46
普通混凝土	1.8	0.88
水泥砂浆	0.93	0.84
烧结普通砖	0.4~0.7	0.84
玻璃	2.7~3.26	0.83
花岗岩	2.91~3.45	0.716~0.92
松木	0.17~0.35	2.51
泡沫塑料	0.03	1.30
冰	2.20	2.05
水	0.60	4.19
静止空气	0.023	1

【思考与讨论 1-5】

【参考答案】

图 1-6 给出了两种多孔材料，请问哪种材料可作为建筑物的保温材料，请分析原因。

(a)透水砖　　　　(b)加气混凝土砌块

图 1-6　两种多孔材料

2. 温度变形

温度变形（temperature deformation）是指材料在温度变化时产生的体积变化。多数材料都具有热胀冷缩的性质，材料的温度变形在单位长度上的变化称为线膨胀或线收缩，一般用线膨胀系数（linear expansion coefficient）α 表示，可按式(1-18)计算：

$$\alpha = \frac{\Delta L}{L(T_2 - T_1)} \tag{1-18}$$

式中　　α——材料在常温下的平均线膨胀系数，K^{-1}；

　　　　ΔL——材料的线膨胀或线收缩量，mm；

　　$(T_2 - T_1)$——温差，K；

　　　　L——材料原长，mm。

线膨胀系数的大小用来表示固体物质的温度每变化 1K，其长度变化的百分率。尽管材料的线膨胀系数一般都较小，但由于土木工程结构的尺寸较大，温度变形引起的结构体积变化仍是关系其安全与稳定的重要因素。因此，工程上常用预留伸缩缝的办法来解决温度变形问题。

1.1.5　材料的吸声性

材料的吸声性（sound absorption）是指声能穿透材料和被材料消耗的性质，用吸声系数（sound absorption coefficient）α_S 表示，可按式(1-19)计算：

$$\alpha_S = \frac{E}{E_0} \tag{1-19}$$

式中　　α_S——材料的吸声系数，%；

　　　　E——材料吸收与透过材料的声能；

　　　　E_0——入射到材料表面的全部声能。

吸声系数的大小表示声波遇到材料表面时，被吸收的声能与入射声能之比，其值越大，表明材料的吸声效果越好。吸声材料的基本特征是多孔、疏松、透气。一般而言，具有细微的、互相连通的孔隙且孔隙率较大的材料，其吸声效果好；反之，具有粗大或封闭孔隙的材料，其吸声效果差。

1.2 材料的力学性质

材料的力学性质（mechanical properties）是指材料在外力（荷载）作用下抵抗破坏和变形的能力。

1.2.1 强度

强度（strength）是指材料在外力作用下抵抗破坏的能力。当材料承受外力作用时，内部会产生应力。随着外力逐渐增加，应力也相应增大，当该应力值达到材料内部质点间结合力的最大值时，材料即发生破坏。因此，材料的强度即为材料内部抵抗破坏的极限应力值。

根据外力作用方式的不同，材料强度可分为抗压强度、抗拉强度、抗剪强度和抗折（抗弯）强度等，相应的受力示意图及计算式见表1-11。

表1-11 材料强度的分类、受力示意图及计算式

分类	抗压强度	抗拉强度	抗剪强度	抗折（抗弯）强度	
受力示意图	（F↓↑F）	（F↑↓F）	（F→单剪）	单点集中荷载 P，跨度 L	三分点加荷 P/2 P/2，L/3 L/3 L/3
计算式	可按式(1-20)计算：$f = \dfrac{F}{A}$ (1-20) 式中 f——材料强度，MPa；F——破坏时的最大荷载，N；A——受力截面面积，mm²			可按式(1-21)计算：$f_m = \dfrac{3FL}{2bh^2}$ (1-21)	可按式(1-22)计算：$f_m = \dfrac{FL}{bh^2}$ (1-22) 式中 f_m——抗折（抗弯）强度，MPa；F——破坏时的最大荷载，N；L——两支点间的距离，mm；b——试件截面宽度，mm；h——试件截面高度，mm

材料的组成及其结构是影响强度的内部因素。不同种类的材料抵抗外力作用的能力不同，强度各异；同类材料，当其内部构造不同时，强度也有很大差异；孔隙率越大且大孔越多的材料，强度越低。此外，测试条件和方法等外部因素也会影响强度的测定值。对于同种材料，小尺寸试件测得的强度值高于大尺寸试件，立方体试件测得的强度值高于等截面的棱柱体试件，加载速度慢测得的强度值偏低，材料内部含水、试件表面不平或涂润滑剂时测得的强度值偏低。因此，为了使试验数据准确，且具有可比性，必须严格按统一的试验标准进行强度测试。

表1-12列出了常见土木工程材料的强度，可见即便是同种材料，其抵抗不同外力作用的能力也不尽相同。例如，混凝土、岩石的抗压强度高，但其抗拉强度低。再者，随着

超高层建筑和大跨度结构（图1-7）的发展，要求结构材料兼具较高的强度与较低的自重，轻质高强已经成为材料发展的一个重要方向。这就涉及与强度相关的两个重要概念——强度等级和比强度，具体见表1-13。

表1-12　常见土木工程材料的强度

材料	抗压强度/MPa	抗拉强度/MPa	抗弯强度/MPa
花岗岩	120～250	5～8	10～14
大理石	50～190	7～25	6～20
普通黏土砖	10～30	—	2.6～5
普通混凝土	15～80	2～8	3～10
松木（顺纹）	30～50	80～120	60～100
建筑钢材	235～1600	235～1600	—

表1-13　材料的强度等级和比强度

对比	强度等级	比强度
基本概念	强度等级（strength grade）是指依据材料强度的大小，将其划分为若干不同的等级	比强度（strength-to-density ratio）是按单位体积质量计算的材料强度，其值等于材料的强度与其表观密度的比值
工程意义	便于掌握材料性质，合理选用材料，正确进行设计和控制工程质量，也有利于生产厂家控制生产工艺、保证产品质量	用于衡量材料是否轻质高强，比强度值越大，材料轻质高强的性能越好。这对于建筑物保证强度、减小自重、向空间发展及节约材料有重要的实际意义
应用	（1）对于多用于建筑物或构筑物承压部位的混凝土、砌筑砂浆等脆性材料而言，以其抗压强度来划分等级； （2）对于多用于建筑物或构筑物抗拉部位的建筑钢材等韧性材料而言，以拉伸试验测得的屈服强度来划分等级（或牌号）	（1）建筑钢材的比强度约是普通混凝土的3倍，在高强混凝土（抗压强度为普通混凝土的4～6倍）大规模应用以前，超高层建筑多采用钢结构； （2）随着比强度较高的高强混凝土的出现，在超高层建筑、大跨度结构材料中，混凝土和钢材形成了平分秋色的局面

(a) 超高层建筑

(b) 大跨度结构

图1-7　超高层建筑和大跨度结构

1.2.2　弹性与塑性

材料的弹性（elasticity）和塑性（plasticity）见表1-14。

表 1-14 材料的弹性和塑性

性质	弹性	塑性
基本概念	弹性指材料在外力作用下产生变形，当外力取消后，变形能完全恢复的性质。这种能完全恢复的变形称为弹性变形，具有这种性质的材料称为弹性材料	塑性指材料在外力作用下产生变形，当外力取消后，仍保持变形后的形状和尺寸且不产生裂缝的性质。这种不可恢复的变形称为塑性变形，具有这种性质的材料称为塑性材料
变形与特点	①瞬时变形 ②可逆变形 ③完全恢复	①永久变形 ②不可逆变形 ③不可恢复
评定指标	弹性模量 可按式(1-23)计算： $$E=\frac{\sigma}{\varepsilon} \quad (1-23)$$ 式中 E——材料的弹性模量，MPa； σ——材料所受的应力，MPa； ε——材料在应力作用下产生的应变	断后伸长率、断面收缩率（详见 7.2.1）
工程意义	弹性模量反映了材料抵抗变形的能力，其值越大，材料越不易变形，材料的刚度越大。弹性模量是工程结构设计和变形验算的主要依据之一	断后伸长率和断面收缩率越大，材料的塑性变形越大

实际上，完全的弹性材料是不存在的，材料的变形总是弹性变形与塑性变形相伴产生的。有的材料当其受力较小时会产生弹性变形，而当受力达到一定程度时，则呈现塑性变形，如低碳钢（其应力-应变曲线见图 1-8）；有的材料弹性变形和塑性变形同时产生，当外力去除后，弹性变形可以恢复而塑性变形不可恢复，如混凝土（其应力-应变曲线见图 1-9）。

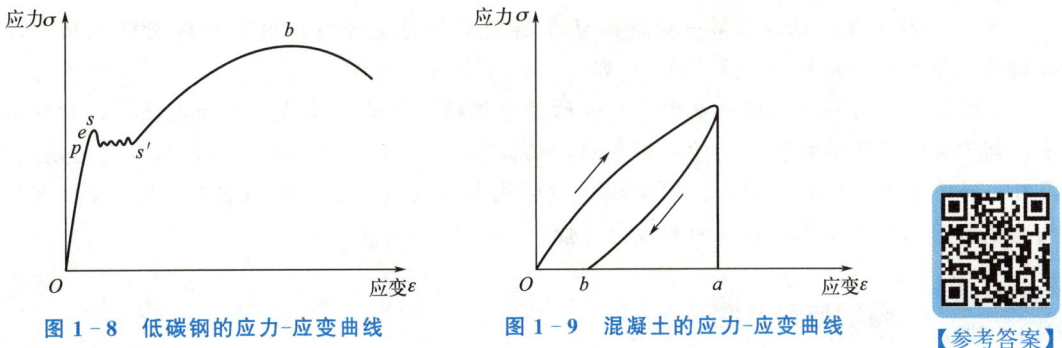

图 1-8 低碳钢的应力-应变曲线　　图 1-9 混凝土的应力-应变曲线

【参考答案】

【思考与讨论 1-6】

请问对于任意材料，弹性模量一定是定值吗？钢材和混凝土的弹性模量有何不同？

1.2.3 脆性与韧性

材料的脆性（brittleness）和韧性（toughness），见表1-15。

表1-15 材料的脆性和韧性

性质	脆性	韧性
基本概念	材料在外力作用下，无明显塑性变形而突然破坏的性质。具有这种变形性质的材料称为脆性材料，如砖、石材、陶瓷、玻璃、混凝土、铸铁等	在冲击或振动荷载作用下，材料能够吸收较大的能量，同时也能产生一定的变形而不发生突发性破坏的性质。具有这种变形性质的材料称为韧性材料，如低碳钢、有色金属、木材等
变形与特点	①突发破坏，塑性变形小。②抗压强度高，但抗拉强度低	①破坏时变形较大。②抵抗冲击或振动荷载作用的能力强
工程意义	脆性材料抵抗冲击或振动荷载作用的能力差，在土木工程中适用作承压构件，如柱体、基础等所用的材料	在土木工程中，对于承受冲击荷载和有抗震要求的结构，如吊车梁、桥梁、路面等所用的材料，均应具有较高的韧性

【工程案例1-2】 铸铁造桥酿成灾祸

概况：1876年，英国人在北海的Tay湾上用铸铁建造了全长3160m、单跨73.5m的跨海大桥，结果不到两年，在一次台风袭击的夜晚，在台风与火车冲击荷载的共同作用下桥墩脆断、桥梁倒塌、车毁人亡。

原因分析：主要是由铸铁桥墩在冲击荷载作用下发生脆性断裂造成的。对钢材与铸铁的性能进行深入对比后发现，铸铁韧性差，而钢材具有较高的抗压强度、抗拉强度和抗冲击韧性，由此人们开始用钢材建造桥梁。

【工程案例1-3】 泰坦尼克号的沉没

概况：1912年，世界上第一艘超级豪华游轮泰坦尼克号首航时在北极附近海域和冰山相撞，导致船身钢板（厚度35cm）撕裂，约3小时后沉没。

原因分析：对海底取回的泰坦尼克号的船身钢板进行检测发现，其强度很高，但韧性差，属于典型的脆性材料。化学分析表明，钢板中的S、P含量偏高，使其韧性大为削弱；同时，浸泡在冰冷的海水中，低温环境使钢板由韧性变为脆性（冷脆性），从而致使泰坦尼克号船身钢板灾难性的脆性断裂成为可能。

1.2.4 硬度与耐磨性

硬度（hardness）是指材料表面抵抗硬物压入或刻划的能力，其是衡量材料软硬程度的一种力学性能指标。常用的硬度测试方法（表1-16）有压入法、刻划法和回弹法，不同的测试方法适用于不同特性的材料或场合。

表 1-16 常用的硬度测试方法

方法	研究对象		表示方法									
压入法	金属（或非金属）材料	布氏硬度（HB）	以淬火的钢球压入材料表面产生的球形凹痕单位面积上所承受的压力来确定									
		洛氏硬度（HR）	以金刚石圆锥或淬火的钢球制成的压头压入材料表面所产生的压痕深度来确定									
		维氏硬度（HV）	以方锥形金刚石压入器压入材料表面，根据载荷值除以材料压痕凹坑的表面积来确定									
刻划法	矿物材料	莫氏硬度（HM）	用标准硬度的矿物对材料表面进行划擦，依据划痕确定了 10 个等级									
			标准矿物	滑石	石膏	方解石	萤石	磷灰石	正长石	石英	黄玉	刚玉	金刚石
			硬度等级	1	2	3	4	5	6	7	8	9	10
回弹法	混凝土砂浆	回弹值	回弹法是用一弹簧驱动的重锤，通过弹击杆，弹击混凝土表面，并测出重锤被反弹回来的距离，以回弹值（反弹距离与弹簧初始长度之比）作为与强度相关的指标，来推定混凝土强度的一种方法。因为测量在混凝土表面进行，所以其应属于一种表面硬度法									

耐磨性（wear resistance）是指材料表面抵抗磨损的能力，可用磨损率表示。材料的耐磨性与材料的组成、结构、强度、硬度有关。一般材料的硬度越大，其耐磨性也越好。在土木工程中，道路路面、机场跑道、工业地面、台阶等受磨损多的部位，应选用耐磨性较好的材料。

1.3 材料的耐久性和环境协调性

材料的耐久性（durability）是指材料在长期使用过程中，抵抗其自身和环境的长期破坏作用，保持其原有性能不变质、不破坏的能力，其是一种复杂的、综合的性质。构成建筑物或构筑物的材料在使用过程中，除受到各种外力作用外，还长期受到周围环境及各种自然因素的破坏作用，这些破坏作用的分类及其破坏机理见表 1-17。

表 1-17 破坏作用的分类及其破坏机理

分类	破坏过程	破坏因素
物理作用	干湿交替、温度变化、冻融循环等。 (1) 引起材料体积膨胀或收缩，产生内应力； (2) 导致材料内部裂缝扩展； (3) 长久作用致使材料破坏	(1) 干湿交替； (2) 温度变化； (3) 冻融循环
化学作用	大气或环境中的酸、碱、盐等溶液或其他有害物质对材料的侵蚀作用，以及光、热、空气等对材料的老化作用。 (1) 引起材料的组成成分发生质的变化； (2) 致使材料破坏	酸、碱、盐等溶液或其他有害物质的侵蚀作用，以及光、热、空气等的老化作用

续表

分类	破坏过程	破坏因素
机械作用	荷载的持续作用、交变荷载。 (1) 引起材料疲劳、冲击、磨损等； (2) 致使材料破坏	(1) 荷载持续； (2) 交变荷载
生物作用	菌类或昆虫等作用。 (1) 引起材料的腐朽或虫蛀； (2) 致使材料破坏	(1) 菌类作用； (2) 昆虫侵害

实际上，材料耐久性破坏是多方面因素共同作用的结果，其优劣说明材料在具体的使用环境和条件下能够保持工作性能的年限，因此，**材料的耐久性是材料的一项综合性质，它包括抗渗性、抗冻性、抗碳化性、耐蚀性、抗老化性、耐磨性、耐腐朽性、抗虫蛀性等性能**。不同材料（因其组成和结构的差异）需要考虑的耐久性项目不同。例如，无机非金属材料（混凝土、砂浆、石材等）有抗渗性、抗冻性、耐蚀性、抗碳化性等要求；钢材需考虑氧化和电化学腐蚀，有耐蚀性要求；有机材料需考虑光、热、空气作用，有抗老化性等要求。此外，结构物在长期使用过程中的耐久性与其所处的工程环境也密切相关，如寒冷地区室外工程的混凝土应考虑其抗冻性，处于压力水作用下的土木工程及地下工程所用的混凝土应有抗渗性要求等。材料耐久性和破坏因素之间的关系见表1-18。

表1-18 材料耐久性和破坏因素之间的关系

名称	破坏作用	破坏因素	常用材料	图例
抗渗性	物理	压力水	混凝土、砂浆	(a) 干湿循环现象　(b) 冻融破坏现象
抗冻性	物理	H_2O、冻融	混凝土、砂浆、砖	
抗碳化性	化学	CO_2、H_2O	混凝土、砂浆、蒸养砖	(a) 钢筋锈蚀现象　(b) 硫酸盐侵蚀现象
耐蚀性	锈蚀	H_2O、O_2、Cl^-	钢、铁	
	侵蚀	酸、碱、盐	混凝土、砂浆、砖	
抗老化性	化学	光、热、空气	沥青、塑料	(a) 沥青路面老化开裂现象　(b) 路面机械磨损现象
耐磨性	机械	机械力	混凝土、砂浆、砖、石材	
耐腐朽性	生物	菌类、H_2O、O_2	木材及其他植物纤维	(a) 木材腐朽现象　(b) 木材虫蛀现象
抗虫蛀性	生物	昆虫	木材及其他植物纤维	

第1章 土木工程材料的基本性质

综上所述,在进行土木工程结构设计时,要根据工程的重要性、所处的环境及材料的特性等综合考虑其耐久性,如合理选用材料、提高材料的密实度、表面采用涂层、减轻环境的破坏作用等。

材料的环境协调性(environmental harmonization)是指材料在制造、使用、废弃直至再生利用的整个寿命周期中,对资源和能源消耗少、对生态和环境污染小和循环再生利用率高,具有与环境协调共存的性能。传统土木工程材料在生产过程中不仅要消耗大量的天然资源和能源,还会向大气中排放大量的二氧化碳、二氧化硫、氮氧化物等有害气体;某些装饰装修材料在使用过程中会释放对人体有害的挥发物;废旧建筑物或构筑物被拆除后,被废弃的土木工程材料通常不再被利用,而成为新的环境污染源。这些问题如不加以解决,其造成的环境负荷问题将是灾难性的。因此,必须重视土木工程材料的环境协调问题。

因此,所谓的**生态环境材料**实质上是赋予传统结构材料或功能材料特别优异的环境协调性的材料,它是由材料工作者在环境意识指导下,或开发新型材料,或改进、改造传统材料所获得的。例如,高性能混凝土,其应用了现代混凝土科学技术,延长了混凝土结构的安全使用寿命,减少了因修补或拆除造成的浪费和建筑垃圾。由于提高混凝土性能的需要,高性能混凝土科学地大量使用工业废弃物,减少了对水泥的需求,减少了对自然资源和能源的消耗,减少了对环境的污染,又因大量利用粉煤灰、矿渣及其他工业废渣而有利于环境保护。其发展进程中已逐渐孕育了适应环境的要求。

绿色土木工程材料可定义为:具有健康、安全、环保的基本特征;满足优良性能及多功能的技术性质要求;符合资源、能源消耗少和循环再生利用率高的可持续发展目标。

在统筹考虑节地、节能、节材、环境保护和满足建筑功能之间的辩证关系的同时,应从以下几方面考虑土木工程材料的绿色化、与环境的协调性及使用的健康安全性:①就地取材;②预拌混凝土;③采用高性能、高耐久性的结构材料;④设计、施工、废弃等各环节都要考虑材料的循环和再利用性能;⑤严格控制材料中有害物质的含量。

【拓展阅读】 仿生低碳新型建筑材料

受自然界中沙塔蠕虫构筑巢穴过程的启发,中国科学院理化技术研究所研究团队在低温常压条件下制备了力学性能优异的仿生低碳新型建筑材料,为建筑领域节能减排提供了新思路。相关研究成果已在国际学术期刊《物质》上发表。

近年来国内外开展了大量研究工作,尝试用黏结剂将沙粒、矿渣等固体颗粒黏结起来形成天然基建筑材料,然而此类材料强度普遍较低,难以满足实际建筑需求。此项最新研究中,研究团队运用仿生策略,引入正电性季铵化壳聚糖与负电性海藻酸钠形成仿生黏结剂,实现了对沙漠沙、海沙、混凝土渣、碎砖渣、煤渣和矿渣等各类固体颗粒的牢固黏结(图1-10),抗压强度高达17MPa,弹性模量近400MPa,柔性强度约14MPa,不仅达到了常规建筑材料要求的标准,而且具有优异的抗老化性能、防水性能及独特的可循环利用性能。这种天然基仿生材料在低碳建筑领域具有很大的应用潜力,可促进低能耗、低碳排放的下一代建筑产业的发展,成为传统水泥基建筑材料的有力竞争者。

[来源:新华社(有改动)]

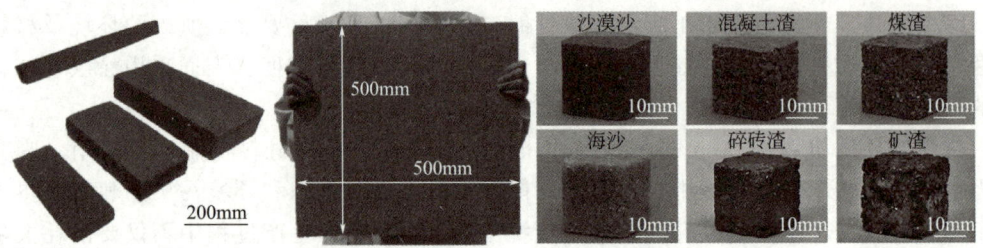

图 1-10 利用不同固体颗粒构筑高强度仿生低碳新型建筑材料

1.4 材料的组成、结构和构造

材料的组成、结构和构造是决定材料性质的内在因素。要了解材料的性质，必须了解材料的组成、结构和构造与材料性能之间的关系。

1.4.1 材料的组成

材料的组成是指构成材料的基本成分及其在材料中所占的比例，包括材料的化学组成（chemical composition）、矿物组成（mineral composition）和相组成（phase composition），它不仅影响着材料的化学性质，而且也是决定材料物理、力学性质和耐久性的重要因素。材料的组成及其对性能的影响见表 1-19。

表 1-19 材料的组成及其对性能的影响

类别	基本概念	组成对性能的影响
化学组成	化学组成是指构成材料的化学元素及化合物的种类与数量。 （1）无机非金属材料常用各氧化物的含量来表示； （2）金属材料常用各化学元素的含量来表示； （3）高分子材料常用有机元素链节重复单元来表示	化学组成是决定材料化学、物理和力学性质的主要因素。材料与外界物质相接触时，将依照化学变化规律与之发生作用，具体如下。 （1）钢材因含铁而易生锈；碳素钢随含碳量增加，强度、硬度增大，而塑性、韧性降低； （2）钢筋混凝土中含有氯离子会导致钢筋锈蚀，从而降低混凝土结构的耐久性； （3）液体水玻璃吸收空气中的 CO_2 经水化、硬化过程后形成硅酸凝胶，故其耐酸性能力强，但不耐水、不耐碱
矿物组成	矿物组成是指构成材料的矿物的种类和数量。 矿物是指材料中具有特定的晶体结构、特定的物理力学性质的稳定单质或化合物	材料中的元素或化合物是以特定矿物结合形式存在的，矿物组成在其化学成分确定的条件下，是决定材料性质的主要因素，具体如下。 （1）金刚石和石墨的化学组成均是碳元素，由于晶体结构不同，前者是目前最硬的物质，而后者却是最软的矿物之一； （2）硅酸盐水泥中硅酸三钙和硅酸二钙含量越高，其强度也就越高； （3）花岗岩的主要矿物组成为长石、石英和少量云母，决定了花岗岩耐酸性好

续表

类别	基本概念	组成对性能的影响
相组成	相组成是指构成材料的相的种类、数量、大小、形态和分布。 （1）相是指材料中结构相近、性质相同的均匀部分。 （2）复合材料是指由两相或两相以上的物质组成的材料	材料性质与其相组成和界面特性有密切关系，通过改变和控制其相组成和界面特性可以改善和提高材料的技术性能，具体如下。 （1）钢材中有铁素体、渗碳体、珠光体，铁素体软，渗碳体硬，它们的比例不同，就能生产不同强度和塑性的钢材。 （2）混凝土是一种由硬化水泥石（相）、集料（相）及两者间的界面过渡区（相）所组成的复合材料。对于普通混凝土，界面过渡区往往首先发生破坏，改善界面性能可以提高材料性能。 （3）复合材料是宏观层次或显微尺度上的多相组成材料，如钢筋混凝土、沥青混凝土、塑料泡沫夹心压型钢板，它们的配合比和构造形式不同，材料性质变化可能较大

1.4.2 材料的结构和构造

1. 材料的结构

材料的结构（structure of materials）是指构成材料的基本物质之间的作用形式，即构成材料的基本物质是以何种方式结合在一起的。材料的结构是决定材料性能的另一个重要因素，可分为宏观结构（macrostructure）、细观结构（mesostructure）和微观结构（microstructure）三个层次。

（1）宏观结构是指用肉眼或放大镜能观察到的粗大组织，其直接影响到材料的强度、渗透性、体积密度、保温隔热等性质。按孔隙特征，宏观结构可分为密实结构、多孔结构、微孔结构；按构造特征，宏观结构又可分为堆聚结构、层状结构、纤维结构、散粒结构和纹理结构。

（2）细观结构是指用光学显微镜所能观察到的材料结构，如水泥石的孔隙结构、金属材料的金相组织等。图 1-11 所示为钢材的显微组织。材料在细观结构层次上的差异对材料性能的影响很大，从细观结构层次上研究并改善材料的性能具有十分重要的意义。

(a) 基体为铁素体（×800倍）

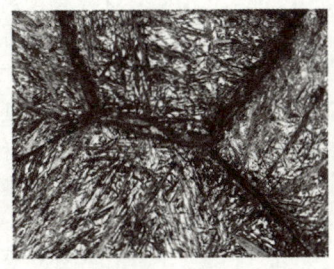
(b) 马氏体＋残余奥氏体（×500倍）

(c) 片状石墨＋珠光体（×500倍）

图 1-11 钢材的显微组织

(3) 微观结构是指材料在原子、离子、分子层次上的组成形式，其直接影响材料的强度、硬度、弹塑性、熔点、导热性等重要性质。按照材料内部质点的空间排列或结合方式，微观结构可分为晶体、玻璃体和胶体三类。其中，晶体（crystalline）是指材料内部质点（原子、离子、分子）在空间上按照一定规则、呈周期性排列所形成的结构，见图1-12(a)；玻璃体（vitreous body），也称无定形体或非晶体，是熔融物急冷时其内部质点来不及规则排列而产生的凝固无序结构，见图1-12(b)；胶体（colloid）是指物质以极微小的质点（粒径为1~100nm）分散在连续相介质中形成的结构，见图1-12(c)。

材料结构及其对性能的影响见表1-20。

表1-20 材料结构及其对性能的影响

分类		研究对象	尺度/m	观察工具	结构对性能的影响
宏观结构	孔隙特征 密实结构	粗大组织——材料的组合与复合形式、材料组成的分布情况、孔隙结构、结构缺陷等	10^{-3} 以上	肉眼或放大镜	强度与硬度较高、吸水率小、抗渗与抗冻性差、耐磨性好、绝热性差，如钢材、天然岩石等
	多孔结构				强度低、抗渗和抗冻性差、质轻、保温绝热、吸声性能好，如加气混凝土等
	微孔结构				质轻、保温绝热、吸声性能好，如石膏制品等
	构造特征 堆聚结构				综合性能好、强度高，如混凝土、砂浆等
	层状结构				强度、硬度、绝热或装饰等性质较单层材料显著提高，综合性能好，如胶合板、纸面石膏板等
	纤维结构				抗拉强度高、质轻、保温、吸声，如木、竹等
	散粒结构				对于结构密实的颗粒，强度高，可用作混凝土集料，如砂、石；对于轻质多孔的颗粒，保温隔热性好，适合做绝热材料，如陶粒、膨胀珍珠岩等
	纹理结构				强度高、抗渗性好、装饰性良好，如人造大理石、花岗石等
细观结构		晶粒（颗粒）的大小和形态、晶界或界面，孔隙与微裂纹的大小和分布等	10^{-6}~10^{-3}	光学显微镜	晶粒越细小、分布越均匀，则其受力越均匀、材料强度越高、脆性越小、耐久性越好；晶粒或不同材料组成之间的界面黏结越好，则其强度和耐久性越好。如钢材的晶粒越小，其强度越高；混凝土中毛细孔数量越少、孔径越小、界面过渡区缺陷越少，其强度和抗渗性越好

续表

分类		研究对象	尺度/m	观察工具	结构对性能的影响
微观结构	晶体 金属晶体	原子、离子、分子层次的结构，包括材料的种类、形态、大小及内部质点的分布特征	$10^{-10} \sim 10^{-6}$	电子显微镜、X射线衍射	导电性、导热性高，延展性良好，如钢、铝等
	原子晶体				强度、硬度、熔点高，密度大，如金刚石、石英等
	离子晶体				强度、硬度、熔点较高，密度中等，如氯化钠等
	分子晶体				强度、硬度、熔点较低，密度较小，如萘等
	玻璃体				玻璃体的强度、导热性和导电性等低于晶体，其化学活性高、稳定性差，易与其他物质发生反应。如火山灰、粉煤灰、粒化高炉矿渣等均属于玻璃体，常用于改善水泥和混凝土的性质
	胶体				总表面积大，表面能大，吸附能力强，具有很强的黏结力。如水化硅酸钙凝胶体具有很强的胶凝性，硬化后具有很高的强度

图 1-12 SiO_2 的微观结构示意图

(a) 晶体 (b) 玻璃体 (c) 胶体

实际上，组成和微观结构相同、但宏观结构不同的材料，其性能和用途将随宏观结构的差异而不同，如普通混凝土与加气混凝土、塑料与泡沫塑料、玻璃与泡沫玻璃；而宏观结构相似、但其组成和微观结构不同的材料，也可具有某些相同或相似的性能和用途，如加气混凝土、泡沫塑料、泡沫玻璃，都具有保温绝热的功能。因此，可通过改变材料的密实度、孔隙结构或采用复合技术等方法来改善材料的性能，以满足不同工程上的需要。

2. 材料的构造

材料的构造是指具有特定性质的材料结构单元间的相互组合搭配情况。其与材料的结构概念相比，进一步强调了相同材料或不同材料的搭配组合关系，这些结构特性将直接影响材料的性能和应用。在材料构造设计中应考虑其生命周期，使用可回收或生物降解材料，减少对环境的影响。

本章小结

本章主要介绍了材料各种基本性质的概念、表示方法、影响因素及其作用机理，以及材料性质与组成、结构和构造的关系。通过本章的学习，学生应掌握材料基本性质的概念与表示方式，各种性质之间的区别与联系，理解性质与组成、结构和构造及环境因素的关系，及其在工程实践中的意义。

练习题

一、基础题

（一）填空题

1. 某混凝土所用石子经测试，其体积密度为 2650kg/m³，堆积密度为 1600kg/m³，请问该石子的空隙率为_____。

2. 含水率为 1% 的湿砂 202g，其中干砂为_____g。

3. 某石材在气干、绝干和饱水三种状态下测得的抗压强度分别是 180MPa、189MPa 和 156MPa，其软化系数为_____。

4. 材料的抗冻性以材料在吸水饱和状态下所能抵抗_____来表示。

5. 采用_____较高的材料，对于保证建筑物的强度，减轻自重，节约材料具有重要意义。

6. 承受动荷载的结构，要选择_____好的材料；而无机非金属材料一般属于脆性材料，最宜承受_____力。

7. 闭口孔隙率越大，材料的导热系数越_____，其材料的绝热性能越_____。

8. 秋天新建成的房屋，当年冬天的墙体保暖性能_____（好或差）。

（二）选择题

1. 只包括闭口孔隙体积在内的密度是（　　）。
   A. 堆积密度　　B. 体积密度　　C. 密度　　D. 表观密度

2. 加气混凝土的密度为 2.55g/cm³、绝干体积密度为 500kg/m³，其孔隙率为（　　）。
   A. 94.9%　　B. 5.1%　　C. 80.4%　　D. 19.6%

3. 反映材料致密程度的指标是（　　）。
   A. 填充率　　B. 密实度　　C. 空隙率　　D. 开口孔隙率

4. 在组成结构一定的情况下，要使材料的导热系数尽量小，应采用（　　）。
   A. 孔隙率大，闭口小孔尽量多　　B. 孔隙率小，闭口小孔尽量多
   C. 孔隙率大，开口大孔尽量多　　D. 孔隙率小，开口大孔尽量多

5. 耐水性材料的软化系数为（　　）。
   A. ≥0.60　　B. ≥0.70　　C. ≥0.75　　D. ≥0.85

6. 反映散粒材料颗粒之间相互填充的致密程度的是（　　）。
   A. 孔隙率　　　　B. 填充率　　　　C. 密实度　　　　D. 开口孔隙率
7. 以下导热系数最大的材料为（　　）。
   A. 金属材料　　　B. 无机非金属材料　C. 有机材料　　　D. 复合材料
8. 憎水性材料的润湿角为（　　）。
   A. $0°\leq\theta\leq90°$
   B. $45°\leq\theta\leq180°$
   C. $90°<\theta<180°$
   D. $0°\leq\theta\leq60°$
9. 材料孔隙率增大时则材料的（　　）。
   A. 强度降低　　　B. 密度降低　　　C. 表观密度提高
   D. 表观密度降低　E. 强度提高
10. 水对材料的不良影响有（　　）。
    A. 材料自重增大　B. 保温隔热性能好　C. 强度低
    D. 抗冻性差　　　E. 抗冻性好

（三）问答题

1. 当某一建筑材料的孔隙率增大时，材料密度、表观密度、强度、吸水性、抗冻性和导热性能如何变化？
2. 材料制备时，在组成一定的情况下，可采取什么措施来提高材料的强度？

（四）计算题

1. 将堆积密度为 $1550kg/m^3$ 的石子洗净并吸水饱和后，擦干表面并称其质量为1005g，再将其装入盛满水重为1840g的广口瓶内，称其总质量为2475g，经烘干后称其质量为1000g。求该石子的表观密度、质量吸水率、开口孔隙率和空隙率。
2. 已知某石子的绝干体积密度为 $2.65g/cm^3$，把它装入一个 $12m^3$ 的卡车车厢内，装平时共用21t，求该石子的空隙率。若用堆积密度为 $1500kg/m^3$ 的砂子填充上述车内石子的空隙，理论上需要多少吨砂子？
3. 某岩石试样干燥时的质量为250g，将该岩石试样放入水中，待岩石试样吸水饱和后，排开水的体积为100mL。将该岩石试样从水中取出用布擦干表面后称量，质量为275g。试求该岩石的表观密度及开口孔隙率。
4. 有一块烧结普通砖，在吸水饱和状态下测得的破坏荷载为185kN，干燥状态下测得的破坏荷载为207kN（受压面积为115mm×120mm），请计算砖在吸水饱和状态下和干燥状态下的抗压强度各为多少？该烧结普通砖可否用于长期与水接触的工程？

二、拓展题

1. 请问中空玻璃为什么比同厚度的实心玻璃保温性能好？
2. 请判断"只有在有冰冻的地区才考虑和检测材料的抗冻性"这句话的正误，并说明原因。

【在线答题】

第2章
气硬性胶凝材料

知识框架

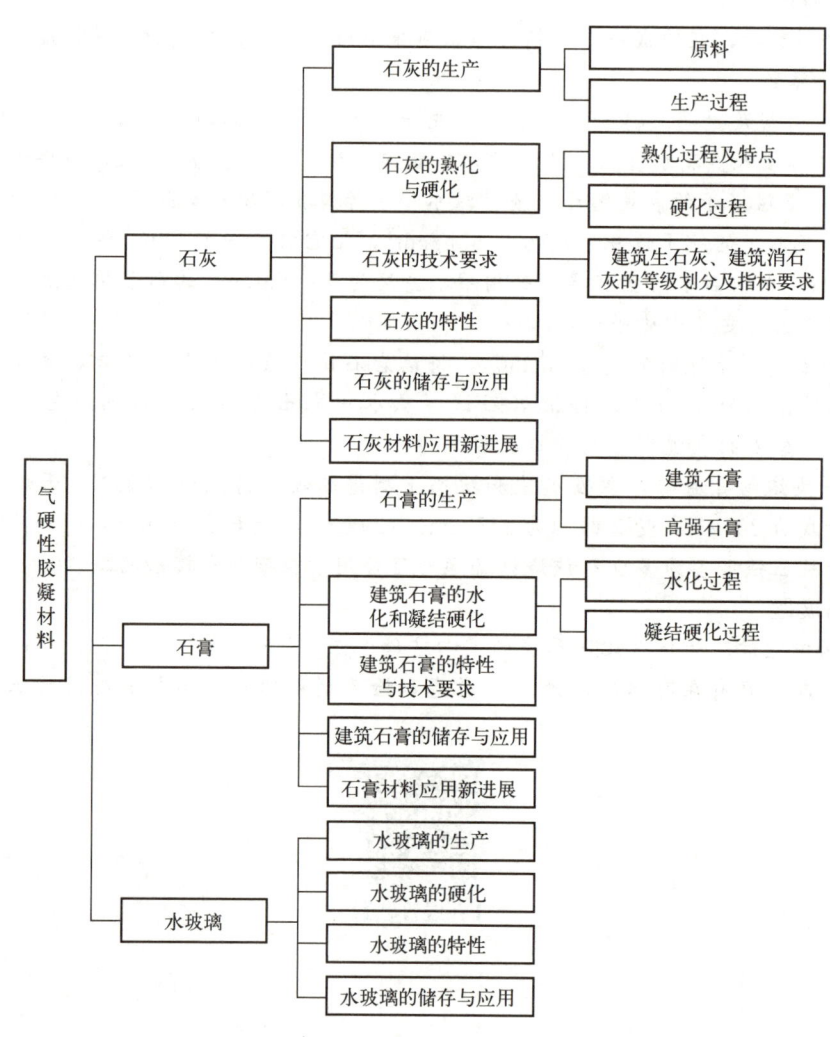

第2章 气硬性胶凝材料

学习目标

知识目标	理解石灰的生产、品种、质量标准和质量检定方法;掌握石灰的熟化与硬化过程、特性及应用
	理解石膏的生产、品种和质量标准;掌握石膏的水化、凝结硬化过程、特性及应用
	了解水玻璃的硬化、特性及应用
能力和素质目标	能根据工程特点和所处环境、施工条件,合理选用石灰和石膏;认知气硬性胶凝材料对国家发展的作用,树立家国情怀、环保意识和可持续发展观

导入案例

胶凝材料的发展历史

胶凝材料的发展,有着极为悠久的历史。在新石器时代,由于石器工具的进步,掘穴建室的建筑活动已经兴起。人类最早使用的胶凝材料为黏土,用其抹砌简易建筑物,并在黏土中拌以植物纤维(稻草、壳皮)起加筋增强作用。但黏土强度很低,遇水容易自行溃解,不能抵抗雨水的侵蚀。随着火的使用,在公元前3000—公元前1000年,中国、古埃及、古希腊、古罗马等国就已经开始利用经过煅烧所得的石灰和石膏来调制建筑砂浆。这类建筑砂浆的典型应用见图2-1和图2-2。但人们在使用中逐渐发现,以石灰、石膏作为胶凝材料的建筑砂浆抵御水侵蚀的能力较差。

图2-1　中国明代长城

图2-2　埃及金字塔

公元初,古希腊人和古罗马人发现在石灰中掺入某些火山灰沉积物,不仅能提高其强度,而且还可以显著提高其耐水性。如罗马的庞贝古城及罗马圣庙等著名建筑都是用石灰-火山灰材料砌筑而成的。在公元5世纪的中国南北朝时期,出现了一种名叫"三合土"的建筑材料,它由石灰、黏土和细砂所组成。但之后中国无机胶凝材料的发展陷入停滞状态。

到10世纪后半期,在西方先后出现了用黏土质石灰石经煅烧后制成的水硬性石灰和罗马水泥(图2-3),并在此基础上,发展到用天然泥灰岩(黏土含量为20%~25%的石灰石)煅烧、磨细制成天然水泥。

19世纪初，用人工配料，再经煅烧、磨细以制造水硬性胶凝材料的方法，已经开始组织生产。英国人约瑟夫·阿斯普丁（图2-4）于1824年首先取得了波特兰水泥的专利权。他将石灰石粉碎后煅烧，将所得的石灰与黏土混合，在类似烧石灰的窑中煅烧。将煅烧所得的混合物磨成细粉，再用来制造水泥和人工石。因为这种胶凝材料凝结硬化后的外观颜色和抗水性与当时建筑上常用的英国波特兰地区生产的石灰石相似，故称之为波特兰水泥，我国称之为硅酸盐水泥。这种胶凝材料具有极好的耐水性和使用寿命，其首批大规模应用的实例是1825—1843年建造的泰晤士河隧道工程。

图2-3　古罗马斗兽场（用罗马水泥砌筑）　　图2-4　约瑟夫·阿斯普丁（英国）

思考：请结合胶凝材料的发展历史，试分析为何石灰和石膏类胶凝材料的耐水性不好，而硅酸盐水泥则具有很好的耐水性？这些差别对石灰、石膏和水泥在使用中会有什么影响？

【拓展图文】

胶凝材料（cementitious materials）是指经过一系列物理、化学作用，能将各种散粒材料或块状材料黏结成具有一定力学强度的整体的材料。

按化学组成，胶凝材料可分为有机胶凝材料和无机胶凝材料两大类。

（1）有机胶凝材料（organic cementitious materials）是指以天然的或合成的有机高分子化合物为基本成分的胶凝材料，如沥青、树脂、橡胶等。

（2）无机胶凝材料（inorganic cementitious materials）是指以无机化合物为基本成分的胶凝材料。按凝结硬化条件，无机胶凝材料可分为气硬性胶凝材料和水硬性胶凝材料两类。气硬性胶凝材料（nonhydraulic cementitious materials）是指只能在空气中凝结硬化，且只能在空气中保持和继续发展其强度的胶凝材料，如石灰、石膏、水玻璃等。气硬性胶凝材料一般仅适用于干燥环境，而不宜用于潮湿环境或水中。水硬性胶凝材料（hydraulic cementitious materials）是指既能在空气中凝结硬化又能在水中凝结硬化、保持和继续发展其强度的胶凝材料，如各种水泥（氯氧镁水泥除外）。水硬性胶凝材料既适用于干燥环境，也适用于潮湿或水下工程。

【参考答案】

【思考与讨论2-1】
试分析周围建筑中各个部位都使用了哪些胶凝材料，对比这些胶凝材料的特点有何不同？

2.1 石灰

石灰（lime）的主要成分是氧化钙，是人类最早使用的一种人工胶凝材料。根据性质不同，石灰可分为如下两类。

(1) 气硬性石灰（nonhydraulic lime）由碳酸钙含量较高、黏土杂质含量小于8%的石灰石煅烧而成。我国目前使用的石灰大多数属于此类。

(2) 水硬性石灰（hydraulic lime）用黏土杂质含量大于8%的石灰石煅烧而成。这种石灰成品中除了氧化钙，还含有一定数量的硅酸钙、铝酸钙等，因而呈现出水硬性。

根据成品加工方法不同，石灰可分为四种，具体见表2-1。

表 2-1 石灰的分类

种类	外形	定义	主要成分
生石灰块 (blocky quick lime)		是由原料煅烧而得的原产品	CaO
生石灰粉 (quick lime powder)		是由块状生石灰磨细而得的细粉	CaO
消石灰粉 (hydrated lime powder)		是将生石灰用适量水消化而得的粉体，亦称熟石灰粉	$Ca(OH)_2$
石灰浆 (hydrated lime slurry)		是将生石灰用过量水（为石灰体积的3~4倍）消化而得的黏稠浆体，亦称石灰膏	$Ca(OH)_2$

2.1.1 石灰的生产

1. 原料与生产

以含碳酸钙为主的天然岩石，如石灰岩、白垩、大理岩、白云质石灰岩等，将其在900~1100℃高温下煅烧，即得以氧化钙为主要成分的生石灰（quick lime），其反应式如下。

$$CaCO_3 \xrightarrow{900\sim1100℃} CaO + CO_2 \uparrow \qquad (2-1)$$

2. 煅烧温度和煅烧时间对石灰的影响

石灰在生产过程中，由于煅烧温度和煅烧时间的差异，除正火石灰外，常有欠火石灰和过火石灰生成。煅烧后三种石灰的对比见表2-2。

表2-2 煅烧后三种石灰的对比

类型	外形	定义	特点
正火石灰 (burnt lime)		正常温度下煅烧得到的生石灰	内部孔隙率大、晶粒细小、体积密度小，与水反应速率快
欠火石灰 (under-burnt lime)		由于煅烧温度低或煅烧时间不足，内部尚有未分解的石灰石内核，外部为正常煅烧的石灰	石灰的利用率低，黏结能力差，但一般不会带来危害
过火石灰 (over-burnt lime)		煅烧温度过高或煅烧时间过长情况下生成的颜色较深、块体致密的石灰	晶粒粗大、表面被玻璃状物质所包覆，与水作用缓慢（需数十天至数年），会引起硬化制品隆起或开裂

2.1.2 石灰的熟化与硬化

1. 石灰的熟化

石灰的熟化（又称消化或消解）是指生石灰中的氧化钙与水作用生成熟石灰（hydrated lime，又称消石灰）的过程，其反应式如下。

$$CaO + H_2O \longrightarrow Ca(OH)_2 + 64.9kJ \qquad (2-2)$$

工程上使用生石灰前要进行熟化，熟化过程不仅会放出大量的热，而且会使体积增大1~2.5倍。煅烧良好、氧化钙含量高的石灰熟化较快、放热量大，而且体积增加也较多。

【拓展阅读】 生石灰固化黏土地基

工程上常用生石灰固化黏土地基。将生石灰粉和黏土搅拌后，由于生石灰与水反应会吸收部分自由水，且水化放热也会加速地基中水分的挥发，从而降低了土中的含水量。同时，由于生石灰熟化成氢氧化钙伴随着体积膨胀，造成土壤因膨胀而挤压得更加密实，故提高了土层的承载能力。另外，熟化后的氢氧化钙还会与土壤中的活性硅铝发生反应，生成耐水性更好的水化硅酸钙凝胶，进一步固化了黏土地基。

过火石灰消化速度很慢，当石灰抹灰层中含有这种颗粒时，其会吸收空气中的水蒸气而逐步熟化膨胀，使已硬化的浆体产生隆起、开裂等破坏，严重影响石灰抹灰层质量。

为了消除过火石灰的这种危害，经常采用的方法是陈伏（lime ageing）。陈伏是指将石灰膏（或石灰乳）在储灰坑中放置两周以上的过程。

过火石灰在这一期间将慢慢熟化，而且存放时间越长，石灰膏的质量越好。陈伏之前，通常要先将较大尺寸的过火石灰利用小于 3mm×3mm 的筛网去除（同时也为了去除较大的欠火石灰块，以提高石灰质量）；陈伏期间，石灰膏表面应保有一层水分，使其与空气隔绝，以免与空气中的二氧化碳发生碳化反应。

【拓展视频】

【工程案例 2-1】　石灰砂浆开裂

概况：某工地急需配制石灰砂浆。当时有消石灰粉、生石灰粉及生石灰块可供选用。由于生石灰块价格相对便宜，因此采用生石灰块加水直接配制了石灰砂浆。使用数月后发现，石灰砂浆墙面多处出现凸起的放射状裂缝（图 2-5），请分析原因。

原因分析：这可能是由于生石灰块中含有一定量的过火石灰。当生石灰块直接加水制备石灰砂浆时，由于没有充分的时间陈伏，砂浆中的过火石灰未完全熟化，以致在砂浆硬化后，过火石灰吸收空气中的水蒸气继续熟化，造成体积膨胀，导致石灰砂浆墙面多处出现凸起的放射状裂缝。

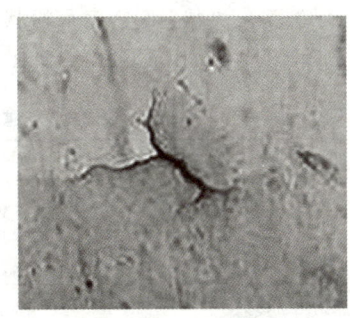

图 2-5　石灰砂浆墙面的放射状裂缝

2. 石灰的硬化

石灰熟化后逐渐凝结硬化，主要包括下面两个过程。

（1）干燥结晶硬化（dry-hardening）：水分的蒸发会引起石灰浆体中溶液过饱和程度的提高，促使氢氧化钙再结晶，但结晶数量很少，因此这种结晶引起的石灰浆体强度的增长并不显著。石灰浆体在干燥过程中，由于水分的蒸发会在其中形成网状孔隙，那些滞留于网状孔隙中的自由水会由于表面张力的作用而产生毛细管压力，使石灰粒子变得更紧密而获得附加强度。这种强度类似于黏土失水后而获得的强度，强度值也不大。若石灰浆体再遇水，因毛细管压力消失，氢氧化钙颗粒间的紧密程度会降低，且氢氧化钙微溶于水，石灰浆体强度又会丧失。

（2）碳化硬化（carbonation hardening）：石灰浆体从空气中吸收二氧化碳，可以生成不溶于水的碳酸钙晶体，这个过程称为碳化。碳化生成的碳酸钙晶体或互相共生，或与石灰粒子共生，从而提高了强度。此外，当生成碳酸钙时，其体积会比氢氧化钙固体体积稍微增大一些，从而使硬化石灰浆体更加紧密。

但由于碳化作用主要发生在与空气接触的表层，空气中二氧化碳的浓度很低，且生成的碳酸钙膜层较致密，阻碍了空气中二氧化碳的渗入，也阻碍了内部水分向外蒸发，因此碳化硬化速度缓慢。

由上可见，石灰是一种硬化慢、强度低的气硬性胶凝材料。

2.1.3　石灰的技术要求

建筑工程中所用的石灰常分为三个品种：建筑生石灰、建筑生石灰粉和建筑消石灰粉。我国建材行业标准《建筑生石灰》(JC/T 479—2013)与《建筑消石灰》(JC/T 481—2013)分别对建筑生石灰、建筑生石灰粉及建筑消石灰粉的主要技术指标(包括钙镁总量、氧化镁含量、细度等)做出了相关的规定。

1. 建筑生石灰(building quick lime)

建筑生石灰按加工情况分为建筑生石灰和建筑生石灰粉两类,按化学成分分为钙质石灰(氧化镁含量≤5%)和镁质石灰(氧化镁含量>5%)两类。建筑生石灰和建筑生石灰粉的技术要求为有效氧化钙和氧化镁含量、氧化镁含量、三氧化硫含量(各等级生石灰均要求三氧化硫含量≤2%)、二氧化碳含量(二氧化碳含量高,则未分解完全的碳酸盐含量越高)、产浆量(指10kg生石灰生成的石灰膏体积数,dm^3)、细度等,并由此划分为五个等级、十个类别,各等级的技术要求见表2-3,其中CL表示钙质石灰、ML表示镁质石灰、Q表示块状、QP表示粉状。生石灰的识别标志由产品名称、加工情况和产品依据标准编号组成,如CL 90 - QP JC/T 479—2013。

表 2-3 建筑生石灰和建筑生石灰粉各等级的技术要求

类别	(CaO+MgO)含量/%	MgO/%	CO_2含量/%	产浆量/(dm^3/10kg)	细度/% 0.2mm筛余量	细度/% 90μm筛余量
CL 90 - Q	≥90	≤5	≤4	≥26	—	—
CL 90 - QP				—	≤2	≤7
CL 85 - Q	≥85	≤5	≤7	≥26	—	—
CL 85 - QP				—	≤2	≤7
CL 75 - Q	≥75	≤5	≤12	≥26	—	—
CL 75 - QP				—	≤2	≤7
ML 85 - Q	≥85	>5	≤7	—	—	—
ML 85 - QP				—	≤2	≤7
ML 80 - Q	≥80	>5	≤7	—	—	—
ML 80 - QP				—	≤7	≤2

2. 建筑消石灰(building hydrated lime)

建筑消石灰是以建筑生石灰为原料,经水化和加工所制得的建筑消石灰粉。建筑消石灰的技术要求为有效氧化钙和氧化镁、氧化镁含量、三氧化硫含量、游离水(指外在水分,不包括化学结合水部分。石灰完全水化所需的理论水灰比为0.321,而实际消化加水量一般为理论值的1倍左右。多加的残余水分蒸发后,留下孔隙,会加剧消石灰粉碳化现象的产生,影响工程质量)、安定性(指凝结硬化过程中体积变化的均匀性。安定性不好,即石灰制品在硬化时产生开裂、翘曲,说明未熟化的过火氧化钙、氧化镁含量过多,各等级建筑消石灰的安定性要求合格)、细度等,并由此划分为五个等级,各等级的技术要求见表2-4,其中HCL表示钙质消石灰、HML表示镁质消石灰。建筑消石灰的识别标志由产品名称和产品依据标准编号组成,如HCL 90 JC/T 481—2013。

表 2-4 建筑消石灰各等级的技术要求

类别	(CaO+MgO)含量/%	MgO/%	SO_3含量/%	游离水/%	细度/%	
					0.2mm 筛余量	90μm 筛余量
HCL 90	≥90	≤5	≤2	≤2	≤2	≤7
HCL 85	≥85	≤5	≤2	≤2	≤2	≤7
HCL 75	≥75	≤5	≤2	≤2	≤2	≤7
HML 85	≥85	>5	≤2	≤2	≤2	≤7
HML 80	≥80	>5	≤2	≤2	≤2	≤7

【思考与讨论 2-2】

某工地要使用一种建筑生石灰粉，现取试样，应如何判断该石灰的品质？请说明判断过程。

【参考答案】

2.1.4 石灰的特性

石灰与其他胶凝材料相比，主要特点如下。

1. 水化热高、水化体积膨胀

石灰具有强烈的水化反应能力，表现为石灰遇水后会迅速放出大量热量。石灰最初水化放出的热量约为 1156J/kg，是半水石膏水化放热的 10 倍，是普通硅酸盐水泥水化放热的 9 倍。

石灰水化过程中，除上述强烈的放热反应外，还伴随着体积的显著增大。通过改变石灰细度、水灰比、消化温度等可以控制其体积变化。

2. 水化需水量大

CaO 与水反应生成 $Ca(OH)_2$ 的理论需水量仅为 32%。但在实际反应中，由于放热量大，会使水分蒸发，其蒸发量约占 37%，因此要使 CaO 全部转变成 $Ca(OH)_2$，需加入约 70% 的水，才可得到十分干燥、体积疏松的消石灰粉。

3. 保水性、可塑性好

熟化生成的 $Ca(OH)_2$ 颗粒极其细小，比表面积（材料的总表面积与其质量的比值）很大，使得 $Ca(OH)_2$ 颗粒表面吸附一层较厚的水膜，即石灰的保水性好。由于颗粒间的水膜较厚，颗粒间的滑移较易进行，即可塑性好。这一性质常被用来改善砂浆的保水性，以克服水泥砂浆保水性差的缺点。

4. 凝结硬化慢、强度低、干燥收缩大

石灰浆在空气中的碳化速度非常慢，导致氢氧化钙和碳酸钙结晶量少，且硬化后的强度很低。如 1:3 的石灰砂浆，28d 的抗压强度仅为 0.2~0.5MPa。

石灰浆中 $Ca(OH)_2$ 颗粒吸附的大量水分，在硬化过程中会不断蒸发，并产生很大的毛细管压力，会使石灰浆体产生很大的收缩而开裂，因此石灰除粉刷外不宜单独使用。

5. 耐水性差

硬化后石灰浆体的主要成分为 $Ca(OH)_2$，仅有少量的 $CaCO_3$。由于 $Ca(OH)_2$ 可微溶于水，因此石灰的耐水性很差，软化系数接近于零，所以其不能单独用于潮湿环境中。

6. 吸湿性强

石灰石在加热分解时,每 100 份质量的 $CaCO_3$,可以得到 56 份质量的 CaO,并失去 44 份质量的 CO_2。而实际上,煅烧后石灰的体积比原来石灰石的体积一般只缩小 10%～15%,故石灰具有多孔结构,吸湿性强,保水性好,是传统的干燥剂。

【工程案例 2-2】 石灰砂浆墙面的不规则网状裂纹

概况:某商品住宅楼使用石灰砂浆涂刷墙体,数日后墙面出现大量不规则网状裂纹(图 2-6)。请分析原因,并思考如何防止。

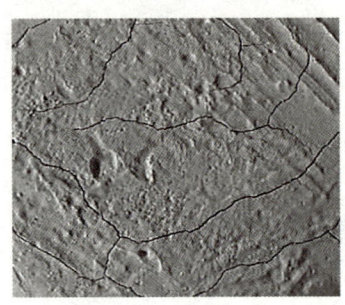

图 2-6 石灰砂浆墙面的不规则网状裂纹

原因分析:石灰砂浆墙面上出现不规则网状裂纹,主要原因在于石灰在硬化过程中会蒸发大量的游离水而引起体积收缩,这种收缩会导致墙面出现网状裂纹。

为了避免石灰砂浆开裂,可以采取以下措施:①在砂浆拌制时加入麻刀或纸筋等纤维状材料,以减少收缩引起的裂纹;②根据基层材料合理选择水灰比,控制抹灰厚度,避免一次性抹灰过厚导致石灰砂浆收缩而引起开裂;③在使用石灰砂浆进行内墙粉刷时,应注意墙面的处理,确保墙面清理干净、无油污,并在抹灰前充分湿润墙面,以减少开裂的可能性;④砂浆的稠度要适中,避免太稀或太干,以确保施工质量。

2.1.5 石灰的储存与应用

1. 石灰的储存

生石灰块及生石灰粉放置太久,会吸收空气中的水分熟化成消石灰粉,并进一步与空气中的二氧化碳作用生成碳酸钙,从而失去胶凝能力。所以,生石灰的储存与运输应防止受潮,且不宜存放太久。此外,生石灰受潮消化会放出大量的热,且体积膨胀,故在储存和运输时还要注意安全,并将其与易燃物分开,以免引起火灾。

2. 石灰的应用

石灰在建筑工程和建材工业中的用途很广,主要如下。

1) 石灰乳和石灰砂浆(混合砂浆)

石灰乳由消石灰粉或消石灰膏加入大量水调制而成,是一种廉价易得的涂料。其主要用于要求不高的室内墙面和顶棚粉刷,以增加美观和亮度。石灰乳中,加入少量磨细粒化高炉矿渣或粉煤灰,可提高其耐水性;加入聚乙烯醇、氯化钙或明矾,可减少涂层粉化现象;加入各种色彩的耐碱颜料,可获得更好的装饰效果。

石灰浆和消石灰粉可以单独或与其他胶凝材料一起配制成砂浆,前者称为石灰砂浆,后者称为混合砂浆,主要用于墙体的砌筑和抹面。为了克服石灰浆收缩性大的缺点,配制时常要加入纸筋等纤维状材料。

2) 灰土和三合土

石灰可以与黏土按 1∶(2～4) 的质量比拌制成灰土或石灰土,再加砂(或碎石、炉渣等),即成三合土。由于消石灰粉的可塑性好,在夯实或压实下,可使灰土和三合土的密实度增加。同时，黏土中含有少量的活性 SiO_2 及 Al_2O_3，可与石灰中的 $Ca(OH)_2$ 反应生成少量的不溶于水的水化硅酸钙和水化铝酸钙，使二者的密实程度、强度和耐水性得到改善。因此，灰土和三合土主要用于一般建筑物的基础、普通路面与屋面的垫层等。图 2-7 所示为石灰用于路基。

【拓展视频】

3）硅酸盐制品

磨细生石灰（或消石灰粉）和砂（或粉煤灰、粒化高炉矿渣、炉渣）等硅质材料加水拌和，经过成型、蒸养或蒸压处理等工序，可制得密实或多孔的硅酸盐制品，如灰砂砖、粉煤灰砖、加气混凝土砌块等，见图 2-8。

图 2-7 石灰用于路基

【拓展视频】

(a) 灰砂砖　　　　　　　　(b) 粉煤灰砖　　　　　　　　(c) 加气混凝土砌块

图 2-8 硅酸盐制品

4）碳化石灰板

将磨细生石灰、纤维状填料（如玻璃纤维）或轻质集料加水搅拌成型为坯体，然后用较浓的 CO_2 气体进行人工碳化（12～24h）而成的一种轻质板材，称为碳化石灰板。为减轻自重，提高碳化效果，碳化石灰板通常制成薄壁或空心制品。碳化石灰板的可加工性能好，适合做非承重的内隔墙板、天花板等。

【阅读拓展】 石灰在中国古代的应用

中国在公元前 7 世纪开始使用石灰。从仰韶文化的半穴居建筑到龙山文化的木骨泥墙建筑，从夏商周时期的宫式和高台建筑，到秦汉时期的砖瓦建筑，再到明清时期的宫廷建筑（图 2-9 所示为故宫城墙），以及近代的历史建筑等，石灰一直是其中不可或缺的建筑材料。

图 2-9 故宫城墙

据考证，石灰从仰韶文化时期就开始出现，由人工烧制的石灰石制成，到后来的龙山文化、齐家文化等，石灰在建筑中的应用越来越多，而且在不同地区均有应用。

到春秋战国时期，开始有关于石灰在建筑中使用的文献记载。

《左传·成公二年》中曾有"八月，宋文公卒，始厚葬，用蜃灰"的记载。古时大蛤称蜃，而蜃灰则是由一种水生生物大蛤的外壳（其成分主要是碳酸钙）烧制而成的石灰质材料。这表明贝壳石煅烧成的石灰，在我国春秋战国之时已被广泛认识，且利用石灰极易吸收水分的特点，将其用于防潮。

《后汉书·杨璇传》中曾记载"璇乃特制马车数十乘，以排囊盛石灰于车上"，这说明汉代的石灰产量已相当大了。

河北望都二号汉墓（公元182年）的砖砌体用石灰胶结，砖拱券用石灰浆灌缝，墓的内壁及券面都粉刷了石灰面层，表明此时的石灰技术已经成熟。

[来源：汉匠古建（有改动）]

2.1.6 石灰材料应用新进展

石灰在建筑工程和土木工程中的应用除上面所述用途外，不断有学者尝试进一步挖掘其新功能和应用。

（1）将石灰配合其他材料，用于激发活性矿物掺合料，进而制备地聚物水泥。研究较多且较成熟的为石灰-石膏-粉煤灰体系，石灰是粉煤灰的碱性激发剂，其主要作用是提供OH^-破解粉煤灰活性成分中的Si—O键和Al—O键、补充粉煤灰水化反应所需的Ca^{2+}、促进水化产物的形成和转化等，在无水泥掺量的情况下，粉煤灰体系的强度也能满足低强度等级混凝土的需要。石灰除激发粉煤灰外，还可激发矿渣、赤泥、炉渣、偏高岭土等，以形成水硬性胶凝材料。

（2）将石灰用于对土壤重金属污染的修复。研究表明，石灰对土壤重金属污染的修复机理主要是通过改变土壤的pH值、土壤阳离子交换量、土壤盐基饱和度、土壤氧化还原电位等过程，从而影响重金属在土壤中的吸附、沉淀、络合等。在实际修复过程中，为防止土壤出现板结现象，在施用石灰过程中应考虑当地土壤的类型、石灰施用量、施用时期和施用方式等问题。这些研究结果为实现耕地土壤重金属污染风险管控与修复安全利用提供了科学依据。

（3）利用石灰进行燃煤锅炉的烟气脱硫。所谓石灰烟气脱硫指的是利用石灰在吸收塔中吸收燃煤烟气中的二氧化硫，得到亚硫酸钙和硫酸钙的混合液，然后送至氧化塔，通入空气进行氧化，所得的硫酸钙浆料经离心过滤和洗涤后制得成品硫酸钙（脱硫石膏）的过程。此法的优点是石灰价格低廉，易于得到，因此在工业上得到广泛的应用。

【参考答案】

【思考与讨论 2-3】

石灰在工程和生活中的应用都是利用了其哪些特性，请举例说明。

2.2 石膏

石膏（gypsum）是指以硫酸钙为主要成分的气硬性胶凝材料，是一种应用历史悠久的胶凝材料。我国的石膏矿藏丰富，开采历史悠久。早在约 3000 年前，我国人民就已经开始了石膏矿的开采和使用。由于石膏及其制品具有生产能耗低、质量轻、耐火、隔声、绝热性能好、装饰性强及资源丰富等优点，故其在建筑工程中得到了广泛的应用。

2.2.1 石膏的生产

石膏的生产原料主要是天然二水石膏（dihydrate gypsum，$CaSO_4 \cdot 2H_2O$，又称生石膏或软石膏）、天然硬石膏（anhydrite，$CaSO_4$）及化工石膏（chemical gypsum，一些含有 $CaSO_4 \cdot 2H_2O$ 和 $CaSO_4$ 混合物的化工副产品及废渣，如磷石膏、氟石膏、排烟脱硫石膏、盐石膏、硼石膏等）。

石膏生产的主要工序是破碎、加热煅烧与磨细。根据煅烧温度和煅烧压力的不同，可生产出不同性质的石膏。石膏加工条件及其相应产品示意图见图 2-10。

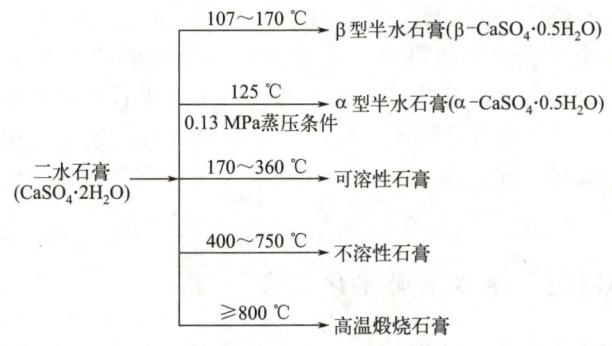

图 2-10 石膏加工条件及其相应产品示意图

当加热温度为 65～75℃ 时，$CaSO_4 \cdot 2H_2O$ 开始脱水；当加热温度升至 107～170℃ 时，生成半水石膏（hemihydrate gypsum，$CaSO_4 \cdot 0.5H_2O$）。在该加热阶段中，因加热条件不同，所获得的半水石膏有 β 型（建筑石膏）和 α 型（高强石膏）两种形态，二者的区别详见表 2-5。

表 2-5 建筑石膏和高强石膏的区别

种类	形成过程	晶体类型	特点
建筑石膏 (building gypsum)	将二水石膏在非密闭的窑炉中加热至107～170℃脱水所得	$\beta\text{-}CaSO_4 \cdot 0.5H_2O$	晶粒较细，需水量较大，硬化后强度较低
高强石膏 (high-strength gypsum)	将二水石膏置于0.13MPa、125℃的过饱和蒸汽条件下蒸炼脱水，或置于某些盐溶液中沸煮后所得	$\alpha\text{-}CaSO_4 \cdot 0.5H_2O$	晶粒较粗，需水量较小，硬化后强度较高

当加热温度为170～360℃时，半水石膏继续脱水，易转变为结构疏松的无水石膏，称为可溶性石膏，可溶性石膏需水量大，与水调和后仍能很快凝结硬化；当加热温度升至400～750℃时，石膏成为死烧石膏，这种石膏难溶于水，已失去凝结硬化能力，称为不溶性石膏；当加热温度高于800℃时，部分石膏分解的氧化钙具有催化作用，所得产品又重新具有凝结硬化性能，这就是高温煅烧石膏。

虽然脱水石膏种类较多，但在土木工程中，应用最为广泛的还是建筑石膏。

【参考答案】

【思考与讨论 2-4】
通过观察高强石膏和建筑石膏的微观特征并结合石膏应用特点，试分析高强石膏比建筑石膏强度高的原因。

2.2.2 建筑石膏的水化和凝结硬化

1. 建筑石膏的水化

建筑石膏与适量水拌和后，与水发生的化学反应称为石膏的水化，其反应式如下。

$$CaSO_4 \cdot 0.5H_2O + 1.5H_2O \longrightarrow CaSO_4 \cdot 2H_2O \tag{2-3}$$

建筑石膏拌水后会形成流动的可塑性胶凝体，并开始溶解于水中，很快形成饱和溶液，溶液中的半水石膏会与水反应生成二水石膏。由于二水石膏在常温下的溶解度仅为半水石膏溶解度的1/4，故二水石膏胶体微粒将从溶液中析出，致使液相中原有的平衡浓度被破坏，导致半水石膏进一步溶解、水化，直至半水石膏全部转化为二水石膏。这一过程需要7～12min。

【拓展阅读】 半水石膏水化理论

半水石膏水化有两个代表性的理论：一个是结晶理论，另一个是局部化学反应理论。其中更具普遍意义的是结晶理论。结晶理论的要点是先形成饱和溶液，然后从中沉淀出晶体水化物。这个理论认为，半水石膏加水之后会溶解并生成不稳定的过饱和溶液，溶液中的半水石膏经过水化而成为二水石膏。由于二水石膏在常温下比半水石膏具有小得多的溶解度（如20℃时半水石膏在水中的溶解度为8.85g/L左右，而二水石膏的溶解度只为2.04g/L左右），溶液对二水石膏是高度过饱和的，因此二水石膏能很快沉淀析晶。由于二水石膏的析出,破坏了原有半水石膏溶解的平衡状态,这时半水石膏会进一步溶解水化,以补偿二水石膏析晶而在液相中减少的硫酸钙含量。随着二水石膏从过饱和溶液中不断沉淀出来,其晶体随即增长,并进行排列和连生,互相交织,从而形成网络结构,使石膏浆体硬化且具有强度。半水石膏的溶解和二水石膏的析晶不断地进行,直至半水石膏完全水化。应该说整个水化过程是在溶解、水化、生成胶体、析出结晶等过程的相互交织中进行的。

2. 建筑石膏的凝结硬化

随着半水石膏水化的不断进行,生成的二水石膏胶体微粒(较半水石膏更加细小、比表面积更大)不断增多,胶体微粒上吸附着很多的水分。同时,浆体中的自由水因水化和蒸发在不断减少。因此,浆体的稠度不断增加,胶体微粒间的搭接、黏结逐步增加,使浆体逐步失去可塑性,这个过程称为凝结过程。这一过程不断进行,胶体微粒凝聚并转变为晶体,晶体颗粒逐渐长大,且晶体颗粒间相互搭接、交错、共生(两个以上晶体颗粒生长在一起)形成结晶结构网,使浆体产生强度,并不断增长,这个过程称为硬化过程。建筑石膏的凝结硬化过程见图2-11。

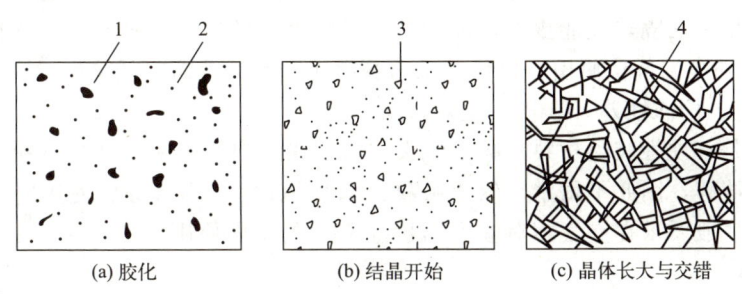

(a) 胶化　　　(b) 结晶开始　　　(c) 晶体长大与交错

1—半水石膏;2—二水石膏胶体微粒;3—二水石膏晶体;4—交错的晶体。

图2-11 建筑石膏的凝结硬化过程

建筑石膏的水化和凝结硬化是一个连续进行的过程。将从加水拌和开始一直到浆体刚开始失去可塑性的过程称为浆体的初凝,对应的这段时间称为浆体的初凝时间;将从加水拌和开始一直到浆体完全失去可塑性,并开始产生强度的过程称为浆体的终凝,对应的这段时间称为浆体的终凝时间。

2.2.3 建筑石膏的特性与技术要求

1. 建筑石膏的特性

建筑石膏及其制品已得到迅速发展,主要原因在于与其他胶凝材料相比,其有如下特点。

1) 凝结硬化快

建筑石膏凝结硬化过程很快。建筑石膏加水拌和后,在常温下几分钟内即可初凝,30min内即可终凝产生强度,一周内即可完全硬化。所以施工时根据实际需要,往往还需要加入适量的缓凝剂,如硼砂、经石灰处理过的动物胶、亚硫酸盐酒精废液、聚乙烯醇等。缓凝剂的作用在于降低半水石膏的溶解度,但同时也会导致制品的强度有所下降。

2) 凝结硬化时体积微膨胀

建筑石膏在凝结硬化时具有微膨胀性，其体积膨胀率为 0.5%～1.0%，可以不掺加填料而单独使用。这种体积微膨胀性可使石膏制品表面光滑、细腻，干燥时不产生收缩裂缝、尺寸精确、形体饱满、轮廓清晰，因而特别适合制作建筑装饰制品。

3) 水化硬化体孔隙率大，体积密度小，保温和吸声性能好

建筑石膏水化反应的理论需水量仅为其质量的 18.6%，但施工中为了保证浆体有必要的流动性，其加水量常达 60%～80%，多余水分蒸发后，将形成大量孔隙，水化硬化体的孔隙率可达 50%～60%。由于水化硬化体的多孔结构特点，而使建筑石膏制品具有体积密度小（800～1000kg/m³）、保温和吸声性能好等优点。

4) 具有一定的调温调湿性

由于建筑石膏制品内含有大量微细毛细孔，因此其具有较强的吸湿和放湿功能。其含水率随室内温度和湿度的变化而改变，水分蒸发和吸收速度可维持动态平衡，使室内湿度得到一定的调节。同时，建筑石膏的导热系数小，热容量大，可以改善室内温度。

5) 防火性好，但耐火性差

二水石膏遇火后，结晶水会蒸发形成蒸汽幕，可阻止火势蔓延，且脱水后的建筑石膏制品因孔隙率增大而隔热性能更好，能增强临时防火效果。但建筑石膏耐火性差，不宜长期在 65℃ 以上的高温部位使用，以免二水石膏缓慢脱水分解而降低强度。

6) 耐水性、抗冻性差

建筑石膏是气硬性胶凝材料，吸水性大，长期在潮湿环境中，其晶体粒子间的结合力会削弱，直至溶解，因此不耐水（软化系数为 0.2～0.3）、不抗冻。使用时，应注意所处环境的影响，一般要求在空气相对湿度不超过 70% 的室内使用。

7) 强度低

建筑石膏的强度发展快，但强度低，2h 的抗压强度在 3～6MPa 范围内，7d 的抗压强度为 8～12MPa。

8) 尺寸稳定，加工性好

建筑石膏的伸缩比很小，当达到最大吸水率时，其伸长也只有 0.09% 左右，其干燥收缩比则更小。因此，建筑石膏制品的尺寸稳定、变形小。建筑石膏制品的加工性好，可钉、可刨、可钻、可贴，施工安装方便。

【工程案例 2-3】 建筑石膏凝结问题

概况：将建筑石膏粉加水后拌和成石膏浆，用于光滑的天花板上直接粘贴石膏饰条，粘贴约半小时完工。几天后发现，最后粘贴的两条石膏饰条突然坠落，请分析原因。

原因分析：建筑石膏拌水后一般于数分钟内即凝结，后面粘贴石膏饰条的石膏浆已初凝，黏结性能差。欲延长建筑石膏的凝结时间，可掺入适量缓凝剂，或者分多次配制石膏浆，即配即用。

2. 建筑石膏的技术要求

《建筑石膏》（GB/T 9776—2022）中按原材料种类不同将建筑石膏分为三类，分别为天然建筑石膏（代号 N）、脱硫建筑石膏（代号 S）和磷建筑石膏（代号 P）。按 2h 湿抗折强度，建筑石膏可分为 4.0、3.0 和 2.0 三个等级。建筑石膏各级的物理力学性能见表 2-6，指标中若有一项以上不合格，则判定该批产品不合格。

表 2-6 建筑石膏各级的物理力学性能（GB/T 9776—2022）

等级	强度/MPa				凝结时间/min	
	2h 湿强度		干强度		初凝	终凝
	抗折	抗压	抗折	抗压		
4.0	≥4.0	≥8.0	≥7.0	≥15.0	≥3	≤30
3.0	≥3.0	≥6.0	≥5.0	≥12.0		
2.0	≥2.0	≥4.0	≥4.0	≥8.0		

2.2.4 建筑石膏的储存与应用

1. 建筑石膏的储存

建筑石膏易吸湿受潮、凝结硬化快，因此在运输、储存过程中，应注意防雨、防潮。石膏长期存放，强度也会降低，一般储存期超过 3 个月，强度下降 30% 左右。所以，建筑石膏储存时间不得过长，若超过 3 个月，应重新检验并测定其等级。

2. 建筑石膏的应用

建筑石膏具有优良的特性，在建筑工程中，应用十分广泛，如做室内抹灰及粉刷、制作石膏制品等。

1）室内抹灰及粉刷

石膏洁白细腻，用于室内抹灰及粉刷，具有良好的装饰效果。经石膏抹灰后的墙面、顶棚，还可直接涂刷涂料、粘贴壁纸等。建筑石膏可以和水、缓凝剂直接拌制成石膏浆体，也可以和水、砂子拌和成石膏砂浆。

2）制作石膏制品

由于石膏制品具有质量轻、保温隔热、吸声、防火及加工性能好、施工方便等特点，因此石膏制品在我国有着广阔的发展前景，是当前着重发展的新型轻质材料之一。目前，我国生产的石膏制品主要有石膏板、石膏砌块、石膏装饰制品等。图 2-12 所示为石膏板和石膏装饰制品。

(a) 石膏板

(b) 石膏装饰制品

图 2-12 石膏板和石膏装饰制品

（1）石膏板是以建筑石膏为主要原料制成的一种轻质板材。如前所述，它具有许多优点，而且原料来源广泛、加工设备简单、燃料能耗低、生产周期短，是一种比较理想的内墙材料。为了减轻密度、降低导热性，制造石膏板时可以掺加锯末、膨胀珍珠岩、陶粒等多孔填料；为了提高抗拉强度、减少脆性，制造石膏板时可以掺加纸筋、麻刀、芦苇及石棉等纤维状填料，也可以在石膏板面粘贴纸板；为了提高耐水性，制造石膏板时可以掺加粉煤灰、磨细的粒化高炉矿渣、硅藻土及各种有机防水剂。例如，在石膏板中掺加沥青质防水剂，表面用经过化学处理的防水纸或乙烯树脂包覆，可以制成浴室和临时性建筑的外墙板。调整石膏板的厚度、孔眼大小、孔距、空隙层厚度，可以制成适用于不同频率的吸声板。此外，还可以用石膏板做成天花板及地面基层板。

（2）石膏砌块也是以建筑石膏为主要原料，经加水搅拌、浇注成型和干燥而制成的块状轻质建筑石膏制品。在生产石膏砌块时，可以根据性能要求加入轻集料、纤维增强材料、发泡剂等辅助材料，有时也可以用部分高强石膏代替建筑石膏。石膏砌块外形为长方形，有空心、实心之分。

（3）石膏装饰制品是以建筑石膏配以纤维增强材料、黏结剂等制作而成的各种装饰制品，如石膏角线、石膏线板、石膏角花、石膏壁画，以及石膏立体浮雕、石膏艺术品等。石膏装饰制品的艺术感强，广泛应用于不同建筑风格、不同档次的建筑室内艺术装饰中。

【工程案例 2-4】 石膏制品发霉变形

概况：某住户喜爱石膏制品，全宅均用普通石膏浮雕板作装饰。使用一段时间后，客厅、卧室效果相当好，但厨房、厕所、浴室的石膏制品则出现发霉变形情况。请分析原因。

原因分析：厨房、厕所、浴室等处一般较潮湿，普通石膏制品具有较强的吸湿性和吸水性，在潮湿的环境中，晶体间的黏结力削弱，强度下降，产生变形，且还会发霉。建筑石膏一般不宜在潮湿和温度过高的环境中使用。欲提高其耐水性，可于建筑石膏中掺入一定量的水泥或其他含活性 SiO_2、Al_2O_3 及 CaO 的材料，如粉煤灰、石灰等。此外，掺入有机防水剂也可改善石膏制品的耐水性。

2.2.5 石膏材料应用新进展

石膏在土木工程中除上面所述用途外，目前关于其应用的研究还包括以下几个方面。

1. 工业废石膏的建材资源化综合利用

【拓展图文】

对于工业废石膏的建材资源化综合利用，当前的研究多集中在脱硫石膏和磷石膏方面。脱硫石膏是燃煤电厂采用石灰石/石灰烟气脱硫后的工业副产品，其颗粒较细，主要成分为二水硫酸钙（>90%），平均粒径为 $30\sim60\mu m$，形状为多柱状，此外还有飞灰、碳酸钙等颗粒更小的杂质。脱硫石膏的特性与天然石膏相差较大。目前脱硫石膏的利用率在不断提高，可以制备石膏板、石膏砌块、石膏条板、水泥缓凝剂等，也可以用于制作硫酸钙晶须，还可用于农业中改善土壤。磷石膏是湿法磷酸浸出工艺中产生的固体废物，其主要成分为二水硫酸钙，它具有产量大、组分复杂、呈酸性等特征。目前，国内磷石膏存量高达 6 亿吨，其大量堆放将造成土地资源浪费、江河水质劣化及大气污染等生态环境问题。磷石膏目前主要用于制备水泥、粉刷材料、路基填料、石膏板、石膏砌块等建筑材料。

2. 石膏基自流平材料的应用

石膏基自流平材料是一种自动找平的功能性材料，它的主要组分有胶凝材料、细集料、添加剂等。产品经生产厂把固体材料按配合比搅拌好后，按固定的水料比加水搅拌即可使用。其产品有着良好的流动性，施工效率高、工序简单、省工省力，被广泛地应用于建筑物的地面找平施工中。石膏基自流平材料中主要的胶凝材料是建筑石膏。

3. 石膏制备硫酸联产水泥

石膏制备硫酸联产水泥即采用石膏同时生产硫酸和水泥，其基本原理是以焦炭为还原剂，在高温下促使硫酸钙分解成氧化钙、二氧化硫、二氧化碳。其中生成的氧化钙作为水泥生料的原料之一，与掺入生料中的二氧化硅、三氧化二铝和三氧化二铁进行多级固相矿化反应后生成水泥熟料，进而磨制成水泥。而二氧化硫气体则随同废气由窑尾排出，经净化、洗涤、干燥、转化、吸收等工序制成硫酸。此工艺原理为解决目前堆放较多的磷石膏等工业副产石膏问题提供了一条途径。目前利用磷石膏制备硫酸联产水泥，是解决制约磷复肥发展的磷石膏问题的有效办法，被认为是资源综合利用、发展循环经济的示范项目。

2.3 水玻璃

水玻璃俗称泡花碱，是由碱金属氧化物和二氧化硅按不同比例化合而成的一种可溶于水的硅酸盐。其化学式为 $R_2O \cdot nSiO_2$，式中 R_2O 为碱金属氧化物；n 为二氧化硅与碱金属氧化物的摩尔比，称为水玻璃的模数。水玻璃的模数大小决定着水玻璃的品质及应用性能。水玻璃的模数愈大，则水玻璃的黏度愈大，黏结力、强度、耐酸性、耐热性愈高，但也愈难溶于水中，且不利于施工。因此水玻璃的模数一般在 1.5～3.5 之间，常用的为 2.6～2.8。按碱金属氧化物的不同，水玻璃可以分为硅酸钠水玻璃（$Na_2O \cdot nSiO_2$，简称钠水玻璃）、硅酸钾水玻璃（$K_2O \cdot nSiO_2$，简称钾水玻璃）和硅酸锂水玻璃（$Li_2O \cdot nSiO_2$，简称锂水玻璃）等。虽然钾水玻璃和锂水玻璃的性能优于钠水玻璃，但是由于钾水玻璃和锂水玻璃价格昂贵，因此工程中最常用的是钠水玻璃。

2.3.1 水玻璃的生产

水玻璃的生产有干法和湿法两种。湿法是石英砂和苛性钠溶液在压蒸釜内用蒸汽加热、搅拌生成液体水玻璃；干法是将磨细的石英砂和碳酸钠在温度为1300～1400℃的熔炉中加热得到固体水玻璃，再在压蒸釜内将水蒸气引入到固体水玻璃中得到液体水玻璃。水玻璃是无色透明的液体，杂质及杂质含量的多少会使水玻璃呈青灰色、绿色或微黄色。

水玻璃溶液可与水按任意比例混合，不同的用水量，可使溶液具有不同的密度和黏度。同一模数的水玻璃，其密度增加，则黏度增大，黏结力、强度、耐酸性、耐热性均提高，但太大时不利于施工。

2.3.2 水玻璃的硬化

液体水玻璃会吸收空气中的二氧化碳，生成无定形的二氧化硅凝胶（又称硅酸凝胶），硅酸凝胶脱水转变为二氧化硅而硬化，其反应式如下。

$$Na_2O \cdot nSiO_2 + CO_2 + mH_2O \longrightarrow nSiO_2 \cdot mH_2O + Na_2CO_3 \qquad (2-4)$$

由于空气中的二氧化碳浓度极低，故这个过程进行得很慢，**为了加速硬化，常加入氟硅酸钠（Na_2SiF_6）作为促硬剂**，促使硅酸凝胶加速析出，其反应式如下。

$$2(Na_2O \cdot nSiO_2) + Na_2SiF_6 + mH_2O \longrightarrow (2n+1)SiO_2 \cdot mH_2O + 6NaF \qquad (2-5)$$

加入氟硅酸钠后，初凝时间可缩短至 30～60min。氟硅酸钠的适宜用量为水玻璃质量的 12%～15%。如果用量太少（小于 12%），不仅其硬化速度缓慢，强度低，而且会出现较多未经反应的水玻璃，当遇水时，残余水玻璃易溶于水，造成其硬化后浆体耐水性差。但如果用量过多（大于 15%），又会引起凝结过快，造成施工困难，而且硬化后浆体的抗渗性和强度也会降低。另外，氟硅酸钠有毒，施工操作时要做好安全防护工作。除氟硅酸钠外，在水玻璃中加入酸性物质或酯类，也可促进水玻璃的硬化。

2.3.3　水玻璃的特性

水玻璃在凝结硬化后，具有以下特性。

（1）**黏结能力强、强度高、抗渗性和抗风化能力好**。水玻璃硬化中析出的硅酸凝胶具有很强的黏附性，因而水玻璃具有良好的黏结能力。水玻璃在硬化后，用水玻璃配制的混凝土的抗压强度可达 15～40MPa。硅酸凝胶能堵塞材料毛细孔并在表面形成连续封闭膜，因而具有很好的抗渗性和抗风化能力。

（2）**不燃烧、耐热性好**。水玻璃不燃烧，在高温下会脱水、干燥并逐渐形成二氧化硅空间网状骨架，强度并不会降低，甚至有所增加。水玻璃可用于配制水玻璃耐热混凝土、耐热砂浆和耐热胶泥等。

（3）**耐酸性好**。由于水玻璃硬化后的主要成分为硅酸凝胶，而硅酸凝胶不与酸类物质反应，可以抵抗除氢氟酸、过热磷酸外的几乎所有的无机酸和有机酸，因此水玻璃具有很好的耐酸性。水玻璃可用于配制水玻璃耐酸混凝土、耐酸砂浆等。

（4）**耐碱性和耐水性差**。水玻璃在加入氟硅酸钠后仍不能完全反应，硬化后的水玻璃中仍含有一定量的 $Na_2O \cdot nSiO_2$。由于 SiO_2 和 $Na_2O \cdot nSiO_2$ 均可溶于碱，且 $Na_2O \cdot nSiO_2$ 可溶于水，因此水玻璃硬化后不耐碱、不耐水。

2.3.4　水玻璃的储存与应用

水玻璃在储存过程中易水解，易与空气中的二氧化碳反应而分解，因此要注意防水和密封。此外，水玻璃在运输、储存中应隔绝明火，产品应储存于阴凉、干燥处，防止受热、受潮、阳光暴晒和雨淋。

水玻璃具有很高的耐酸性，以水玻璃为胶结材料，加入促硬剂和耐酸粗、细集料，可配制成耐酸砂浆或耐酸混凝土，主要用于耐腐蚀工程。水玻璃耐热性好，能长期承受一定的高温作用，用它与促硬剂及耐热集料等可配制耐热砂浆或耐热混凝土，主要用于高炉基础和其他有耐热要求的结构部位。

水玻璃涂刷或浸渍材料后，能渗入缝隙和孔隙中，固化的硅酸凝胶能堵塞毛细孔通道，提高材料的密度和强度，从而提高材料的抗风化能力。但水玻璃不得用来涂刷或浸渍石膏制品。因为水玻璃与石膏反应生成硫酸钠（Na_2SO_4），在制品孔隙内会结晶膨胀，导致石膏制品开裂破坏。水玻璃还可用于配制内外墙涂料。

将水玻璃与氯化钙溶液通过金属管交替注入土壤中，两种溶液能迅速反应生成硅酸凝胶和硅酸钙凝胶，可起到胶结和填充孔隙的作用，使土壤的强度和承载能力提高。水玻璃常用于粉土、砂土和填土地基的加固，其抗压强度可以达到 3~6MPa。

水玻璃可与两种、三种或四种矾配制成所谓的二矾、三矾或四矾速凝防水剂，用于堵漏、填缝等局部抢修。这种多矾速凝防水剂的凝结速度很快，凝结时间一般为几分钟，其中四矾速凝防水剂不超过 1min，故在工地上使用时必须做到即配即用。

将水玻璃、粒化高炉矿渣粉、砂及氟硅酸钠按一定比例拌和均匀后，可以起到黏结与补强作用。

本章小结

本章主要介绍了气硬性胶凝材料（石灰、石膏、水玻璃）的生产、水化、硬化及主要特性和应用。通过本章的学习，学生应掌握石灰、石膏的水化过程及凝结硬化原理，能根据材料性质合理选择和应用材料，并理解材料特性在工程实践中的意义。

练习题

一、基础题

（一）填空题

1. 石灰浆体的硬化包括_____和_____两个同时进行的过程，而且_____过程是一个由_____及_____的过程，其硬化速度_____。

2. 石灰的熟化过程是将_____加水消解成_____的过程，石灰熟化时的两个显著特点是：_____和_____。

3. 建筑石膏与水拌和后，最初是具有可塑性的浆体，随后浆体变稠失去可塑性，但尚无强度时的过程称为_____，以后逐渐变成具有一定强度的固体的过程称为_____。

4. 按碱金属氧化物的不同，常用水玻璃可分为_____、_____和_____三种。

（二）选择题

1. 石灰膏在使用之前必须（　　）。
 A. 陈伏 B. 熟化
 C. 检测其有效氧化钙和氧化镁的含量 D. 检测其细度

2. 石灰一般不能单独使用，是因为（　　）。
 A. 熟化时体积膨胀导致破坏
 B. 硬化时体积收缩导致破坏
 C. 过火石灰的危害

D. 易碳化

3. 生石灰使用前的陈伏处理,是为了( )。

A. 消解欠火石灰　　　　　　　　　B. 放出水化热

C. 消解过火石灰的危害　　　　　　D. 蒸发多余水分

4. 建筑石膏的化学分子式是( )。

A. $CaSO_4 \cdot 2H_2O$　　　　　　　B. $CaSO_4 \cdot 0.5H_2O$

C. $CaSO_4$　　　　　　　　　　　 D. $CaSO_4 \cdot H_2O$

5. 下列( )不是建筑石膏的特点。

A. 凝结硬化快　　B. 耐火性好　　C. 可加工性好　　D. 抗渗性差

6. 试分析下列工程,哪些工程不适合选用石膏和石膏制品?( )

A. 影剧院的穿孔贴面板　　　　　　B. 冷库内的墙贴面

C. 非承重隔墙板　　　　　　　　　D. 吊顶材料

7. 高强石膏强度较高的原因是晶体较粗大,调制成浆体时( )。

A. 需水量大　　B. 需水量小　　C. 密度大　　D. 密度小

8. 建筑上常用的水玻璃的模数为( )。

A. 1.0~1.5　　B. 1.5~2.0　　C. 2.1~2.5　　D. 2.6~2.8

(三) 问答题

1. 石灰是气硬性胶凝材料,为什么由它配制的灰土和三合土可以用来建造灰土渠道、三合土滚水坝等水工建筑物?

2. 试述欠火石灰与过火石灰对石灰品质的影响与危害。

3. 建筑石膏凝结硬化过程的特点是什么?与石灰凝结硬化过程相比怎样?

4. 用于墙面抹灰时,建筑石膏与石灰相比,具有哪些优点?何故?

5. 使用水玻璃作为胶凝材料时,为什么必须加入促硬剂?

二、拓展题

1. 古代的石灰浆经检测强度甚高。有人说古代的石灰质量优于现代石灰。此说法是否正确,请给出你的分析。

2. 某施工现场有生石灰粉、熟石灰粉、建筑石膏粉三种材料,但材料标签丢失,根据所学知识,如何快速简单地区分出三种材料?

3. 某住户用普通石膏板装饰房屋。使用一段时间后,客厅和卧室的效果不错,但厨房、厕所、浴室的石膏制品出现变形和局部脱落现象,请根据所学知识分析原因,并考虑可采用哪些技术解决此类问题。

【在线答题】

第3章 水泥

📚 **知识框架**

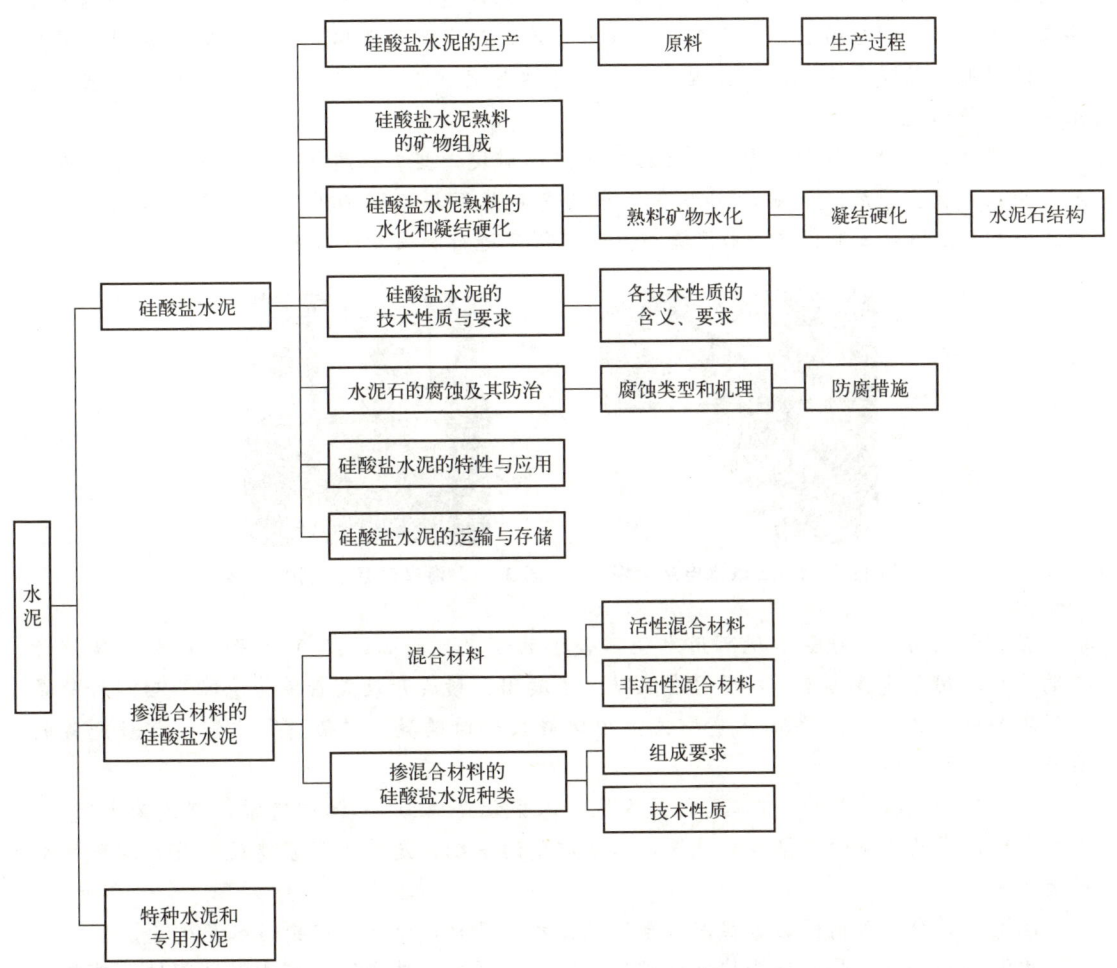

 **学习目标**

知识目标	理解硅酸盐水泥的生产工艺、熟料的矿物组成及硅酸盐水泥的水化
	掌握硅酸盐水泥的技术性质、特性及应用
	掌握混合材料的含义、作用及掺混合材料的硅酸盐水泥的特性及应用
	了解特种水泥的组成、技术性质及应用
能力和素质目标	能根据工程特点、所处环境、施工条件及水泥特性，合理选用水泥；认知水泥对国家发展的作用，树立家国情怀、环保意识和可持续发展观

 **导入案例**

水泥的品种及质量

长期以来，水泥作为一种重要的胶凝材料，广泛应用于土木建筑、水利、国防等工程中，已成为世界上最大宗的土木工程材料之一。自水泥诞生至今，水泥的品种已有上百种，这些水泥具有不同的性质，其所用领域也各不相同，针对工程特点选择合适的水泥是水泥应用中的基本要求。通常，一般建筑所用水泥以通用硅酸盐水泥为主，当对早期强度要求较高时常采用硅酸盐水泥或普通硅酸盐水泥，而当制备大体积混凝土时常采用中低热的矿渣水泥或粉煤灰水泥，如我国的三峡水电站大坝（图3-1）、白鹤滩水电站大坝等均采用了低热水泥。

在实际工程中，往往会由于水泥选择不当而引发一些工程质量问题，甚至造成严重的质量事故和安全事故。例如，2009年山东青岛市某海岸工程选用普通硅酸盐水泥制备混凝土结构，2年后该工程被海水严重腐蚀而不得不进行加固处理（图3-2）。

图3-1 三峡水电站大坝　　图3-2 海岸混凝土结构加固处理

在工程应用中，也会出现所用水泥不合格的情况。例如，2021年贵州遵义市某消费者购买水泥用于建造房屋，发现存在混凝土不凝固、横梁开裂或断裂等情况，后经检验是水泥不合格所致；2019年山东省一民办中学修校舍时购置了"假冒"水泥，导致浇筑的混凝土"一捏就碎"。

党的二十大报告提出，"江山就是人民，人民就是江山""治国有常，利民为本"。水泥的合理选择及质量的严格控制是保证工程质量的基础，是关系国家建设、关系人民幸福的大事情。

思考：试分析如何根据工程需求合理选用水泥品种，以及如何判断水泥质量。

水泥（cement）是一种粉状无机胶凝材料，与适量水拌和后能形成塑性浆体，能胶结砂、石等散粒状或块状材料形成具有一定强度的整体。水泥不仅能够在空气中凝结硬化，也能在水中凝结硬化并保持和发展其强度，属于典型的水硬性胶凝材料。

水泥发展至今，已有一百多个品种。按照用途和性能，水泥可分为通用水泥、专用水泥和特种水泥三类。

（1）通用水泥（common cement）是指一般土木工程中通常采用的水泥，主要有6种，分别是硅酸盐水泥、普通硅酸盐水泥、矿渣硅酸盐水泥、粉煤灰硅酸盐水泥、火山灰质硅酸盐水泥和复合硅酸盐水泥。

（2）专用水泥（special-purpose cement）是指具有专门用途的水泥，如砌筑水泥、道路水泥、油井水泥等。

（3）特种水泥（special cement）是指某种性能比较突出的水泥，如铝酸盐水泥、快硬硅酸盐水泥、抗硫酸盐水泥、膨胀水泥等。

另外，按矿物组成不同，水泥又可分为硅酸盐水泥、铝酸盐水泥、硫铝酸盐水泥、氟铝酸盐水泥、铁铝酸盐水泥等。虽然水泥品种繁多，性能各异，但土木工程中常用的水泥主要是通用水泥。

3.1 硅酸盐水泥

凡由硅酸盐水泥熟料、0～5%石灰石或粒化高炉矿渣/矿渣粉和适量石膏共同磨细制成的水硬性胶凝材料，称为硅酸盐水泥（Portland cement）。硅酸盐水泥分两种类型：一种是不掺加石灰石或粒化高炉矿渣/矿渣粉的Ⅰ型硅酸盐水泥（代号P·Ⅰ），另一种是掺加不超过水泥质量5%的石灰石或粒化高炉矿渣/矿渣粉的Ⅱ型硅酸盐水泥（代号P·Ⅱ）。

【拓展视频】

3.1.1 硅酸盐水泥的生产

生产硅酸盐水泥的原料主要有石灰质原料、黏土质原料和辅助原料。石灰质原料主要提供 CaO，可采用石灰石、泥灰石、白垩等。黏土质原料主要提供 SiO_2、Al_2O_3 和少量 Fe_2O_3，可采用黏土、黄土、页岩、泥岩等。生产时，若 SiO_2 或 Fe_2O_3 不足，常配以辅助原料（砂岩等硅质原料或铁矿粉等铁质原料）进行校正。此外，还常加入少量矿化剂，如萤石、石膏、重晶石等，以改善煅烧条件。

通常，硅酸盐水泥的生产工艺可以概括为"两磨一烧"。硅酸盐水泥生产时，首先将石灰质原料、黏土质原料和少量辅助原料按适当比例配料，共同磨细成生料粉后，将其送入窑中经过约 1450℃ 高温煅烧至部分熔融，得到以硅酸钙为主要成分的黑色或灰黑色颗粒状产物，即为硅酸盐水泥熟料；最后将硅酸盐水泥熟料、0～5%石灰石或粒化高炉矿渣/矿渣粉和适量石膏共同磨细，即可得到硅酸盐水泥。硅酸盐水泥生产工艺流程如图3-3所示。

【拓展视频】

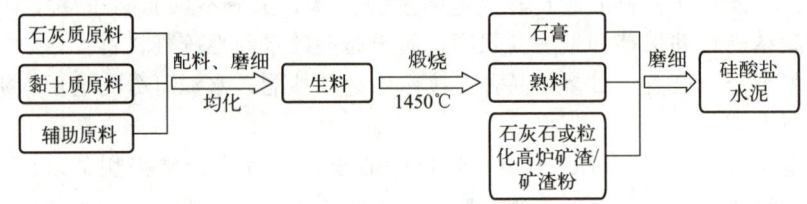

图 3-3 硅酸盐水泥生产工艺流程

 **【拓展阅读】 水泥的煅烧**

生料在窑内的煅烧过程主要包括干燥、黏土矿物脱水、碳酸盐分解、固相反应、熟料烧结和熟料冷却六个阶段。

(1) 干燥：当生料温度升高到 100~150℃ 时，其中的自由水全部被排除。

(2) 黏土矿物脱水：当生料的温度升高到 450℃ 时，黏土中的主要组成成分高岭土发生脱水反应，脱去其中的化学结合水变成无定形物（含 Al_2O_3 和 SiO_2），这些无定形物具有较高的活性。

(3) 碳酸盐分解：当生料的温度升高到 600℃ 时，石灰石中的 $CaCO_3$ 和生料中夹杂的 $MgCO_3$ 开始分解，在 CO_2 分压为一个大气压下，$MgCO_3$ 和 $CaCO_3$ 的剧烈分解温度分别是 750℃ 和 900℃。

(4) 固相反应：从原料分解开始，生料中便出现了性质活泼的游离 CaO，在 800~1300℃ 范围内它与生料中的 SiO_2、Al_2O_3、Fe_2O_3 进行固相反应，先后生成 C_2S、C_3A 和 C_4AF 等熟料矿物。

(5) 熟料烧结：当窑内温度达到 1300℃ 以上时，C_3A、C_4AF 及 R_2O 熔剂矿物变成液相，C_2S 及 CaO 很快被高温熔融的液相所溶解并发生化学反应，形成 C_3S 矿物。

(6) 熟料冷却：当熟料过了最高煅烧温度 1450℃ 后，就进入了冷却阶段。熟料的冷却并不单纯是温度的降低，而是伴随着一系列的物理化学变化，液相的凝固和相变两个过程同时进行。

水泥熟料煅烧示意图（回转窑）如图 3-4 所示。

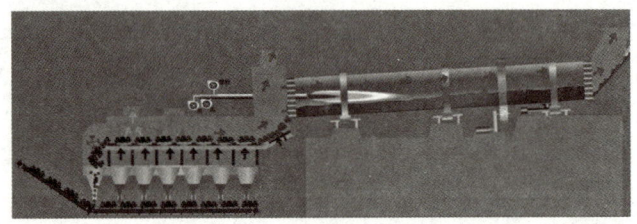

图 3-4 水泥熟料煅烧示意图（回转窑）

 **【拓展阅读】 我国水泥生产技术的发展**

党的二十大报告指出，"基础研究和原始创新不断加强，一些关键核心技术实现突破，战略性新兴产业发展壮大"。自 1985 年起，中国水泥产量已连续 36 年稳居世界第一。据不完全统计，全球水泥产能前 30 强企业中中国水泥企业占据 12 个席位，是上榜企业最多

的国家,产能占比近60%。截至2020年年底,中国企业累计在16个国家投资建设了30余条水泥熟料生产线,已投产熟料产能3500余万吨,水泥产能5200余万吨。另外,我国水泥行业的装备制造也在快速发展,国产水泥生产设备在"一带一路"国家中占比达五成左右。我国正在由世界第一水泥生产大国向水泥生产强国快步迈进。

[来源:山西惠捷智运(有改动)]

3.1.2 硅酸盐水泥熟料的矿物组成

硅酸盐水泥熟料的主要化学组成为:CaO(简写C),含量62%~67%;SiO_2(简写S),含量19%~24%;Al_2O_3(简写A),含量4%~7%;Fe_2O_3(简写F),含量2%~5%。在硅酸盐水泥熟料中,不存在单独的氧化物,其是在高温煅烧后经两种或两种以上的氧化物反应而生成的多种矿物的集合体。

硅酸盐水泥熟料的主要矿物组成见表3-1。其中,硅酸三钙($3CaO \cdot SiO_2$,tricalcium silicate)和硅酸二钙($2CaO \cdot SiO_2$,dicalcium silicate)两种矿物含量最多,占总量的75%以上,统称为硅酸盐矿物。硅酸三钙中常固溶少量MgO、Al_2O_3、Fe_2O_3等化学成分,称为阿利特矿(简称A矿);硅酸二钙中常固溶少量Al_2O_3、Fe_2O_3、TiO_2等化学成分,称为贝利特矿(简称B矿)。铝酸三钙($3CaO \cdot Al_2O_3$,tricalcium aluminate)与铁铝酸四钙($4CaO \cdot Al_2O_3 \cdot Fe_2O_3$,tetracalcium aluminoferrite)两者仅占总量的22%左右,统称为熔剂矿物。

表3-1 硅酸盐水泥熟料的主要矿物组成

矿物名称	化学成分	分子式缩写	含量	岩相图	岩相特点
硅酸三钙	$3CaO \cdot SiO_2$	C_3S	36%~60%		边棱平直,呈六角板、柱状
硅酸二钙	$2CaO \cdot SiO_2$	C_2S	15%~37%		圆粒状,常具有两组相互交叉的双晶纹
铝酸三钙	$3CaO \cdot Al_2O_3$	C_3A	7%~15%		黑色中间体
铁铝酸四钙	$4CaO \cdot Al_2O_3 \cdot Fe_2O_3$	C_4AF	10%~18%		白色中间体

除了表 3-1 中的熟料矿物，硅酸盐水泥熟料中还含有少量的游离氧化钙（f-CaO）、游离氧化镁（f-MgO）及其他碱性氧化物等成分。

3.1.3 硅酸盐水泥熟料的水化和凝结硬化

硅酸盐水泥熟料主要由四种矿物组成，这些矿物的水化和凝结硬化性质决定了水泥的性质。

1. 硅酸盐水泥熟料的水化

1）硅酸三钙的水化

<u>硅酸三钙与水作用后，水化反应速度较快</u>。在常温下，其反应式如下。

$$3CaO \cdot SiO_2 + nH_2O \longrightarrow xCaO \cdot SiO_2 \cdot yH_2O + (3-x)Ca(OH)_2 \quad (3-1)$$

简写为：
$$C_3S + nH \longrightarrow C\text{-}S\text{-}H + (3-x)CH$$

生成的水化硅酸钙（C-S-H）不溶于水，并以胶粒的形式析出，逐渐凝聚成 <u>C-S-H 凝胶体</u>[图 3-5(a)]，构成了强度很高的空间网络结构；生成的<u>氢氧化钙</u>以六方板状晶体的形态析出[图 3-5(b)]。

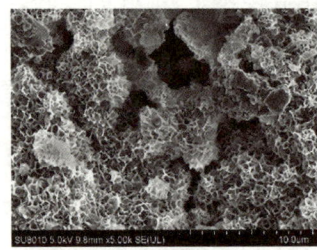
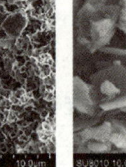

(a) C-S-H 凝胶体　　　　　(b) 氢氧化钙晶体

图 3-5　硅酸三钙水化产物的扫描电镜照片

2）硅酸二钙的水化

<u>硅酸二钙的水化与硅酸三钙相似，但其水化反应速度很慢</u>，其反应式如下。

$$2CaO \cdot SiO_2 + nH_2O \longrightarrow xCaO \cdot SiO_2 \cdot yH_2O + (2-x)Ca(OH)_2 \quad (3-2)$$

简写为：
$$C_2S + nH \longrightarrow C\text{-}S\text{-}H + (2-x)CH$$

所形成的 C-S-H 凝胶与硅酸三钙水化产物相似，但氢氧化钙晶体较粗大且生成量较少。

3）铝酸三钙的水化

<u>在无石膏存在的情况下，铝酸三钙水化反应速度快、水化热大</u>，其反应式如下。

$$3CaO \cdot Al_2O_3 + 6H_2O \longrightarrow 3CaO \cdot Al_2O_3 \cdot 6H_2O \quad (3-3)$$

简写为：
$$C_3A + 6H \longrightarrow C_3AH_6$$

实际上，铝酸三钙水化先生成介稳状态的水化铝酸钙，并最终转化为 C_3AH_6 立方晶体。由于铝酸三钙水化反应速度快，因此会在水泥颗粒周围生成大量的水化铝酸钙晶体，这些晶体会引发水泥颗粒之间相互迅速接触或搭接，造成水泥浆体的过早凝结，也即闪凝（flash set），从而导致混凝土、砂浆等无法正常施工。为此，<u>水泥生产中必须掺入适量石膏，以调节水泥的凝结时间</u>。

在有石膏存在的情况下，铝酸三钙水化的最终产物与石膏掺量有关。最初反应生成了高硫型水化硫铝酸钙（3CaO·Al$_2$O$_3$·3CaSO$_4$·32H$_2$O）针状晶体［反应式(3-4)］，简称钙矾石，常用 AFt 表示，见图 3-6(a)。这种晶体难溶于水，常包覆在硅酸盐水泥颗粒表面，阻碍水分进入水泥颗粒内部，从而延缓了铝酸三钙的水化，避免了闪凝；当石膏消耗完毕后，钙矾石将会与 C$_3$A 作用转变为单硫型水化硫铝酸钙（3CaO·Al$_2$O$_3$·CaSO$_4$·12H$_2$O）晶体［反应式(3-5)］，常用 AFm 表示，见图 3-6(b)。

$$3CaO·Al_2O_3·+3(CaSO_4·2H_2O)+26H_2O \longrightarrow 3CaO·Al_2O_3·3CaSO_4·32H_2O \tag{3-4}$$

简写为：
$$C_3A+3\hat{S}H_2+26H \longrightarrow C_3A\hat{S}_3H_{32}$$

$$2(3CaO·Al_2O_3)+3CaO·Al_2O_3·3CaSO_4·32H_2O+4H_2O \longrightarrow$$
$$3(3CaO·Al_2O_3·CaSO_4·12H_2O) \tag{3-5}$$

简写为：
$$2C_3A+C_3A\hat{S}_3H_{32}+4H \longrightarrow 3C_3A\hat{S}H_{12}$$

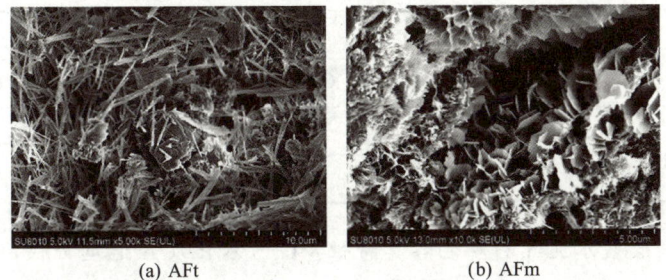

(a) AFt　　　　　　(b) AFm

图 3-6　在有石膏存在的情况下铝酸三钙水化产物的扫描电镜照片

4）铁铝酸四钙水化

铁铝酸四钙水化反应速度较快，仅次于铝酸三钙，水化热较低。如无石膏存在，其反应式如下。

$$4CaO·Al_2O_3·Fe_2O_3+7H_2O \longrightarrow 3CaO·Al_2O_3·6H_2O+CaO·Fe_2O_3·H_2O \tag{3-6}$$

简写为：
$$C_4AF+7H \longrightarrow C_3AH_6+CFH$$

铁铝酸四钙的主要水化产物为水化铝酸钙（C$_3$AH$_6$）和水化铁酸钙（CFH），其中水化铁酸钙的溶解度很小，呈胶体微粒析出，最后形成水化铁酸钙凝胶。纯的铁铝酸四钙水化产物强度较低，但固溶了其他组分后强度可有较大幅度的提高。提高铁铝酸四钙的相对含量可降低水泥的脆性，有助于水泥抗折强度的提高。

综上可见，硅酸盐水泥的水化产物可分为凝胶体和晶体两类，其中凝胶体包括水化硅酸钙和水化铁酸钙，晶体包括氢氧化钙、水化硫铝酸钙、水化铝酸钙等。在充分水化的水泥石中，水化硅酸钙约占 70%，氢氧化钙约占 20%，水化硫铝酸钙约占 7%。

硅酸盐水泥熟料是多种矿物的集合体，各矿物的水化特性见表 3-2。通过调整生料成分改变熟料矿物的相对比例，可使水泥的性质发生相应的变化。例如，提高 C$_3$S 和 C$_3$A 的含量，可制得快硬水泥；减少 C$_3$S 和 C$_3$A 的含量，可制得抗硫酸盐水泥；提高 C$_4$AF 的含量，降低 C$_3$A 的含量，可制得道路水泥；等等。

表 3-2　硅酸盐水泥熟料矿物的水化特性

矿物名称		C_3S	C_2S	C_3A	C_4AF
水化反应速度		快	慢	最快	快
水化热		大	小	最大	低
强度	早期	高	低	最低	中
	后期	高	高	最低	低
耐化学腐蚀性		中	良	差	良
干缩性能		中	中	大	小

【工程案例 3-1】　熟料矿物组成对水泥性能的影响

概况：某水泥厂生产的 A、B 两种硅酸盐水泥，其熟料矿物组成见表 3-3，试分析 A、B 两种硅酸盐水泥的早期强度及水化热的区别。

表 3-3　A、B 两种硅酸盐水泥熟料矿物组成

水泥	熟料矿物组成			
	C_3S	C_2S	C_3A	C_4AF
A	56	17	12	15
B	42	35	7	16

原因分析：硅酸盐水泥熟料矿物各具特性。C_3S 水化反应速度较快，水化热较大，对早期强度贡献最大；C_2S 水化反应速度最慢，水化热较小，但对后期强度贡献较大；C_3A 水化反应速度最快，水化热最大，但强度最低，对后期强度几乎没有影响；C_4AF 的水化反应速度也较快，但强度较低，其对硅酸盐水泥的强度贡献小，其水化热属中等。

A 水泥的 C_3S 和 C_3A 含量高，故 A 水泥的早期强度与水化热均高于 B 水泥。

【拓展阅读】　水泥的假凝现象

水泥假凝是指水泥的一种不正常的早期"凝结"，发生在水泥用水拌和的头几分钟内。假凝和闪凝不同，假凝过程中水泥未产生大量的热量，而且经剧烈搅拌，水泥浆又可恢复塑性，并达到正常凝结。造成假凝的主要原因有两个。一是水泥粉磨时受到高温（有时超过 150℃）影响，使部分二水石膏脱水生成半水石膏，当水泥加水后，半水石膏快速与水反应生成二水石膏，并析出晶体在水泥浆中形成晶体结构网，引起水泥浆的凝结。二是石膏作为缓凝剂加入的量过多，在水泥与水反应的过程中，C_3A 早期溶解较少，而石膏溶解过快，除生成钙矾石外，液相中还有多余的 SO_4^{2-} 生成，进而形成大量的次生石膏。次生石膏晶体呈片状或长条状且体积较大，会导致水泥浆失去流动性进而出现假凝现象。

2. 硅酸盐水泥的凝结硬化

水泥加水拌和后，水泥颗粒表面的矿物溶解于水并与水发生水化反应，逐渐形成水化产物膜层，此时的水泥浆体既有可塑性又有流动性。随着水化反应的进行，水化产物增多，膜层增厚，并相互接触连接，形成网络结构，致使水泥浆体逐渐变稠，失去流动性和可塑性，这一过程称为水泥的凝结（set）。随着水泥水化的进一步进行，会生成较多的凝

胶体、晶体水化产物,它们不断填充孔隙,使水泥浆体网络结构更趋致密,水泥浆体开始产生强度,并逐渐发展成为坚硬的水泥石,这一过程称为硬化(harden)。水泥浆体的凝结硬化是一个连续的、复杂的物理化学变化过程,其结果决定了硬化水泥石的结构和性能。

自水泥诞生至今,有关水泥凝结硬化的理论不断发展和完善,但至今仍然有许多问题有待深入研究。当前,硅酸盐水泥凝结硬化过程一般按水化反应速度和物理化学的主要变化,分为四个阶段(图3-7)。

(1) 初始反应期 (initial reaction period),如图3-7(a)所示。水泥加水拌和后,水泥颗粒分散在水中,成为水泥浆体。这个阶段一般持续5~10min。

(2) 潜伏期 (latent period),如图3-7(b)所示。水泥颗粒的水化从其表面开始,水和水泥一接触,水泥颗粒表面的熟料矿物就与水反应,形成相应的水化产物;由于各种水化产物的溶解度都很小,其就会以细分散状态的胶体颗粒形式从饱和或过饱和溶液中析出,附着在水泥颗粒表面,形成凝胶膜包裹层。在水化初期,水化产物不多,包有水化产物膜层的水泥颗粒之间还是分离着的,水泥浆具有可塑性。这个阶段一般持续约1h。

(3) 凝结期 (condensation period),如图3-7(c)所示。随着时间的推移,水泥颗粒不断水化,水化产物不断增多,水化产物膜层逐渐增厚,水泥颗粒间的空隙逐渐缩小,减缓了水化产物向外扩散和外部水分渗入的速度,从而使水化反应变得缓慢。随着水化反应的不断进行,膜层内部的水化产物不断向外突出,最终导致膜层破裂,水化又重新加速。水泥颗粒间的空隙逐渐缩小,而包有凝胶体的颗粒则逐渐接近,以致相互接触,随着接触点的增多而形成空间网状结构。凝聚结构的形成,使水泥浆开始失去可塑性,此为水泥的初凝,但这时水泥浆尚未形成坚固的结构,因此还不具有强度。这个阶段一般持续约6h。

(4) 硬化期 (hardening period),如图3-7(d)所示。随着以上过程的不断进行,水化产物不断增多并填充颗粒间的空隙,毛细孔越来越少,晶体和凝胶体互相贯穿形成的网状结构不断加强,结构逐渐紧密。水泥浆体完全失去可塑性,开始具有能担负一定荷载的强度。这时水泥表现为终凝,并开始进入硬化期。水泥进入硬化期以后,有水存在时,水化反应可以继续进行,但水化反应速度逐渐减慢,水化产物随时间的增长而逐渐增加,并扩展到毛细孔中,使结构更趋致密,强度相应提高。这个阶段可从约6h持续到若干年。

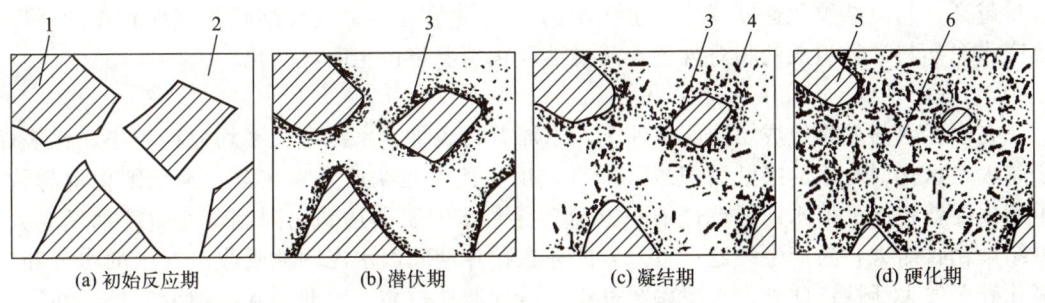

1—水泥颗粒;2—水分;3—凝胶体;4—晶体;5—水泥颗粒的未水化内核;6—毛细孔。

图3-7 水泥凝结硬化的四个阶段

3. 水泥石结构

水泥浆体凝结硬化后会形成坚硬的水泥石。水泥石（hardened cement paste）是由水化产物（凝胶体和晶体）、未水化的水泥颗粒、水（自由水和吸附水）和孔隙组成的。水泥石是固-气-液三相多孔体，也即多相多孔的结构，其性质主要取决于上述组成的性质、它们的相对含量及它们之间的关系。

水泥石中的孔隙可分为毛细孔、气孔和凝胶孔。通常在水灰比（water-cement ratio，水与水泥质量之比）为 0.40～0.65 的水泥石中，孔径为微米级的毛细孔作为水泥石所固有的组成部分之一，构成了孔隙的主体，对水泥石的性能有重要的作用；气孔是比毛细孔更为粗大的孔，主要来源于搅拌时夹带进水泥浆的空气，通过控制搅拌过程、加强振捣及使用适当的消泡剂或引气剂，可以有效地减少其数量；凝胶孔也是水泥石所固有的组成部分之一，存在于 C-S-H 凝胶体内部，尺寸比毛细孔更小，但一般对水泥石性能的影响并不显著。

一般来说，水灰比相同的水泥浆体，随着水化时间的延长，水化程度越高，则水泥石结构中的水化产物越多，而毛细孔和未水化水泥颗粒的含量越少，水泥石的结构也就越密实，强度越高；对于水化程度相同而水灰比不同的水泥浆体，水灰比越大，水泥石中多余的水分蒸发后，其中留下的微孔或裂缝就越多，从而导致水泥石强度越低。不同水灰比水泥石结构示意图如图 3-8 所示。

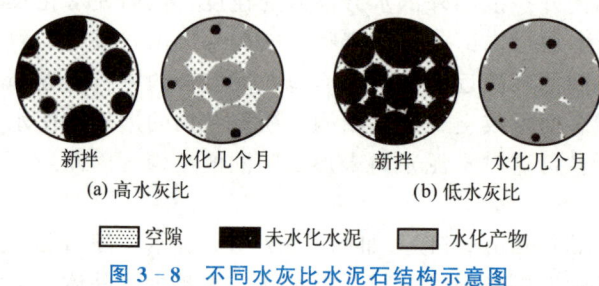

图 3-8 不同水灰比水泥石结构示意图

4. 影响水泥凝结硬化的主要因素

影响水泥凝结硬化的主要因素有水泥熟料的矿物组成、水泥细度、石膏掺量、水灰比、环境温度和湿度及养护时间等。

1）水泥熟料的矿物组成

水泥熟料矿物的水化反应速度 $C_3A > C_3S > C_4AF > C_2S$，因此，水泥中的 C_3A 和 C_3S 含量越高，其凝结硬化速度越快；水泥中的 C_2S 含量越高，其凝结硬化速度越慢。所以，改变水泥熟料矿物组成的相对含量，其凝结硬化情况将产生明显变化。

2）水泥细度

在水泥熟料矿物组成相同的条件下，水泥磨得越细，水泥颗粒平均粒径越小，比表面积越大，水化时与水的接触面积越大，水化反应速度越快而且越完全，凝结硬化也越快，早期强度就越高。但水泥颗粒过细一方面会导致水泥浆体达到相同流动度的需水量增大，凝结硬化收缩大，易产生裂缝；另一方面易在贮存期间因水泥颗粒吸收空气中的水分和二氧化碳而失去活性；此外，水泥粉磨过程所需的能耗较高。因此，水泥细度应控制在适当范围。

3）石膏掺量

水泥粉磨时掺入适量石膏，可调节水泥的凝结硬化速度。这是由于铝酸三钙在溶液中

会电离出 Al^{3+}，它与硅酸钙凝胶体的电荷相反，会促使胶体凝聚。加入石膏后，石膏会与水化铝酸钙作用，生成难溶于水的钙矾石，沉淀在水泥颗粒表面上形成保护膜，从而降低了溶液中 Al^{3+} 的浓度，并阻碍了铝酸三钙的水化，延缓了水泥的凝结。但是需要注意，石膏掺量过少，通常起不到缓凝作用；石膏掺量过多，又会促使水泥凝结加快，同时还会在后期引起水泥石膨胀而开裂破坏。合理的石膏掺量主要取决于水泥中 C_3A 的含量及石膏的品种和质量，同时也与水泥细度和水泥熟料中的 SO_3 含量有关。一般生产水泥时石膏掺量占水泥质量的 3%～5%，具体掺量应通过试验确定。

4) 水灰比

水灰比越大，水泥浆越稀，水泥的初期水化反应越充分；但是，随着水灰比的增大，水泥颗粒间被水隔开的距离也越远，这导致颗粒间相互连接形成骨架结构所需的凝结时间延长，进而导致水泥浆凝结变慢，孔隙率增大、强度降低；反之，水灰比越小，在满足施工要求的前提下（即保证水泥浆具有足够的流动性和可塑性），水泥浆凝结硬化和强度发展会更快，强度会更高。

5) 环境温度和湿度

水化环境的温度对水泥的凝结硬化有明显的影响。温度升高，水泥的水化反应速度会加快、凝结硬化速度也会加快，强度发展变快，早期强度高；相反，温度降低，则水化反应速度会减慢，强度增长变缓，早期强度低。当温度低于5℃时，水泥的凝结硬化速度大大减慢，当温度低于0℃时，水化反应基本停止。同时，水的结冰会使水泥石的结构遭到破坏。因此，冬季施工时，需要采取保温等措施。

湿度是保证水泥水化反应的必要条件。若水泥石处于干燥环境，当水分蒸发完毕后，水化反应将无法继续，硬化即停止；反之，只有保持水泥颗粒表面足够的水分，水泥的水化、凝结硬化才能充分进行，强度才能正常增长。

在工程中，保持环境温度和湿度，使水泥石强度不断增长的措施称为养护。混凝土在浇筑后两到三周内必须加强洒水养护，以使水泥得到充分水化。

6) 养护时间

养护时间是指水泥在正常养护条件下所经历的时间，也称龄期。水泥的凝结硬化是随龄期延长而渐进的过程，只要温度、湿度适宜，水泥强度的增长可持续若干年。强度的增长规律是在水泥水化反应的最初几天内强度增长较快，如 7d 的强度可达 28d 强度的 70% 左右，28d 后强度增长明显减缓。

水泥的凝结硬化除上述因素的影响外，还与混合材料的掺量、水泥的受潮程度及施工方法等因素有关。

【参考答案】

【思考与讨论 3-1】

水泥细度对其凝结硬化影响显著，细度越大，水泥早期强度越高，试分析水泥细度是否越大越好。

3.1.4 硅酸盐水泥的技术性质与要求

硅酸盐水泥的技术性质是水泥应用的基础，包括物理性质（细度、凝结时间、安定性、强度等）、化学性质（不溶物含量、烧失量、三氧化硫含量、氧化镁含量、氯离子含量、碱含量等）及其他性质。国家标准《通用硅酸盐水泥》（GB 175—2023）对硅酸盐水泥的主要技术性质进行了明确的规定。

1. 物理性质

1) 细度

细度（fineness）是指水泥颗粒的粗细程度。水泥颗粒粒径一般在 1～100μm 范围内，颗粒越细，比表面积越大，与水反应的面积也就越大，水化反应速度越快而且越完全，水泥石的早期强度越高。但水泥生产中磨细所需能耗高、成本高，而且水泥颗粒过细会导致水泥硬化收缩增大，此外颗粒过细的水泥在储存、运输过程中易受潮降低活性。水泥颗粒过粗，既不利于水泥活性的发挥，又会导致水泥水化、凝结硬化时间过长，还会影响其保水成浆的性能。一般认为水泥颗粒小于 40μm 时，才具有较高的活性；大于 60μm 时，活性很小。所以，水泥细度要适当。

测定水泥细度的方法有筛分析法和比表面积法。筛分析法是采用边长为 45μm 的方孔筛对水泥试样进行筛析试验，用筛余百分率（未通过部分占试样总量的百分率）表示水泥的细度；比表面积法主要是根据一定量的空气通过具有一定孔隙率和固定厚度的水泥层时，所受阻力不同而引起流速的变化来测定水泥的比表面积，也即单位质量的粉末所具有的总表面积，以 m^2/kg 表示。

【拓展视频】

【拓展视频】

【拓展视频】

国家标准《通用硅酸盐水泥》（GB 175—2023）规定，硅酸盐水泥细度以比表面积表示，应不低于 $300m^2/kg$，且不高于 $400m^2/kg$。

2) 凝结时间

在测定水泥的凝结时间、安定性时，为了使所测得的结果有准确的可比性，要求在试验时必须对所用水泥浆按标准方法进行测定，并达到一定的稠度，即标准稠度（normal consistency）。达到标准稠度时所需的用水量称为标准稠度用水量，以水与水泥质量之比的百分率表示。硅酸盐水泥的标准稠度用水量通常为 24%～30%。

凝结时间（setting time）分初凝（initial set）时间和终凝（finial set）时间。初凝时间是指水泥按标准稠度用水量加水拌和至开始失去可塑性所需的时间；终凝时间是指水泥按标准稠度用水量加水拌和至水泥浆完全失去可塑性并开始产生强度所需的时间。

水泥的凝结时间是以标准稠度的水泥净浆，在规定的温度及湿度环境下用维卡仪测定的。为使混凝土和砂浆有充分的时间进行搅拌、运输、浇捣和砌筑，水泥的初凝时间不能过短。当施工完毕，则要求水泥尽快硬化而产生强度，故终凝时间不能太长。国家标准《通用硅酸盐水泥》（GB 175—2023）规定，硅酸盐水泥的初凝时间应不小于 45min，终凝时间应不大于 390min。

影响水泥凝结时间的因素有水泥熟料的矿物组成、水泥细度、石膏掺量、水灰比、环境温度及混合材料掺量等。例如，水泥熟料中铝酸三钙含量高或石膏掺量不足，会使水泥快凝；水泥的细度愈细，水化作用愈快，凝结愈快；水灰比愈小，凝结时的温度愈高，凝结愈快；混合材料掺量大、水泥过粗等都会使水泥凝结减缓。

3) 安定性

安定性（soundenss）是指水泥在硬化过程中体积变化的均匀性。若水泥硬化后产生不均匀的体积变化，即为安定性不良。使用安定性不良的水泥，会使水泥制品、混凝土构件等产生膨胀性裂缝，降低建筑物质量，甚至引起严重事故。

水泥安定性不良的原因是水泥中含有过量的游离氧化钙（$f\text{-}CaO$）、游离氧化镁（$f\text{-}MgO$）以及石膏掺量过多。水泥熟料中所含的游离氧化钙或游离氧化镁都是过烧的，水化很慢，通常在水泥已经硬化后才开始进行水化，它们水化后生成氢氧化钙或氢氧化镁，这些滞后的水化产物会产生体积膨胀，从而导致水泥安定性变差。当石膏掺量过多时，水泥硬化后，它还会继续与铝酸三钙反应生成钙矾石，导致体积增大，引起水泥石开裂。

检测水泥安定性的方法有沸煮法和压蒸法。沸煮法可加速氧化钙的水化，故可用沸煮法检测游离氧化钙所引起的水泥安定性不良。沸煮法具体又分为试饼法和雷氏法，有争议时以雷氏法为准。由于游离氧化镁过烧程度更高，在高温（大于100℃）条件下才参与水化，因此一般采用压蒸法检测游离氧化镁所引起的水泥安定性不良。国家标准《通用硅酸盐水泥》（GB 175—2023）规定，硅酸盐水泥的安定性要求沸煮法和压蒸法均合格。

4）强度

水泥的强度（strength）不仅反映了水泥浆体硬化后自身的强度，而且反映了水泥的胶结能力，是表征水泥力学性能的一个重要指标。水泥强度是将按照《水泥胶砂强度检验方法（ISO法）》（GB/T 17671—2021）的规定制作的水泥胶砂试件，在温度为（20±1）℃的水中，养护到规定龄期时测定的强度值。其中，水泥与标准砂和水的质量比为1∶3∶0.5，试件尺寸为40mm×40mm×160mm，规定龄期分别为3d（早期）和28d（后期）。根据测定的抗压强度和抗折强度，硅酸盐水泥可分为42.5、42.5R、52.5、52.5R、62.5、62.5R六个强度等级，其中代号R表示早强型水泥。各龄期的强度值不得低于国家标准的规定，见表3-4。

【拓展视频】

表3-4 硅酸盐水泥的强度要求（GB 175—2023）

强度等级	抗压强度/MPa		抗折强度/MPa	
	3d	28d	3d	28d
42.5	≥17.0	≥42.5	≥4.0	≥6.5
42.5R	≥22.0		≥4.5	
52.5	≥22.0	≥52.5	≥4.5	≥7.0
52.5R	≥27.0		≥5.0	
62.5	≥27.0	≥62.5	≥5.0	≥8.0
62.5R	≥32.0		≥5.5	

影响水泥强度的因素主要有水泥熟料的矿物组成、水灰比、龄期、温度、湿度、水泥细度等。一般来说，水泥熟料矿物中硅酸二钙和硅酸三钙越多，水泥强度越高；水泥浆体水灰比越大，孔隙越多，水泥强度越低；水泥养护龄期越长，水化程度越高，毛细孔量越少，水化产物越多，水泥强度越高；水泥水化温度越高，水泥早期强度越高，后期强度相对较低；水泥水化湿度越低，水化程度越低，水化产物越少，孔隙越多，水泥强度越低；在其他条件都相同的情况下，水泥颗粒越细，水化反应速度越快，水泥早期强度越高。

2. 化学性质

1）不溶物含量

不溶物（insoluble matter）是指经盐酸处理后的残渣，用氢氧化钠溶液处理，再经盐酸中和过滤后将所得的残渣经高温灼烧后所剩的物质。不溶物含量高对水泥质量有不良影响。Ⅰ型硅酸盐水泥中不溶物含量不得超过0.75%，Ⅱ型硅酸盐水泥中不溶物含量不得超过1.50%。

2) 烧失量

烧失量（loss on ignition）是指水泥在一定的灼烧温度和时间下烧失的质量占原质量的百分率。其主要用来限制石膏和混合材料中杂质的含量，以保证水泥质量。Ⅰ型硅酸盐水泥的烧失量不得超过3.0%，Ⅱ型硅酸盐水泥的烧失量不得超过3.5%。

3) 三氧化硫含量

水泥中三氧化硫（sulfur trioxide）含量高，易导致水泥出现安定性不良的现象。因此，国家标准规定水泥中三氧化硫含量不得超过3.5%。

4) 氧化镁含量

国家标准规定水泥中氧化镁（magnesium oxide）含量不得超过5.0%，如果水泥经压蒸试验合格，则水泥中氧化镁的含量允许放宽至6.0%。

5) 氯离子含量

水泥中氯离子（chlorine ion）含量高，会破坏混凝土中钢筋表面的钝化膜，腐蚀钢筋。因此，国家标准规定水泥中氯离子含量不得超过0.06%，但也规定当买方有更低要求时，买卖双方可协商确定。

6) 碱含量

水泥中的碱含量（alkali content）用$Na_2O+0.658K_2O$的计算值来表示。当水泥中碱含量过高，配制混凝土的集料中含有活性SiO_2时，易引起碱集料反应，从而对工程造成危害。国家标准规定，当用户要求提供低碱水泥时，由买卖双方协商确定。

3. 其他性质

1) 水化热

水化热（hydration heat）是指水泥在水化过程中放出的热量，通常用焦耳/千克（J/kg）表示。大部分水化热集中在早期放出，3～7d后逐渐减少。

水泥水化放出的热量和放热速度不仅取决于水泥熟料的矿物组成，还与水泥细度、水泥中的掺合料及外加剂的种类和数量有关。一般来说，水泥熟料矿物中，铝酸三钙、硅酸三钙的含量越高，水泥颗粒越细，则水化热越大，放热速度也越快。掺入掺合料及外加剂也可以改变水泥的放热速度。

水化热对大体积混凝土工程不利。这是因为对于大型基础、水坝、桥墩等大体积混凝土，水化热积聚在内部不易散失，内部温度常上升到80℃以上，内外温差所引起的应力，可使混凝土产生裂缝。因此，为了避免由于温度应力引起混凝土开裂，在大体积混凝土施工中不宜采用水化热过大的硅酸盐水泥，而应采用水化热较小的低热矿渣水泥、中热水泥等。但水化热有利于混凝土的冬季施工，这是因为水化热大的水泥，可以保证水不结冰，有利于冬季施工时水泥的正常凝结硬化。

【拓展视频】

2) 密度与堆积密度

混凝土的配合比设计及水泥储运等都需要知道水泥的密度和堆积密度。硅酸盐水泥的密度一般为3.0～3.2g/cm³，平均可取3.1g/cm³。水泥的堆积密度一般为900～1300kg/m³。

【思考与讨论 3-2】
影响水泥强度的因素很多，试从生产角度分析，采取什么方法或措施可提高水泥的早期强度。

【参考答案】

3.1.5 水泥石的腐蚀及其防治

硅酸盐水泥硬化后，通常在使用条件下有较好的耐久性。但在某些侵蚀性液体或气体介质的长期作用下，水泥石结构会逐渐遭到破坏，导致其强度和耐久性降低，这种现象称为水泥石的腐蚀。水泥石的耐腐蚀性常用耐蚀系数表示，其是指同一龄期浸在侵蚀性溶液中的水泥试件强度与在淡水中的养护试件强度的比值。耐蚀系数越大，水泥石的耐腐蚀性越好。

1. 水泥石腐蚀的主要类型

引起水泥石腐蚀的原因很多，作用也十分复杂，下面介绍几种常见的腐蚀类型。

1) 软水腐蚀

软水（soft water）是指不含或仅含有少量钙、镁等可溶性盐的水。雨水、雪水、工业冷凝水、蒸馏水，以及含碳酸盐很少的河水、湖水等均属于软水。水泥石受到软水作用，水化产物氢氧化钙会由于溶解度大（溶解度：25℃约为 1.2g CaO/L）而不断溶出，当溶液中的氢氧化钙低于一定极限含量时，其他水化产物就会逐步发生分解，从而导致水泥石孔隙增加、强度下降，甚至导致水泥石结构的破坏。这种由氢氧化钙溶失而引起的腐蚀，也称溶出性侵蚀。

在静水无压的情况下，由于周围的水迅速被溶出的氢氧化钙所饱和，因此溶出仅限于水泥石的表层，危害不大。但在流动水及压力水的作用下，氢氧化钙会不断溶解流失，从而导致水泥石中的碱度降低，这又会引起其他水化产物的分解溶蚀，最终导致水泥石整体结构的破坏。

当环境水的水质较硬，即含重碳酸盐量较高时，重碳酸盐会与水泥石中的氢氧化钙发生化学反应，形成不溶于水的碳酸钙。生成的碳酸钙可积聚在水泥石的孔隙内，形成密实的保护层，阻止外界水的继续浸入和水泥石内部氢氧化钙的析出。所以，对需要与软水直接接触的混凝土表面若能预先形成碳酸钙外壳，则对溶出性侵蚀可起到一定的保护作用。

2) 盐类腐蚀

最常见的盐类腐蚀是硫酸盐腐蚀（sulfate corrosion）和镁盐腐蚀（magnesium-salt corrosion）。

（1）硫酸盐腐蚀。

当地下水、沼泽水、工业污水、海水等含有大量的硫酸盐类（如硫酸钾、硫酸钠、硫酸镁及硫酸铵等）时，这些盐类能与水泥石中的氢氧化钙发生反应，生成硫酸钙，硫酸钙再与水泥石中的水化铝酸钙反应生成钙矾石（AFt），其反应式如下。

$$3(CaSO_4 \cdot 2H_2O) + 3CaO \cdot Al_2O_3 \cdot 6H_2O + 19H_2O \longrightarrow 3CaO \cdot Al_2O_3 \cdot 3CaSO_4 \cdot 31H_2O$$
(3-7)

生成的钙矾石含有大量的结晶水，体积会膨胀 1.5 倍以上，在已经硬化的水泥石中会产生膨胀应力，造成极大的膨胀破坏作用。因钙矾石为针状晶体，对水泥石危害严重，故俗称"水泥杆菌"。

当水中硫酸浓度较高时，生成的硫酸钙也会在水泥石的孔隙中直接结晶成二水石膏。

二水石膏结晶时体积也会膨胀,同样会产生膨胀应力而导致水泥石破坏。

(2) 镁盐腐蚀。

在海水和地下水中,常含有大量镁盐,如硫酸镁和氯化镁,它们与水泥石中的氢氧化钙反应,生成易溶于水的新化合物,其反应式如下。

$$MgSO_4 + Ca(OH)_2 + 2H_2O \longrightarrow CaSO_4 \cdot 2H_2O + Mg(OH)_2 \quad (3-8)$$

$$3CaO \cdot Al_2O_3 \cdot 6H_2O + 3(CaSO_4 \cdot 2H_2O) + 19H_2O \longrightarrow 3CaO \cdot Al_2O_3 \cdot 3CaSO_4 \cdot 31H_2O \quad (3-9)$$

$$MgCl_2 + Ca(OH)_2 \longrightarrow CaCl_2 + Mg(OH)_2 \quad (3-10)$$

反应生成的氢氧化镁松软而无胶凝能力,氯化钙易溶解于水,二水硫酸钙则会引起硫酸盐的破坏。因此,氯化镁的腐蚀属于溶出型腐蚀,而硫酸镁对水泥石起着镁盐腐蚀和硫酸盐腐蚀的双重腐蚀作用。

3) 酸类腐蚀

(1) 碳酸腐蚀(carbonic acid corrosion)。

在工业污水、地下水中常溶解有较多的二氧化碳,二氧化碳与水泥石中的氢氧化钙反应生成碳酸钙,其反应式如下。

$$Ca(OH)_2 + CO_2 + H_2O \longrightarrow CaCO_3 + 2H_2O \quad (3-11)$$

生成的碳酸钙继续与含碳酸的水作用变成易溶于水的碳酸氢钙,这是一个可逆反应,其反应式如下。

$$CaCO_3 + CO_2 + H_2O \longrightarrow Ca(HCO_3)_2 \quad (3-12)$$

只有当水中所含的碳酸超过平衡浓度时,式(3-12)的反应才会向右进行。随着反应的进行,易溶于水的碳酸氢钙不断溶失,水泥石中其他产物不断分解,从而形成碳酸腐蚀,最终导致水泥石结构破坏。当水中的碳酸不多,低于平衡浓度时,并不会起腐蚀破坏作用。

(2) 一般酸的腐蚀。

在工业废水、地下水中常含无机酸和有机酸。各种酸与水泥石中的氢氧化钙作用后生成的化合物,或者易溶于水,或者会因体积膨胀而导致水泥石破坏。对水泥石腐蚀最快的是无机酸中的盐酸、氢氟酸、硝酸、硫酸,以及有机酸中的乙酸、蚁酸和乳酸。例如,盐酸和硫酸分别与水泥石中的氢氧化钙作用,其反应式如下。

$$2HCl + Ca(OH)_2 \longrightarrow CaCl_2 + 2H_2O \quad (3-13)$$

$$2H_2SO_4 + Ca(OH)_2 \longrightarrow CaSO_4 \cdot 2H_2O \quad (3-14)$$

生成的氯化钙易溶于水而导致水泥石产生溶解型破坏,生成的石膏会因体积膨胀而对水泥石产生硫酸盐膨胀型破坏。

4) 强碱腐蚀

由于水泥石本身具有较高的碱度,因此当碱类溶液的浓度不高时一般是无害的。但铝酸盐含量高的水泥遇到强碱作用后也会产生破坏。

如氢氧化钠可与水泥石中未水化的铝酸盐作用,生成易溶于水的铝酸钠,其反应式如下。

$$3CaO \cdot Al_2O_3 + 6NaOH \longrightarrow 3Na_2O \cdot Al_2O_3 + 3Ca(OH)_2 \quad (3-15)$$

水泥石被氢氧化钠溶液浸透后又在空气中干燥,会与空气中的二氧化碳作用生成碳酸钠,其反应式如下。

$$2NaOH + CO_2 \longrightarrow Na_2CO_3 + H_2O \tag{3-16}$$

碳酸钠在水泥石的毛细孔中结晶沉积，可使水泥石胀裂。

除上述 4 种典型的腐蚀类型外，对水泥石有腐蚀作用的还有其他一些物质，如糖、铵盐、动物脂肪、含环烷酸的石油产品等。实际上，水泥石的腐蚀是一个极为复杂的物理化学作用过程，且很少为单一的侵蚀作用，常常是几种侵蚀作用同时存在、互相影响。应该说明的是，干的固体化合物对水泥石不起侵蚀作用，腐蚀性化合物必须呈溶液状态，而且只有当其达到一定浓度时，才可能构成严重危害。

2. 水泥石腐蚀的防治

根据以上对腐蚀作用的分析可以看出，水泥石被腐蚀的原因主要有 3 个：一是水泥石中存在氢氧化钙和水化铝酸钙等易被腐蚀的组分；二是水泥石本身不密实，有很多毛细孔通道，侵蚀性介质（软水、硫酸盐与镁盐、酸、强碱等溶液）易于进入其内部；三是环境中存在侵蚀性介质。因此在使用水泥时，可采取下列防范措施。

1）根据侵蚀环境特点，选择合理的水泥品种

选用水化产物中氢氧化钙含量少的水泥，可提高其耐腐蚀性；为抵抗硫酸盐的腐蚀，可采用铝酸三钙含量低于 5% 的抗硫酸盐水泥；掺入活性混合材料，可提高硅酸盐水泥的抗腐蚀性。

2）提高水泥石的密实度，改善孔结构

从理论上讲，硅酸盐水泥水化所需水（化学结合水）仅为水泥质量的 23% 左右，但实际工程中为满足施工要求实际用水量会较大，通常占水泥质量的 40%～70%，多余的水蒸发后会形成连通的孔隙，侵蚀性介质就容易通过这些连通的孔隙侵入水泥石内部，从而加速水泥石的腐蚀。在实际工程中，为了提高混凝土或砂浆的密实度，应尽可能降低水灰比、掺加减水剂，以及选择最优的施工方法等。在提高水泥石密实度的同时，要尽量减少毛细孔和连通孔，以提高其抗腐蚀性。

3）加做保护层

当环境介质的侵蚀作用较强，或难以利用水泥石结构本身抵抗其腐蚀作用时，可对水泥石表面进行处理，将其与侵蚀性介质隔离开来。

（1）可采用化学处理提高水泥石表面密实度。例如，在混凝土或砂浆表面进行碳化或氟硅酸处理，生成难溶的碳酸钙外壳或氟化钙及硅胶薄膜，可提高水泥石表面密实度，也可减少侵蚀性介质渗入水泥石内部。

（2）采用覆盖层和贴面处理。例如，使用各种沥青、人造橡胶和沥青石蜡，这类防渗层可抵抗无机酸及盐溶液的侵蚀；贴面材料有耐腐蚀的石料（石英岩、辉绿岩）、陶瓷、玻璃、塑料、沥青、合成树脂及涂料等，可以阻止侵蚀性介质与混凝土直接接触所造成的侵蚀。

【工程案例 3-2】 水泥品种选用不当导致的混凝土腐蚀

概况：南水北调是把我国长江流域丰盈的淡水资源抽调一部分送到华北和西北地区，从而改变我国南涝北旱和北方地区水资源严重短缺局面的重大战略性工程，是党的二十大报告中指出的"治国有常、利民为本"的具体体现。但该工程中某大桥的桥墩使用 3 年后与水面接触部位以下出现了裂缝和表层剥落的现象，经调查该桥墩混凝土采用的是 42.5 级硅酸盐水泥，试分析原因，并说明如何避免此类事故。

原因分析：南水北调河渠中的水为软水，桥墩混凝土长期受流动的软水冲刷，而硅酸盐水泥的水化产物中氢氧化钙较多，容易受到软水侵蚀，因此该桥墩混凝土的开裂和表层

剥落属于混凝土受到了软水腐蚀所致。为减轻此现象，需改变水泥种类，采用掺加混合材料较多的粉煤灰硅酸盐水泥、火山灰质硅酸盐水泥等，此类水泥水化产物中氢氧化钙相对较少，其抗软水侵蚀能力强。

3.1.6 硅酸盐水泥的特性与应用

硅酸盐水泥由于混合材料掺量少，相应的熟料矿物多，因此具有如下的特性和应用。

(1) 凝结硬化快、强度高，尤其早期强度高。

由于硅酸盐水泥中硅酸三钙含量高，其早期强度较高，故适用于有早强要求的工程，如冬季施工、预制、现浇等工程；也适用于高强混凝土工程，如预应力钢筋混凝土工程、大坝溢流面部位混凝土工程。

(2) 抗冻性好。

硅酸盐水泥采用较低的水灰比并经充分养护，可获得较低孔隙率的水泥石，从而具有较高的密实度，故适用于抗冻性要求高的工程，如严寒地区遭受反复冻融的混凝土工程。

(3) 耐腐蚀性差。

由于硅酸盐水泥的水化产物中含有较多的氢氧化钙和水化铝酸钙，耐软水及耐化学腐蚀能力差，故其不适用于经常与流动的软水接触及有水压作用的工程，也不适用于受海水、矿物水、硫酸盐等腐蚀的工程。

(4) 水化热大。

由于硅酸盐水泥石中含有大量的硅酸三钙和铝酸三钙，水化反应速度快且水化热大，故不宜用于大体积混凝土工程，但适用于冬季施工。

(5) 抗碳化性好。

碳化是指水泥石中的氢氧化钙与空气中的二氧化碳反应生成碳酸钙的过程。碳化会使混凝土内部碱度降低，从而使其中的钢筋发生锈蚀，导致结构承载能力下降，甚至破坏。硅酸盐水泥的水化产物中氢氧化钙含量较多，水泥石的碱度不易降低，抗碳化性好，故适用于重要的钢筋混凝土结构、预应力混凝土工程及空气中二氧化碳浓度高的环境。

(6) 耐热性差。

硅酸盐水泥的水化产物在250~300℃时会脱水，体积收缩，强度开始下降；当温度达到700~1000℃时，水化产物就会分解，水泥石结构几乎完全破坏，故其不适用于有耐热要求的混凝土工程。

(7) 耐磨性好。

硅酸盐水泥强度高、耐磨性好且干缩小，故适用于高速公路、道路和地面等对耐磨性要求较高的工程。

(8) 干缩小。

硅酸盐水泥在硬化过程中，会形成大量的水化硅酸钙凝胶体，使得水泥石结构密实，游离水分少，不易产生干缩裂缝，故适用于干燥环境的混凝土工程。

【拓展阅读】 水泥水化热对大体积混凝土的影响

水泥水化热的大小对大体积混凝土的稳定性有着显著影响。大体积混凝土结构浇筑后水泥的水化热大，由于混凝土结构体积大，水化热会聚集在混凝土内部而不易散发，导致混凝土内部温度显著升高（图3-9）。另外，由于混凝土表面散热较快，这样便形成较大的内外温差，导致混凝土内部产生压应力，而表面产生拉应力，如温差过大则易在混凝土表面产生裂纹。在混凝土内部逐渐散热冷却（混凝土内部降温）产生收缩时，由于受到基底或已浇筑的混凝土的约束，混凝土内部将产生很大的拉应力，当拉应力超过混凝土的极限抗拉强度时，混凝土会产生裂缝，这些裂缝会贯穿整个混凝土结构，由此带来严重的危害。

大体积混凝土结构浇筑时，为了防止其浇筑后产生温度裂缝，必须采取措施降低混凝土的温度应力，减少浇筑后混凝土的内外温差（不宜超过25℃）。为此，应优先选用水化热低的水泥，降低水泥用量，掺入适量的掺合料，降低浇筑速度并减小浇筑层厚度，或采取人工降温措施。必要时，在经过计算和取得设计单位同意后可留施工缝进行分段分层浇筑。

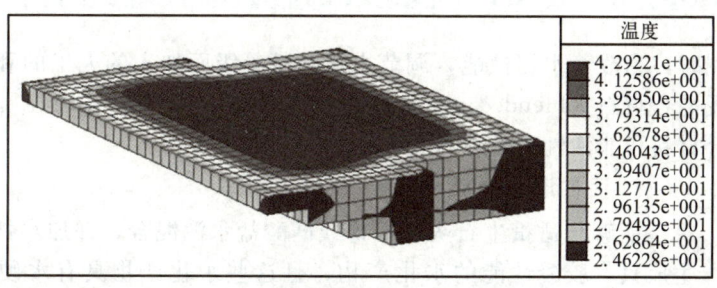

图3-9 大体积混凝土内部温度分布

3.1.7 硅酸盐水泥的运输与储存

水泥在运输和储存时，不应受潮和混入杂物，不同品种和强度等级的水泥应分别储存。

水泥的储存方式主要有散装和袋装两种。散装水泥一般应分库存放。水泥仓库应保持干燥，并应考虑现存现用，不可储存过久，这是因为水泥在储存过程中，会吸收空气中的水分和二氧化碳，使颗粒表面水化甚至碳化，从而丧失胶凝能力，导致强度降低。袋装水泥堆放高度一般不应超过10袋。在一般储存条件下，经3个月后水泥强度降低10%～20%，经6个月后降低15%～30%，1年后降低25%～40%。因此，自水泥出厂至使用，存储期一般不超过3个月，超过6个月的水泥必须重新检测，达到要求后方可使用。

【工程案例3-3】 水泥受潮导致的事故

概况：某车间盖单层砖砌房屋，采用预制空心板及12m跨度现浇钢筋混凝土大梁，拌制混凝土时使用进场已3个多月并存放于潮湿地方的水泥。14d后拆完大梁底模板和支撑后房屋全部倒塌。请分析造成事故的原因。

原因分析：事故主因是使用了储存时间超期且受潮的水泥。事故中水泥储存时间超过了3个月，已超过规定期限，且储存时处于潮湿环境，造成水泥表面水化甚至碳化，致使水泥强度大大降低，从而造成所拌制混凝土强度不足而引发事故。

3.2 掺混合材料的硅酸盐水泥

凡在硅酸盐水泥熟料中，掺入一定量的混合材料（6%以上）和适量石膏，共同磨细制成的水硬性材料，均属于**掺混合材料的硅酸盐水泥**。在硅酸盐水泥中掺加一定量的混合材料，既能改善原水泥的性能，增加水泥品种，扩大水泥的应用范围，又能节约熟料，提高产量，降低成本。

3.2.1 混合材料

在生产水泥时，为改善水泥性能，调节水泥强度等级而加入的人工的和天然的矿物质材料，称为**水泥混合材料**（blended material）。根据所加矿物质材料的性质，混合材料可划分为**活性混合材料**和**非活性混合材料**。

1. 活性混合材料

能够与适量生石灰、石膏或硅酸盐水泥混合，并加水拌和后在常温下生成具有胶凝性能的水化产物，且这些水化产物具有水硬性的细粉状物质，称为活性混合材料。

【拓展视频】

1）常用的活性混合材料

常用的活性混合材料有**粒化高炉矿渣/矿渣粉、火山灰质混合材料和粉煤灰**。

（1）粒化高炉矿渣/矿渣粉。

凡在高炉冶炼生铁时，所得以硅酸盐与硅铝酸盐为主要成分的熔融物，经淬冷成粒后而成的松软颗粒，即为粒化高炉矿渣（granulated blast-furnace slag）。其颗粒直径一般为 0.5~5mm。急冷一般用水淬方法进行，故又称水淬高炉矿渣。水淬成粒的目的在于阻止矿渣结晶，使绝大部分的矿渣成为不稳定的玻璃体，储有较高的潜在化学能，从而有较高的潜在活性。将粒化高炉矿渣粉磨至一定细度后即为矿渣粉 [图 3-10(a)]。

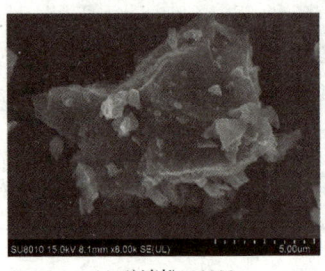
(a) 矿渣粉×8000

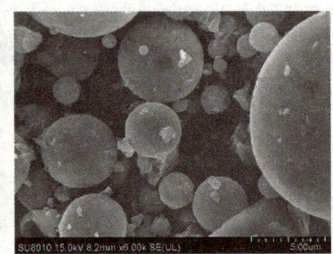
(b) 粉煤灰×6000

图 3-10 混合材料的扫描电镜照片

粒化高炉矿渣的化学成分主要为 CaO、Al_2O_3、SiO_2、MgO、Fe_2O_3 及少量的其他杂质，在一般矿渣中 CaO、Al_2O_3、SiO_2 的质量占 90% 以上。粒化高炉矿渣的活性成分，一般认为是活性氧化铝和活性氧化硅，它们在常温下即可与氢氧化钙起作用而产生强度。

在含氧化钙较高的碱性矿渣中，还含有硅酸二钙等成分，故其本身水硬性弱。

(2) 火山灰质混合材料。

凡是天然的或人工的以氧化硅、氧化铝为主要成分的矿物质材料，本身磨细加水拌和并不会硬化，但在常温下与石灰、水拌和后，能生成具有水硬性胶凝材料的性质，称为火山灰性。具有火山灰性的矿物质材料均称为火山灰质混合材料（pozzolanic admixture）。火山灰质混合材料可分为天然的和人工的两大类。天然的火山灰质混合材料是指火山喷发时，随同熔岩一起喷发的大量碎屑沉积在地面或水中而成的松软物。由于火山灰喷出后随即冷却，因此含有一定量的玻璃体，这些玻璃体的主要成分为活性氧化硅和活性氧化铝，其是火山灰活性的主要来源。

【拓展视频】

按其化学成分与矿物结构，火山灰质混合材料可分为含水硅酸质混合材料、铝硅酸质混合材料、烧黏土质混合材料等。其中，含水硅酸质混合材料的活性成分以氧化硅为主，如硅藻土、硅藻石、蛋白石和硅质渣等；铝硅酸质混合材料的活性成分以氧化硅和氧化铝为主，如火山灰、凝灰岩、浮岩和某些工业废渣等；烧黏土质混合材料的活性成分以氧化铝为主，如烧黏土、煤渣、煅烧的煤矸石等。

(3) 粉煤灰。

从电厂煤粉炉烟道气体中收集的粉末称为粉煤灰（fly ash），又称飞灰。它的颗粒直径一般为 $1\sim50\mu m$，呈玻璃态实心或空心的球状颗粒 [图3-10(b)]，表面致密。粉煤灰的活性主要取决于玻璃体的含量，粉煤灰的成分主要是活性氧化硅和活性氧化铝，还有少量氧化钙及未燃炭。未燃炭是有害成分，应限制在规定范围内。

2) 活性混合材料的水化

磨细的活性混合材料与水调和后，本身不会硬化或硬化极慢，不具有胶凝性，或胶凝能力很小，强度极低。但在氢氧化钙或石膏等溶液中，它们却能产生明显的水化反应，形成水化硅酸钙和水化铝酸钙，其反应式如下。

$$x\mathrm{Ca(OH)_2} + \mathrm{SiO_2} + (m-x)\mathrm{H_2O} \longrightarrow x\mathrm{3CaO \cdot SiO_2 \cdot nH_2O} \qquad (3-17)$$

$$y\mathrm{Ca(OH)_2} + \mathrm{Al_2O_3} + (n-x)\mathrm{H_2O} \longrightarrow y\mathrm{3CaO \cdot Al_2O_3 \cdot nH_2O} \qquad (3-18)$$

式中 x、y 值取决于混合材料的种类、石灰或活性氧化物的比例、环境温度及作用时间，一般取1或稍大，m、n 值一般为 $1\sim2.5$。

当液相中有石膏存在时，水化铝酸钙还会进一步反应生成钙矾石。由上可见，氢氧化钙和石膏的存在是活性混合材料的潜在活性得以发挥的条件，因此常将氢氧化钙和石膏称为活性混合材料的激发剂（activator）。激发剂浓度越高，激发作用越大，混合材料活性发挥越充分。常用的激发剂有碱性激发剂和硫酸盐激发剂两类。石灰及能在水作用下生成氢氧化钙的硅酸盐水泥称为碱性激发剂。二水石膏、半水石膏及各种化学石膏等为硫酸盐激发剂。注意，硫酸盐激发剂的激发作用必须在有碱性激发剂存在的条件下才能充分发挥。

掺活性混合材料的硅酸盐水泥在水化时，首先是水泥熟料的水化，然后是水化生成的氢氧化钙再与活性混合材料中的活性氧化硅和活性氧化铝发生反应，形成水化硅酸钙和水化铝酸钙；当有石膏存在时，还会进一步反应生成钙矾石。通常将水泥熟料矿物水化后的产物与混合材料中活性氧化物作用生成新的水化产物的反应，称为二次水化。

2. 非活性混合材料

凡掺入到硅酸盐水泥中，与水泥不发生化学作用或化学作用甚微的人工的或天然的磨细矿物质材料均属于非活性混合材料。它们掺入水泥中仅起提高水泥产量、降低水泥强度等级、减少水化热等作用，是一种惰性填料，所以又称填充混合材料。常用的非活性混合材料有砂岩和石灰石。

3.2.2 掺混合材料的硅酸盐水泥种类

掺混合材料的硅酸盐水泥主要有普通硅酸盐水泥、矿渣硅酸盐水泥、火山灰质硅酸盐水泥、粉煤灰硅酸盐水泥和复合硅酸盐水泥。

1. 组成要求

1) 普通硅酸盐水泥

由硅酸盐水泥熟料、6%～20%（质量分数）的混合材料（由粒化高炉矿渣/矿渣粉、火山灰质混合材料、粉煤灰组成）和适量石膏磨细制成的水硬性胶凝材料，称为普通硅酸盐水泥（ordinary Protland cement），简称普通水泥，代号 P·O。水泥中的混合材料允许用不超过水泥质量 5% 的石灰石代替。

2) 矿渣硅酸盐水泥

由硅酸盐水泥熟料、21%～70%（质量分数）的粒化高炉矿渣/矿渣粉及适量石膏混合磨细而成的水硬性胶凝材料，称为矿渣硅酸盐水泥（Portland slag cement），简称矿渣水泥，代号 P·S。根据水泥中粒化高炉矿渣/矿渣粉的掺量，矿渣又可分为 A 型（矿渣掺量为 21%～50%）和 B 型（矿渣掺量为 51%～70%），代号分别为 P·S·A 和 P·S·B。允许用不超过水泥质量 8% 的粉煤灰、火山灰质混合材料和石灰石中的一种材料代替粒化高炉矿渣/矿渣粉，替代后 P·S·A 和 P·S·B 水泥中粒化高炉矿渣/矿渣粉含量分别不小于水泥质量的 21% 和 51%。

3) 火山灰质硅酸盐水泥

由硅酸盐水泥熟料、21%～40%（质量分数）的火山灰质混合材料及适量石膏混合磨细而成的水硬性胶凝材料，称为火山灰质硅酸盐水泥（Portland pozzolana cement），简称火山灰水泥，代号 P·P。允许用不超过水泥质量 5% 的石灰石来代替火山灰质混合材料，但替代后火山灰质混合材料含量应不小于水泥质量的 21%。

4) 粉煤灰硅酸盐水泥

由硅酸盐水泥熟料、21%～40%（质量分数）的粉煤灰及适量石膏混合磨细而成的水硬性胶凝材料，称为粉煤灰硅酸盐水泥（Protland fly-ash cement），简称粉煤灰水泥，代号 P·F。允许用不超过水泥质量 5% 的石灰石来代替粉煤灰，但替代后粉煤灰含量不小于水泥质量的 21%。

5) 复合硅酸盐水泥

由硅酸盐水泥熟料、三种或三种以上规定的混合材料（质量分数为 21%～50%）和适量石膏磨细制成的水硬性胶凝材料，称为复合硅酸盐水泥（composite Portland cement），简称复合水泥，代号 P·C。混合材料包括粒化高炉矿渣/矿渣粉、粉煤灰、火山灰质混合材料、石灰石和砂岩，其中石灰石含量不大于水泥质量的 15%。

2. 技术性质

根据国家标准《通用硅酸盐水泥》（GB 175—2023）的规定，掺混合材料的硅酸盐水泥技术性质要求包括物理性质、化学性质等，其基本指标内容与硅酸盐水泥相同。

1) 物理性质

掺混合材料的硅酸盐水泥的物理性质包括细度、凝结时间、安定性、强度等级四个方面。

(1) 细度：五种掺混合材料的硅酸盐水泥细度以 $45\mu m$ 方孔筛筛余表示，要求不低于 5%。

(2) 凝结时间：五种掺混合材料的硅酸盐水泥的初凝时间应不小于 45min，终凝时间应不大于 600min。

(3) 安定性：五种水泥要求沸煮法和压蒸法均合格。

(4) 强度等级：根据 3d 和 28d 龄期的抗压和抗折强度，将普通水泥分为 42.5、42.5R、52.5、52.5R、62.5、62.5R 六个强度等级，将矿渣水泥、火山灰水泥、粉煤灰水泥分为 32.5、32.5R、42.5、42.5R、52.5、52.5R 六个强度等级，将复合硅酸盐水泥分为 42.5、42.5R、52.5、52.5R 四个强度等级。掺混合材料的硅酸盐水泥的强度要求见表 3-5。

表 3-5 掺混合材料的硅酸盐水泥的强度要求（GB 175—2023）

强度等级	抗压强度/MPa		抗折强度/MPa	
	3d	28d	3d	28d
32.5	≥12.0	≥32.5	≥3.0	≥5.5
32.5R	≥17.0		≥4.0	
42.5	≥17.0	≥42.5	≥4.0	≥6.5
42.5R	≥22.0		≥4.5	
52.5	≥22.0	≥52.5	≥4.5	≥7.0
52.5R	≥27.0		≥5.0	
62.5	≥27.0	≥62.5	≥5.0	≥8.0
62.5R	≥32.0		≥5.5	

2）化学性质

掺混合材料的硅酸盐水泥的化学性质包括不溶物、烧失量、三氧化硫含量、氧化镁含量、氯离子含量等，具体要求见表 3-6（单位为质量分数）。

表 3-6 掺混合材料的硅酸盐水泥的化学要求（GB 175—2023）

品种	代号	不溶物/%	烧失量/%	三氧化硫含量/%	氧化镁含量/%	氯离子含量/%
普通水泥	P·O	—	≤5.0	≤3.5	≤5.0[a]	≤0.06[c]
矿渣水泥	P·S·A	—		≤4.0	≤6.0[b]	
	P·S·B	—				
火山灰水泥	P·P			≤3.5	≤6.0	
粉煤灰水泥	P·F					
复合水泥	P·C					

a. 果水泥压蒸安定性合格，则水泥中氧化镁含量（质量分数）允许放宽至 6.0%。
b. 如果水泥中氧化镁含量（质量分数）大于 6.0%，需进行水泥压蒸安定性试验并合格。
c. 当买卖双方有更低要求时，买卖双方协商确定。

3) 性质和应用

（1）普通水泥。

普通硅酸盐水泥中混合材料的掺量较少，大部分仍为硅酸盐水泥熟料，故其性质与硅酸盐水泥基本相同，差别不大。与同等级的硅酸盐水泥相比，其特点主要表现为：①早期强度低；②耐腐蚀性略有提高；③耐热性稍好；④水化热略低；⑤抗冻性、耐磨性、抗碳化性略有降低。

由于普通水泥的性质与硅酸盐水泥差别不大，因此在应用方面两种水泥也基本相同。甚至一些硅酸盐水泥不能用的地方普通水泥也可以用，故而使得普通水泥成为建筑行业应用面最广、使用量最大的水泥品种。

（2）矿渣水泥、火山灰水泥、粉煤灰水泥。

矿渣水泥、火山灰水泥和粉煤灰水泥都是在硅酸盐水泥熟料的基础上加入适量混合材料磨细制成的。一方面，这三种水泥所用混合材料的化学组成与化学活性基本相同，水化过程也非常相似，所以这三种水泥的大多数性质和应用相同或接近，主要如下。

① 硬化慢，早期强度低，后期强度发展较快，不宜用于早强要求高的工程。

这三种水泥中熟料矿物含量比硅酸盐水泥少得多，水化过程是二次水化，故凝结硬化较慢，早期强度较低，后期由于二次水化的不断进行及熟料的继续水化，水化产物不断增多，使得水泥强度发展较快，后期强度可赶上甚至超过同强度等级的硅酸盐水泥。因此，这三种水泥不适用于早期强度要求高及低温环境施工的工程，如现浇工程、冬季施工等。

② 对温度敏感，适合高温养护。

这三种水泥在低温下水化速度明显减慢，强度较低。采用高温养护时可大大加速活性混合材料的水化，并可加速熟料的水化，故可大大提高早期强度，且不影响常温下后期强度的发展。因此，这三种水泥适用于高温养护。

③ 耐腐蚀性好，可用于水工、海港及受化学腐蚀等作用的混凝土工程。

这三种水泥中熟料矿物少，水化后生成的氢氧化钙量较少，并且二次水化还要消耗大量的氢氧化钙，使得水泥石中的氢氧化钙量进一步减少，故水泥石抵抗流动淡水及硫酸盐及镁盐等腐蚀性介质的能力较强。因此，这三种水泥可用于水工、海港及受化学腐蚀等作用的混凝土工程。

④ 水化热小，可用于大体积混凝土工程中。

这三种水泥中熟料矿物少，使水化热大幅度降低，可用于大体积混凝土工程中。

⑤ 抗冻性差、耐磨性差，不宜用于严寒地区水位升降范围内的混凝土工程和有耐磨性要求的混凝土工程。

这三种水泥中加入较多的混合材料，使水泥的需水量增加，水分蒸发后易形成毛细管通路或粗大孔隙，使水泥石的孔隙率增大，导致抗冻性和耐磨性差。因此，其不宜用于严寒地区水位升降范围内的混凝土工程和有耐磨要求的混凝土工程中。

⑥ 抗碳化能力差，不宜用于 CO_2 浓度高的环境中。

这三种水泥水化产物中氢氧化钙量很少，碱度较低，抗碳化能力差，对防止钢筋锈蚀不利。因此，这三种水泥不宜用于 CO_2 浓度高的环境中。

另一方面，这三种水泥所用的活性混合材料种类不同，在物理性质与表面特征等方面又有所不同，使得这三种水泥有各自的特性，主要如下。

① 矿渣水泥。

矿渣水泥中矿渣含量较多，矿渣本身又是高温形成的耐火材料，硬化后 $Ca(OH)_2$ 含量少，故矿渣水泥的耐热性较好，可用于温度不高于200℃的混凝土工程中，如高温车间、热工窑炉基础及热气体通道等。但矿渣水泥的保水性差，与水拌和易产生泌水而造成较多连通孔隙，故其抗渗性较差，此外，其在空气中硬化时干燥收缩也较普通水泥大，因此不宜用于有抗渗性要求的混凝土工程。

② 火山灰水泥。

火山灰质混合材料含有大量的微细孔隙，使火山灰水泥具有良好的保水性，并且火山灰水泥在水化过程中还会形成大量的水化硅酸钙凝胶，使其水泥石结构比较致密，从而具有较高的抗渗性和耐水性，可优先用于有抗渗要求的混凝土工程。但火山灰水泥长期处于干燥环境中时，水化反应就会中止，强度也会停止增长，而且火山灰水泥中含有的大量胶体，如长期处于干燥环境就会脱水，易产生微细裂纹，且空气中的二氧化碳作用于表面的水化硅酸钙凝胶，会生成碳酸钙和氧化硅的粉状物，这就是所谓的"起粉"。因此，火山灰水泥不宜用于干燥环境的地上工程，也不宜用于有耐磨性要求的混凝土工程。

③ 粉煤灰水泥。

粉煤灰是表面致密的球形颗粒，所以流动性好，且比表面积小，拌和需水量少。粉煤灰水泥的干缩小、抗裂性好。但由于它的泌水速度快，若施工处理不当易产生失水裂缝，因而不宜用于干燥环境。而且泌水会造成较多的连通孔隙，故粉煤灰水泥的抗渗性较差，不宜用于抗渗性要求高的混凝土工程。此外，由于粉煤灰表面非常致密，水化较慢，故活性主要在后期发挥，早期强度比矿渣水泥和火山灰水泥还低。因此，粉煤灰水泥适合用于受载较晚的混凝土工程及大体积混凝土工程。

(3) 复合水泥。

复合水泥掺入了三种或三种以上规定的混合材料，可以弥补掺单一混合材料水泥性能的不足。复合水泥的特性取决于所掺混合材料的种类、掺量及相对比例。

目前，硅酸盐水泥、普通水泥、矿渣水泥、火山灰水泥、粉煤灰水泥和复合水泥是我国广泛使用的六种水泥，称为通用水泥。这六种水泥在矿物组成、水化机理、凝结硬化过程及技术性质上有较多相似之处，但由于掺入混合材料的种类和数量不同，各种水泥的特性及适用范围有较大差异，具体选用可参照表3-7。

表3-7 通用水泥的选用

用途	混凝土工程特点及所处环境条件	优选选用	可以选用	不宜选用
普通混凝土	普通气候环境中的混凝土	普通水泥、硅酸盐水泥	矿渣水泥、火山灰水泥、粉煤灰水泥	—
有特殊要求的混凝土	在干燥环境中的混凝土	普通水泥、硅酸盐水泥	—	矿渣水泥、火山灰水泥、粉煤灰水泥
	在高湿度环境中或长期处于水中的混凝土	矿渣水泥、火山灰水泥、粉煤灰水泥	普通水泥、硅酸盐水泥	—

续表

用途	混凝土工程特点及所处环境条件	优选选用	可以选用	不宜选用
有特殊要求的混凝土	大体积混凝土	矿渣水泥、火山灰水泥、粉煤灰水泥	普通水泥	硅酸盐水泥
	要求快硬、高强（>C60）的混凝土	硅酸盐水泥	普通水泥	矿渣水泥、火山灰水泥、粉煤灰水泥
	严寒地区的露天混凝土、寒冷地区处于水位升降范围内的混凝土	普通水泥	矿渣水泥	火山灰水泥、粉煤灰水泥
	严寒地区处于水位升降范围内的混凝土	硅酸盐水泥、普通水泥	—	矿渣水泥、火山灰水泥、粉煤灰水泥
	有抗渗性要求的混凝土	普通水泥、火山灰水泥、粉煤灰水泥	硅酸盐水泥	矿渣水泥
	有耐磨性要求的混凝土	硅酸盐水泥、普通水泥	矿渣水泥	火山灰水泥、粉煤灰水泥
	受侵蚀性介质作用的混凝土	矿渣水泥、火山灰水泥、粉煤灰水泥	—	硅酸盐水泥、普通水泥

【思考与讨论 3-3】

【参考答案】

水泥碳化主要是由于水泥水化产物中的氢氧化钙与空气中的二氧化碳发生反应。请分析为什么硅酸盐水泥的抗碳化性优于掺混合材料的水泥？

【工程案例 3-4】 水泥选用不当导致混凝土开裂

概况：某大体积混凝土工程，浇筑两周后拆模，发现混凝土中有多道贯穿型的纵向裂缝。该工程使用某水泥厂生产的 42.5 级硅酸盐水泥，其主要熟料矿物组成如下：C_2S 为 10%、C_3S 为 64%、C_3A 为 16%、C_4AF 为 8%。试分析此混凝土开裂的可能原因及预防措施。

原因分析：由于该工程所使用的是硅酸盐水泥，此水泥中 C_3A 和 C_3S 含量高，导致该水泥的水化热高，且在浇筑混凝土过程中，过高的水化热造成混凝土内外温差增大，当温差形成的温度应力超过混凝土抗拉强度时，就会造成混凝土贯穿型的纵向裂缝。

预防措施：首先，对大体积混凝土工程宜选用低水化热水泥，即硅酸盐水泥熟料量较少的掺混合材料的硅酸盐水泥；其次，水泥用量及水灰比也需适当控制；最后，也可以通过控制材料温度和施工工艺进行预防。

3.3 特种水泥和专用水泥

特种水泥和专用水泥的品种很多，本节主要介绍铝酸盐水泥、快硬硫铝酸盐水泥、白色硅酸盐水泥、彩色硅酸盐水泥、膨胀水泥、抗硫酸盐硅酸盐水泥、道路硅酸盐水泥、砌筑水泥、中热硅酸盐水泥和低热硅酸盐水泥等。

3.3.1 铝酸盐水泥

铝酸盐水泥熟料是以钙质和铝质材料为主要原料，按适当比例将其配制成生料，煅烧至完全或部分熔融，并经冷却得到以铝酸钙为主要矿物组成的产物。凡用以铝酸钙为主的铝酸盐水泥熟料磨细制成的水硬性胶凝材料，称为铝酸盐水泥（aluminate cement），代号CA。根据需要也可在磨制 Al_2O_3 含量大于 68% 的水泥时掺加适量的 $\alpha\text{-}Al_2O_3$ 粉。铝酸盐水泥是一种具有快硬、高强、耐腐蚀、耐热性的水泥。

1. 铝酸盐水泥的矿物组成和水化产物

铝酸盐水泥的主要矿物组成为铝酸一钙（$CaO \cdot Al_2O_3$，简写为 CA）、二铝酸一钙（$CaO \cdot 2Al_2O_3$，简写为 CA_2）及少量的硅酸二钙（C_2S）和其他铝酸盐，如铝方柱石（$2CaO \cdot Al_2O_3 \cdot SiO_2$，简写为 C_2AS）、七铝酸十二钙（$12CaO \cdot 7Al_2O_3$，简写为 $C_{12}A_7$）等。

铝酸一钙具有很高的水硬活性，凝结时间正常，水化、硬化迅速，是铝酸盐水泥强度的主要来源。但若其含量过高，则会导致该水泥的强度发展主要集中在早期，后期强度增长率不明显。二铝酸一钙水化、硬化慢，早期强度较低，但后期强度高，具有较好的耐高温性能。铝方柱石也称钙黄长石，其晶格中离子配位对称性很高，水化活性很低。七铝酸十二钙水化、硬化极快，但其强度不及铝酸一钙高；当水泥中该矿物含量高时，水泥就会出现快凝，甚至出现强度倒缩。

铝酸盐水泥的水化和硬化，主要是铝酸一钙的水化和硬化。一般认为，铝酸一钙的水化反应与温度有关。当温度低于 20℃ 时，其主要水化产物为十水铝酸一钙（CAH_{10}）；当温度在 20~30℃ 时，主要水化产物为八水铝酸二钙（C_2AH_8）；当温度高于 30℃ 时，主要水化产物为六水铝酸三钙（C_3AH_6）。此外，还有氢氧化铝凝胶（AH_3）。铝酸盐水泥中二铝酸一钙的水化与铝酸一钙基本相同，主要水化产物都是水化铝酸一钙、水化铝酸二钙、水化铝酸三钙和铝胶。七铝酸十二钙的水化反应速度较快，也生成水化铝酸二钙，但强度不高；而铝方柱石与水作用极为微弱，几乎不发生水化；硅酸二钙水化则生成 C-S-H。

水化产物 CAH_{10} 或 C_2AH_8 都属于六方晶系，具有细长的针状和板状结构，能互相结成坚固的结晶连生体，形成晶体骨架；生成的氢氧化铝凝胶难溶于水，填充于晶体骨架的空隙中，形成较密实的水泥石结构，并迅速产生很高的强度。但 CAH_{10} 或 C_2AH_8 都是亚稳相，随着时间的延长会转变为稳定的呈立方结构的 C_3AH_6（在高温高湿环境中，晶型转变更易发生），结构内部产生孔隙导致硬化浆体强度显著下降。其原因主要有两方面：

一方面，立方晶体相互搭接，其骨架强度较低；另一方面，伴随晶型转变，水泥石固相体积减少50%以上，使硬化浆体的孔隙率增大。此外，在晶体转变过程中还会析出大量游离水，这进一步降低了水泥石的密实度。

2. 铝酸盐水泥的技术要求

铝酸盐水泥常为黄色或褐色，也有呈灰色的。其密度和堆积密度与普通水泥相近。按国家标准《铝酸盐水泥》（GB/T 201—2015）的规定，铝酸盐水泥的主要技术要求如下。

1）细度

比表面积不小于 $300m^2/kg$ 或 $45\mu m$ 筛余量不大于20%。

2）凝结时间

根据 Al_2O_3 的质量分数，铝酸盐水泥可以分为四类：CA50（50%≤Al_2O_3<60%）、CA60（60%≤Al_2O_3<68%）、CA70（68%≤Al_2O_3<77%）和 CA80（Al_2O_3≥77%）。其中 CA50 按强度又可分为 CA50-Ⅰ、CA50-Ⅱ、CA50-Ⅲ和 CA50-Ⅳ，CA60 按主要矿物组成又可分为 CA60-Ⅰ（以铝酸一钙为主）和 CA60-Ⅱ（以铝酸二钙为主）。

CA50、CA60-Ⅰ、CA70 及 CA80 的初凝时间不早于 30min，终凝时间不迟于 360min；CA60-Ⅱ的初凝时间不早于 60min，终凝时间不迟于 1080min。

3）强度

各类型铝酸盐水泥各龄期强度值不得低于表 3-8 中规定的数值。

表 3-8　铝酸盐水泥的强度要求（GB/T 201—2015）

水泥类型		抗压强度/MPa				抗折强度/MPa			
		6h	1d	3d	28d	6h	1d	3d	28d
CA-50	CA50-Ⅰ	≥20	≥40	≥50	—	3.0	≥5.5	≥6.5	—
	CA50-Ⅱ		≥50	≥60	—		≥6.5	≥7.5	—
	CA50-Ⅲ		≥60	≥70	—		≥7.5	≥8.5	—
	CA50-Ⅳ		≥70	≥80	—		≥8.5	≥9.5	—
CA-60	CA60-Ⅰ	—	≥65	≥85	—	—	≥7.0	≥10.0	—
	CA60-Ⅱ	—	≥20	≥45	≥85	—	≥2.5	≥5.0	≥10.0
CA-70		—	≥30	≥40	—	—	≥5.0	≥6.0	—
CA-80		—	≥25	≥30	—	—	≥4.0	≥5.0	—

3. 铝酸盐水泥的特性及应用

1）凝结硬化快、早期强度高，但长期强度降低

铝酸盐水泥与水反应迅速，凝结硬化极快，早期强度发展迅速，1d 强度可达最高强度的 60%～80%，某些类型还具有较高的小时强度。因此，该类水泥适用于工期紧急及早期强度要求高的工程，如国防、道路等特殊抢修工程等。

但铝酸盐水泥硬化浆体中的晶体结构会在长期使用过程中发生晶型转变，引起强度下降（一般下降 40%～50%）。因此，铝酸盐水泥不宜用于长期承重的结构。

2）耐热性强

铝酸盐水泥硬化时不宜在较高温度下进行，但硬化后的水泥石在高温下（1000℃以

上）仍有较高的强度。主要是因为在高温下各组分发生固相反应而呈烧结状态，代替了水化结合，因此，铝酸盐水泥具有较高的耐热性（耐 900～1300℃ 高温），经常用于配制耐热胶泥、耐热砂浆及耐热混凝土。

3）水化热高，放热速度快

铝酸盐水泥的总放热量为 450～500kJ/kg，与硅酸盐水泥大致相同，但其放热速度特别快，一天之内即可放出水化热总量的 70%～80%（硅酸盐水泥为 25%～50%）。使用时应特别注意，铝酸盐水泥不能用于大体积混凝土工程。

4）抗渗性及抗硫酸盐侵蚀性强

铝酸盐水泥硬化后，由于生成的氢氧化铝凝胶填充于晶体骨架的空隙中，水泥石密实度较大，且水化产物不含有氢氧化钙，因此，铝酸盐水泥有较强的抗渗性和抗硫酸盐侵蚀性能，适用于抗渗性要求较高的工程及受软水、海水、酸性水和硫酸盐腐蚀的工程。

5）耐碱性差

铝酸盐水泥耐碱性极差，与碱性溶液接触，甚至在混凝土集料内含有少量碱性化合物，都会引起不断的侵蚀，使水泥石结构疏松，强度大幅度降低，因此，铝酸盐水泥不得用于接触碱性溶液的混凝土工程。

铝酸盐水泥与硅酸盐水泥或石灰等析出 $Ca(OH)_2$ 的材料混合使用，不但会产生闪凝无法施工，而且会生成高碱性的水化铝酸钙，使混凝土开裂破坏。因此，铝酸盐水泥施工时除不得与硅酸盐水泥和石灰混合外，也不得与尚未硬化的硅酸盐水泥接触使用。

此外，铝酸盐水泥也不得用于高温、高湿的环境或采用蒸汽养护。铝酸盐水泥最适宜的硬化温度为 15℃ 左右，一般不得超过 25℃。

3.3.2 快硬硫铝酸盐水泥

硫铝酸盐水泥由于具有早期强度高、抗渗性、抗冻性和耐腐蚀性好等一系列优点，在混凝土工程中应用广泛。生产硫铝酸盐水泥的主要原料有矾土、石灰石和石膏，生产过程也是"两磨一烧"。普通硫铝酸盐水泥种类主要包括快硬硫铝酸盐水泥（rapid hardening sulphoaluminate cement）、低碱度硫铝酸盐水泥（low alkalinity sulphoaluminate cement）、膨胀硫铝酸盐水泥（expansive sulphoaluminate cement）和自应力硫铝酸盐水泥（self stressing sulphoaluminate cement）等品种。本节主要介绍快硬硫铝酸盐水泥。

1. 快硬硫铝酸盐水泥的矿物组成和水化产物

快硬硫铝酸盐水泥是将以无水硫铝酸钙和硅酸二钙为主要成分的熟料，加入石灰石（<10%）及适量石膏一起磨细制成的早期强度高的水硬性胶凝材料，代号 R·SAC。

快硬硫铝酸盐水泥熟料的主要矿物成分为无水硫铝酸钙（$4CaO·3Al_2O_3·CaSO_4$，简写为 $C_4A_3\hat{S}$）和 β 型硅酸二钙（$\beta-C_2S$）。

快硬硫铝酸盐水泥水化时首先是无水硫铝酸钙的水化，其水化生成大量的钙矾石和氢氧化铝凝胶，钙矾石结晶连生构成快硬硫铝酸盐水泥石骨架，氢氧化铝凝胶填充于水泥石骨架，使快硬硫铝酸盐水泥具有较高的早期强度。$\beta-C_2S$ 是在相对低温（1250～1350℃）下烧成的，活性较高，水化也较快，在氢氧化铝凝胶参与下与其水化生成钙矾石，填充于水泥石骨架空间，形成十分致密的结构，这使得水泥石强度进一步提高，也为水泥石后期强度的增长提供了保证。

2. 快硬硫铝酸盐水泥的技术要求

按国家标准《硫铝酸盐水泥》(GB/T 20472—2006) 的规定,快硬硫铝酸盐水泥的主要技术要求如下。

1) 比表面积

快硬硫铝酸盐水泥的比表面积不得低于 $350m^2/kg$。

2) 凝结时间

快硬硫铝酸盐水泥的初凝时间不得早于 25min,终凝时间不得迟于 180min,根据用户要求可以变动。

3) 强度

快硬硫铝酸盐水泥根据 1d、3d 和 28d 的抗压强度和抗折强度划分为 42.5、52.5、62.5 和 72.5 四个强度等级,各等级、各龄期的强度值不得低于表 3-9 规定的数值。

表 3-9 快硬硫铝酸盐水泥的强度要求 (GB/T 20472—2006)

强度等级	抗压强度/MPa			抗折强度/MPa		
	1d	3d	28d	1d	3d	28d
42.5	≥30.0	≥42.5	≥45.0	≥6.0	≥6.5	≥7.0
52.5	≥40.0	≥52.5	≥55.0	≥6.5	≥7.0	≥7.5
62.5	≥50.0	≥62.5	≥65.0	≥7.0	≥7.5	≥8.0
72.5	≥55.0	≥72.5	≥75.0	≥7.5	≥8.0	≥8.5

3. 快硬硫铝酸盐水泥的特性及应用

1) 凝结硬化快、早期强度高

快硬硫铝酸盐水泥具有凝结硬化快、早期强度高的特点,12h 强度已经相当高,1d 强度更是显著,3d 强度与硅酸盐水泥 28d 强度相当,因此适用于抢修、堵漏和喷锚加固工程。

2) 微膨胀、密实度高

快硬硫铝酸盐水泥水化过程中,会生成大量的钙矾石晶体,同时产生体积膨胀,使得硬化后的水泥石致密不透水,因此适用于有抗渗性、抗裂性要求的混凝土工程。

3) 水化热高

快硬硫铝酸盐水泥水化热大且集中,早期强度增长速度快,因此适用于冬季施工的混凝土工程,不适合于大体积混凝土工程。

4) 耐腐蚀性能好

快硬硫铝酸盐水泥石中不含钙矾石,氢氧化钙浓度相当低,而且水泥石密实度高,因此适用于有耐软水、酸类和盐类腐蚀要求的混凝土工程。

5) 低碱度

快硬硫铝酸盐水泥水化浆体的碱度低,其 pH 值为 12.0~12.5,对钢筋的保护作用差,因此不能用于重要的钢筋混凝土结构。

6) 耐热性差

快硬硫铝酸盐水泥的主要水化产物钙矾石中含有大量结晶水,在 150℃ 以上时会大量脱水,致使水泥石结构疏松,强度显著降低,因此不宜用于有耐热性要求的混凝土工程。

3.3.3 白色硅酸盐水泥

凡以适当成分的生料烧至部分熔融,所得的以硅酸钙为主要成分、氧化铁含量很少的白色硅酸盐水泥熟料,再加入适量石膏,磨细制成的水硬性胶凝材料称为白色硅酸盐水泥(white Portland cement),简称白水泥,代号 P·W。

1. 白水泥的生产工艺

白水泥与普通水泥的生产方法基本相同,生产过程也可以概括为"两磨一烧"。由于使普通水泥着色的主要化学成分是氧化铁(Fe_2O_3),因此白水泥与普通水泥在生产制造上的主要区别在于氧化铁的含量。

水泥中含铁量与水泥颜色的关系见表3-10。由表可见,当氧化铁含量在3%~4%时,熟料呈暗灰色;在0.45%~0.7%时,带淡绿色;而降到0.35%~0.4%后,接近白色。所以,白水泥中氧化铁的含量只有普通水泥的1/10左右,生产白水泥用的石灰石及黏土原料中的氧化铁含量应分别低于0.1%和0.7%。此外,锰、铬、钛等氧化物也会导致白度降低,故其含量也需要控制。

表3-10 水泥中含铁量与水泥颜色的关系

氧化铁含量/%	3~4	0.45~0.7	0.35~0.4
颜色	暗灰色	淡绿色	略带淡绿,接近白色

2. 白水泥的技术要求

按国家标准《白色硅酸盐水泥》(GB/T 2015—2017)的规定,白水泥的主要技术要求如下。

白水泥的细度要求为45μm方孔筛筛余不大于30%;初凝时间不得早于45min,终凝时间不得迟于600min;水泥安定性必须满足沸煮法安定性合格,水泥中三氧化硫的含量不大于3.5%;根据3d和28d的抗压和抗折强度,将白水泥划分为32.5、42.5、52.5三个强度等级,各等级的各龄期强度要求不得低于表3-11中的数值。

表3-11 白水泥的强度要求 (GB/T 2015—2017)

强度等级	抗压强度/MPa		抗折强度/MPa	
	3d	28d	3d	28d
32.5	≥12.0	≥32.5	≥3.0	≥6.0
42.5	≥17.0	≥42.5	≥3.5	≥6.5
52.5	≥22.0	≥52.5	≥4.0	≥7.0

此外,白度也是白水泥的一项重要技术性能指标,是衡量白水泥质量高低的关键指标。根据白度不同,白水泥可以分为1级和2级两个等级,相应的白度分别不低于89%和87%。

3. 白水泥的特性及应用

白水泥具有强度高、颜色洁白等特性,在建筑工程中常用来配制彩色水泥浆,用于建筑物内外墙、天棚及柱子的粉刷,还可用于贴面装饰材料的勾缝处理;配制各种彩色水泥砂浆、彩色混凝土等，具有较好的装饰效果。

3.3.4 彩色硅酸盐水泥

凡以白色硅酸盐水泥熟料、优质白色石膏及矿物颜料、外加剂（防水剂、保水剂、增塑剂、促进剂等）共同研磨而成，或者在白水泥生料中加入金属氧化物的着色剂直接烧成的一种水硬性彩色胶凝材料，称为彩色硅酸盐水泥（colored Portland cement），简称彩色水泥。彩色水泥的颜料品种有氧化钛（TiO_2）白、铁丹（Fe_2O_3）红、合成氧化铁（$Fe_2O_3 \cdot H_2O$）黄、氧化铬（Cr_2O_3）绿、群青（$2Al_2Na_2S_{12}O \cdot Na_2SO_4$）、钴青（$CoO \cdot nAl_2O_3$）、碳黑（C）等。彩色水泥按颜色分类，其基本色有红色、黄色、蓝色、绿色、棕色和黑色等。

1. 彩色水泥的生产方法

彩色水泥根据其着色的方法不同，有染色法和直接烧成法两种生产方式。

（1）染色法是将硅酸盐水泥熟料、适量的石膏和耐碱颜料混掺在一起共同磨细制成彩色水泥的方法。常用的基础颜料是氧化铁系颜料。目前，染色法是国内外生产彩色水泥应用最广泛的方法。

（2）直接烧成法是在白水泥生料中加入少量色料而直接煅烧成彩色水泥熟料，再加入适量的石膏共同磨细制成彩色水泥的方法。常用的着色剂为金属氧化物或氢氧化物。例如，加入氧化铬或氢氧化铬，可生产出绿色水泥；加入氧化钴，在还原气氛中烧成浅蓝色，可生产出浅蓝色水泥，在氧化气氛中烧成玫瑰红色，可生产出玫瑰红色水泥；加入氧化锰在还原气氛中烧成浅蓝色，可生产出浅蓝色水泥，在氧化气氛中烧成浅紫色，可生产出浅紫色水泥。

彩色水泥浆的配制须分头道浆和二道浆两道。头道浆水灰比按 0.75、二道浆水灰比按 0.65 配制。刷浆前先将基层用水充分润湿，先刷头道浆，待其有足够强度后再刷二道浆。待浆面初凝后，立即开始洒水养护，至少养护 3d。为保证不发生脱粉及被雨水冲掉，还可以在色浆中加入 1%～2% 的无水氯化钙和 7% 的皮胶液，以加速凝固，增强黏结力。

2. 彩色水泥的技术要求

按行业标准《彩色硅酸盐水泥》（JC/T 870—2012）的规定，彩色水泥的主要技术要求如下。

彩色水泥的细度要求为 $80\mu m$ 方孔筛筛余不大于 6.0%；初凝时间不得早于 1h，终凝时间不得迟于 10h；水泥安定性必须沸煮法检验合格，且水泥熟料中 SO_3 的含量不得超过 4.0%；彩色水泥的强度等级分为 27.5、32.5 和 42.5 三个等级，各等级强度值应不小于表 3-12 的要求。

表 3-12 彩色水泥的强度要求（JC/T 870—2012）

强度等级	抗压强度/MPa		抗折强度/MPa	
	3d	28d	3d	28d
27.5	≥7.5	≥27.5	≥2.0	≥5.0
32.5	≥10.0	≥32.5	≥2.5	≥5.5
42.5	≥15.0	≥42.5	≥3.5	≥6.5

第3章　水泥

3. 彩色水泥的应用

彩色水泥主要用于建筑物内外墙、天棚及柱子的粉刷，还可用于贴面装饰材料的勾缝处理；配制各种彩色砂浆用于抹灰，如常用于水刷石、斩假石等，模仿天然石材的色彩、质感，具有较好的装饰效果；配制彩色混凝土，制作彩色水磨石等。

3.3.5　膨胀水泥

常用的大部分水泥在空气中硬化时都会产生一定的体积收缩。收缩会使混凝土内部产生微裂缝，这样不但会使混凝土的整体性遭到破坏，而且也会使混凝土的一系列性能劣化——强度、抗渗性、抗冻性下降，外部侵蚀性介质侵入混凝土内部还会造成混凝土的腐蚀和钢筋的锈蚀，使混凝土的耐久性进一步下降。而膨胀水泥（expansive cement）在其硬化时能产生一定量的体积膨胀，从而减小或消除混凝土的干缩，甚至产生膨胀，大大提高混凝土的密实度。

膨胀水泥主要是比一般水泥多了一种膨胀组分，在凝结硬化过程中，膨胀组分会使水泥产生一定量的膨胀值。使水泥产生膨胀的反应主要有三种：CaO 水化生成 $Ca(OH)_2$、MgO 水化生成 $Mg(OH)_2$ 及形成钙矾石。因为前两种反应产生的膨胀不易控制，所以目前广泛使用的是以钙矾石为膨胀组分的各种膨胀水泥。

水泥在无限制状态下，水化、硬化过程中的体积膨胀称为自由膨胀；在限制状态下，水化、硬化过程中的体积膨胀称为限制膨胀。按膨胀值大小，膨胀水泥可分为补偿性膨胀水泥和自应力型膨胀水泥（简称自应力水泥）两大类。补偿性膨胀水泥的膨胀率较小，主要用于补偿水泥在凝结硬化过程中产生的收缩，因此又称无收缩水泥或收缩补偿水泥。自应力水泥的膨胀值较大，除抵消干缩值外，尚有一定剩余膨胀值。在限制膨胀的条件下（如配有钢筋时），由于水泥石的膨胀作用，与混凝土黏结在一起的钢筋会受到拉应力作用而使混凝土受到压应力，从而达到预应力的作用。因为这种压应力是依靠水泥本身的水化而产生的，所以称为"自应力"。

常用的膨胀水泥及其用途如下。

1. 硅酸盐膨胀水泥

凡以硅酸盐水泥（或熟料）、高铝水泥（或熟料），加入适量二水石膏磨细制成的具有可调膨胀性能的水硬性胶凝材料，称为硅酸盐膨胀水泥。该水泥主要用于配制防水砂浆和防水混凝土；用于加固结构、浇筑机器底座或固结地脚螺栓，并可用于接缝及修补工程。但该水泥禁止在有硫酸盐侵蚀性的工程中使用。

2. 膨胀硫铝酸盐水泥

凡以适当成分的生料，以及经煅烧所得的以无水硫铝酸钙和硅酸二钙为主要矿物成分的熟料，加入适量二水石膏磨细制成的具有可调膨胀性能的水硬性胶凝材料，称为膨胀硫铝酸盐水泥。该水泥主要用于浇筑构件结点，以及应用于抗渗和补偿收缩的混凝土工程中。

3. 低热微膨胀水泥

低热微膨胀水泥组分的配合比介于矿渣水泥和石膏水泥之间。该水泥主要用于要求较低水化热和要求补偿收缩的混凝土、大体积混凝土工程中，也适用于要求抗渗和抗硫酸盐侵蚀的工程。

4. 自应力水泥

自应力水泥（self-stressing cement）主要用于制作自应力钢筋混凝土压力管及其配件。自应力水泥按自应力值分为不同的级别。其中，自应力硅酸盐水泥是以适当比例的硅酸盐水泥（或熟料）、高铝水泥和天然二水石膏磨制而成的膨胀性的水硬性胶凝材料。自应力铝酸盐水泥是以一定量的铝酸盐水泥（或熟料）和二水石膏磨制而成的大膨胀率胶凝材料。自应力铁铝酸盐水泥是以适当成分的生料，以及经煅烧得到的以铁相、无水硫铝酸钙和硅酸二钙为主要矿物成分的熟料，加入适量二水石膏磨细制成的具有强膨胀性能的水硬性胶凝材料。

3.3.6 抗硫酸盐硅酸盐水泥

抗硫酸盐硅酸盐水泥是以特定矿物组成的硅酸盐水泥熟料，加入适量石膏磨细制成的具有抗硫酸根离子侵蚀的水硬性胶凝材料。

按抗硫酸盐侵蚀程度，抗硫酸盐硅酸盐水泥分为中抗硫酸盐硅酸盐水泥（简称中抗硫水泥）和高抗硫酸盐硅酸盐水泥（简称高抗硫水泥）两类。中抗硫水泥是以适当成分的硅酸盐水泥熟料，加入适量石膏磨细制成的具有抵抗中等浓度硫酸根离子侵蚀的水硬性胶凝材料，代号 P·MSR。高抗硫水泥是以适当成分的硅酸盐水泥熟料，加入适量石膏磨细制成的具有抵抗较高浓度硫酸根离子侵蚀的水硬性胶凝材料，代号 P·HSR。

按国家标准《抗硫酸盐硅酸盐水泥》（GB/T 748—2023）的规定，抗硫酸盐硅酸盐水泥的主要技术要求如下。在中抗硫水泥中，C_3S 和 C_3A 的含量分别不应超过 55% 和 5%，在高抗硫水泥中，C_3S 和 C_3A 的含量分别不应超过 50% 和 3%。两类水泥的烧失量不应大于 3.0%，SO_3 含量不应大于 2.5%，MgO 含量不应大于 5.0%（如果水泥经压蒸安定性试验合格，则水泥中 MgO 的含量不大于 6.0%）。两类水泥初凝时间不应早于 45min，终凝时间不应迟于 600min，比表面积不应小于 280m²/kg，安定性用沸煮法检验必须合格。中抗硫水泥 14d 线膨胀率不应大于 0.060%，高抗硫水泥 14d 线膨胀率不应大于 0.040%。两类水泥的强度等级均只有 42.5 级一个等级，强度值应满足表 3-13 的要求。

表 3-13 抗硫酸盐硅酸盐水泥的强度要求（GB/T 748—2023）

分类	强度等级	抗压强度/MPa		抗折强度/MPa	
		3d	28d	3d	28d
中抗硫水泥	42.5	≥15.0	≥42.5	≥3.0	≥6.5
高抗硫水泥					

由于抗硫酸盐硅酸盐水泥的水化热低，且具有较强的抗硫酸盐侵蚀性能，因此适用于一般受硫酸盐侵蚀的海港、水利、地下、隧涵、道路和桥梁基础等工程。

3.3.7 道路硅酸盐水泥

道路硅酸盐水泥（简称道路水泥，Portland cement for road）是以适当成分的生料烧至部分熔融，得到的以硅酸钙为主要成分，并含有较多量的铁铝酸钙的硅酸盐熟料、再配以 0~10％活性混合材料和适量石膏磨细制成的水硬性胶凝材料，代号 P·R。

按《道路硅酸盐水泥》（GB/T 13693—2017）的规定，道路硅酸盐水泥的主要技术要求如下。

道路硅酸盐水泥中 C_3A 的含量不应大于 5.0％，C_4AF 的含量不应小于 15.0％，游离氧化钙含量不应大于 1.0％。水泥的烧失量不应大于 3.0％，SO_3 含量不应大于 3.5％，MgO 含量不应大于 5.0％（如果水泥经压蒸安定性试验合格，则水泥中 MgO 的含量不大于 6.0％），比表面积应为 300~450m^2/kg，初凝时间不应早于 90min，终凝时间不应迟于 720min，沸煮法安定性用雷氏夹检验合格，28d 干缩率不应大于 0.10％，耐磨性应满足 28d 磨耗量不大于 3.00kg/m^2。道路硅酸盐水泥根据抗折强度大小分为 7.5 和 8.5 两个等级，各等级的强度值应满足表 3-14 的要求。

表 3-14 道路硅酸盐水泥的强度要求（GB/T 13693—2017）

强度等级	抗压强度/MPa		抗折强度/MPa	
	3d	28d	3d	28d
7.5	21.0	42.5	4.0	7.5
8.5	26.0	52.5	5.0	8.5

由于道路硅酸盐水泥具有抗折强度高，耐磨性好，干缩性小，抗冲击、抗冻、抗硫酸盐性能较好等特性，因此其适用于道路路面、机场跑道道面、城市广场、车站等工程；并可减少水泥混凝土路面的裂缝和磨耗等病害，减少维修，延长路面使用年限。

3.3.8 砌筑水泥

砌筑水泥（masonry cement）是由硅酸盐水泥熟料加入规定的混合材料和适量石膏，磨细制成的保水性较好的水硬性胶凝材料，代号 M。

按《砌筑水泥》（GB/T 3183—2017）的规定，砌筑水泥的主要技术要求如下。砌筑水泥的细度为 80μm 方孔筛筛余不应大于 10％；初凝时间不应早于 60min，终凝时间不应迟于 720min；保水率不应小于 80％；安定性须沸煮法检验合格。砌筑水泥的强度等级分为 12.5、22.5 和 32.5 三个等级，各等级的强度值应不低于表 3-15 的要求。

表 3-15 砌筑水泥的强度要求（GB/T 3183—2017）

强度等级	抗压强度/MPa			抗折强度/MPa		
	3d	7d	28d	3d	7d	28d
12.5	—	≥7.0	≥12.5	—	≥1.5	≥3.0
22.5	—	≥10.0	≥22.5	—	≥2.0	≥4.0
32.5	≥10.0	—	≥32.5	≥2.5	—	≥5.5

砌筑水泥的强度低，硬化较慢，但其和易性、保水性较好，一般不用于钢筋混凝土结构和构件，主要用于工业与民用建筑的砌筑砂浆、内墙抹面砂浆，也可用于配制道路混凝土垫层。

3.3.9 中热硅酸盐水泥和低热硅酸盐水泥

中热硅酸盐水泥（moderate heat Portland cement），简称中热水泥，是以适当成分的硅酸盐水泥熟料，加入适量石膏，磨细制成的具有中等水化热的水硬性胶凝材料，代号 P·MH。

低热硅酸盐水泥（low heat Portland cement），简称低热水泥，是以适当成分的硅酸盐水泥熟料，加入适量石膏，磨细制成的具有低水化热的水硬性胶凝材料，代号 P·LH。

按国家标准《中热硅酸盐水泥、低热硅酸盐水泥》（GB/T 200—2017）的规定，中、低热水泥的主要技术要求如下。中、低热水泥的熟料矿物组成要求见表 3-16。两类水泥的烧失量不应大于 3.0%、SO_3 含量不应大于 3.5%、MgO 含量不应大于 5.0%（如果水泥经压蒸安定性试验合格，则水泥中 MgO 的含量不大于 6.0%）；比表面积不应小于 $250m^2/kg$；初凝时间不应早于 60min，终凝时间不应迟于 720min；安定性用沸煮法检验必须合格。中、低热水泥各等级的强度值不应小于表 3-17 的要求。中、低热水泥的水化热不应大于表 3-18 的数值。

表 3-16 中、低热水泥的熟料矿物组成要求（GB/T 200—2017）

品种	C_3S/%	C_2S/%	C_3A/%
中热水泥	≤55.0	—	≤6.0
低热水泥	—	≥40.0	≤6.0

表 3-17 中、低热水泥各等级的强度值（GB/T 3183—2017）

品种	强度等级	抗压强度/MPa			抗折强度/MPa		
		3d	7d	28d	3d	7d	28d
中热水泥	42.5	≥12.0	≥22.0	≥42.5	≥3.0	≥4.5	≥6.5
低热水泥	32.5	—	≥10.0	≥32.5	—	≥3.0	≥5.5
	42.5	—	≥13.0	≥42.5	—	≥3.5	≥6.5

表 3-18 中、低热水泥的水化热（GB/T 3183—2017）

品种	强度等级	水化热/(kJ/kg)	
		3d	7d
中热水泥	42.5	≤251	≤293
低热水泥	32.5	≤197	≤230
	42.5	≤230	≤260

中、低热水泥主要适用于要求低水化热的工程，如大体积建筑物的基础、水工大坝等，也被称为大坝水泥。

本章小结

本章主要介绍了水泥的生产和组成、水化、硬化过程及水泥的特性和应用。通过本章的学习,学生应掌握水泥的定义、熟料矿物组成、特性、水化过程及水泥的主要技术性质和应用,理解水泥石的腐蚀机理和防治措施,能熟练运用水泥性质进行水泥品种的选择和应用,能解决实际工程中与水泥相关的工程问题。

练习题

一、基础题

(一) 填空题

1. 为调节水泥的凝结速度,在磨制水泥过程中需要加入适量的_____。
2. 硅酸盐水泥熟料矿物组成中,水化热最大的是_____,水化热最小的是_____。
3. 由游离氧化钙引起的水泥安定性不良,可用_____方法检验,由游离氧化镁引起的安定性不良,可采用_____方法检验。
4. 水泥细度越大,水泥早期强度_____,但细度过细,水泥硬化过程中易引起_____。
5. 水泥的水化热大,有利于_____施工,而不利于_____工程。

(二) 选择题

1. 要使水泥具有硬化快、强度高的性能,必须提高( )的含量。
 A. C_3S　　　　　B. C_2S　　　　　C. C_3A　　　　　D. C_4AF
2. 硅酸盐水泥熟料的四个主要矿物组成中,( )的水化反应速度最快。
 A. C_2S　　　　　B. C_3S　　　　　C. C_3A　　　　　D. C_4AF
3. 引起水泥安定性不良的原因是( )。
 A. 石膏掺量不足　　　　　　　　　B. 混合材料掺量过多
 C. 石膏掺量过多　　　　　　　　　D. 混合材料掺量不足
4. 水泥试验中需检测水泥的标准稠度用水量,其检测目的是( )。
 A. 使得凝结时间和安定性具有准确可比性　　B. 判断水泥是否合格
 C. 判断水泥的需水量大小　　　　　　　　　D. 该项指标是国家标准规定的必检项目
5. 下列材料中,属于非活性混合材料的是( )。
 A. 砂岩　　　　　B. 矿渣　　　　　C. 火山灰　　　　　D. 粉煤灰
6. 沸煮法只能检测出( )引起的水泥安定性不良。
 A. SO_3含量超标　　　　　　　　B. 游离CaO含量超标
 C. 游离MgO含量超标　　　　　　　D. 石膏掺量超标
7. 水泥石产生腐蚀的内因是:水泥石中存在( )。
 A. $3CaO \cdot 2SiO_2 \cdot 3H_2O$　　　　　　B. $Ca(OH)_2$

C. CaO D. 钙矾石

8. 水泥安定性经（　　）检验必须合格。

A. 坍落度法　　B. 沸煮法　　C. 筛分析法　　D. 维勃稠度法

（三）问答题

1. 硅酸盐水泥熟料是由哪些矿物成分组成的？它们在水泥中的含量对水泥的强度、水化反应速度和水化热有何影响？

2. 什么是水泥石？其组成包括哪些？影响水泥石强度发展的因素是什么？

3. 影响硅酸盐水泥水化热的因素有哪些？水化热的大小对水泥的应用有何影响？

4. 既然硫酸盐对水泥石具有腐蚀作用，那么为什么在生产水泥时掺入的适量石膏对水泥石不会产生腐蚀作用？

5. 掺混合材料的硅酸盐水泥与硅酸盐水泥相比，在性能上有何特点？为什么？

6. 在下列混凝土工程中，试分别选用合适的水泥品种，并说明选用的理由。

（1）早期强度要求高、抗冻性好的混凝土；

（2）抗软水和硫酸盐腐蚀较强的混凝土；

（3）抗淡水侵蚀强、抗渗性高的混凝土；

（4）紧急军事工程；

（5）大体积混凝土；

（6）在我国北方，冬季施工混凝土。

（四）计算题

测得硅酸盐水泥标准试件的抗折和抗压破坏荷载见表3-19，试评定其强度等级。

表3-19　硅酸盐水泥标准试件的抗折和抗压破坏荷载

抗折破坏荷载/kN		抗压破坏荷载/kN	
3d	28d	3d	28d
1.8	2.9	42.1	84.8
		41.0	85.2
1.8	2.8	41.2	83.6
		40.3	83.9
1.9	3.5	43.5	87.1
		44.8	87.5

二、拓展题

1. 室内装修施工时，工人主要采用32.5级的粉煤灰水泥或矿渣水泥来拌制砂浆，很少采用42.5级的水泥，特别是42.5级的硅酸盐水泥或普通水泥，请从水泥水化的角度分析原因。

2. 某水泥厂生产的普通水泥中游离氧化钙含量较高，经煮沸法检验，体积安定性不合格。但放置一个月后，体积安定性又检测合格，但强度下降，请分析原因。

【在线答题】

第4章 混凝土

 知识框架

混凝土	混凝土的组成材料	水泥	品种、强度等级
		细集料	级配、细度模数、有害物质
		粗集料	最大粒径、级配、强度、表面特征
		矿物掺合料	粉煤灰、磨细矿渣粉、硅灰、沸石粉
		外加剂	
		拌合水与养护用水	
	混凝土拌合物的和易性	和易性的概念	流动性、黏聚性、保水性
		和易性的测定方法	坍落度、维勃稠度
		和易性的影响因素	水泥浆的用量、砂率等
		和易性的改善措施	
	混凝土的力学性能	混凝土的强度	
		影响混凝土强度的因素	
		提高混凝土强度的措施	
	混凝土的变形	非荷载作用下的变形	
		荷载作用下的变形	
	混凝土的耐久性	混凝土耐久性的内涵	
		提高混凝土耐久性的措施	
	混凝土的质量控制与强度评定	混凝土的质量控制	
		混凝土的强度评定	
	混凝土的配合比设计	混凝土配合比设计的基本要求	
		混凝土配合比设计中的三个参数	
		混凝土配合比的设计步骤	
		混凝土配合比设计实例	
		混凝土材料应用新进展	
	其他种类混凝土		

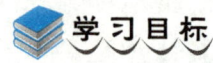
学习目标

知识目标	理解混凝土的组成材料及技术要求
	理解混凝土的主要技术性质及其影响因素
	能依据混凝土配合比的设计规范进行配合比设计
	熟悉其他混凝土的特性
能力和素质目标	能根据混凝土性能解决实际的工程问题；能认知混凝土材料对国家发展的作用，树立良好的工程伦理观、家国情怀意识和责任担当意识

港珠澳大桥

混凝土是现代结构工程中最关键的材料，也是土木工程中使用量最大的材料。它广泛应用于建筑结构、道路和桥梁等多个领域，在环保、可持续发展和经济等方面，混凝土也扮演着重要角色。

一个典型的工程案例简介如下。港珠澳大桥（图4-1）是横跨珠江口伶仃洋海域的大型跨海通道工程，该大桥采用钢材与混凝土组合梁结构，项目总投资超过1200亿元人民币，全长达55km。该工程是中国交通建筑史上技术要求最复杂、环保标准最高、建设难度最大的工程之一。其中一个主要技术挑战是在恶劣的海洋环境中确保工程整体的设计使用年限达到120年。

图4-1 港珠澳大桥

（https://www.163.com/dy/article/E58MORBM0520RLVM.html）

因港珠澳大桥位于华南地区的伶仃洋海域，具有气温高、湿度大、海水含盐度高等特点。受到海水、海风、盐雾、潮汐和干湿循环等多种因素的影响，混凝土结构面临着严峻的腐蚀环境，耐久性问题尤为突出。在如此恶劣的条件下，该跨海工程中的混凝土结构不仅要求结构形式多样，而且对耐久性要求极为严格，这在国际上非常少见。

实现120年设计使用寿命是一项涉及设计、施工和维护等多个阶段的系统性工程。在设计港珠澳大桥混凝土配合比及其耐久性时，需要从三个方面入手：第一，基于相似环境下的长期暴露试验和工程调查数据，通过扩散模型设计混凝土结构的耐久性参数，如氯离子扩散系数和保护层厚度等;第二,实施混凝土质量控制技术;第三,开通后的耐久性维护,通过基于实际环境和长期性能的海洋工程高性能混凝土配合比和结构耐久性设计、混凝土结构施工质量控制及实体结构耐久性评估和科学维护,能够确保混凝土在实体结构中的各项性能达到统一与和谐,进而实现港珠澳大桥120年设计使用年限的目标。港珠澳大桥各区段的混凝土设计思路见图4-2。

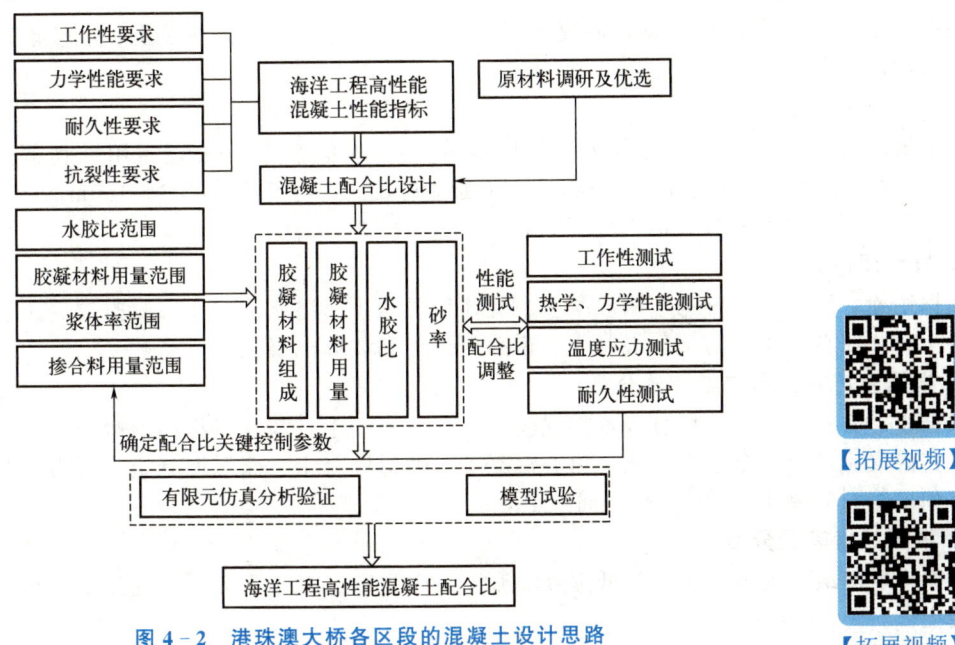

图4-2 港珠澳大桥各区段的混凝土设计思路

高性能混凝土(high performance concrete,HPC)是一种新型高技术混凝土,是在显著提升普通混凝土性能的基础上,采用现代技术生产的混凝土,其主要设计指标是耐久性。高性能混凝土重点是耐久性、工作性、适用性、强度、体积稳定性和经济性的统一。因此,高性能混凝土在配制上的特点是低水胶比,选用优质原材料,除水泥、水和集料外,还必须加入足够量的矿物细掺料和高效外加剂。

思考:海洋工程中高性能混凝土的主要组成材料有哪些?配合比的相关参数如何影响混凝土的工作性能、力学性能和耐久性?应如何科学地进行混凝土的配合比设计?

混凝土(concrete)是由胶凝材料、粗集料、细集料和水按适当的比例配合、拌和制成混合物,经一定时间后硬化而成的人工石材。为改善混凝土的某些性能还常加入适量的外加剂和掺合料。外加剂和掺合料常被称为混凝土的第五组分和第六组分。

混凝土的种类很多,从不同的视角来看,可以采用以下几种分类方式。

1. 根据体积密度的大小分类

根据体积密度的大小,混凝土可分为重混凝土、普通混凝土、轻混凝土。

(1)重混凝土(heavy weight concrete):是一种体积密度>2800kg/m³的混凝土,一般采用很密实及特别重的集料进行制备,如使用重晶石和铁矿石等作为集料配制的防辐射混凝土。这些材料能够有效减少X射线和γ射线透过,主要应用于核工程的屏蔽结构。

(2)普通混凝土(ordinary concrete):是一种体积密度为2000~2800kg/m³的混凝土,采用普通砂和石子作为集料,是土木工程中使用最广泛的混凝土类型。它广泛应用于工业和民用建筑、道路与桥梁、海洋工程和大坝建设,以及军事工程等领域,主要作承重结构材料。

（3）轻混凝土（light weight concrete）：是一种体积密度<1950kg/m³的混凝土。它用陶粒、页岩及浮石等轻质多孔集料,或通过添加引气剂和泡沫剂形成多孔结构。轻混凝土具有良好的保温隔热性能和轻质的特点,通常用于保温隔热材料及高层和大跨度建筑的结构材料。

2. 根据所使用的胶凝材料类型分类

根据所使用的胶凝材料类型,混凝土可分为水泥混凝土、石膏混凝土、水玻璃混凝土、沥青混凝土和聚合物混凝土等。

3. 根据流动性大小分类

根据流动性大小,混凝土可分为干硬性混凝土（坍落度<10mm,需用维勃稠度表示）、塑性混凝土（坍落度为10～90mm）、流动性混凝土（坍落度为100～150mm）和大流动性混凝土（坍落度≥160mm）。

4. 根据用途分类

根据用途,混凝土可分为结构混凝土、大体积混凝土、防水混凝土、耐热混凝土、耐酸混凝土、膨胀混凝土、防辐射混凝土、道路混凝土和装饰混凝土等。

5. 根据生产方式和施工方法分类

根据生产方式,混凝土可分为预拌混凝土（商品混凝土）与现场搅拌混凝土；根据施工方法,混凝土可分为泵送混凝土、离心混凝土、喷射混凝土、碾压混凝土、压力灌浆混凝土（预填集料混凝土）及3D打印混凝土等。

6. 根据强度等级分类

根据强度等级,混凝土可分为低强度混凝土、中强度混凝土、高强度混凝土、超高强度混凝土。

（1）低强度混凝土：抗压强度<30MPa。
（2）中强度混凝土：抗压强度为30～60MPa。
（3）高强度混凝土：抗压强度>60MPa。
（4）超高强度混凝土：抗压强度在100MPa以上。

7. 根据配筋情况分类

根据配筋情况,混凝土可以分为素混凝土、钢筋混凝土、预应力混凝土及钢纤维混凝土等类型。

虽然混凝土种类繁多、性能各不相同,但工程实践中最常用的还是普通混凝土。若没有特别说明,通常狭义地将其称为混凝土,本章将对此进行重点讨论。

4.1 混凝土的组成材料

混凝土中砂、石起骨架作用,因此被称为集料（或骨料,aggregate）,它们占混凝土总体积的65%～80%。集料在混凝土中兼具技术作用和经济意义。从技术角度来看,砂、石集料不仅能填充空间,还能限制水泥石的变形,使混凝土的体积稳定性和耐久性均优于单纯的水泥浆,并且能提高混凝土的强度、增加混凝土的刚性和抗裂能力。从经济角度来看,集料的成本远低于水泥,从而降低了建筑材料的整体费用。水泥与水形成水泥浆,水泥浆包裹在集料表面并填充集料之间的空隙。在混凝土硬化前,水泥浆主要起润滑作用,赋予混凝土拌合物一定的和易性,便于施工;在混凝土硬化后则起胶结作用,将砂、石集料胶结为一个整体,使混凝土具有强度,成为坚硬的人造石材,其结构如图4-3所示。作为第五、六组分的外加剂和掺合料,在一定程度上不仅能改善新拌混凝土的和易性,满足现代化施工工艺对新拌混凝土的高和易性要求;而且能改善硬化后混凝土的物理力学性能和耐久性等,尤其是在配制高强混凝土、高性能混凝土时,两者更是必不可少的。混凝土质量在很大程度上取决于组成材料的性质和相对含量,同时也与混凝土的施工工艺(搅拌、输送方式、成型、养护)有关。因此,必须了解混凝土组成材料的性质、作用及质量要求,合理选用组成材料,才能保证混凝土质量。

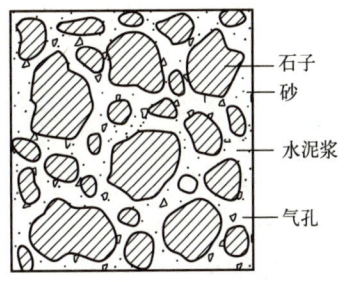

图4-3 混凝土结构

4.1.1 水泥

水泥是混凝土中最重要的组成材料,应从水泥品种(取决于服役环境)和水泥强度等级两方面合理选用。水泥的选用原则及内涵见表4-1。

表4-1 水泥的选用原则及内涵

类别	选用原则	内涵
水泥品种	水泥品种的选择应根据混凝土工程特点、所处环境条件及设计施工的要求进行	配制普通混凝土常用的水泥有硅酸盐水泥、普通水泥、矿渣水泥、火山灰水泥、粉煤灰水泥和复合水泥,必要时也可采用快硬硅酸盐水泥或其他水泥
水泥强度等级	水泥强度等级的选择应与混凝土的设计强度等级相适应。混凝土用水泥强度等级选择的一般原则是:配制高强度混凝土,选用强度等级高的水泥;配制低强度混凝土,选用强度等级低的水泥;对普通混凝土,以水泥强度为混凝土强度的1.5倍为宜	如配制混凝土的水泥强度偏低,会使水泥用量过大,不经济,而且会影响混凝土的其他技术性质。如配制混凝土的水泥强度偏高,水泥用量必然偏少,则会影响混凝土的和易性和密实度,导致该混凝土耐久性差。如必须用强度等级高的水泥配制低强度混凝土,则可通过掺入一定数量的矿物掺合料来改善其和易性,提高其密实度

【工程案例4-1】 水泥选用不当造成的后果

概况:某施工单位采用煤渣掺量为30%的火山灰水泥进行路面的铺筑施工(图4-4)。该路面使用一年后的观测表明,其表面的耐磨性明显较差,出现了露石现象,并且表面出现了微裂纹。

原因分析:在混凝土路面工程的施工中,水泥可以使用硅酸盐水泥、普通水泥和道路硅酸盐水泥。对于中等及轻交通负荷的路面,也可以选择矿渣水泥。本案例表明,水泥选用不当会造成路面质量问题,使用火山灰水泥铺筑路面是不合适的。

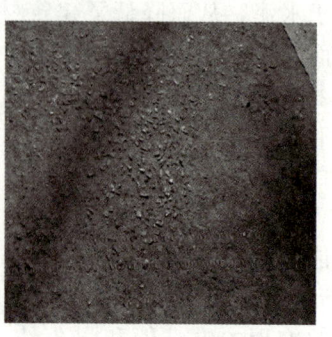

图 4-4 火山灰水泥铺筑路面

4.1.2 细集料

混凝土用集料，按其粒径大小不同分为细集料（fine aggregate）和粗集料（coarse aggregate）。由于粗、细集料在混凝土的总体积中占比较大，因此集料的性能对所配制的混凝土性能有很大影响。

粒径为 0.15～4.75mm 的岩石颗粒，称为细集料。混凝土的细集料主要采用天然砂、人工砂。

（1）天然砂（natural sand）是在自然条件作用下，岩石产生破碎、风化、分选、运移、堆/沉积而形成的粒径小于 4.75mm 的岩石颗粒。其通常包括河砂、湖砂、山砂、经净化处理的海砂，但不包括软质、风化的颗粒。

（2）人工砂（manufactured sand）是指利用机械设备将山石、河卵石等原料粉碎成适合建筑使用的砂。凡经除土处理的机制砂和混合砂都称为人工砂。

① 机制砂（mechanical sand）是由天然岩石机械破碎，并经筛分后处理得到的，粒径小于 4.75mm 的岩石颗粒，但不包括软质岩、风化岩石的颗粒。机制砂是通过矿石、卵石或尾矿加工而成的，其具有较高的洁净度，颗粒尖锐，表面粗糙且有较多的棱角，砂粒之间的咬合力强于天然砂。近年来，随着我国经济的快速发展，工程建设对砂的需求持续增加。作为建筑中最基本和常用的原材料，砂资源面临一系列问题：天然砂不可再生且分布不均，目前的消费量已超过生产量。随着工程建设的推进，天然砂的资源逐渐枯竭。大量开采天然砂导致的环境破坏问题愈发严重，伴随人们环保意识的提升，政府对于开采天然砂的监管力度也在逐年加大，导致使用天然砂的成本持续上升。在这种背景下，机制砂逐渐成为我国主要的建筑用砂。由于其生产工艺简单、原材料丰富且获取便捷，使用机制砂不仅能够有效减少环境污染，还可降低建筑成本，成为混凝土行业可持续发展的重要组成部分，已得到广泛应用并成为全球趋势。

② 混合砂（mixed sand）是由机制砂和天然砂混合制成的。它执行人工砂的技术要求和试验方法。把机制砂和天然砂相混合，可充分利用地方资源，降低机制砂的生产成本。

根据我国《建设用砂》（GB/T 14684—2022）的规定，砂按细度模数大小可分为粗、中、细和超细四种规格；按技术要求可分为Ⅰ类、Ⅱ类、Ⅲ类三种类别。Ⅰ类宜用于强度等级大于 C60 的混凝土；Ⅱ类宜用于强度等级为 C30～C60 及有抗冻、抗渗或其他要求的混凝土；Ⅲ类宜用于强度等级小于 C30 的混凝土和建筑砂浆。

为保证混凝土的质量，对砂的质量和技术要求主要有以下几个方面。

1. 颗粒形状及表面特征

细集料的颗粒形状（particle shape）和表面特性（surface characteristics）会影响其与水泥的黏结性能及混凝土拌合物的流动性。人工砂和山砂的颗粒一般有棱角，表面较为粗糙，能够与水泥更好地黏结，因此用这些材料拌制的混凝土强度较高，但新拌混凝土的流动性较差。而河砂和海砂的颗粒则多呈圆形，表面光滑，与水泥的黏结性能较弱，导致用其拌制的混凝土强度较低，但流动性却较好。

2. 砂的粗细程度和颗粒级配

砂的粗细程度是指不同粒径的砂粒混合在一起后总体的粗细程度。砂通常分为粗砂、中砂、细砂等几种。在相同砂用量的条件下，细砂的总表面积较大，粗砂的总表面积较小。

在混凝土中，砂表面需用水泥浆包裹，以赋予混凝土流动性和黏结强度，砂的总表面积越大，则需要包裹砂粒表面的水泥浆就越多。一般用粗砂配制混凝土所用水泥量比用细砂配制混凝土所用水泥量要省。

砂的颗粒级配（particle grading composition）是指不同粒径砂粒相互间的搭配情况。在混凝土中砂粒之间的空隙是由水泥浆所填充的，为节约水泥和提高混凝土强度，就应尽量减小砂粒之间的空隙。从图4-5可以看出，如果用同样粒径的砂，空隙率最大［图4-5(a)］；两种粒径的砂搭配起来，空隙率会减小［图4-5(b)］；三种粒径的砂搭配，空隙率更小［图4-5(c)］。因此，要减小砂粒间的空隙，就必须有大小不同的颗粒合理搭配。

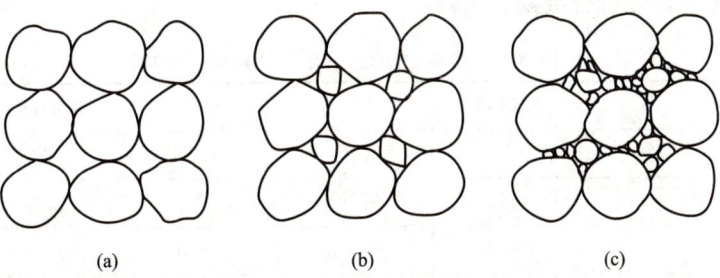

图4-5 集料的颗粒级配

在拌制混凝土时，应同时考虑砂的粗细程度和颗粒级配。当砂中含有较多的粗颗粒，并以适量的中颗粒及少量的细颗粒填充其空隙时，则该种颗粒级配的砂，其空隙率及总表面积均较小，是比较理想的，不仅水泥用量少，而且可以提高混凝土的密实性与强度。

砂的粗细程度和颗粒级配常用筛分析的方法进行测定。所谓筛分析的方法，是用一套方孔孔径（净尺寸）为 9.50mm、4.75mm、2.36mm、1.18mm、$600\mu m$、$300\mu m$、$150\mu m$ 的标准筛，将500g干砂试样由粗到细依次过筛，然后称量余留在各筛上的砂量，并计算出各筛上的分计筛余百分率（各筛上的筛余量占砂样总质量的百分率）a_1、a_2、a_3、a_4、a_5、a_6 及累计筛余百分率（各筛和比该筛粗的所有分计筛余百分率之和）A_1、A_2、A_3、A_4、A_5、A_6。累计筛余百分率与分计筛余百分率的关系见表4-2。

【拓展视频】

表 4-2 累计筛余百分率与分计筛余百分率的关系

筛孔尺寸/mm	分计筛余量/g	分计筛余百分率/%	累计筛余百分率/%
4.75	m_1	a_1	$A_1=a_1$
2.36	m_2	a_2	$A_2=a_1+a_2$
1.18	m_3	a_3	$A_3=a_1+a_2+a_3$
0.60	m_4	a_4	$A_4=a_1+a_2+a_3+a_4$
0.30	m_5	a_5	$A_5=a_1+a_2+a_3+a_4+a_5$
0.15	m_6	a_6	$A_6=a_1+a_2+a_3+a_4+a_5+a_6$
<0.15	m_7	—	—

砂的粗细程度用细度模数（fineness modulus）M_x 表示，可按式(4-1)计算：

$$M_x=\frac{(A_1+A_2+A_3+A_4+A_5+A_6)-5A_1}{100-A_1} \tag{4-1}$$

细度模数越大，表示砂越粗，普通混凝土用砂的细度模数范围一般为 3.7～1.6，其中 $M_x=3.7\sim3.1$ 的为粗砂，$M_x=3.0\sim2.3$ 的为中砂，$M_x=2.2\sim1.6$ 的为细砂。砂的颗粒级配用级配区表示，通常以级配区或筛分曲线判定砂级配的合格性。对细度模数为 3.7～1.6 的普通混凝土用砂，根据 600μm 孔径筛（控制粒级）的累计筛余百分率，划分成为 1 区、2 区、3 区三个级配区（表 4-3）。普通混凝土用砂的颗粒级配，应处于表 4-3 中的任何一个级配区中，才符合级配要求。

表 4-3 砂的颗粒级配（GB/T 14684—2022）

砂的分类	天然砂			机制砂		
级配区	1 区	2 区	3 区	1 区	2 区	3 区
方筛孔/mm	累计筛余百分率/%					
4.75	10～0	10～0	10～0	5～0	5～0	5～0
2.36	35～5	25～0	15～0	35～5	25～0	15～0
1.18	65～35	50～10	25～0	65～35	50～10	25～0
0.60	85～71	70～41	40～16	85～71	70～41	40～16
0.30	95～80	92～70	85～55	95～80	92～70	85～55
0.15	100～90	100～90	100～90	97～85	94～80	94～75

以累计筛余百分率为纵坐标，以筛孔尺寸为横坐标，根据表 4-3 的数值可以画出砂 1、2、3 三个级配区的筛分曲线（图 4-6）。通过观察所计算的砂的筛分曲线是否完全落在三个级配区的任一区内，即可判定该砂级配的合格性。同时，也可根据筛分曲线的偏向情况，大致判断砂的粗细程度。当筛分曲线偏向右下方时，表示砂较粗；当筛分曲线偏向左上方时，表示砂较细。

配制混凝土时，宜优先选用 2 区砂。当采用 1 区砂时，应适当提高砂率，并保证足够的水泥用量，以满足混凝土的和易性；当采用 3 区砂时，宜适当降低砂率，以保证混凝土

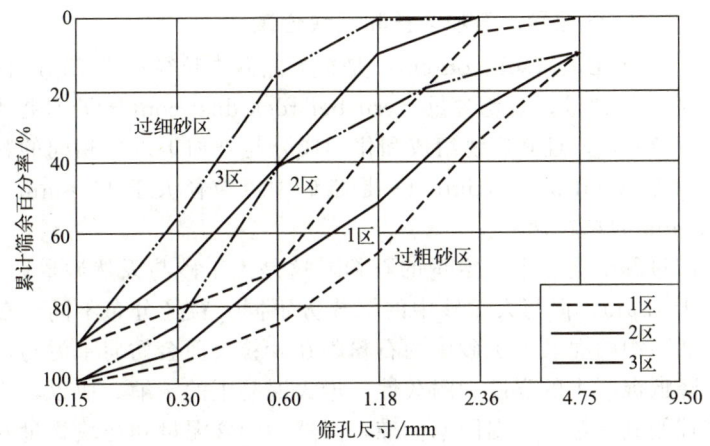

图 4-6 砂的筛分曲线

强度。砂的细度模数相同,颗粒级配可以不同,所以在选择混凝土用砂时,应同时考虑砂的粗细程度和颗粒级配。在实际工程中,若砂的级配不合适,可采用人工掺配的方法进行改善。即将粗、细砂按适当的比例进行掺和使用;或将砂过筛,筛除过粗或过细的颗粒。

3. 有害物质含量、坚固性指标和压碎指标

为保证混凝土的质量,混凝土用砂中不应混有草根、树叶、树枝、塑料、煤块、炉渣等杂物。砂中一般含有云母、轻物质、有机物、硫化物及硫酸盐、氯化物、贝壳等有害物质,使用时应控制其含量。其中,云母为表面光滑的层、片状物质,与水泥的黏结性差,它会影响混凝土的强度和耐久性;轻物质会降低混凝土的强度、影响混凝土的耐久性和整体性;有机物影响水泥的水化、硬化;硫化物及硫酸盐对水泥有侵蚀作用;氯化钠等氯化物对钢筋有锈蚀作用;贝壳会显著降低混凝土的性能和使用寿命。当砂中有害物质含量(harmful matter content)多,但又无合适砂源时,可以过筛并用清水或石灰水(有机物含量多时)冲洗后使用,以符合就地取材的原则。

砂的坚固性(soundness)是指砂在自然风化和其他外界物理化学因素作用下抵抗破裂的能力。按《建设用砂》(GB/T 14684—2022)标准的规定,天然砂和人工砂的坚固性均采用硫酸钠溶液法检验,人工砂还可采用压碎指标法检验其强度。

有害物质含量、坚固性指标和压碎指标应符合表 4-4 的规定。

表 4-4 有害物质含量、坚固性指标和压碎指标(GB/T 14684—2022)

类别	Ⅰ类	Ⅱ类	Ⅲ类
云母(质量分数)/%	≤1.0	≤2.0	≤2.0
轻物质(质量分数)/%	≤1.0	≤1.0	≤1.0
有机物	合格	合格	合格
硫化物及硫酸盐(按 SO_3 质量计)/%	≤0.5	≤0.5	≤0.5
氯化物(以氯离子质量计)/%	≤0.01	≤0.02	≤0.06
贝壳(质量分数)/%	≤3.0	≤5.0	≤8.0
质量损失率/%	≤8	≤8	≤10
单级最大压碎指标/%	≤20	≤25	≤30

4. 含泥量、石粉含量和泥块含量

【拓展视频】

含泥量（soil content）是指天然砂中粒径小于 $75\mu m$ 的尘屑、淤泥等的颗粒含量；石粉含量（crusher rock dust content）是指人工砂中粒径小于 $75\mu m$，且其矿物组成和化学成分与被加工母岩相同的颗粒含量；泥块含量（soil block content）是指砂中原粒径大于 $1.18mm$，经水浸泡、淘洗处理后小于 $600\mu m$ 的颗粒含量。

人工砂在生产过程中会产生一定量的石粉，这是人工砂与天然砂最明显的区别之一。石粉的粒径虽小于 $75\mu m$，但与天然砂中的泥成分不同，粒径分布不同，在使用中所起的作用也不同。天然砂中的泥及人工砂中的石粉附在砂粒表面会妨碍水泥与砂的黏结，增大混凝土用水量，降低混凝土的强度和耐久性，增大混凝土的干缩。所以，它对混凝土是有害的，必须严格控制其含量。根据国家标准，天然砂的含泥量和泥块含量及机制砂的石粉含量应分别符合表 4-5 和表 4-6 的规定。

表 4-5 天然砂的含泥量和泥块含量（GB/T 14684—2022）

类别	Ⅰ类	Ⅱ类	Ⅲ类
含泥量（质量分数）/%	≤1.0	≤3.0	≤5.0
泥块含量（质量分数）/%	≤0.2	≤1.0	≤2.0

表 4-6 机制砂的石粉含量（GB/T 14684—2022）

类别	泥块含量（质量分数）/%	亚甲蓝值（MB）	石粉含量（质量分数）/%
Ⅰ类	≤0.2	MB≤0.5	≤15.0
		0.5＜MB≤1.0	≤10.0
		1.0＜MB≤1.4，或快速试验合格	≤5.0
		MB＞1.4，或快速试验不合格	≤1.0
Ⅱ类	≤1.0	MB≤1.0	≤15.0
		1.0＜MB≤1.4，或快速试验合格	≤10.0
		MB＞1.4，或快速试验不合格	≤3.0
Ⅲ类	≤2.0	MB≤1.4，或快速试验合格	≤15.0
		MB＞1.4，或快速试验不合格	≤5.0

注：MB 值（亚甲蓝值）是机制砂亚甲蓝值测定试验所确定的每千克试样消耗的亚甲蓝溶液体积换算后的亚甲蓝质量（g）。机制砂检测主要反映小于 $75\mu m$ 的细颗粒来源于石粉还是泥粉。MB 值检测的试验原理是向集料和蒸馏水搅拌制成的悬浮液中加入亚甲蓝溶液，亚甲蓝被集料中的粉料吸附，用玻璃棒蘸取一滴悬浮液滴于滤纸上，观察沉淀物周围是否出现浅蓝色色晕。不断加入亚甲蓝溶液，直至沉淀物周围出现约 1mm 的稳定浅蓝色色晕。

【工程案例 4-2】 砂石质量问题

概况：某建筑工地，工人进行混凝土泵送作业时发现泵车下料斗内混入了许多较大的鹅卵石和泥块。试对此进行原因分析。

原因分析：在砂场供应河砂时，抽砂过程中筛网出现破损，或抽料口插入过深，导致河床底部较大的鹅卵石和泥块被抽入到砂料中。

砂场需要定期检查抽砂机的筛网是否有破损，同时在砂石进料口和搅拌楼的料斗均应安装隔栅，以防止杂物混入混凝土中。

5. 表观密度、松散堆积密度和空隙率

砂的表观密度及松散堆积密度与其空隙率相关。砂的空隙率受到颗粒形状和颗粒级配的影响，特别是那些含有较多棱角颗粒或级配较差的砂，其空隙率通常较高。除特细砂外，砂的表观密度、松散堆积密度、空隙率应符合如下规定：表观密度不应小于 2500kg/m³，松散堆积密度不应小于 1400kg/m³，空隙率不应大于 44%。

【拓展视频】

4.1.3 粗集料

普通混凝土常用的粗集料分卵石和碎石两类。卵石是由自然风化、水流搬运、分选和堆积形成的粒径大于 4.75mm 的岩石颗粒，按其产源可分为河卵石、海卵石、山卵石等几种，其中河卵石应用较多。碎石是天然岩石或卵石经机器破碎、筛分制成的，粒径大于 4.75mm 的岩石颗粒。

卵石、碎石的规格按其粒径尺寸分为单粒粒级和连续粒级。也可根据需要，采用不同单粒粒级卵石、碎石混合成特殊粒级的卵石、碎石。卵石、碎石按技术要求可分为Ⅰ类、Ⅱ类、Ⅲ类三种类别。Ⅰ类宜用于强度等级大于 C60 的混凝土；Ⅱ类宜用于强度等级为 C30~C60 及有抗冻、抗渗或其他要求的混凝土；Ⅲ类宜用于强度等级小于 C30 的混凝土。根据《建筑用卵石、碎石》(GB/T 14685—2022)的规定，对卵石、碎石的质量及技术要求主要有以下几个方面。

1. 卵石含泥量、碎石泥粉含量、泥块含量及有害物质含量

卵石含泥量是指卵石中粒径小于 75μm 的黏土颗粒含量；碎石泥粉含量是指碎石中粒径小于 75μm 的黏土和石粉颗粒含量；泥块含量是指卵石、碎石中原粒径大于 4.75mm，经浸泡、淘洗等处理后小于 2.36mm 的颗粒含量。卵石、碎石中不应混有草根、树叶、树枝、塑料、煤块和炉渣等杂物。粗集料中卵石含泥量、碎石泥粉含量、泥块含量及有害物质含量应符合表 4-7 的规定。

表 4-7 粗集料中卵石含泥量、碎石泥粉含量、泥块含量及有害物质含量规定

类别	Ⅰ类	Ⅱ类	Ⅲ类
卵石含泥量（质量分数）/%	≤0.5	≤1.0	≤1.5
碎石泥粉含量（质量分数）/%	≤0.5	≤1.5	≤2.0
泥块含量（质量分数）/%	≤0.1	≤0.2	≤0.7
有机物含量	合格	合格	合格
硫化物及硫酸盐（以 SO_3 质量计）/%	≤0.5	≤1.0	≤1.0

【工程案例 4-3】 集料质量不当造成的影响

概况：某工程队在雨天后施工时所使用的碎石泥粉含量超过了 1%，导致混凝土的需水量增加，从而降低了混凝土的强度。请分析其原因。

原因分析：经过检测，发现碎石中的泥粉含量超过了标准规定。此外，雨后碎石在破碎过程中混入了大量砂土，导致振动筛分时无法有效分离，从而增加了用水量，最终影响了混凝土的强度。因此，建议在上料码头增设冲水设备，以便将碎石泥粉含量控制在标准规定的范围内。同时，未经检验的劣质碎石禁止入仓。

2. 颗粒形状与表面特征

1）最大粒径

粗集料中公称粒级的上限称为该粒级的最大粒径（maximum particle size）。集料的粒径越大，其比表面积相应减小，因而包裹其表面所需的水泥浆量减少，可节约水泥；而且，在一定和易性和水泥用量的条件下，能减少用水量并提高强度。但对于用普通混凝土配合比设计方法配制的结构混凝土，尤其是高强混凝土，当粗集料的最大粒径超过40mm后，由于减少用水量而获得的强度提高，会被较少的黏结面积及大粒径集料造成不均匀性的不利影响所抵消，因而并没有什么益处。根据《混凝土结构工程施工质量验收规范》（GB 50204—2015）的规定，混凝土用粗集料的最大粒径不得大于结构截面最小尺寸的1/4，同时不得大于钢筋最小净距的3/4；对于混凝土实心板，可允许采用最大粒径达1/3板厚的集料，但最大粒径不得超过40mm；对于泵送混凝土，碎石最大粒径与输送管内径之比，宜小于或等于1∶3，卵石宜小于或等于1∶2.5。

2）颗粒级配

粗集料与细集料一样，也要求有良好的颗粒级配，以减小空隙率，增强密实性，从而节约水泥，保证混凝土的和易性和强度。特别是在配制高强混凝土时，粗集料级配尤为重要。粗集料的级配也是通过筛分试验来确定的，标准筛均以方孔筛为准，相应的筛孔尺寸依次为2.36mm、4.75mm、9.50mm、16.0mm、19.0mm、26.5mm、31.5mm、37.5mm、53.0mm、63.0mm、75.0mm及90.0mm，共十二个筛。卵石、碎石的分计筛余百分率及累计筛余百分率的计算与砂相同。依据《建筑用卵石、碎石》（GB/T 14685—2022），普通混凝土用卵石、碎石的颗粒级配应符合表4-8的规定。

表4-8 卵石、碎石的颗粒级配（GB/T 14685—2022）

公称粒径/mm	累计筛余/%											
	方孔筛/mm											
	2.36	4.75	9.50	16.0	19.0	26.5	31.5	37.5	53.0	63.0	75.0	90.0
连续粒级 5~16	95~100	85~100	30~60	0~10	0	—	—	—	—	—	—	—
连续粒级 5~20	95~100	90~100	40~80	—	0~10	0	—	—	—	—	—	—
连续粒级 5~25	95~100	90~100	—	30~70	—	0~5	0	—	—	—	—	—
连续粒级 5~31.5	95~100	90~100	70~90	—	15~45	—	0~5	0	—	—	—	—
连续粒级 5~40	—	95~100	70~90	—	30~65	—	—	0~5	0	—	—	—
单粒粒级 5~10	95~100	80~100	0~15	0	—	—	—	—	—	—	—	—
单粒粒级 10~16	—	95~100	80~100	0~15	0	—	—	—	—	—	—	—
单粒粒级 10~20	—	95~100	85~100	—	0~15	0	—	—	—	—	—	—
单粒粒级 16~25	—	—	95~100	55~70	25~40	0~10	—	—	—	—	—	—

续表

公称粒径/mm		累计筛余/% 方孔筛/mm										
		2.36	4.75	9.50	16.0	19.0	26.5	31.5	37.5	53.0	63.0	75.0	90.0
单粒粒级	16~31.5	—	95~100	—	85~100	—	—	0~10	0	—	—	—	—
	20~40	—	—	95~100	—	80~100	—	—	0~10	0	—	—	—
	25~31.5	—	—	—	95~100	—	80~100	0~10	0	—	—	—	—
	40~80	—	—	—	—	—	95~100	—	70~100	—	30~60	0~10	0

注:"—"表示该孔径累计筛余不做要求;"0"表示该累计筛余为 0。

粗集料的级配有<u>连续级配</u>和<u>间断级配</u>两种。连续级配是指按颗粒尺寸由小到大连续分级,每级集料都占有一定比例,如天然卵石。连续级配颗粒级差小,颗粒上、下限粒径之比接近 2,配制的混凝土拌合物和易性好,不易发生离析,目前应用较广泛。间断级配是指人为剔除某些中间粒级的颗粒,大颗粒的空隙直接由比它小得多的颗粒去填充,颗粒级差大,颗粒上、下限粒径之比接近 6,空隙率的降低比连续级配快得多,可最大限度地发挥集料的骨架作用,减少水泥用量。但用其配制的混凝土拌合物易产生离析现象,增加施工困难,故工程应用较少。

单粒粒级的集料宜用于组合成具有所要求级配的连续粒级,也可与连续粒级的集料配合使用,以改善集料级配或配成较大粒度的连续粒级。工程中不宜采用单粒粒级的粗集料配制混凝土。

3. 坚固性

<u>坚固性(soundness)是卵石、碎石在自然风化和其他外界物理、化学因素作用下抵抗破裂的能力</u>。集料由于干湿循环或冻融交替等作用引起的体积变化会导致混凝土破坏。具有某种特征孔结构的岩石会表现出不良的体积稳定性。曾经发现,由某些页岩、砂岩等配制的混凝土,较易遭受冰冻及集料内盐类结晶所导致的破坏。集料越密实、强度越高、吸水率越小,其坚固性越好;而结构越疏松、矿物成分越复杂、构造越不均匀,其坚固性越差。采用<u>硫酸钠溶液法</u>进行试验,卵石、碎石经 5 次循环后,Ⅰ类石质量损失≤5%,Ⅱ类石质量损失≤8%,Ⅲ类石质量损失≤12%。

4. 强度

为保证混凝土的强度要求,粗集料必须具有足够的强度。卵石、碎石的强度,一般采用岩石抗压强度(compressive strength of rock)和压碎指标(crushing index)两种方法检验。

<u>岩石抗压强度检验</u>:将岩石制成 50mm×50mm×50mm 的立方体试件或 ϕ50mm×50mm 的圆柱体试件(仲裁试验采用圆柱体试件),在水饱和状态下(将试件浸没于水中浸泡 48h±2h),从水中取出试件,擦干表面,放在压力机上进行强度试验,取 6 个试件试验结果的算术平均值。岩石抗压强度:岩浆岩应不小于 80MPa,变质岩应不小于 60MPa,沉积岩应不小于 45MPa。

<u>压碎指标检验</u>:按规定取样,风干或烘干后筛除大于 19.0mm 及小于 9.50mm 的颗粒,取约 3000g 试样分两层装入压碎指标测定仪的圆模内,把装有试样的圆模置于压力试

验机上，均匀加荷至 200kN 并稳定 5s，然后卸荷。称试样质量 G_1，然后用孔径为 2.36mm 的筛筛除被压碎的细粒，称出留在筛上的试样质量 G_2，按式（4-2）计算压碎指标值 Q_c（%），并取 3 次试验结果的算术平均值。

$$Q_c = \frac{G_1 - G_2}{G_1} \times 100 \tag{4-2}$$

压碎指标值越小，表示石子抵抗受压破坏的能力越强。根据标准，卵石、碎石的压碎指标应符合表 4-9 的规定。

表 4-9 压碎指标

类别	Ⅰ	Ⅱ	Ⅲ
卵石压碎指标/%	≤12	≤14	≤16
碎石压碎指标/%	≤10	≤20	≤30

5. 针、片状颗粒含量

为提高混凝土强度和减小集料间空隙，粗集料比较理想的颗粒形状应是三维长度相等的立方体形或球形颗粒，而三维长度相差较大的针、片状颗粒粒形较差。在粗集料中，针、片状颗粒不仅本身受力时容易折断，影响混凝土的强度，而且会增大集料的空隙率，使混凝土拌合物的和易性变差。卵石、碎石颗粒的最大一维尺寸大于该颗粒所属粒级的平均粒径 2.4 倍者为针状颗粒（needle-shaped particle）；最小一维尺寸小于该颗粒所属粒级的平均粒径 0.4 倍者为片状颗粒（flake-shaped particle）。平均粒径指该粒级上、下限粒径的平均值。针、片状颗粒含量按标准规定的针状规准仪及片状规准仪逐粒测定。凡颗粒长度大于针状规准仪上相应间距者为针状颗粒；凡颗粒厚度小于片状规准仪上相应孔宽者为片状颗粒。根据标准规定，卵石和碎石的针、片状颗粒含量应符合表 4-10 的规定。

表 4-10 针、片状颗粒含量

类别	Ⅰ	Ⅱ	Ⅲ
针、片状颗粒含量（质量分数）/%	≤5	≤8	≤15

6. 表观密度、连续级配松散堆积空隙率

卵石、碎石的表观密度应不小于 2600kg/m³，连续级配松散堆积空隙率应符合如下规定：Ⅰ类空隙率≤43%，Ⅱ类空隙率≤45%，Ⅲ类空隙率≤47%。

7. 碱集料反应

若集料中含有活性氧化硅或活性碳酸盐类物质，则在潮湿环境下这些物质会与水泥凝胶体、外加剂等混凝土组成物及环境中的碱性物质缓慢地发生化学反应，生成一种新的凝胶体物质。这种物质在吸水后会体积膨胀，将导致混凝土出现开裂和破坏，这种现象称为碱集料反应（alkali-aggregate reaction）。碱集料反应一般包括碱硅酸反应或碱碳酸反应两种类型。为了确定集料的碱活性是否在允许的范围之内，以及是否存在潜在的碱集料反应的风险，可以通过相应的试验方法进行检测，以判定其合格性。经过碱集料反应试验后，使用卵石或碎石制备的试件应无裂缝、酥裂、胶体外溢等现象，并且在规定的试验龄期内，膨胀率必须小于 0.10%。

8. 集料的含水状态

集料的含水状态（moisture conditions）可分为绝干（completely dry）、气干（air dry）、饱和面干（saturated and surface dry）和湿润（wet）四种状态，如图4-7所示。绝干状态的集料含水率等于或接近于零；气干状态的集料含水率与大气湿度相平衡，但未达到饱和状态；饱和面干状态的集料，其内部孔隙含水达到饱和，而其表面干燥；湿润状态的集料，不仅其内部空隙率达到饱和，而且其表面还附着一部分自由水。在混凝土拌制过程中，集料的含水状态不同，会对混凝土的用水量和集料用量产生影响。在计算普通混凝土材料的配合比时，如果以饱和面干集料作为基准，就不会影响混凝土的用水量和集料用量，因为饱和面干集料既不会从混凝土中吸水，也不会向混凝土中释放水分。因此在许多大型水利工程和道路工程中，常常以饱和面干状态的集料为基准，这样能够更精确地控制混凝土的用水量和集料用量。而在一般工业和民用建筑工程中，混凝土配合比设计通常是以干燥状态的集料为基准的。这是因为在这些工程中，通常认为干燥状态的集料更便于计量和控制，从而确保混凝土的配合比准确。坚固的集料其饱和面干状态的吸水率一般不超过2%，而且在工程施工中，必须定期测量集料的含水率，以便及时调整混凝土组成材料的实际用量比例，从而确保混凝土的质量。当砂受到水分润湿，表面形成水膜时，砂的堆积体积通常会增大。这一特性在材料验收和用体积法定量配料配制混凝土时具有重要意义。

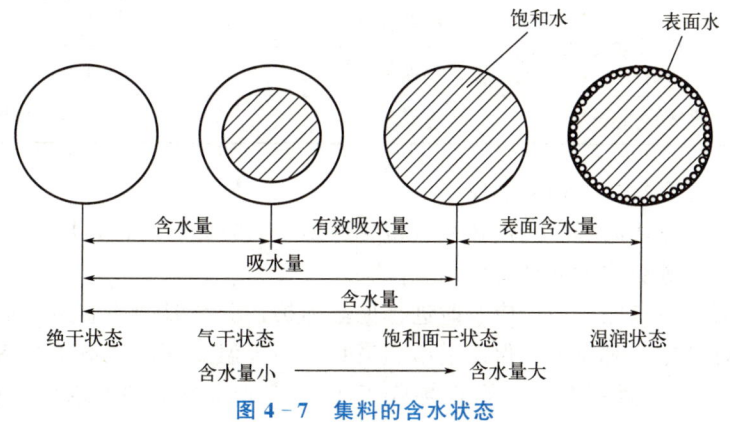

图4-7 集料的含水状态

4.1.4 矿物掺合料

1. 常用的矿物掺合料

矿物掺合料（mineral admixture）是指在混凝土拌合物中，为了节约水泥，改善混凝土性能加入的且掺量一般不小于5%的具有一定细度的天然或者人造的矿物粉体材料（以硅、铝、钙等一种或多种氧化物为主要成分），也称矿物外加剂。

常用的矿物掺合料有粉煤灰、磨细矿渣粉、硅灰、沸石粉、燃烧煤矸石等。其中粉煤灰应用最为普遍。

1) 粉煤灰（fly ash）

粉煤灰又称飞灰，是由燃烧煤粉的锅炉烟气中收集到的细粉末，其颗粒多呈球形，表面光滑，大部分由直径以μm计的实心和（或）中空玻璃微珠，以及少量的莫来石、石英等结晶物质所组成。

(1) 粉煤灰的质量要求和等级。

根据国家标准《用于水泥和混凝土中的粉煤灰》(GB/T 1596—2017) 的规定,粉煤灰按燃煤品种分为 F 类和 C 类。F 类粉煤灰是指由无烟煤或烟煤煅烧收集的粉煤灰。C 类粉煤灰是由褐煤或次烟煤煅烧收集的粉煤灰,氧化钙含量一般大于或等于 10%。

拌制砂浆和混凝土用粉煤灰分为Ⅰ级、Ⅱ级、Ⅲ级三个等级,相应的理化性能要求如表 4-11 所示。

表 4-11 拌制砂浆和混凝土用粉煤灰理化性能要求

项目		理化性能要求		
		Ⅰ级	Ⅱ级	Ⅲ级
细度(45μm 方孔筛筛余)/%	F 类粉煤灰 C 类粉煤灰	≤12.0	≤30.0	≤45.0
需水量比/%		≤95	≤105	≤115
烧失量/%		≤5.0	≤8.0	≤10.0
含水量/%		≤1.0		
三氧化硫含量(SO_3)质量分数/%		≤3.0		
游离氧化钙(f-CaO)质量分数/%	F 类粉煤灰	≤1.0		
	C 类粉煤灰	≤4.0		
安定性(雷氏法)/mm	C 类粉煤灰	≤5.0		

(2) 粉煤灰掺合料在工程中的应用。

国家标准《粉煤灰混凝土应用技术规范》(GB/T 50146—2014) 规定,粉煤灰用于混凝土工程,可根据等级按下列规定应用。

粉煤灰混凝土浇筑完毕后,应及时进行保湿养护,养护时间不宜少于 28d。粉煤灰混凝土在低温条件下施工时应采取保温措施。当日平均气温 2~3d 连续下降大于 6℃时,应加强粉煤灰混凝土表面的保护。当现场施工不能满足养护条件要求时,应降低粉煤灰掺量。

粉煤灰加入混凝土的方法有等量取代法、超量取代法和外加法。

① 等量取代法 (equivalent replacement method) 指以等质量的粉煤灰取代混凝土中的水泥。该方法可节约水泥并减少混凝土发热量,还可改善混凝土的和易性,提高混凝土的抗渗性,故常用于较高强度混凝土和大体积混凝土。

② 超量取代法 (excess replacement method) 指掺入的粉煤灰量超过取代的水泥量,超出的粉煤灰取代同体积的砂(其超量系数按规定选用)。该方法的目的是改善混凝土的和易性、提高混凝土的密实度、保证混凝土的 28d 强度。

③ 外加法 (adscititious method) 指在保持混凝土中水泥用量不变的情况下,外掺一定量的粉煤灰。该方法的目的只是改善混凝土拌合物的和易性。

(3) 粉煤灰在混凝土中的优势与不足。

粉煤灰在混凝土中的优势见表 4-12(当水胶比低于 0.42 时,这些优势较为突出)。

表 4-12 粉煤灰在混凝土中的优势

序号	优势	内涵
1	活性行为和胶凝作用	粉煤灰的活性来源于它所含的玻璃微珠,其与水泥水化生成的 $Ca(OH)_2$ 会发生二次水化反应,生成 C-S-H 和 C-A-H、水化硫铝酸钙,强化了混凝土界面过渡区,同时提高了混凝土的后期强度
2	充填行为和致密作用	粉煤灰是高温煅烧的产物,其颗粒本身很小,且强度很高。当粉煤灰颗粒分布于水泥浆体中的水泥颗粒之间时,能提高混凝土胶凝体系的密实性
3	需水行为和减水作用	粉煤灰颗粒大多是球形的玻璃珠状,尤其是优质粉煤灰具有"滚珠轴承"的作用,可以改善混凝土拌合物的和易性,减少混凝土单位体积的用水量,硬化后水泥浆体干缩小,能提高混凝土的抗裂性
4	降低混凝土早期温升,抑制开裂	大掺量粉煤灰混凝土特别适合大体积混凝土
5	二次水化和较低的水泥熟料量使混凝土中的 $Ca(OH)_2$ 大为减少	可以有效提高混凝土抵抗化学侵蚀的能力
6	当掺加量足够大时,可以明显抑制混凝土的碱集料病害	—
7	降低氯离子的渗透能力,提高混凝土的护筋性	—

当然粉煤灰应用于混凝土中也有一些不足,例如当混凝土坍落度太大时,Ⅰ级粉煤灰颗粒易上浮,会引起混凝土发生泌浆现象而影响其表面质量,从而导致混凝土早期强度较低、早期抗碳化能力相对较差、塑性收缩易导致开裂等问题,相应的技术对策如下:

① 控制坍落度不要太大,要尽可能小。因为试验表明,当大掺量粉煤灰混凝土坍落度为 125mm 时,可相当于坍落度为 180mm 的普通混凝土。此时混凝土用水量较低而不易离析或泌水。当然,在低水胶比下如果使用免振捣自密实混凝土,也可以克服混凝土拌合物的泌浆现象。

② 采用低水胶比,保证混凝土强度,尤其是早期强度。

③ 注意及早有效地进行养护及保证足够的湿养护时间。初凝前后开始覆盖养护,确保不失水。湿养护时间也很重要,最好养护 14d,至少养护 7d。

2) 磨细矿渣粉

磨细矿渣粉(grounded slag)是指将粒化高炉矿渣经干燥、磨细达到相当细度且符合相应活性指数的粉状材料。磨细矿渣粉的细度通常大于 $350m^2/kg$,一般为 $400\sim600m^2/kg$。

根据 28d 活性指数,磨细矿渣粉可分为 S105、S95 和 S75 三个级别。根据国家标准

《用于水泥、砂浆和混凝土中的粒化高炉矿渣粉》(GB/T 18046—2017) 的规定,磨细矿渣粉的技术要求应符合表 4-13 的规定。

表 4-13 磨细矿渣粉的技术要求 (GB/T 18046—2017)

级别	密度 /(g/cm^3)	比表面积 /(m^2/kg)	活性指数/%		流动度比 /%	含水量(质量分数)/%	三氧化硫(质量分数)/%	氯离子(质量分数)/%	烧失量(质量分数)/%
			7d	28d					
S105		≥500	≥95	≥105					
S95	≥2.8	≥400	≥70	≥95	≥95	≤1.0	≤4.0	≤0.06	≤1.0
S75		≥300	≥55	≥75					

粒化高炉矿渣在水淬时会形成大量玻璃体,具有微弱的自身水硬性。用于高性能混凝土的矿渣粉当磨至比表面积超过 400m^2/kg 时,可以较充分地发挥其活性,减少泌水性。研究表明,粒化高炉矿渣磨得越细,其活性越高。磨细矿渣粉还能提高混凝土的耐腐蚀性,抑制碱集料反应的发生,是混凝土的优质掺合料。

磨细矿渣粉的主要化学成分为二氧化硅、氧化钙和三氧化二铝,其与粉煤灰复合掺入混凝土时,弥补了粉煤灰先天"缺钙"的不足,而粉煤灰又可起到辅助减水的作用,掺粉煤灰的混凝土的自干燥收缩和干燥收缩都很小。此外,复掺还可改善颗粒级配和混凝土的孔结构,进一步提高混凝土的耐久性,是未来商品混凝土矿物细粉掺合料发展的趋势之一。

【工程案例 4-4】 掺合料质量问题

概况:某建筑单位在采购 F 类一级粉煤灰时,进厂检测的粉煤灰细度、需水量比和烧失量等指标偶尔未能满足标准要求。同时,所采购的 S95 级磨细矿渣粉的 7d 和 28d 的活性指数的指标也偶尔未能达标。但由于检测周期较长,最终导致混凝土施工时粉煤灰和磨细矿渣粉的质量不合格。请对其进行分析。

原因分析:由于电厂的燃煤质量存在波动,同时粉煤灰分选设备出现故障,导致粉煤灰的质量也随之波动。此外,磨细矿渣粉的来源不稳定,且其比表面积偏小,造成磨细矿渣粉的质量不合格。因此,要求每批次进入仓库的粉煤灰必须先经过细度、需水量比和烧失量的检测,合格后方可入库。每批次检测的磨细矿渣粉需确保其比表面积大于或等于 400m^2/kg 方能入库,并且要定期到供应厂进行抽样检验。

3) 硅灰

硅灰 (silica fume) 又称硅粉或硅烟灰,是指从生产硅铁合金或硅钢等所排放的烟气中收集到的颗粒极细的烟尘,色呈浅灰到深灰。

硅灰的颗粒是微细的玻璃球体,部分粒子凝聚成片状或球状的粒子。其平均粒径为 0.1~0.2μm,是水泥颗粒粒径的 1/100~1/50,其主要成分是 SiO_2(占 90% 以上),其活性要比水泥高 1~3 倍。以 10% 硅灰等量取代水泥,混凝土强度可提高 25% 以上。由于硅灰具有高比表面积,因而其需水量很大,将其作为混凝土掺合料,需配以减水剂,方可保证混凝土的和易性。硅粉混凝土的特点是很容易获得早强,而且耐磨性优良。硅粉使用时掺量较少,一般为胶凝材料总重的 5%~10%,且不高于 15%,通常与其他矿物掺合料复合使用。复掺时,可充分发挥它们各自的优点,取长补短。例如,可复掺粉煤灰和硅灰,用硅灰提高混凝土的早期强度,用优质粉煤灰降低混凝土的需水量和自干燥收缩,再加上颗粒的填充作用，可以使混凝土更密实。在我国，因硅灰产量低，目前价格还很高，出于价格考虑，一般当混凝土强度低于80MPa时，都不考虑掺加。

4）沸石粉

沸石岩（zeolite powder）是一种经天然煅烧后的火山灰质铝硅酸盐矿物，含有一定量活性SiO_2和Al_2O_3，能与水泥水化析出的氢氧化钙作用，生成C-S-H和C-A-H。沸石粉是由沸石岩磨细而成的，颜色为白色，具有很大的比表面积。

5）燃烧煤矸石

煤矸石（coal gangue）是煤矿开采或洗煤过程中所排除的夹杂物，主要成分是SiO_2和Al_2O_3，其次是Fe_2O_3及少量的CaO、MgO等。将煤矸石进行高温煅烧，使其所含黏土矿物脱水分解，并去除炭分，烧掉有害杂质，便可得到一种具有较好的活性的矿物掺合料，即燃烧煤矸石。

2. 掺合料在混凝土中的作用和要求

掺合料在混凝土中的作用和要求见表4-14。此外，以往在混凝土研究中忽略了材料颗粒级配、粒度分布的问题，特别是对于粉体材料的粒度分布未引起足够的重视。这样配制的混凝土由于其颗粒粒度分布不合理，填充效率低下，所形成的混凝土内部结构孔隙率较大。研究表明，现代混凝土需要微细填料，而水泥和某些矿物掺合料实际上并不适合做这种微细填料，首先它们不适合磨到超细，因为超细的水泥和矿物掺合料会引起水化反应加剧、凝结硬化过快、混凝土温升提高、显著增大混凝土收缩而引起开裂等一系列问题；其次这些材料难以粉磨到超细。因此，高性能混凝土需要具有低反应活性的易于加工的超细填料。

表4-14 掺合料在混凝土中的作用和要求

序号	作用和要求
1	掺合料与混凝土化学外加剂共同使用，在混凝土中发挥的主要作用是填充作用、减水作用和活性作用
2	要求其在较低水胶比下与水泥熟料共同水化、硬化，以及此后的使用过程中能够具有以下特征：降低混凝土的早期温升、减少收缩、抑制开裂
3	水化产物与结构可以有效提高混凝土抵抗化学侵蚀的能力
4	当掺入量足够大时，可以明显抑制混凝土碱集料反应病害
5	掺合料的掺入使混凝土具有良好的抗渗性和抗冻性，降低了氯离子的渗透能力，提高了混凝土的护筋性
6	保证混凝土长龄期强度有足够的提高

【工程案例4-5】 粉料错用导致的混凝土质量问题

概况：在某个工程的施工现场，一个质检员发现所浇筑的混凝土黏性较差，颜色偏白，通过快速检测发现其强度明显不足，因此不得不将已经浇筑的混凝土清理干净并重新进行浇筑。试分析其原因。

原因分析：由于供应商的驾驶员对公司的管道布局不熟悉，接错了管口，错误地将粉煤灰输送到水泥罐中，导致原材料混仓。因此，在混凝土生产过程中，所有的粉料罐口都必须上锁并进行清楚标识，同时，材料员需要加强对各材料仓库的巡查和监管。

4.1.5 外加剂

混凝土外加剂（admixture）是指在混凝土拌和过程中掺入的、用以改善混凝土性能的物质。其掺量一般不超过水泥用量的5%（特殊情况除外）。

外加剂的使用是混凝土技术的重大突破。随着混凝土工程技术的不断发展，对混凝土性能提出了许多新的要求，如泵送混凝土要求混凝土流动性高；冬季施工要求混凝土早期强度高；高层建筑、海洋结构要求混凝土强度高、耐久性好。这些性能的实现，都需要应用高性能外加剂。由于外加剂对混凝土性能的改善，它在工程中应用的比例越来越大。不少国家使用掺外加剂的混凝土已占混凝土总量的60%～90%。因此，外加剂也逐渐成为混凝土中的第五种组分。

1. 外加剂的分类

混凝土外加剂种类繁多，根据《混凝土外加剂术语》（GB/T 8075—2017）的规定，混凝土外加剂按其主要功能分为四类，见表4-15。

表4-15 外加剂的分类

序号	分类	举例
1	改善混凝土拌合物流变性能的外加剂	减水剂、泵送剂等
2	调节混凝土凝结时间、硬化过程的外加剂	早强剂、缓凝剂、速凝剂和促凝剂等
3	改善混凝土耐久性的外加剂	引气剂、防水剂和阻锈剂等
4	改善混凝土其他性能的外加剂	膨胀剂、防冻剂和着色剂等

目前，在工程中常用的外加剂主要有减水剂、泵送剂、早强剂、缓凝剂、速凝剂、引气剂、防冻剂等。

1）减水剂

减水剂（water reducing agent）是指在混凝土坍落度基本相同的条件下，能显著减少拌合水量的外加剂。

不同类型的减水剂在减水效果上差异显著，有些减水剂还具有早强、缓凝和引气等附加功能。减水剂的种类繁多，根据化学成分可分为木质素系、萘系、树脂系、糖蜜系和腐植酸系；根据减水效果可分为普通减水剂（减水率不小于8%）、高效减水剂（减水率不小于14%）和高性能减水剂（减水率不小于25%）；根据对混凝土凝结时间的影响可分为标准型、早强型和缓凝型；根据是否在混凝土中引入空气可分为引气型和非引气型；根据形态可分为粉状和液态型。

（1）减水剂的作用原理。

常用减水剂均属表面活性物质，其分子由亲水基团和憎水基团两个部分组成。当水泥加水拌和后，由于水泥颗粒间分子凝聚力的作用，水泥浆会形成絮凝结构［图4-8(a)］。在该絮凝结构中，包裹了一定量的拌合水（游离水），从而降低了混凝土拌合物的和易性。如在水泥浆中加入适量的减水剂，由于减水剂的表面活性作用，憎水基团将定向吸附于水泥颗粒表面，亲水基团将指向水溶液，从而使水泥颗粒表面带有相同的电荷，在电斥力作用下，水泥颗粒会互相分开［图4-8(b)］，于是絮凝结构解体，包裹的游离水被释放出来,从而有效地增加了混凝土拌合物的流动性[图4-8(c)]。当水泥颗粒表面吸附足够的减水剂后,在水泥颗粒表面会形成一层稳定的溶剂化水膜,它阻止了水泥颗粒间的直接接触,并在颗粒间起润滑作用,从而改善了混凝土拌合物的和易性。此外,由于水泥颗粒被有效分散,水泥颗粒表面被水分充分润湿,因此增大了水泥颗粒的水化面积,使水泥颗粒水化比较充分,从而提高了混凝土的强度。

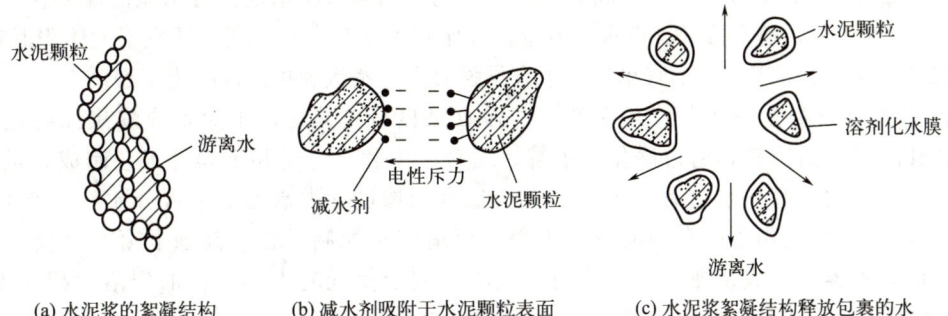

图4-8 减水剂作用原理

(2) 减水剂的技术经济效果。

根据使用目的不同,在混凝土中加入减水剂后,一般可取得以下效果,见表4-16。

表4-16 减水剂的技术经济效果

序号	效果	举例
1	增加流动性	在用水量及水胶比不变时,混凝土的坍落度可增大100~200mm,且不影响混凝土的强度
2	提高混凝土强度	在保持流动性及水泥用量不变的条件下,可减少拌合水量10%~15%,从而降低了水胶比,使混凝土强度提高15%~20%,特别是早期强度提高更为显著
3	减少水泥用量	在保持流动性及水胶比不变的条件下,可以在减少拌合水量的同时,相应减少水泥用量,即在保持混凝土强度不变的条件下,可节约水泥用量10%~15%
4	改善混凝土的耐久性	由于减水剂的掺入,显著地改善了混凝土的孔结构,使混凝土的密实度提高,透水性降低,从而可提高抗渗、抗冻、抗化学腐蚀及防锈蚀等能力

此外,掺用减水剂后,还可以改善混凝土拌合物的泌水、离析现象,延缓混凝土拌合物的凝结时间,减慢水泥水化放热速度。

(3) 常用的减水剂。

目前常用的减水剂包括木质素系减水剂、糖蜜系减水剂、萘系减水剂、树脂系减水剂和聚羧酸系减水剂。

① 木质素系减水剂是一种普通减水剂,是用亚硫酸盐法生产纸浆时的副产品。其主要成分是木质素磺酸盐,具体分为木质素磺酸钙(木钙)、木质素磺酸钠(木钠)和木质素磺酸镁(木镁)。其中,应用最为广泛的是木钙(也称M剂),其原料为废纸浆或废纤维浆,通过石灰乳中和、发酵去除糖分、蒸发浓缩和喷雾干燥等工艺制成,呈现为棕色粉状物。由于

【拓展视频】

M剂中含有一定量的糖分,因而具有缓凝等特性。木质素系减水剂的减水率约为10%,适宜的掺量(占水泥质量百分比)为0.2%~0.3%,适宜于一般混凝土工程、泵送混凝土工程,以及大模板施工、大体积混凝土施工、滑模施工、夏季施工等工程项目,但不建议单独用于冬季施工、蒸汽养护混凝土及预应力混凝土工程。

② 糖蜜系减水剂是一种普通减水剂,是以制糖厂提炼食糖后的糖渣或废蜜为原料,用石灰中和处理而成的物质,为棕色粉状物或糊状物。糖蜜系减水剂具有明显的缓凝作用,减水率为5%~10%,适宜掺量(占水泥质量百分比)为0.2%~0.3%,适宜于大体积混凝土、夏季施工的混凝土等工程,不宜单独用于有早强要求、蒸汽养护的混凝土工程。

③ 萘系减水剂是一种高效减水剂,早强效果显著。其是以工业萘或煤焦油分馏得到的萘及其同系物为原料,通过磺化、水解、缩合、中和、过滤和干燥等工艺制成,最终呈现为棕色粉状物。其减水率为15%~25%,适宜的掺量(占水泥质量百分比)为0.2%~1.0%。该减水剂适用于所有的混凝土工程,更适用于配制早强、高强混凝土及流态混凝土,对钢筋不容易造成锈蚀危害。然而,该减水剂会使混凝土拌合物的坍落度损失增大,因此不宜单独用于泵送混凝土,通常与缓凝剂复合使用。

④ 树脂系减水剂是一种高效减水剂,主要有磺化三聚氰胺树脂、磺化古马龙树脂等。树脂系减水剂减水率在15%以上,适宜掺量(占水泥质量百分比)为0.2%~1.0%,适宜于早强混凝土、高强混凝土、泵送混凝土等工程。

⑤ 聚羧酸系减水剂是一种高效减水剂,是由甲醛丙烯酸、丙烯酸或无水马来酸酐制取的减水剂。其减水率高,一般在30%以上,1~2h基本无坍落度损失,早强效果显著,后期强度提高20%,适宜掺量(占水泥质量百分比)为0.4%~1.5%,目前有较好的应用前景,适宜于早强混凝土、高强混凝土、流态混凝土、防水混凝土、蒸汽养护混凝土、泵送混凝土、清水混凝土等工程。

【工程案例4-6】 混凝土凝结异常

概况:某项混凝土工程在供应二层梁板时,施工单位反映混凝土的凝结时间过长,混凝土浇筑后24h仍未硬化。请分析可能的原因。

【拓展视频】

原因分析:经过检查配合比和下料记录表,发现普通减水剂木钙被当作萘系高效减水剂误用。萘系高效减水剂按粉剂的掺量通常为0.5%~0.8%,而普通减水剂木钙的掺量应为0.2%~0.3%。由于木钙有缓凝特性,如果木钙的用量超过胶凝材料的0.4%,将会导致严重的缓凝现象。因此,在使用木钙减水剂时,应严格控制掺量。此外,配合比输入时必须有另一操作员复核。

2) 泵送剂

泵送剂(pumping admixture)是指能改善混凝土拌合物泵送性能的外加剂。

泵送剂通常由减水剂、缓凝剂和引气剂等单独使用或复合使用而成。它适用于工业和民用建筑及其他构筑物的混凝土泵送施工,包括滑模施工、水下灌注桩混凝土等项目,特别适合大体积混凝土、高层建筑和超高层建筑等工程。

泵送剂通常分为两种类型:非引气剂型(主要成分包括木质素磺酸钙和高效减水剂等)和引气剂型(主要成分包括减水剂和引气剂等)。木钙减水剂不仅可以显著提高拌合物的流动性,还能减少泌水,延缓水泥的凝结,并有效缓减水泥水化热的释放速度,这对于泵送大体积混凝土来说非常重要。引气剂既能显著提高混凝土拌合物的流动性,也能降低拌合物的泌水性和水泥浆的离析现象，这对泵送混凝土的和易性和可泵性十分有利。

泵送剂的种类和掺量应根据供货单位的推荐掺量、环境温度、泵送高度、泵送距离及运输距离等条件，通过混凝土试配来确定。

3) 早强剂

早强剂（hardening accelerator）是加速混凝土早期强度并对后期强度无明显影响的外加剂。

早强剂可以在常温、低温和负温（不低于 $-5℃$）条件下加速混凝土的硬化过程，多用于冬季施工和抢修工程。早强剂主要有无机盐类（氯盐类、硫酸盐类）和有机胺类及有机-无机的复合物三大类。下面主要介绍其中的氯盐类早强剂、硫酸盐类早强剂和有机胺类早强剂。

(1) 氯盐类早强剂。

氯盐类早强剂主要有氯化钙、氯化钠、氯化钾、氯化铝及三氯化铁等，其中以氯化钙应用最广。氯化钙为白色粉状物，其适宜掺量为水泥质量的 $0.5\%\sim1.0\%$，其能使混凝土 3d 强度提高 $50\%\sim100\%$，7d 强度提高 $20\%\sim40\%$，同时能降低混凝土中水的冰点，防止混凝土早期受冻。

氯化钙对混凝土产生早强作用的主要原因，一般认为是它能与水泥中的 C_3A 作用，生成不溶性水化氯铝酸钙（$C_3A \cdot CaCl_2 \cdot 10H_2O$），并与 C_3S 水化析出的氢氧化钙作用，生成不溶性氧氯化钙 [$CaCl_2 \cdot 3Ca(OH)_2 \cdot 12H_2O$]。这些复盐的形成，增加了水泥浆中固相的比例，有助于水泥石结构的形成。同时，由于氯化钙与氢氧化钙迅速反应，降低了液相中的碱度，使 C_3S 的水化反应加快，也有利于提高水泥石的早期强度。

采用氯化钙作早强剂，最大的缺点是含有 Cl^- 离子，会使钢筋锈蚀，并导致混凝土开裂。因此，《混凝土结构工程施工质量验收规范》（GB 50204—2015）规定，在钢筋混凝土中，氯化钙的掺量不得超过水泥质量的 1%，在无筋混凝土中掺量不得超过 3%，在使用冷拉和冷拔低碳钢丝的混凝土结构及预应力混凝土结构中，不允许掺用氯化钙。同时还规定，在下列结构的钢筋混凝土中不得掺用氯化钙和含有氯盐的复合早强剂：在高湿度空气环境中、处于水位升降部位、露天结构或经受水淋的结构；与含有酸、碱或硫酸盐等侵蚀性介质相接触的结构；使用过程中经常处于环境温度为 $60℃$ 以上的结构；直接靠近直流电源或高压电源的结构；等等。为了抑制氯化钙对钢筋的锈蚀作用，常将氯化钙与阻锈剂亚硝酸钠（$NaNO_2$）复合使用。

【拓展视频】

(2) 硫酸盐类早强剂。

硫酸盐类早强剂主要有硫酸钠、硫代硫酸钠、硫酸钙、硫酸铝、硫酸铝钾等，其中硫酸钠应用较多。硫酸钠为白色粉状物，一般掺量为 $0.5\%\sim2.0\%$，当掺量为 $1.0\%\sim1.5\%$ 时，混凝土达到设计强度的 70% 的时间可缩短一半左右。

硫酸钠掺入混凝土后产生早强的原因，一般认为是硫酸钠与水泥水化产物 $Ca(OH)_2$ 作用，生成高分散性的硫酸钙，均匀分布在混凝土中，而它与 C_3A 的反应比外掺石膏的作用快得多，能使水化硫铝酸钙迅速生成，大大加快了水泥的硬化。同时，由于上述反应的进行，使得溶液中 $Ca(OH)_2$ 的浓度降低，从而促使 C_3S 水化加速，使混凝土早期强度提高。

由于硫酸钠对钢筋无锈蚀作用，因此适用于不允许掺用氯盐的混凝土。但由于它与 $Ca(OH)_2$ 作用生成强碱 NaOH，因此为防止碱集料反应，硫酸钠严禁用于含有活性集料的混凝土。同时，应注意不能超量掺加硫酸钠，以免导致混凝土产生后期膨胀开裂破坏，并防止混凝土表面产生"白霜"。

（3）有机胺类早强剂。

有机胺类早强剂主要有三乙醇胺、三异丙醇胺等，其中以三乙醇胺的早强效果最佳。三乙醇胺为无色或淡黄色油状液体，呈碱性，能溶于水。三乙醇胺的掺量为水泥质量的0.02%～0.05%。三乙醇胺能使混凝土早期强度提高，与其他外加剂（如氯化钠、氯化钙、硫酸钠等）复合使用时，效果更加显著。

三乙醇胺对混凝土有缓凝作用，掺量过多会造成混凝土严重缓凝和混凝土强度下降，故应严格控制掺量。

4）缓凝剂

缓凝剂（set retarder）是一种能延缓水泥水化反应，从而延长混凝土凝结时间，使新拌混凝土较长时间保持塑性，方便浇筑，提高施工效率，同时对混凝土后期各项性能不会造成不良影响的外加剂。

缓凝剂主要有四类：糖类，如糖蜜；木质素磺酸盐类，如木钙、木钠；羟基羧酸及其盐类，如柠檬酸、酒石酸；无机盐类，如锌盐、硼酸盐等。常用的缓凝剂是木钙和糖蜜，其中糖蜜的缓凝效果最好。

糖蜜缓凝剂由制糖下脚料经石灰处理而成，它是一种表面活性剂，将其掺入混凝土拌合物中，能吸附在水泥颗粒表面，形成同种电荷的亲水膜。同种电荷的亲水膜会使水泥颗粒相互排斥，并阻碍水泥水化，从而起缓凝作用。糖蜜的适宜掺量为0.1%～0.3%，它可使混凝土凝结时间延长2～4h。若糖蜜掺量过大，会使混凝土长期酥松不硬，强度严重下降。

缓凝剂具有缓凝、减水、降低水化热和增强作用，对钢筋也无锈蚀作用。缓凝剂主要适用于大体积混凝土和炎热气候下施工的混凝土，以及需长时间停放或长距离运输的混凝土。缓凝剂不宜用于日最低气温在5℃以下施工的混凝土，也不宜单独用于有早强要求的混凝土及蒸养混凝土。

5）速凝剂

速凝剂（flash setting admixture）是指能使混凝土或水泥砂浆迅速凝结硬化的外加剂，可用于矿山井巷、铁路隧道、引水涵洞、地下工程及喷锚支护时的喷射混凝土等工程中。

（1）根据其主要成分，速凝剂可分为铝氧熟料加碳酸盐类速凝剂、铝酸盐类速凝剂和水玻璃类速凝剂三类，现分述如下。

① 铝氧熟料加碳酸盐类速凝剂的主要成分包括铝氧熟料、碳酸钠和生石灰。该类速凝剂的碱含量较高，适量添加无水石膏可以降低其碱度，提高混凝土后期强度。

② 铝酸盐类速凝剂的主要成分包括铝矾土和芒硝（$Na_2SO_4 \cdot 10H_2O$）。该类速凝剂具有较低的碱含量，因添加了氧化锌而增强了混凝土的后期强度，但同时会延缓混凝土早期强度的提升。

③ 水玻璃类速凝剂的主要成分为水玻璃。该类速凝剂具有凝结和硬化快的特性，早期强度高，并且抗渗性能优越，能够在低温环境下施工。不过，其收缩相对较大。该类速凝剂的使用量通常少于前两类，其抗渗性表现突出，常用于防水和堵漏作业。

（2）根据其存在形态，速凝剂可分为粉状速凝剂和液体速凝剂。其中，粉状速凝剂用于干喷混凝土，液体速凝剂则用于湿喷混凝土。

(3) 根据其碱含量,速凝剂又可分为有碱速凝剂和无碱速凝剂。前者是指氧化钠当量含量大于 1.0% 且小于生产厂控制值的速凝剂,后者是指氧化钠当量含量不大于 1.0% 的速凝剂。

6) 引气剂

引气剂 (air entraining admixture) 是指在混凝土搅拌过程中引入大量分布均匀、稳定而封闭的微小气泡,能起到改善混凝土和易性,提高硬化混凝土的抗冻性和耐久性的外加剂。

目前,应用较多的引气剂为松香热聚物、松香皂等。

松香热聚物由松香与苯酚、硫酸、氢氧化钠以一定配合比经加热缩聚而成。松香皂由松香经氢氧化钠皂化而成。松香热聚物的适宜掺量为水泥质量的 0.005%~0.020%,可使混凝土的含气量达到 3%~5%,减水率达到 8% 左右。

【拓展视频】

引气剂属憎水性表面活性剂,由于其能显著降低水的表面张力和界面能,使水溶液在搅拌过程中极易产生许多微小的封闭气泡(气泡直径多在 $50\sim250\mu m$),同时,引气剂定向吸附在气泡表面,形成较为牢固的液膜,可使气泡稳定而不破裂。按混凝土含气量 3%~5% 计(不加引气剂的混凝土含气量为 1%),$1m^3$ 混凝土拌合物中含数百亿个气泡,大量微小、封闭并均匀分布的气泡的存在,可使混凝土的某些性能得到明显改善或改变。引气剂的效果见表 4-17。

表 4-17 引气剂的效果

序号	效果	内涵
1	改善混凝土拌合物的和易性	由于在混凝土拌合物内形成大量微小、封闭球状气泡,这些气泡如同滚珠一样,减少了颗粒间的摩擦阻力,使混凝土拌合物流动性增加。同时,由于水分均匀分布在大量气泡的表面,使能自由移动的水量减少,因此混凝土拌合物的保水性、黏聚性也随之提高
2	显著提高混凝土的抗渗性、抗冻性和耐腐蚀性	大量均匀分布的封闭气泡切断了混凝土中的毛细管渗水通道,改变了混凝土的孔结构,使混凝土的抗渗性显著提高的同时,减少了有害物质的侵入,增强了混凝土的耐腐蚀性。此外,封闭气泡有较大的弹性变形能力,对由水结冰所产生的膨胀应力有一定的缓冲作用,因而混凝土的抗冻性得到提高
3	降低混凝土强度,但可提高抗折强度	由于大量气泡存在,减少了混凝土的有效受力面积,使混凝土强度有所降低。一般混凝土的含气量每增加 1%,其抗压强度将降低 4%~6%。但引气剂能增加混凝土的抗折强度,一般当混凝土含气量在 3%~5% 时,其抗折强度可以提高 10%~20%

引气剂可用于抗渗混凝土、抗冻混凝土、抗硫酸盐侵蚀混凝土、泌水严重的混凝土、贫混凝土、轻混凝土,以及对饰面有要求的混凝土等,特别对改善处于严酷环境的水泥混凝土路面和水工结构的抗冻性有良好效果。但引气剂不宜用于蒸养混凝土及预应力混凝土。

7) 防冻剂

防冻剂 (anti-freezing admixture) 是能使混凝土在负温下硬化,并在规定养护条件下达到预期性能的外加剂。

常用的防冻剂有氯盐类（氯化钙、氯化钠）、氯盐阻锈类（由氯盐与亚硝酸钠阻锈剂复合而成）、无氯盐类（由硝酸盐、亚硝酸盐、碳酸盐、乙酸钠或尿素复合而成）。

氯盐类防冻剂适用于无筋混凝土；氯盐阻锈类防冻剂可用于钢筋混凝土；无氯盐类防冻剂可用于钢筋混凝土工程和预应力钢筋混凝土工程。但无氯盐类防冻剂中的硝酸盐、碳酸盐易引起钢筋腐蚀，故这些防冻剂不适用于预应力混凝土及与镀锌钢材相接触部位的钢筋混凝土结构；另外，含有六价铬盐、亚硝酸盐等有毒成分的防冻剂，严禁用于饮水工程及与食品接触的部位。

防冻剂主要用于负温条件下施工的混凝土。目前，国产防冻剂品种适用于0～15℃的气温，当在更低气温下施工时，应增加其他混凝土冬季施工措施，如暖棚法、原料（砂、石、水）预热法等。

2. 外加剂的性能指标

外加剂的质量必须均匀、稳定、性能良好。根据我国《混凝土外加剂》（GB/T 8076—2017）的规定，对应用于混凝土中的各类外加剂产品须经过检测，其匀质性指标及掺外加剂混凝土性能指标均应符合标准所规定的要求。

3. 外加剂的选择和使用

在混凝土中掺用外加剂，若选择和使用不当，会造成质量事故。因此，外加剂的选择和使用应注意以下几点。

1) 外加剂品种的选择

外加剂品种、品牌很多，效果各异，特别是对不同品种水泥效果不同，故应考虑外加剂与水泥品种的适应性问题。在选择外加剂时，应根据工程需要、现场的材料条件，参考有关资料，通过试验确定。

2) 外加剂掺量的确定

混凝土外加剂均有适宜掺量。掺量过小，往往达不到预期效果；掺量过大，则会影响混凝土质量，甚至造成质量事故。因此，应通过试验试配，确定最佳掺量。

3) 外加剂的掺加方法

外加剂的掺量很小，必须保证其均匀分散。一般不能将外加剂直接加入混凝土搅拌机内。对于可溶于水的外加剂，应先配成一定浓度的溶液，随水加入搅拌机内。对于不溶于水的外加剂，应与适量水泥或砂混合均匀后，再加入搅拌机内。另外，外加剂的掺入时间，对其效果的发挥也有很大影响。例如，减水剂有同掺法、后掺法、分掺法三种方法：同掺法，是指减水剂在混凝土搅拌时一起掺入；后掺法，是指搅拌好混凝土后间隔一定时间再掺入减水剂；分掺法，是指一部分减水剂在混凝土搅拌时掺入，另一部分减水剂在间隔一段时间后再掺入。实践证明，后掺法最好，能充分发挥减水剂的功能。

【工程案例4-7】 减水剂混用导致的问题

概况：某混凝土工程使用聚羧酸系减水剂按照特定的配合比进行施工，但现场的质检员未能注意到配合比中外加剂的种类。当现场检测到混凝土坍落度偏低时，错误地按萘系减水剂的调整量加入了减水剂，结果导致混凝土的和易性恶化，最终工程要求返工。试分析其原因。

原因分析：现场质检员对新技术和新知识的掌握不够，将聚羧酸系减水剂和萘系减水剂混用，从而造成混凝土拌合物的和易性变差。建议试验室加强对现场质检员的培训，明确不同外加剂不得混用。

4.1.6 拌合水与养护用水

混凝土用水的质量要求为：不影响混凝土的凝结和硬化；无损于混凝土强度发展及耐久性；不加快钢筋锈蚀；不引起预应力钢筋脆断；不污染混凝土表面。《混凝土用水标准》（JGJ 63—2006）对混凝土用水提出了具体的质量要求。

混凝土用水，按水源可分为饮用水、地表水、地下水、海水，以及经适当处理后的工业废水。拌制及养护混凝土，宜采用饮用水。地表水和地下水常溶有较多的有机质和矿物盐类，必须按标准规定检验合格后，方可使用。海水中含有较多硫酸盐和氯盐，会影响混凝土的耐久性和加速混凝土中钢筋的锈蚀，因此对于钢筋混凝土和预应力混凝土结构，不得采用海水拌制；对有饰面要求的混凝土也不得采用海水拌制，以免因表面产生盐析而影响装饰效果。工业废水经检验合格后，方可用于拌制混凝土。生活污水的水质比较复杂，不能用于拌制混凝土。

对水质有怀疑时，应将待检验水与蒸馏水分别做水泥凝结时间和砂浆或混凝土强度对比试验。对比试验测得的水泥初凝时间差和终凝时间差，均不得超过 30min，且其初凝及终凝时间应符合国家水泥标准的规定。用待检验水配制的水泥砂浆或混凝土的 28d 抗压强度不得低于用蒸馏水配制的对比砂浆或混凝土强度的 90%。混凝土拌合水水质要求见表 4-18。对于设计使用年限为 100 年的结构混凝土，氯离子含量不得超过 500mg/L；对使用钢丝或经热处理钢筋的预应力混凝土，氯离子含量不得超过 350mg/L。

【拓展视频】

表 4-18　混凝土拌合水水质要求（JGJ 63—2006）

项目	预应力混凝土	钢筋混凝土	素混凝土
pH 值	≥5	≥4.5	≥4.5
不溶物/(mg/L)	≤2000	≤2000	≤5000
可溶物/(mg/L)	≤2000	≤5000	≤10000
Cl^-/(mg/L)	≤500	≤1000	≤3500
SO_4^{2-}/(mg/L)	≤600	≤2000	≤2700
碱含量/(mg/L)	≤1500	≤1500	≤1500

注：碱含量按 $Na_2O+0.658K_2O$ 计算值来表示。采用非碱活性集料时，可不检验碱含量。

4.2　混凝土拌合物的和易性

混凝土的各组成材料按一定比例配合、搅拌而成的尚未凝固的材料，称为混凝土拌合物，又称新拌混凝土。混凝土拌合物必须具备良好的和易性，才能便于施工和获得均匀而密实的混凝土，从而保证混凝土的强度和耐久性。

4.2.1 和易性的概念

和易性（workability）是混凝土在凝结硬化前必须具备的性能，是指混凝土拌合物易于施工操作（搅拌、运输、浇灌、捣实）并获得质量均匀、成型密实的混凝土的性能。和易性是一项综合性的技术指标，包括流动性、黏聚性和保水性三方面的性能。

（1）流动性（flowability）是指混凝土拌合物在自重或机械振捣作用下，克服内部阻力和与模板、钢筋之间的阻力，产生流动，并均匀密实地填满模板的能力。

（2）黏聚性（cohesiveness）是指混凝土拌合物具有一定的黏聚力，在施工、运输及浇筑过程中，不致发生分层离析，使混凝土保持整体均匀的性能。

【拓展视频】

（3）保水性（water retentivity）是指混凝土拌合物具有一定的保持内部水分的能力，在施工过程中不致产生严重的泌水现象。保水性差的混凝土拌合物，在施工过程中，一部分水易从内部析出至表面，在混凝土内部形成泌水通道，使混凝土的密实性变差，从而降低混凝土的强度和耐久性。

【拓展视频】

混凝土拌合物的流动性、黏聚性、保水性，三者之间互相关联又互相矛盾。例如，黏聚性好，则保水性往往也好，但流动性可能较差；当增大流动性时，黏聚性和保水性往往又会变差。因此，所谓混凝土拌合物的和易性良好，就是要使这三方面的性能，在某种具体工作条件下得到统一，以达到均为良好的状况。

4.2.2 和易性的测定方法

到目前为止，混凝土拌合物的工作性还没有一个综合的定量指标来衡量。工程中通常采用坍落度或维勃稠度来定量地测量流动性，而黏聚性和保水性则主要通过目测观察来判定。

【拓展视频】

1. 坍落度测定

目前世界各国普遍采用的坍落度测定方法适用于测定最大集料粒径不大于 40mm、坍落度不小于 10mm 的混凝土拌合物的流动性。坍落度测定的具体方法为：将标准圆锥坍落度筒（无底）放在水平的、不吸水的刚性底板上并固定，混凝土拌合物按规定方法装入其中，装满刮平后，垂直向上将筒提起，移到一旁，筒内的混凝土拌合物失去水平方向的约束后，由于自重将会产生坍落现象，然后量出混凝土拌合物向下坍落的尺寸（mm），即为坍落度，如图 4-9 所示。坍落度可以作为流动性指标，坍落度越大表示混凝土拌合物的流动性越大。

【工程案例 4-8】 混凝土坍落度损失问题

概况：某施工队在 6 月浇筑 C30 梁板过程中，出现混凝土坍落度降低很快的情况，导致滚筒内混

图 4-9 混凝土拌合物坍落度的测定
（单位：mm）

凝土结料。试分析其原因。

原因分析：检查发现，所用水泥的温度达到了 80℃，温度过高，同时水泥普遍颗粒较细，导致需水量增大。当用水量不足时，会导致混凝土坍落度损失过快。在夏秋季节的 5 月至 10 月，对于直接从水泥厂或粉磨站短途运输进来的水泥，必须确保每辆车的水泥温度低于 65℃。

【拓展视频】

2. 维勃稠度测定

坍落度值小于 10mm 的混凝土称为干硬性混凝土，干硬性混凝土通常采用维勃稠度仪（图 4-10）测定其维勃稠度。维勃稠度测定的具体方法为：在筒内按坍落度试验方法装料，提起坍落度筒，在混凝土拌合物试件顶面放一透明圆盘，开启振动台，测量从开始振动至透明圆盘整个底面与水泥浆接触时的时间即为维勃稠度值（单位：s）。用维勃稠度仪测定维勃稠度的方法适用于集料最大粒径不超过 40mm，维勃稠度为 5～30s 的混凝土拌合物的稠度测定。

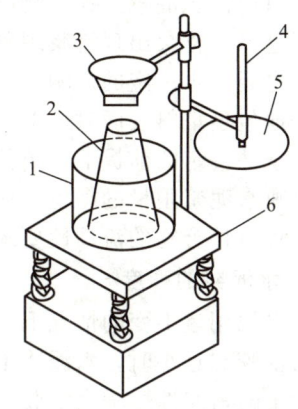

1—容器；2—坍落度筒；3—漏斗；
4—测杆；5—透明圆盘；6—振动台。

图 4-10 维勃稠度仪

4.2.3 和易性的影响因素

1. 组成材料性质的影响

水泥对混凝土拌合物和易性的影响主要表现为水泥的需水性。需水量较大的水泥种类，在获得相同坍落度时需要更多的水。通常，使用普通水泥配制的混凝土拌合物，其流动性和保水性较佳。矿渣和火山灰等混合材料会影响水泥的需水性。矿渣水泥配制的混凝土拌合物的流动性较大，但黏聚性较差，容易出现泌水现象。相比之下，火山灰水泥的需水量较大，在相同的加水条件下，其流动性明显下降，但黏聚性和保水性较好。

集料的特性对混凝土拌合物的和易性影响显著。良好级配的集料具有较小的空隙率，在相同水泥浆量的情况下，能够使包裹在集料表面的水泥浆更为厚实，从而提升和易性。与卵石相比，碎石的表面更为粗糙，因此使用碎石配制的混凝土拌合物的流动性较卵石配制的要差。针、片状颗粒会阻碍混凝土拌合物流动，因而针、片状颗粒含量过高，会导致混凝土拌合物流动性变差。细砂的比表面积较大，因此用细砂配制的混凝土拌合物的流动性较用中砂或粗砂配制的要差。

【工程案例 4-9】 砂子变动导致的混凝土质量问题

概况：某混凝土搅拌站原有的混凝土配方均能够生产出性能优良的泵送混凝土。后来，由于供应问题，砂子的细度模数从原来的 2.8 降低至 2.3。值班人员对此未引起足够的重视，依然按照原配方配制混凝土。结果发现，混凝土的坍落度明显降低，导致泵送困难，最终通过现场临时加水才得以泵送。请对此情况进行原因分析。

原因分析：由于砂子的细度模数降低，导致砂子颗粒偏细，比表面积增大。在其他材料和配方保持不变的情况下，水泥浆包裹层变薄，从而必然导致混凝土的坍落度下降。此外，需要说明的是，上述通过现场临时加水增加坍落度实现泵送的方法是不正确的。

【工程案例 4-10】 碎石导致的混凝土质量问题

概况：在河南的一家混凝土搅拌站，原本根据特定的配合比能生产出优质的泵送混凝土。近期，引入了一批新的碎石，但当班工作人员仍然按照之前的配合比进行混凝土的配制。结果发现混凝土的坍落度明显降低，导致泵送困难。经过对新批次碎石的检测，发现该批碎石中针、片状颗粒的含量超过了原有碎石的标准。试分析原因。

原因分析：混凝土坍落度下降的主要原因是碎石中针、片状颗粒增多，这导致浆体流动时的内阻力增大。在其他材料和配方不变的情况下，混凝土坍落度必然会下降。

2. 水泥浆的用量

混凝土拌合物中的水泥浆，能赋予混凝土拌合物以一定的流动性。在水胶比不变的情况下，单位体积混凝土拌合物内，如果水泥浆越多，则混凝土拌合物的流动性越大；但若水泥浆过多，将会出现流浆现象，使混凝土拌合物的黏聚性变差；同时对混凝土的强度与耐久性也会产生一定的影响，且水泥用量也大。当水泥浆过少，不能填满集料间空隙或不能很好地包裹集料表面时，混凝土拌合物就会产生崩塌现象，其黏聚性也变差。在水胶比及其他条件一定的前提下，单位用水量（拌制单位体积混凝土的拌合水用量）的多少，能准确反映水泥浆用量的多少。在水胶比一定时，单位用水量越高，拌合物坍落度越大；反之，工程对拌合物的流动性要求越高，拌合物单位用水量越大，此即"恒定用水量法则"。

3. 水泥浆的稠度

在水泥用量不变的情况下，水胶比越小，水泥浆就越稠，混凝土拌合物的流动性就越小。当水胶比过小时，水泥浆干稠，混凝土拌合物的流动性过低，会使施工困难，不能保证混凝土的密实性。增大水胶比会使流动性加大，但如果水胶比过大，又会造成混凝土拌合物的黏聚性和保水性不良，而产生流浆、离析现象，并严重影响混凝土的强度。所以，水胶比不能过大或过小，一般应根据混凝土的强度和耐久性要求，合理地选用。

无论是水泥浆的多少还是水泥浆的稀稠，实际上对混凝土拌合物流动性起决定性作用的是单位体积用水量的多少。当使用确定的集料时，如果单位体积用水量一定，每立方米水泥用量增减不超过 50~100kg，则混凝土拌合物的坍落度大体可保持不变；如果单纯加大用水量，则会降低混凝土的强度和耐久性。因此，对混凝土拌合物流动性的调整，应在保证水胶比不变的条件下，以调整水泥浆量的方法来进行。

【工程案例 4-11】 集料含水量导致的混凝土质量问题

概况：某混凝土搅拌站生产的混凝土强度不仅离散程度较大，而且有时会出现卸料及泵送困难，有时又易出现离析现象。后来经检测，发现除了使用的集料含水量波动较大，没有其他问题。试分析其原因。

原因分析：集料特别是砂的含水量波动较大，使实际配合比中的加水量随之波动，以致加水量不足时混凝土坍落度不足，水量过多时则混凝土坍落度过大，混凝土强度的离散程度也就较大。当混凝土坍落度过大时，还易出现离析。

4. 砂率

砂率（sand percentage）是指混凝土拌合物砂的质量占砂石总质量的百分率，以 S_p 表示。

砂率的变动，会使集料的空隙率和集料的总表面积有显著改变，因而对混凝土拌合物的和易性产生显著的影响。如果砂率过大，集料的总表面积及空隙率都会增大，在水泥浆含量不变的情况下，相对地水泥浆就显得少了，从而减弱了水泥浆的润滑作用，导致混凝土拌合物的流动性降低。如果砂率过小，又不能保证粗集料之间有足够的砂浆层，也会降低混凝土拌合物的流动性，并严重影响其黏聚性和保水性，容易造成离析、流浆。如果砂率适宜，砂不但能填满石子间的空隙，还能保证粗集料间有一定厚度的砂浆层，以减小粗集料间的摩擦阻力,使混凝土拌合物有较好的流动性。这个适宜的砂率,称为合理砂率。当采用合理砂率时,在用水量及水泥用量一定的情况下,能使混凝土拌合物获得最大的流动性,保持良好的黏聚性和保水性,如图 4-11 所示。或者,当采用合理砂率时,能使混凝土拌合物获得所要求的流动性及良好的黏聚性和保水性,而水泥用量为最少,如图 4-12 所示。

5. 外加剂

外加剂(如减水剂、引气剂等)对混凝土拌合物的和易性有很大的影响,在拌制混凝土时,加入少量的外加剂能使混凝土拌合物在不增加水泥用量的条件下,获得良好的和易性,不仅流动性显著增加,而且能有效地改善其黏聚性和保水性。

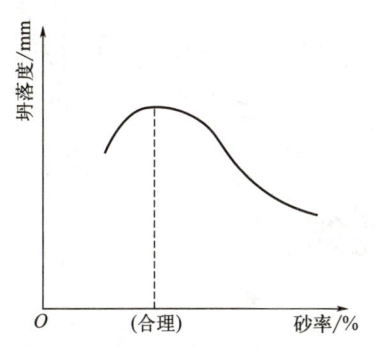
图 4-11 砂率与坍落度的关系
(用水量与水泥用量一定)

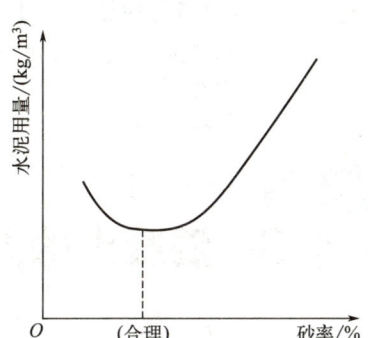
图 4-12 砂率与水泥用量的关系
(达到相同坍落度)

6. 时间和温度

搅拌后的混凝土拌合物,随着时间的延长而逐渐变得干稠,和易性变差。其原因是:一部分水已与水泥水化,一部分水被集料吸收,一部分水蒸发,以及混凝土凝聚结构的逐渐形成,致使混凝土拌合物的流动性变差。

混凝土拌合物的和易性也受温度的影响。因为随着环境温度升高,水分蒸发及水化反应加快,相应地会使混凝土拌合物的流动性降低。

【拓展视频】

【思考与讨论 4-1】
当混凝土拌合物的流动性不够时,是否允许施工人员现场直接加水?为什么?

【工程案例 4-12】 混凝土离析问题

【参考答案】

概况:某单位在混凝土工程施工中,出现了坍落度超标的情况,同时混凝土发生了离析现象。试分析可能的原因。

原因分析:经过检查,发现混凝土在施工过程中,河砂的细度模数增大,比表面积下降,导致混凝土拌合物坍落度过大,混凝土出现离析现象。因此,应加强管理,确保进厂的河砂混合均匀。如发现细度模数变化明显,应及时调整施工配合比。

4.2.4 和易性的改善措施

针对如上影响混凝土和易性的因素,在实际施工过程中,可采取如下措施来改善混凝土的和易性。

(1) 改善集料粒形与级配，尽可能采用级配与粒形良好的集料，并尽量采用中粗砂。

(2) 掺加化学外加剂与优质矿物掺合料，改善、调整混凝土拌合物的工作性，以满足施工要求。

(3) 采用合理砂率，可改善混凝土的和易性，同时可控制胶凝材料浆量，提高混凝土的耐久性。

【参考答案】

(4) 当混凝土拌合物坍落度太小时，可保持水胶比不变，适当增加水与胶凝材料用量。当混凝土拌合物坍落度太大时，可保持砂率不变，适当增加砂、石集料用量。

【思考与讨论 4-2】

在研究组成材料对混凝土工作性的影响时，水泥浆用量是越多越好吗？为什么？

4.3 混凝土的力学性能

4.3.1 混凝土的强度

混凝土的强度是其最重要的力学特性，因为任何混凝土结构的主要性能都是承担荷载或抵抗各种外力。在特定情况下，工程上也要求混凝土具备其他性能，如抗渗性和抗冻性等。然而，这些特性通常与混凝土的强度密切相关。一般来说，混凝土强度越高，其刚性、不透水性，以及抵抗风化和某些腐蚀介质的能力也会相应增强；另外，混凝土强度越高，往往会伴随更大的干缩，同时也较脆且易于开裂。因此，混凝土强度通常被用作评估和控制混凝土质量的标准，以及衡量各种因素（如原材料、配合比、施工方法和养护条件等）对其影响程度的指标。

在土木工程结构和施工验收中，混凝土常用的强度有抗压强度、劈裂抗拉强度和抗折强度等几种。

1. 抗压强度

【拓展视频】

1) 立方体抗压强度

根据国家标准《混凝土物理力学性能试验方法标准》（GB/T 50081—2019）的规定，制作边长为150mm的混凝土立方体标准试件，在标准养护条件（温度20℃±2℃，相对湿度95%以上）下，养护至28d龄期，按照规定施加压力所测定的抗压强度值，称为混凝土的立方体抗压强度，简称立方体抗压强度，以 f_{cu} 表示，单位为 N/mm^2 或 MPa。在采用混凝土非标准试件测定抗压强度时，应将测定结果乘以换算系数（表4-19），才可相当于混凝土标准试件的强度值。

由于在钢筋混凝土结构中混凝土主要用来抵抗压力，又考虑到混凝土抗压强度试验比较简单易行,因此混凝土结构物常以抗压强度为主要参数进行设计,而且抗压强度与其他强度及变形有良好的相关性。因此,抗压强度常作为评定混凝土质量的指标,并作为确定强度等级的依据。在实际工程中提到的混凝土强度一般是指抗压强度。

按照标准方法制作和养护的边长为150mm的立方体试件,养护28d龄期,用标准试验方法测得的强度总体分布中具有不低于95%保证率的抗压强度值(强度低于该值的百分率不超过5%),即为混凝土立方体抗压强度标准值,以 $f_{cu,k}$ 表示。

混凝土强度等级是根据立方体抗压强度标准值来划分的。混凝土强度等级采用符号C与立方体抗压强度标准值(以MPa计)表示,依据《混凝土结构设计标准(2024年版)》(GB/T 50010—2010)共划分成C20、C25、C30、C35、C40、C45、C50、C55、C60、C65、C70、C75及C80共13个强度等级。例如,C40表示混凝土立方体抗压强度标准值 $f_{cu,k}=40\text{MPa}$。

2) 轴心抗压强度

混凝土强度等级应按立方体抗压强度标准值确定,但实际工程中钢筋混凝土构件的形式极少是立方体的,大部分是棱柱体形或圆柱体形,且立方体试件在受压破坏过程中不是单向受压,除受压应力作用外,试件通常还受"环箍效应"作用。为了使测得的混凝土强度接近于混凝土构件的实际受力情况,在钢筋混凝土结构计算中,当计算轴心受压或受弯构件(如柱子、桁架的腹杆等)时,都采用混凝土的轴心抗压强度 f_{cp} 作为设计依据。

根据国家标准《混凝土物理力学性能试验方法标准》(GB/T 50081—2019)的规定,轴心抗压强度采用150mm×150mm×300mm的棱柱体作为标准试件。如有必要,也可用非标准尺寸的棱柱体试件,但其高宽比 (h/a) 应为2~3。轴心抗压强度值比同截面的立方体抗压强度值小,棱柱体试件高宽比 (h/a) 越大,轴心抗压强度越小,但当 h/a 达到一定值后,强度不再降低。在立方体抗压强度 $f_{cu}=10\sim55\text{MPa}$ 时,轴心抗压强度 $f_{cp}\approx(0.70\sim0.80)f_{cu}$。

2. 劈裂抗拉强度

混凝土的抗拉强度只有抗压强度的1/20~1/10,并且这个比值随着混凝土强度等级的提高而降低。由于混凝土受拉时呈脆性断裂,破坏时无明显残余变化,故在钢筋混凝土结构设计中,不考虑混凝土承受拉力,而是在混凝土中配以钢筋,由钢筋来承受结构中的拉力。但混凝土的抗拉强度对于混凝土的抗裂性具有重要作用,它是结构设计中确定混凝土抗裂度的主要指标,有时也用它来间接衡量混凝土与钢筋间的黏结强度,并预测由于干湿变化和温度变化而产生裂缝的情况。

用轴向拉伸试件测定混凝土的抗拉强度时,荷载不易对准轴线,夹具处常发生局部破坏,致使测值很不准确,故我国目前通常采用由劈裂抗拉强度试验法间接得出混凝土的抗拉强度,该抗拉强度称为劈裂抗拉强度 (f_{ts})。标准规定,劈裂抗拉强度采用边长为150mm的立方体试件,在试件的两个相对的表面上加上垫条,当施加均匀分布的压力时,就能在外力作用的竖向平面内产生均匀分布的拉应力(图4-13),该应力可以根据弹性理论计算得出。这个方法不但大大简化了抗拉试件的制作,并且能较正确地反映试件的抗拉强度。

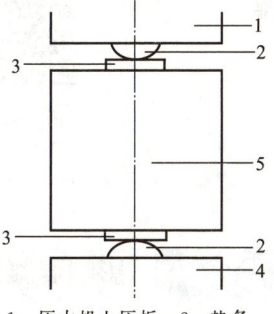

1—压力机上压板;2—垫条;
3—垫层;4—压力机下压板;
5—试件。

图4-13 混凝土劈裂抗拉试验装置图

劈裂抗拉强度可按式(4-3)计算：

$$f_{ts}=\frac{2P}{\pi A}=\frac{0.637P}{A} \quad (4-3)$$

式中 f_{ts}——混凝土劈裂抗拉强度，MPa；

P——破坏荷载，N；

A——试件劈裂面积，mm^2。

试验证明，在相同条件下，混凝土用轴向拉伸试件测定方法测得的抗拉强度，较用劈裂抗拉强度试验法测得的劈裂抗拉强度略小，二者比值约为0.9。混凝土的劈裂抗拉强度与混凝土标准立方体抗压强度（f_{cu}）之间的关系，可按式(4-4)计算：

$$f_{ts}=0.35f_{cu}^{3/4} \quad (4-4)$$

3. 抗折强度

<u>混凝土抗折强度试验采用边长为150mm×150mm×600mm（或550mm）的棱柱体试件作为标准试件</u>（边长为100mm×100mm×400mm的棱柱体试件是非标准试件），按三分点加荷方式加载测得其抗折强度，如图4-14所示。抗折强度的计算式为：

$$f_{cf}=\frac{Fl}{bh^2} \quad (4-5)$$

式中 f_{cf}——混凝土抗折强度，MPa；

F——破坏荷载，N；

l——支座间跨度，mm；

h——试件截面高度，mm；

b——试件截面宽度，mm。

在进行混凝土抗折强度试验时，当试件尺寸为100mm×100mm×400mm的非标准试件时，应乘以尺寸换算系数0.85；当混凝土强度等级≥C60时，宜采用标准试件。

【拓展视频】

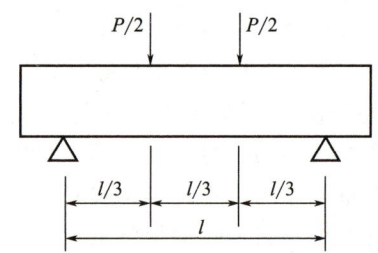

图4-14 混凝土抗折试验示意图

4.3.2 影响混凝土强度的因素

硬化后的混凝土在未受到外力作用之前，由于水泥水化造成的化学收缩和物理收缩会引起砂浆体积的变化，在粗集料与砂浆界面上会产生分布极不均匀的拉应力，从而导致界面上形成许多微细的裂缝。另外，由于混凝土成型后的泌水作用，某些上升的水分为粗集料颗粒所阻止，因而聚集于粗集料的下缘，混凝土硬化后就成为界面裂缝，当混凝土受力时，这些预存的界面裂缝会逐渐扩大、延长并汇合连通起来，形成可见的裂缝，致使混凝土结构丧失连续性而遭到完全破坏。强度试验也证实，正常配合比的混凝土破坏主要是集料与水泥石的黏结界面发生破坏。所以，混凝土的强度主要取决于水泥石强度及其与集料的黏结强度。而黏结强度又与水泥强度等级、水胶比及集料的性质有密切关系，此外混凝土的强度还受施工质量、养护条件及龄期的影响。

1. 水泥强度等级与水胶比

水泥强度等级和水胶比是决定混凝土强度最主要的因素，也是决定性因素。其中水胶比是指水与胶凝材料质量之比，以前常称为水灰比。水灰比是指水与水泥用量之比，现在混凝土中普遍掺加粉煤灰、粒化矿渣粉等掺合料，因此将水灰比扩称为水胶比。

水泥是混凝土中的活性组分，在水胶比不变时，水泥强度等级越高，则硬化水泥石的强度越大，对集料的胶结力就越强，配制成的混凝土强度也就越高。在水泥强度等级相同的条件下，混凝土的强度主要取决于水胶比。因为从理论上讲，水泥水化时所需的结合水，一般只占水泥质量的 23% 左右，但在拌制混凝土拌合物时，为了获得施工所要求的流动性，常需多加一些水，如常用的塑性混凝土，其水胶比均为 0.4~0.8。当混凝土硬化后，多余的水分就残留在混凝土中或蒸发后形成气孔或通道，因而大大减小了混凝土抵抗荷载的有效断面，而且可能在孔隙周围引起应力集中。因此，在水泥强度等级相同的情况下，水胶比越小，水泥石的强度越高，其与集料的黏结力越大，混凝土强度也越高。但是，如果水胶比过小，混凝土拌合物过于干稠，在一定的施工振捣条件下，混凝土不能被振捣密实，出现较多的蜂窝、孔洞，反而会导致混凝土强度严重下降（图 4-15）。

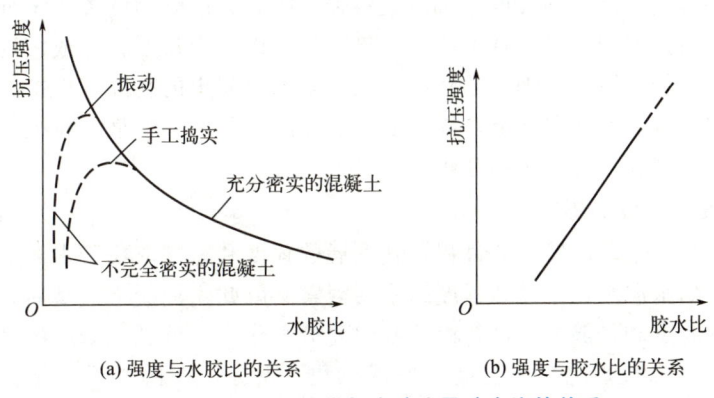

(a) 强度与水胶比的关系　　(b) 强度与胶水比的关系

图 4-15　混凝土强度与水胶比及胶水比的关系

根据工程实践的经验，可建立如下的混凝土强度与胶水比、水泥强度等因素之间的线性经验公式，其计算式为：

$$f_{cu} = a_a f_{ce} \left(\frac{B}{W} - a_b \right) \tag{4-6}$$

式中　f_{cu}——混凝土 28d 龄期的抗压强度，MPa；

　　　B——1m³ 混凝土中的胶凝材料用量，kg；

　　　W——1m³ 混凝土中的水用量，kg；

　　　f_{ce}——水泥的实际强度，MPa，水泥厂为保证水泥出厂强度，所生产水泥的实际强度要高于其强度的标准值（$f_{cu,k}$），在无法取得水泥实际强度数据时，可用式 $f_{ce} = \gamma_c f_{cu,k}$ 代入，其中 γ_c 为水泥强度值的富余系数（一般为 1.13）；

a_a、a_b——回归系数,与集料品种及水泥品种等因素有关,其数值通过试验求得,若无试验统计资料,则可按《普通混凝土配合比设计规程》(JGJ/T 55—2011)提供的系数采用:碎石,$a_a=0.53$、$a_b=0.20$;卵石,$a_a=0.49$、$a_b=0.13$。

以上的经验公式,一般只适用于流动性混凝土及低流动性混凝土,对于干硬性混凝土则不适用。利用混凝土强度公式,可根据所用的水泥强度和水胶比来估计所配制混凝土的强度,也可根据水泥强度和要求的混凝土强度等级来计算应采用的水胶比。

【工程案例 4-13】 水胶比变化导致的混凝土强度问题

概况:在某施工现场,标准养护条件下的试件强度满足要求,而由于泵车管道发生堵塞并伴随暴雨,导致大量雨水进入桩内,使得桩芯强度偏低。试对此情况进行分析。

原因分析:该桩为人工挖孔桩,在芯样上部和中部的强度符合要求,但下部强度偏低。这可能是由于桩内积水未抽干净,导致水胶比增大,从而降低了混凝土强度。在供应人工挖孔桩时,应确保桩底的水已被抽干,并尽量避免在下大雨时进行桩基施工。

2. 集料的影响

当集料级配良好、砂率适当时,由于组成了坚强密实的骨架,因此有利于混凝土强度的提高。如果混凝土集料中有害杂质较多,品质低,级配不好时,会降低混凝土的强度。

由于碎石表面粗糙有棱角,提高了集料与水泥砂浆之间的机械啮合力和黏结力,所以在原材料坍落度相同的条件下,用碎石拌制的混凝土比用卵石拌制的混凝土的强度要高。

集料的强度影响混凝土的强度,一般集料强度越高,所配制的混凝土强度越高,这在低水胶比和配制高强混凝土时,特别明显。集料粒形以三维长度相等或相近的球形或立方体形为好,若含有较多扁平或细长的颗粒,则会增加混凝土的孔隙率,扩大混凝土中集料的表面积,增加混凝土的薄弱环节,导致混凝土强度下降。集料最大粒径可影响混凝土强度,一般最大粒径越大,混凝土强度越低。

3. 养护温度及湿度的影响

混凝土强度是一个渐进发展的过程,其发展的程度和速度取决于水泥的水化状况,而温度和湿度是影响水泥水化速度和程度的重要因素。因此,混凝土成型后,必须在一定时间内保持适当的温度和足够的湿度,以使水泥充分水化,这就是混凝土的养护。养护温度高,水泥水化速度加快,混凝土强度的发展也快;反之,在低温下,混凝土强度发展迟缓。图 4-16 所示为养护温度对混凝土强度的影响。当温度降至冰点以下时,由于混凝土中的水分大部分结冰,因此不但水泥停止水化,混凝土强度也停止发展。而且由于混凝土孔隙中的水结冰会产生体积膨胀(约 9%),其会对孔壁产生相当大的压应力(可达 100MPa),从而使硬化中的混凝土结构遭到破坏,导致混凝土已获得的强度受到损失。同时,混凝土早期强度低,更容易被冻坏。

水是水泥水化反应的必要条件,只有周围环境湿度适当,水泥水化反应才能不断地顺利进行,混凝土强度才能得到充分发展。如果湿度不够,水泥水化反应则不能正常进行,甚至会停止水化,从而严重降低混凝土强度。图 4-17 所示为保湿养护时间与混凝土强度的关系。水泥水化不充分,还会导致混凝土结构疏松,形成干缩裂缝,增大渗水性,从而影响混凝土的耐久性。为此,施工规范规定,在混凝土浇筑完毕后,应在 12h 内进行覆盖,以防止水分蒸发。在夏季施工的混凝土,要特别注意浇水保湿。使用硅酸盐水泥、普通水泥和矿渣水泥时,保湿养护应不少于 7d;使用火山灰水泥和粉煤灰水泥或在施工中掺用缓凝型外加剂或混凝土有抗渗要求时，保湿养护应不少于14d。

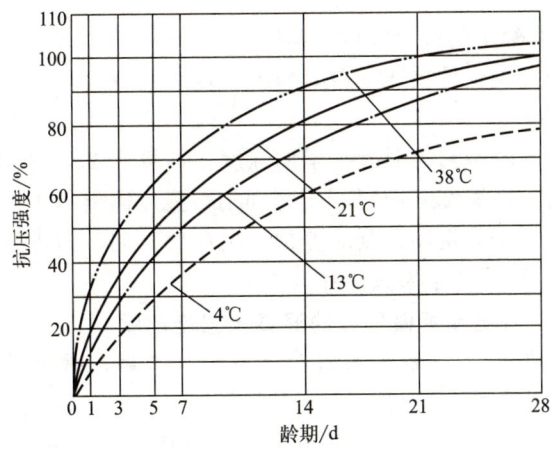

图4-16 养护温度对混凝土强度的影响

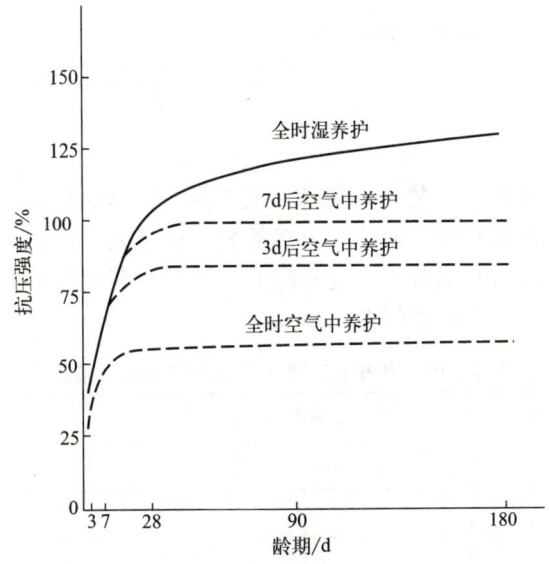

图4-17 保湿养护时间与混凝土强度的关系

【思考与讨论4-3】
养护温度越高，混凝土强度越高，这一观点是否正确？

【参考答案】

4. 龄期

龄期是指（从搅拌加水开始计时）混凝土拌和成型后经过一定条件养护所经历的时间。在正常养护的条件下，混凝土的强度将随龄期的增长而不断发展，最初7～14d内强度发展较快，以后逐渐缓慢，28d达到设计强度。28d后强度仍在发展，其增长过程可延续数十年之久。混凝土强度与龄期的关系从图4-17也可看出。

普通水泥制成的混凝土，在标准养护条件下，混凝土强度的发展，大致与其龄期的对数成正比关系（龄期不少于3d），可按式(4-7)计算：

$$\frac{f_n}{f_{28}} = \frac{l_g n}{l_g 28} \tag{4-7}$$

式中 f_n——nd 龄期混凝土的抗压强度，MPa；

f_{28}——28d 龄期混凝土的抗压强度，MPa；

n——养护龄期，d，$n \geqslant 3$。

根据式(4-7)，可以由所测的混凝土早期强度，估算其28d龄期的强度。或者，可由混凝土28d龄期的强度，推算28d前混凝土达到某一强度需要养护的天数，如确定混凝土拆模、构件起吊、放松预应力钢筋、制品养护、出厂等日期。但由于影响混凝土强度的因素很多，故按式(4-7)计算的结果只能作为参考。

【工程案例4-14】 气温和拆模导致的混凝土强度问题

概况：某工厂厂房在11月完成一层混凝土柱的施工后，拆除模板时发现柱子的混凝土表面出现脱落现象。请分析可能的原因。

原因分析：11月气温骤降，导致混凝土凝结时间延长，但施工时未注意而过早拆模，于是造成混凝土表面出现脱落现象。因此，应密切关注天气预报，当气温下降时，应调整外加剂配方中的缓凝成分，以防凝结时间过长。

5. 试验条件对混凝土强度测定值的影响

试验条件是指试件的尺寸、形状、表面状态及加荷速度等。试验条件会影响混凝土强度的试验值。

1）试件的尺寸

相同的混凝土其试件的尺寸越小，测得的强度越高。试件尺寸影响强度的主要原因是：试件尺寸越大时，内部孔隙、缺陷等出现的概率也越大，这就会导致试件有效受力面积减小及应力集中，从而引起混凝土强度的降低。当采用非标准的其他尺寸试件时，所测得的抗压强度应乘以表4-19所列的换算系数。

表4-19 混凝土的试件尺寸及强度换算系数

集料最大颗粒直径/mm	换算系数	试块尺寸/mm
31.5	0.95	100×100×100（非标准试块）
40	1.00	150×150×150（标准试块）
63	1.05	200×200×200（非标准试块）

2）试件的形状

当试件受压面积（$a \times a$）相同，而高度（h）不同时，高宽比（h/a）越大，抗压强度则越小。这是由于试件受压时，试件受压面与试件承压板之间的摩擦力，对试件相对于承压板的横向膨胀起着约束作用，该约束有利于强度的提高。越接近试件的端面，这种约束作用就越大，在距端面大约 $\sqrt{3}a/2$ 的范围以外，约束作用才消失。试件破坏（图4-18）后，其上下部分各呈现一个较完整的棱锥体，这就是这种约束作用的结果。通常，称这种作用为环箍效应（图4-19）。

3）试件的表面状态

混凝土试件承压面的状态也是影响混凝土强度的重要因素。当试件受压面上有油脂类润滑剂时，试件受压时的环箍效应会大大减小，试件将出现直裂破坏，测出的强度值也较低。

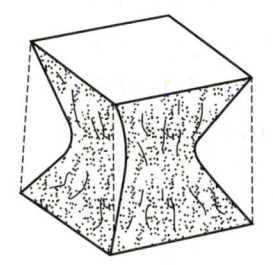
图 4-18 混凝土的受压破坏

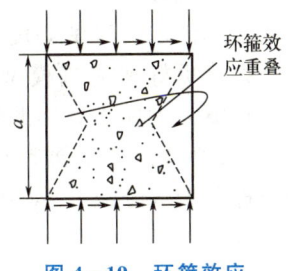
图 4-19 环箍效应

4) 加荷速度

加荷速度越快,测得的混凝土强度值也越大,当加荷速度超过 1.0MPa/s 时,这种趋势更加显著。因此,《混凝土物理力学性能试验方法标准》(GB/T 50081—2019)规定,混凝土抗压强度的加荷速度为 0.3～1.0MPa/s,且应连续均匀地进行加荷。

【思考与讨论 4-4】

在测定混凝土强度前,应将从标准养护室中取出的试件在室内充分风干后再进行测定?这一观点是否正确?

【参考答案】

4.3.3 提高混凝土强度的措施

1. 采用高强度等级水泥或早强型水泥

在混凝土配合比相同的情况下,水泥的强度等级越高,混凝土的强度也越高。采用早强水泥可提高混凝土的早期强度,有利于加快施工进度。

2. 采用低水胶比

低水胶比的混凝土,其拌合物的游离水分少,硬化后留下的孔隙少,混凝土密实度高,强度可显著提高。因此,降低水胶比是提高混凝土强度的最有效途径。但水胶比过小,将影响拌合物的流动性,造成施工困难,一般采取同时掺加减水剂的方法,使混凝土在低水胶比下,仍具有良好的和易性。

3. 采用湿热处理养护混凝土

湿热处理,可分为蒸汽养护及蒸压养护两类,水泥混凝土一般不必采用蒸压养护。蒸汽养护,是将混凝土放在温度低于 100℃ 的常压蒸汽中进行养护。一般混凝土经过 16～20h 蒸汽养护,其强度可达到正常条件下养护 28d 强度的 70%～80%。蒸汽养护最适于掺活性混合材料的矿渣水泥、火山灰水泥及粉煤灰水泥制备的混凝土。因为蒸汽养护可加速活性混合材料内的活性 SiO_2 及活性 Al_2O_3 与水泥水化析出的 $Ca(OH)_2$ 反应,使混凝土不仅早期强度有所提高,而且后期强度也有所提高,其 28d 强度可提高 10%～20%。而对普通水泥和硅酸盐水泥制备的混凝土进行蒸汽养护,其早期强度也能得到提高,但因在水泥颗粒表面过早形成水化产物凝胶膜层,阻碍水分继续深入水泥颗粒内部,使后期强度增长速度反而减缓,其 28d 强度比标准养护 28d 的强度低 10%～15%。

4. 采用机械搅拌和机械振捣

机械搅拌比人工拌和能使混凝土拌合物更均匀,特别是在拌和低流动性混凝土拌合物时效果更显著。采用机械振捣，可使混凝土拌合物的颗粒产生振动，暂时破坏水泥浆体的凝聚结构，从而降低水泥浆的黏度和集料间的摩擦阻力，提高混凝土拌合物的流动性，使混凝土拌合物能更好地充满模型。并且混凝土拌合物被振捣后，有利于空气排出，使混凝土内部孔隙大大减少，因此能提高混凝土的密实度和强度。采用二次搅拌工艺（造壳混凝土），可改善混凝土集料与水泥砂浆之间的界面缺陷，有效提高混凝土强度。此外，采用先进的高频振动、变频振动及多向振动设备，也可获得更佳的振捣效果。

5. 掺入混凝土外加剂、掺合料

在混凝土中掺入早强剂可提高混凝土的早期强度；掺入减水剂可减少用水量，降低水胶比，提高混凝土的强度。此外，在混凝土中掺入高效减水剂的同时，掺入磨细的矿物掺合料（如硅灰、优质粉煤灰、超细磨矿渣等），可显著提高混凝土的强度，配制出强度等级为 C60～C100 的高强混凝土。

4.4 混凝土的变形

混凝土在硬化及使用的过程中，受到物理、化学和力学等多种因素的影响，常常会出现各种变形。由物理和化学因素导致的变形被称为非荷载作用下的变形，主要包括化学收缩、温度变形、干缩湿胀、塑性收缩、自收缩等；而因荷载作用而产生的变形则被称为荷载作用下的变形，包括短期荷载作用下的变形和长期荷载作用下的变形。

4.4.1 非荷载作用下的变形

1. 化学收缩（chemical shrinkage）

由于水泥水化产物的总体积小于水化前反应物的总体积而产生的混凝土收缩称为化学收缩。

化学收缩是不可恢复的。其收缩量随混凝土硬化龄期的延长而增加，一般在混凝土成型后 40d 内增长较快，以后逐渐趋于稳定。化学收缩值很小，对混凝土结构没有破坏作用，但在混凝土内部可能产生微细裂缝，而影响承载状态（产生应力集中）和耐久性。

2. 温度变形（temperature deformation）

混凝土与其他材料一样，也会随着温度的变化而产生热胀冷缩的变形。混凝土的温度线膨胀系数为 $(1～1.5)×10^{-5}$/℃，即温度每升降 1℃，每 1m 混凝土胀缩 0.01～0.015mm。温度变形对大体积混凝土及大面积混凝土工程极为不利，易使这些混凝土产生温度裂缝。

在混凝土硬化初期，水泥水化放出较多热量，而混凝土又是热的不良导体，散热很慢，因此造成混凝土内外温差很大，有时可达 50～70℃，这将使混凝土产生内胀外缩，在混凝土外表产生很大的拉应力，严重时会使混凝土产生裂缝。因此，大体积混凝土在施工时，常采用低热水泥、减少水泥用量、掺加缓凝剂及采用人工降温等措施，以减少因温度变形而引起的混凝土质量问题。

3. 干缩湿胀（dry shrinkage and dampness rise）

混凝土周围环境湿度的变化，会引起混凝土的干湿变形，表现为干缩湿胀。

混凝土在干燥过程中，由于毛细孔水的蒸发，会使毛细孔中形成负压，随着空气湿度的降低，负压逐渐增大，从而产生收缩力，最终导致混凝土收缩。同时，水泥凝胶体颗粒的吸附水也会产生部分蒸发，凝胶体会因失水而产生紧缩。混凝土这种体积收缩，在重新吸水以后大部分可以恢复。当混凝土在水中硬化时，体积会产生轻微膨胀，这是由于凝胶体中胶体粒子的吸附水膜增厚，胶体粒子间的距离增大所致。

混凝土的湿胀变形量很小，一般无破坏作用。但干缩变形却对混凝土危害较大，干缩能使混凝土表面出现拉应力而导致开裂，会严重影响混凝土的耐久性。

一般条件下，混凝土的极限收缩值达 $(50\sim90)\times10^{-5}$ mm/mm。在工程设计时，混凝土的线收缩一般采用 $(15\sim20)\times10^{-5}$ mm/mm，即 1m 收缩 0.15～0.20mm。

4. 塑性收缩（plastic shrinkage）

塑性收缩是由混凝土拌合物表面水分蒸发而引起的变形，一般发生在拌和后 3～12h，在终凝前比较明显。

塑性收缩是在混凝土仍处在塑性状态时发生的，因此也可称为混凝土硬化前或终凝前收缩。塑性收缩一般发生在大面积的混凝土路面或板状结构中。

产生塑性收缩或开裂的原因是：在暴露面积较大的混凝土工程中，当表面失水的速率超过混凝土泌水的上升速率时，会造成毛细管负压，混凝土拌合物的表面会迅速干燥而产生塑性收缩。此时，混凝土的表面已相当稠硬而不具有流动性。若此时的混凝土强度尚不足以抵抗因收缩受到限制而引起的应力，在混凝土表面即会产生开裂。

典型的塑性收缩裂缝是相互平行的，间距为 2.5～7.5cm，深度为 2.5～5cm。

当混凝土拌合物被基底或模板材料吸去水分时，会在其接触面上产生塑性收缩而开裂。

引起混凝土拌合物表面失水的主要原因是水分蒸发速率过大。混凝土温度高（由水泥水化热所产生）、气温高、相对湿度低和风速大等因素，不论是单独作用还是几种因素综合作用，都会加速混凝土拌合物表面水分的蒸发，增大因塑性收缩而开裂的可能性。

5. 自收缩（autogenous shrinkage）

自收缩是混凝土在初凝之后随着水化的进行，在恒温恒重条件下产生的体积减缩。自收缩不包括由干燥、沉降、温度变化、遭受外力等原因引起的体积变化。

自收缩产生的原因是：随着水泥水化的进行，在硬化水泥石中会形成大量微细孔，孔中的自由水量由于水泥水化需水而逐渐降低，结果便产生毛细孔应力，造成硬化水泥石受弯液面负压作用而产生收缩。自收缩的产生机理类似于干缩机理，但二者在相对湿度降低的机理上有所不同。造成干缩的原因是由于水分扩散到外部环境中，而自收缩是由混凝土内部水分被水化反应所消耗而造成的，因此通过阻止水分扩散到外部环境中的方法来降低自收缩并不是很有效。当混凝土的水胶比降低时，干缩减小，而自收缩加大。如当水胶比大于 0.5 时，其自收缩与干缩相比很小，可以忽略不计。但是当水胶比小于 0.35 时，混凝土内部相对湿度会很快降低到 80% 以下，自收缩值与干缩值两者接近；当水胶比为 0.17 时，则混凝土只有自收缩而不发生干缩了。矿物掺合料对混凝土自收缩的影响不同。

粉煤灰可以有效减少自收缩，而常规掺量（小于70%）下，比表面积在4000cm²/g以上的矿渣粉则会增大混凝土自收缩，原因在于后者的活性比较高。

【参考答案】

【思考与讨论4-5】
混凝土塑性收缩、自收缩和干缩的区别是什么？

【工程案例4-15】 混凝土裂缝问题

概况：某工地的高层梁板使用了C30泵送混凝土，但在施工完成后，梁板表面出现了塑性裂缝。试分析导致这些裂缝的原因。

原因分析：当空气湿度低于100%时，混凝土内部的水分会蒸发，从而导致干缩。在混凝土浇筑完成后，如果施工人员未能在初凝之前及时进行二次抹面和覆盖，初凝之后进行浇水养护，加上外界天气炎热和高层风速较大，就会导致混凝土的拉应力超过其早期抗拉强度，从而产生裂缝。

因此，在混凝土初凝之前，应根据施工班组的要求进行二次抹压，以消除早期的塑性收缩裂缝。同时，要尽早进行浇水或喷雾养护，以防止混凝土构件表面干缩，并应覆盖塑料薄膜或养护毯。具备条件的施工单位，可以设置挡风墙或遮阳篷，以做到保温和保湿。

4.4.2 荷载作用下的变形

1. 短期荷载作用下的变形

1) 混凝土的弹塑性变形

混凝土是一种由水泥石、砂、石、游离水、气泡等组成的不匀质的多组分三相复合材料。它既不是一个完全弹性体，也不是一个完全塑性体，而是一个弹塑性体。混凝土受力时既产生弹性变形，又产生塑性变形，其应力与应变的关系呈曲线，如图4-20所示。

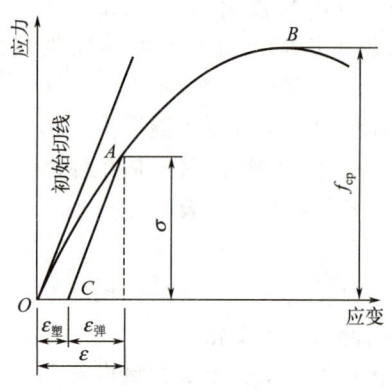

图4-20 混凝土在压力作用下的应力-应变曲线

在静力试验的加荷过程中，若加荷至应力为σ，应变为ε的A点，然后将荷载逐渐卸去，则卸荷时的应力-应变曲线如AC所示（微向上弯曲）。卸荷后能恢复的应变$\varepsilon_{弹}$，是由混凝土的弹性性质引起的，称为弹性应变；剩余的不能恢复的应变$\varepsilon_{塑}$，则是由混凝土的塑性性质引起的，称为塑性应变。

2) 混凝土的弹性模量

在应力-应变曲线上任一点的应力σ与其应变ε的比值，称作混凝土在该应力下的变形模量。它反映混凝土所受应力与所产生应变之间的关系。在计算钢筋混凝土结构的变形、裂缝开展及大体积混凝土的温度应力时，均须知道该混凝土的变形模量。

当应力$\sigma<1/3f_{cp}$时，混凝土内微裂缝处于受力引发状态，尚未发生扩展，混凝土尚未发生的塑性变形，因此以$1/3f_{cp}$为控制荷载（F_a）测试混凝土的弹性模量（图4-21），图中F_0为对中荷载，$F_0=0.5$MPa。

根据《混凝土物理力学性能试验方法标准》（GB/T 50081—2019）的规定，采用150mm×150mm×300mm的棱柱体作为标准试件，进行混凝土的弹性模量试验。

影响混凝土弹性模量的因素主要有混凝土的强度、集料的含量及其弹性模量，以及养护条件等。混凝土的强度越高,弹性模量越大,当混凝土的强度等级由 C10 增加到 C60 时,其弹性模量大致由 $1.75×10^4$ MPa 增加到 $3.60×10^4$ MPa;集料的含量越多,弹性模量越大,混凝土的弹性模量越高;混凝土的水胶比较小,养护较好及龄期较长时,混凝土的弹性模量就较大。

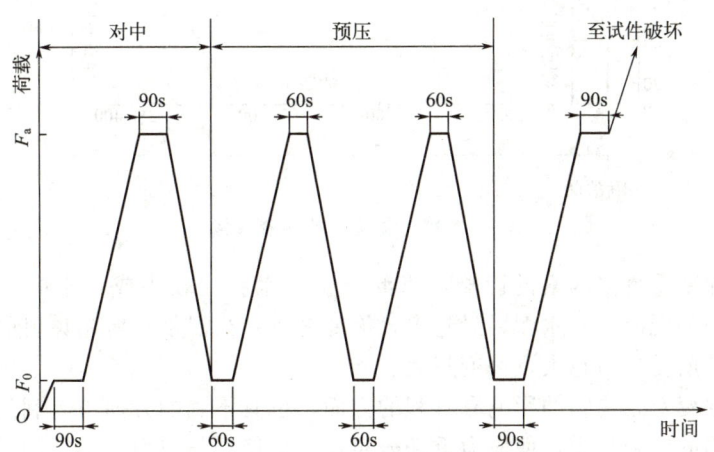

图 4-21 混凝土弹性模量试验加荷方法示意

3) 混凝土受压变形与破坏

混凝土在未受力前,其水泥浆与集料之间及水泥浆内部,就已存在着随机分布的不规则的微细原生界面裂缝。而混凝土在短期荷载下产生变形,则是与裂缝的变化发展密切相关的。当混凝土试件单向静力受压,而荷载不超过极限应力的 30% 时,这些裂缝无明显变化,此时荷载(应力)与变形(应变)接近直线关系。当荷载达到 30%~50% 极限应力时,裂缝数量会有所增加,且稳定地缓慢伸展,因此,在这一阶段,应力-应变曲线随裂缝的变化也逐渐偏离直线,产生弯曲。当荷载超过 50% 极限应力时,界面裂缝就会不稳定,而且逐渐延伸至砂浆基体中。当荷载超过 75% 极限应力时,在界面裂缝继续发展的同时,砂浆基体中的裂缝也会逐渐增生,并与邻近的界面裂缝连接起来,成为连续裂缝。此时,变形加速增大,荷载曲线明显地弯向水平应变轴。当荷载超过极限荷载后,连续裂缝急剧扩展,混凝土的承载能力迅速下降,变形急剧增大而导致试件完全破坏。

2. 长期荷载作用下的变形

混凝土在恒定荷载的长期作用下,沿着作用力方向的变形随时间不断增长,一般要延续 2~3 年才逐渐趋于稳定。这种在长期荷载作用下产生的变形,称为徐变。

图 4-22 所示为混凝土的徐变曲线。在加荷的瞬间,混凝土即产生瞬时变形,随着时间的延长,又产生徐变变形。在荷载初期,徐变变形增长较快,以后逐渐变慢并稳定下来,最终徐变变形可达 $(3~15)×10^{-4}$,即 0.3~1.5mm/m。在卸荷后,一部分变形瞬时恢复,其值小于在加荷瞬间产生的瞬时变形。在卸荷后的一段时间内变形还会继续恢复,这种现象称为徐变恢复。最后残存的不能恢复的变形,称为残余变形。

混凝土的徐变,一般认为是由于水泥石中凝胶体在长期荷载作用下的黏性流动,使凝胶孔中的水向毛细孔内迁移的结果。在混凝土的较早龄期加荷时,水泥尚未充分水化,所含凝胶体较多,且水泥石中毛细孔较多,凝胶体易流动,所以徐变发展较快;在混凝土的晚龄期,水泥继续硬化,凝胶体含量相对减少,毛细孔也少,徐变发展渐慢。

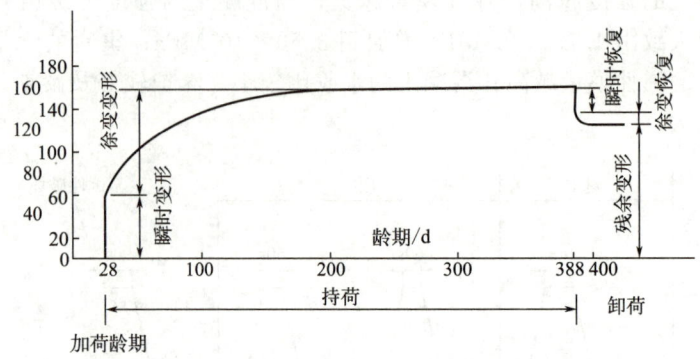

图 4-22 混凝土的徐变曲线

混凝土的徐变受许多因素的影响：当混凝土的水胶比较小或在水中养护时，徐变较小；水胶比相同的混凝土，水泥用量越多，徐变越大；当混凝土所用集料的弹性模量较大时，徐变较小；所受应力越大，徐变越大。

混凝土的徐变对结构物的影响有有利的方面，也有不利的方面。有利的是，徐变可减弱钢筋混凝土内的应力集中，使应力重新分布，从而使局部应力集中得到缓解；对大体积混凝土则能消除一部分由于温度变形所产生的破坏应力。不利的是，在预应力钢筋混凝土中，混凝土的徐变将使钢筋的预加应力受到损失。

4.5 混凝土的耐久性

混凝土除应具有设计要求的强度，以保证其能安全地承受设计荷载外，还应根据其周围的自然环境及使用条件，具有经久耐用的性能。

混凝土的耐久性（durability）是指混凝土长期暴露在使用环境下抵抗环境介质的各种物理和化学作用破坏，保持正常使用性能和外观完整性，从而维持混凝土结构的安全和正常使用的能力。

4.5.1 混凝土耐久性的内涵

混凝土的耐久性是一个综合性的指标，它包括的内容很多，具体如下。

1. 混凝土的抗渗性

【拓展视频】

混凝土的抗渗性，是指混凝土抵抗压力水渗透的能力。它是决定混凝土耐久性最基本的因素，若混凝土的抗渗性差，不仅周围水等液体物质易渗入内部，而且当遇负温或环境水中含有侵蚀性介质时，混凝土就易遭受冰冻或侵蚀作用而破坏；对钢筋混凝土还将引起其内部钢筋锈蚀，并导致表面混凝土保护层开裂与剥落。因此，对地下建筑、水坝、水池、港工建筑、海工建筑等工程，必须要求混凝土具有一定的抗渗性。

混凝土的抗渗性用抗渗等级表示。抗渗等级是以 28d 龄期的标准试件，在标准试验方法下所能承受的最大静水压力来表示的。依据《混凝土质量控制标准》（GB 50164—2011），共有 P4、P6、P8、P10、P12、＞P12 六个等级，表示混凝土能抵抗 0.4MPa、0.6MPa、0.8MPa、1.0MPa、1.2MPa 和＞1.2MPa 的静水压力而不渗透。

混凝土渗水的主要原因是由于内部的孔隙形成连通的渗水通道。这些孔道除产生于施工振捣不密实外，主要来源于水泥浆中多余水分的蒸发而留下的气孔、水泥浆泌水所形成的毛细孔，以及粗集料下部界面水富集所形成的孔穴。这些渗水通道的多少主要与水胶比大小有关，因此水胶比是影响抗渗性的一个主要因素。试验表明，随着水胶比增大，抗渗性逐渐变差，当水胶比大于 0.6 时，抗渗性急剧下降。

提高混凝土抗渗性的主要措施是提高混凝土的密实度和改善混凝土中的孔隙结构，减少连通孔隙。这些可通过降低水胶比、选择好的集料级配、充分振捣和养护、掺入引气剂等方法来实现。

2. 混凝土的抗冻性

混凝土的抗冻性是指混凝土在饱水状态下，能经受多次冻融循环作用，而保持强度和外观完整性的能力。在寒冷地区，特别是接触水又受冻的环境下的混凝土，要求具有较高的抗冻性。混凝土的抗冻性用抗冻等级表示。抗冻试验有两种方法，即慢冻法和快冻法。

（1）慢冻法。采用 100mm×100mm×100mm 的立方体试件，以龄期 28d 的试件在吸水饱和后承受反复冻融循环作用（冻 4h、融 4h），以抗压强度下降不超过 25%，而且质量损失不超过 5% 时所承受的最大冻融循环次数表征抗冻能力，称为抗冻标号，以 Dn 表示，其中 n 为所承受的最大冻融循环次数。依据《混凝土长期性能和耐久性能试验方法标准》（GB/T 50082—2024）中的慢冻法，混凝土的抗冻标号有 D25、D50、D100、D150、D200、D250、D300 及＞D300 几种。

（2）快冻法。采用 100mm×100mm×400mm 棱柱体试件，以龄期 28d 的试件在吸水饱和后承受反复冻融循环，以相对动弹性模量值不低于 60%，而且质量损失率不超过 5% 时所承受的最大冻融循环次数表征抗冻能力，称为抗冻等级，以 Fn 表示，其中 n 为所承受的最大冻融循环次数。依据《混凝土长期性能和耐久性能试验方法标准》（GB/T 50082—2024）中的快冻法，混凝土的抗冻等级有 F50、F100、F150、F200、F250、F300、F350、F400 和＞F400 几种。

混凝土受冻融破坏的原因是混凝土内部孔隙中的水在负温下结冰后体积膨胀形成的静水压力，当这种压力产生的内应力超过混凝土的抗拉强度时，混凝土就会产生裂缝，多次冻融循环会使裂缝不断扩展直至破坏。混凝土的密实度、孔隙率和孔隙构造、孔隙的充水程度是影响抗冻性的主要因素。密实的混凝土和具有封闭孔隙的混凝土（如引气混凝土），抗冻性较高。掺入引气剂和减水剂，可有效提高混凝土的抗冻性。

【拓展视频】

【参考答案】

【思考与讨论 4-6】

混凝土快冻法和慢冻法的具体测定过程分别是什么？

3. 混凝土的抗侵蚀性

当混凝土所处环境中含有侵蚀性介质时，混凝土很可能遭受侵蚀，通常有软水侵蚀、硫酸盐侵蚀、镁盐侵蚀、碳酸侵蚀、一般酸侵蚀与强碱侵蚀等，随着混凝土在地下工程、海岸与海洋工程等恶劣环境中的大量应用，对混凝土的抗侵蚀性提出了更高的要求。

混凝土的抗侵蚀性与所用水泥品种、混凝土的密实度和孔隙特征等有关。密实和孔隙封闭的混凝土，环境水不易侵入，抗侵蚀性较强。提高混凝土抗侵蚀性的主要措施是合理选择水泥品种，降低水胶比，提高混凝土的密实度和改善孔结构。根据《混凝土结构设计标准（2024年版）》（GB/T 50010—2010），设计使用年限为 50 年的混凝土结构，其混凝土材料的耐久性基本要求应符合表 4-20 的规定。

表 4-20 不同环境结构混凝土材料设计基本要求

环境类别	环境条件	最大水胶比	最低强度等级	水溶性氯离子最大含量/%	最大碱含量/（kg/m³）
一	1. 室内干燥环境 2. 无侵蚀性静水浸没环境	0.60	C25	0.30	不限制
二 a	1. 室内潮湿环境 2. 非严寒和非寒冷地区的露天环境 3. 非严寒和非寒冷地区与无侵蚀性水或土壤直接接触的环境 4. 严寒和寒冷地区的冰冻线以下与无侵蚀性水或土壤直接接触的环境	0.55	C25	0.20	3.0
二 b	1. 干湿交替环境 2. 水位频繁变动环境 3. 严寒和寒冷地区的露天环境 4. 严寒和寒冷地区的冰冻线以上与无侵蚀性水或土壤直接接触的环境	0.50 (0.55)	C30 (C25)	0.15	
三 a	1. 严寒和寒冷地区冬季水位变动区环境 2. 受除冰盐影响环境 3. 海风环境	0.45 (0.50)	C35 (C30)	0.15	
三 b	1. 盐渍土环境 2. 受除冰盐作用环境 3. 海岸环境	0.40	C40	0.10	

注：处于严寒地区和寒冷地区二 b、三 a 类环境中的混凝土应使用引气剂，并可采用括号中的有关参数。

4. 混凝土的碳化

混凝土的碳化，是指混凝土内水泥石中的水化产物与空气中的二氧化碳在有水的条件下发生化学反应，生成碳酸钙和水，也称中性化。

混凝土的碳化，是二氧化碳由表及里逐渐向混凝土内部扩散的过程。碳化会引起水泥石化学组成及组织结构的变化，从而对混凝土的碱度、强度和收缩产生影响。

碳化作用对混凝土性能有不利影响。首先是碱度降低，从而减弱了对钢筋的保护作用。这是因为混凝土中水泥水化生成大量的氢氧化钙，使钢筋处在碱性环境中而在表面生成一层钝化膜，保护钢筋不易腐蚀。但当碳化深度穿透混凝土保护层而达到钢筋表面时，钢筋钝化膜则会被破坏而发生锈蚀，钢筋锈蚀会产生体积膨胀，致使混凝土保护层产生开裂，开裂后的混凝土更有利于二氧化碳、水、氧等有害介质的进入，从而加剧碳化的进行和钢筋的锈蚀，最终导致混凝土顺着钢筋开裂而破坏。其次是碳化作用会增加混凝土的收缩，引起混凝土表面产生拉应力而出现微细裂缝，从而降低混凝土的抗拉、抗折强度及抗渗能力。

碳化作用对混凝土性能也有一些有利影响：碳化作用产生的碳酸钙填充了水泥石的孔隙，以及碳化时放出的水分有助于未水化水泥的水化，从而可提高混凝土碳化层的密实度，对提高抗压强度有利。例如，混凝土预制桩往往利用碳化作用来提高桩的表面硬度。

在实际工程中，为减少碳化作用对钢筋混凝土结构的不利影响，可采取以下措施。

（1）在钢筋混凝土结构中采用适当的保护层，使碳化深度在建筑物设计年限内达不到钢筋表面。

（2）根据工程所处环境及使用条件，合理选择水泥品种。

（3）使用减水剂，改善混凝土的和易性，提高混凝土的密实度。

（4）采用水胶比小、单位水泥用量较大的混凝土配合比。

（5）加强施工质量控制，加强养护，保证振捣质量，减少或避免混凝土出现蜂窝等质量事故。

（6）在混凝土表面涂刷保护层，防止二氧化碳侵入等。

【知识延伸】 影响碳化速度的主要因素

影响碳化速度的主要因素有环境中二氧化碳的浓度、环境湿度、水胶比、水泥品种等。二氧化碳浓度越高（如铸造车间），碳化速度越快。当环境中的相对湿度在50%～75%时，碳化速度最快；当相对湿度小于25%或在水中时，碳化将停止。水胶比小的混凝土较密实，二氧化碳和水不易侵入，碳化速度就减慢。掺混合材料的水泥碱度较低，碳化速度随混合材料掺量的增多而加快。

5. 钢筋锈蚀对混凝土的影响

普通混凝土具有强碱性环境，其pH值为12.7左右，这为埋在其中的钢筋提供了良好的碱性保护。在这种碱性环境下，钢筋表面会形成一层厚度为2～6nm的致密钝化膜，从而阻碍钢材进行电化学反应，难以发生电化学腐蚀。因此，只要普通混凝土的表面没有瑕疵，内部的钢筋就不会锈蚀。

但是，使用普通混凝土制作的钢筋混凝土有时会出现钢筋锈蚀现象。造成这一问题的主要原因有如下几个方面：首先，混凝土的密实性不够，容易让环境中的水分和空气渗入混凝土内部；其次，混凝土保护层的厚度不足或发生严重的碳化，导致混凝土失去有效的碱性保护；再次，混凝土内部氯离子（Cl^-）含量过高，损害了钢筋表面的保护膜；最后，预应力钢筋存在微小裂纹等缺陷，导致应力腐蚀。这些因素的共同作用，破坏了钢筋表面的保护膜，从而加速了钢筋的锈蚀过程。

在海洋和近海氯盐侵蚀环境中，混凝土结构劣化主要以钢筋锈蚀导致的锈胀开裂破坏为主，如图 4-23 所示。

氯离子对混凝土性能有两方面的影响：一方面是氯盐环境下腐蚀混凝土结构的静态力学性能研究，包括结构或构件的抗弯性能、抗剪性能，钢筋与混凝土间的黏结性能；另一方面是氯盐环境下腐蚀混凝土结构的动态力学性能研究，包括疲劳强度、抗震承载力。

图 4-23 钢筋锈蚀导致的锈胀开裂破坏

（1）静态力学性能（static mechanical properties）是指材料在最简单的运动状态即近乎平衡状态时的力学性能。

（2）动态力学性能（dynamic mechanical properties）是指材料在交变力场作用下的力学性能。

① 氯离子对混凝土结构的静态力学性能影响

对结构或构件的抗弯性能，国外早期试验研究表明，钢筋锈蚀使得钢筋有效截面面积减小，截面受到损伤，受弯构件的承载力降低。对抗剪性能，混凝土梁的抗剪强度主要是依靠箍筋的抗剪强度。当混凝土梁受到氯盐腐蚀时，箍筋表面的保护层会被破坏，箍筋逐渐被锈蚀，其抗剪强度也会降低。

② 氯离子对混凝土结构的动态力学性能影响

研究表明，钢筋锈蚀大大降低了钢筋混凝土梁的疲劳强度，原因是即使腐蚀程度较轻也会使钢筋出现缺陷或加大缺陷，加快微裂缝的发展，从而导致其疲劳强度降低。其主要规律总结为：构件腐蚀率越高，其刚度退化越快。随着钢筋腐蚀率的增大，结构或构件的脆性增加，延性及极限承载力下降，构件吸能能力变差，发生极限破坏的概率增大，抗震性能降低。

6. 混凝土中的碱集料反应

碱集料反应是指混凝土中的碱性氧化物（Na_2O、K_2O）与集料中的碱活性成分发生化学作用，生成膨胀性物质，并最终导致混凝土开裂的反应。

图 4-24 所示为混凝土结构的碱集料病害。混凝土发生碱集料反应必须具备以下三个条件。

（1）水泥中碱含量高。水泥中碱含量按（$Na_2O+0.658K_2O$）%计算大于 0.6%。

（2）砂、石集料中含有碱活性组分。这些碱活性组分包括含活性二氧化硅成分的矿物如蛋白石、玉髓、鳞石英等，以及碱活性碳酸盐（含黏土的微晶白云石）。

（3）有水存在。在无水情况下，混凝土不可能发生碱集料反应。

在实际工程中，为抑制碱集料反应的危害，可采取以下方法：控制水泥总含碱量不超过 0.6%；选用非活性集料；降低混凝土的单位水泥用量，以降低单位混凝土的含碱量；在混凝土中掺入火山灰质混合材料，以减少膨胀值；防止水分侵入，设法使混凝土处于干燥状态。

图 4-24 混凝土结构的碱集料病害

4.5.2 提高混凝土耐久性的措施

混凝土所处的环境和使用条件不同,对其耐久性的要求也不相同,但影响耐久性的因素却有许多相同之处。混凝土的密实程度是影响耐久性的主要因素,其次是原材料的性质、施工质量等。提高混凝土耐久性的主要措施如下。

(1) 合理选择水泥品种。根据混凝土工程的特点和所处的环境条件选用水泥。

(2) 选用质量良好、技术条件合格的砂石集料。

(3) 控制水胶比及保证足够的水泥用量。这是保证混凝土密实度并提高混凝土耐久性的关键。《普通混凝土配合比设计规程》(JGJ 55—2011) 规定了工业与民用建筑所用混凝土的最大水胶比和最小水泥用量的限值。

(4) 掺入减水剂或引气剂,改善混凝土的孔结构,对提高混凝土的抗渗性和抗冻性有良好的作用。

(5) 改善施工操作,保证施工质量。

【拓展阅读】 沪苏通长江公铁大桥

沪苏通长江公铁大桥(图 4-25)是中国江苏省境内连接苏州市和南通市的通道,位于苏通长江公路大桥上游、江阴长江公路大桥下游,是通锡高速公路、沪苏通铁路、通苏嘉甬高速铁路共同的过江通道,跨越长江江苏段,是世界上首座 4 线铁路、6 车道公路斜拉桥。沪苏通长江公铁大桥采用主跨 1092m 的钢桁梁斜拉桥结构,是中国自主设计建造、世界上首座跨度超千米的公铁两用斜拉桥,设计建造技术实现了五个"世界首创",于 2020 年 7 月 1 日建成通车。

沪苏通长江公铁大桥建设者通过调整配合比,研究出了一种新型混凝土,一举解决了泵送难、不抗裂等难题。这种新型混凝土在保障质量的同时,还具有高流态降黏等特性,在浇筑的初期能控制水化反应,避免水化热过高的问题,在降温收缩时能自我激发膨胀、补偿收缩,配合循环冷却水管、全封闭防风措施等,表现出较好的抗裂效果。

关乎国计民生,大型跨海桥梁用混凝土材料在满足抗裂性能、力学性能等要求的同时，对其耐久性也提出了极高的要求。

图 4-25　沪苏通长江公铁大桥

4.6　混凝土的质量控制与强度评定

加强混凝土的质量控制，是为了保证生产的混凝土技术性能能满足设计要求。质量控制应贯穿设计、生产、施工及成品检验的全过程，具体如下。

（1）控制与检验混凝土组成材料的质量、配合比的设计与调整情况，混凝土拌合物的水胶比、稠度、均匀性、含气量，以及生产设备的调试与人员配备等。

（2）生产全过程中的各工序，如计量、搅拌、运输、浇筑、养护等的检验与控制。

（3）混凝土成品合格性的控制与判定等。

4.6.1　混凝土的质量控制

由于混凝土质量的波动将直接反映到其最终强度上，而混凝土的抗压强度与其他性能有较好的相关性，因此，在混凝土的生产质量管理中，常以混凝土的抗压强度作为评定和控制其质量的主要指标。如必要时，也需进行其他力学性能及抗冻、抗渗等试验检定。

1. 混凝土强度的波动规律

在混凝土生产中，每一种组成材料性能的变异、工艺过程变动及试件制作和试验操作等误差，都会使混凝土强度产生波动，即使在完全相同的条件下做出的混凝土也不会完全一致。这说明混凝土的强度数据具有波动性。但这种波动是具有某种规律性的，我们可以利用这种规律性，对混凝土质量进行控制和判断。实践结果证明，同一等级的混凝土，在施工条件基本一致的情况下，其强度的波动是服从正态分布规律的，正态分布曲线是一条形状如钟形的曲线，以平均强度为对称轴，距离对称轴越远，强度概率值越小。对称轴两侧曲线上各有一个拐点（图 4-26），拐点至对称轴的水平距离等于标准差（σ），曲线与横坐标之间的面积为概率的总和，等于 100%。在数理统计方法中，常用强度平均值、标准差、变异系数和强度保证率等统计参数来评定混凝土质量。

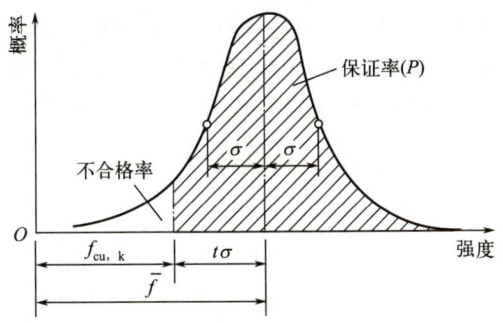

图 4 - 26 混凝土强度正态分布曲线及保证率

1) 强度平均值（$\overline{f_{cu}}$）

强度平均值代表混凝土强度总体的平均水平，其值按式(4-8)计算：

$$\overline{f_{cu}} = \frac{1}{n}\sum_{i=1}^{n} f_{cu,i} \tag{4-8}$$

式中　n——试件组数；

　　　$f_{cu,i}$——第 i 组的试验值。

强度平均值反映混凝土总体强度的平均值，但并不反映混凝土强度的波动情况。

2) 标准差（σ）

标准差反映混凝土强度的离散程度，即波动程度。其值越大，强度正态分布曲线就越宽而矮，离散程度就越大，表明混凝土质量就越不稳定。标准差是评定混凝土质量均匀性的重要指标，可按式(4-9)计算：

$$\sigma = \sqrt{\frac{\sum_{i=1}^{n} f_{cu,i}^2 - n\overline{f_{cu}}^2}{n-1}} \tag{4-9}$$

式中　n——试件组数（≥45）；

　　　$f_{cu,i}$——第 i 组试件的抗压强度，MPa；

　　　$\overline{f_{cu}}$——n 组试件抗压强度的算术平均值，MPa；

　　　σ——n 组试件抗压强度的标准差，MPa。

3) 变异系数（C_V）

变异系数又称离差系数，也是反映混凝土质量均匀性的指标。在相同的生产管理水平下，混凝土的强度标准差会随强度平均值的提高或降低而增大或减小，它反映绝对波动量的大小，有量钢。对平均强度水平不同的混凝土之间质量稳定性的比较，可考虑用相对波动的大小，即以标准差对强度平均值的百分率表示，即变异系数 C_V 来表征。C_V 值越小，说明该混凝土的强度质量越稳定。C_V 可按式(4-10)计算：

$$C_V = \frac{\sigma}{\overline{f_{cu}}} \tag{4-10}$$

4)强度保证率（P）

强度保证率是指混凝土强度总体分布中,不小于设计要求的强度等级标准值（$f_{cu,k}$）的概率 P（%）,以强度正态分布曲线下的阴影部分来表示（图 4-26）。强度正态分布曲线下的面积为概率的总和,等于 100%。强度保证率可按如下方法计算。

首先,计算出概率度 t,可按式(4-11)或式(4-12)计算:

$$t = \frac{\overline{f_{cu}} - f_{cu,k}}{\sigma} \quad (4-11)$$

或

$$t = \frac{\overline{f_{cu}} - f_{cu,k}}{C_V \overline{f_{cu}}} \quad (4-12)$$

根据标准正态分布曲线方程,可得到概率度 t 与强度保证率 P（%）的关系,见表 4-21。

表 4-21　不同 t 值的强度保证率 P

t	0.00	−0.50	−0.84	−1.00	−1.20	−1.28	−1.40	−1.60
P/%	50.0	69.2	80.0	84.1	88.5	90.0	91.9	94.5
t	−1.645	−1.70	−1.81	−1.88	−2.00	−2.05	−2.33	−3.00
P/%	95.0	95.5	96.5	97.0	97.7	99.0	99.4	99.87

工程中 P（%）值可根据统计周期内混凝土试件强度不低于要求强度等级标准值的组数与试件总组数之比求得,可按式(4-13)计算:

$$P = \frac{N_0}{N} \times 100\% \quad (4-13)$$

式中　N_0——统计周期内同批混凝土试件强度大于或等于规定强度等级标准值的组数;
　　　N——统计周期内同批混凝土试件总组数,$N \geq 25$。

根据以上数值,按表 4-22 可确定混凝土生产质量水平。

表 4-22　混凝土生产质量水平

评定指标	类别	优良		一般		差	
		<C20	≥C20	<C20	≥C20	<C20	≥C20
混凝土强度标准差 σ/MPa	预拌混凝土和预制混凝土的构件厂	≤3.0	≤3.5	≤4.0	≤4.5	>5.0	>5.0
	集中搅拌混凝土的施工现场	≤3.5	≤4.0	≤4.5	≤5.5	>4.5	>5.5
强度等于和高于要求强度等级的百分率 P/%	预拌混凝土厂和预制混凝土的构件厂、集中搅拌混凝土的施工现场	≥95		>85		≤85	

2. 混凝土配制强度

混凝土施工过程中由于原材料性能及生产因素的差异，会出现混凝土质量的不稳定。如果按设计的强度等级（$f_{cu,k}$）配制混凝土，则在施工中将有一半的混凝土达不到设计强度等级，即保证率只有50%。为使混凝土强度保证率满足规定的要求，在设计混凝土配合比时，必须使配制强度高于混凝土设计要求的强度。根据混凝土强度保证率的要求和施工控制水平，可确定 t 值。可以看出，施工水平越差，设计要求的保证率越大，配制强度就要求越高。根据《普通混凝土配合比设计规程》（JGJ 55—2011）的规定，工业与民用建筑及一般构筑物所采用的普通混凝土配制强度按式(4-14)计算，其强度保证率为95%。

$$f_{cu,0} \geq f_{cu,k} + 1.645\sigma \tag{4-14}$$

式中　$f_{cu,0}$——混凝土配制强度，MPa；
　　　$f_{cu,k}$——混凝土立方体抗压强度标准值，MPa；
　　　σ——混凝土强度标准差，MPa。

4.6.2　混凝土的强度评定

根据《混凝土强度检验评定标准》（GB/T 50107—2010）的规定，混凝土强度评定可分为统计方法及非统计方法两种。

1. 统计方法评定

由于混凝土生产条件不同，混凝土强度的稳定性也不同，因而统计方法评定又分为以下两种情况。

1) 标准差已知方案

当混凝土的生产条件较长时间内能保持一致，且同一品种同一强度等级混凝土的强度变异性能保持稳定，标准差（σ）可根据前一时期生产积累的同类混凝土强度数据来确定时，每批混凝土的强度标准差可按常数考虑。例如，常年生产的预拌混凝土及预制构件厂生产的定型产品，其标准差可按常数考虑。

强度评定应由连续三组试件组成一个检验批，其强度应同时满足式(4-15)和式(4-16)的要求：

$$\overline{f_{cu}} \geq f_{cu,k} + 0.7\sigma \tag{4-15}$$

$$f_{cu,min} \geq f_{cu,k} - 0.7\sigma \tag{4-16}$$

当混凝土强度等级不高于C20时，其强度的最小值尚应满足式(4-17)的要求：

$$f_{cu,min} \geq 0.85 f_{cu,k} \tag{4-17}$$

当混凝土强度等级高于C20时，其强度的最小值尚应满足式(4-18)的要求：

$$f_{cu,min} \geq 0.9 f_{cu,k} \tag{4-18}$$

式中　$\overline{f_{cu}}$——同一检验批混凝土立方体抗压强度的平均值，MPa；
　　　$f_{cu,k}$——混凝土立方体抗压强度标准值，MPa；
　　　$f_{cu,min}$——同一检验批混凝土立方体抗压强度的最小值，MPa；
　　　σ——检验批混凝土立方体抗压强度的标准差，MPa。

检验批混凝土立方体抗压强度的标准差 σ，应根据前一个检验期内同一品种混凝土试件的强度数据，按式(4-19)计算：

$$\sigma = \sqrt{\frac{\sum_{i=1}^{n} f_{cu,i}^2 - n\overline{f_{cu}}^2}{n-1}} \quad (4-19)$$

上述检验期不应超过 3 个月，该期内强度数据的总组数不得少于 45。

2) 标准差未知方案

当混凝土的生产条件在较长时间内不能保持一致，混凝土强度变异性不能保持稳定，或前一个检验期内的同一品种混凝土无足够多的强度数据可用于确定统计计算的标准差时，检验评定只能直接根据每一验收批抽样的强度数据来确定。

强度评定时，应由不少于 10 组的试件组成一个验收批，其强度应同时满足式(4-20)和式(4-21)的要求：

$$\overline{f_{cu}} - \lambda_1 S_{f_{cu}} \geqslant f_{cu,k} \quad (4-20)$$

$$f_{cu,min} \geqslant \lambda_2 f_{cu,k} \quad (4-21)$$

式中 $S_{f_{cu}}$——同一检验批混凝土立方体抗压强度标准差，MPa；当计算值小于 2.5N/mm² 时，应取 $S_{f_{cu}} = 2.5$N/mm²；

λ_1、λ_2——合格判定系数，按表 4-23 取用。

表 4-23 混凝土强度的合格判定系数

合格判定系数	试件组数		
	10~14	15~19	≥20
λ_1	1.15	1.05	0.95
λ_2	0.90	0.85	0.85

验收批混凝土强度的标准差 $S_{f_{cu}}$ 按式(4-22)计算：

$$S_{f_{cu}} = \sqrt{\frac{\sum_{i=1}^{n} f_{cu,i}^2 - n\overline{f_{cu}}^2}{n-1}} \quad (4-22)$$

式中 $f_{cu,i}$——第 i 组混凝土试件的立方体抗压强度值，MPa；

n——一个验收批混凝土试件的组数。

2. 非统计方法评定

当某些小批量零星混凝土的生产，因其试件数量有限（样本容量小于 10 组），不具备按统计方法评定混凝土强度的条件时，可采用非统计方法。

按非统计方法评定混凝土强度时，其强度应同时满足式(4-23)和式(4-24)的要求：

$$\overline{f_{cu}} \geqslant \lambda_3 f_{cu,k} \quad (4-23)$$

$$f_{cu,min} \geqslant 0.95 f_{cu,k} \quad (4-24)$$

其中，当混凝土强度等级<C60 时，$\lambda_3 = 1.15$；当混凝土强度等级≥C60 时，$\lambda_3 = 1.10$。

3. 混凝土强度的合格性判定

混凝土强度应分批进行检验评定，当检验结果能满足以上评定公式的规定时，则该混凝土判定为合格；否则，为不合格。不合格批次的混凝土可按国家现行的有关标准进行处理。

4.7 混凝土的配合比设计

混凝土配合比是指混凝土中各组成材料数量之间的比例关系。确定混凝土中各组成材料数量之间的比例关系的工作即为混凝土配合比设计。混凝土的配合比,应根据原材料性能及对混凝土的技术要求进行计算,并经试验室试配、调整后确定。

混凝土配合比常用的表示方法有两种:一种是以 1m³ 混凝土中各组成材料的质量表示,如水泥(m_c)300kg、水(m_w)180kg、砂(m_s)720kg、石子(m_g)1200kg;另一种是以各组成材料相互间的质量比来表示(取水泥质量为1),将上述质量换算成质量比为水泥:砂:石子:水=1:2.4:4:0.6。

混凝土配合比设计是混凝土工程中很重要的一个环节,它主要是根据规范及施工要求,并结合现用材料的技术特性、生产工艺、质量控制水平、气候条件和历史经验,来判断矿物掺合量、用水量、外加剂掺量及砂率等重要参数。混凝土配合比设计方法包括基于强度设计、基于全因子设计、基于致密堆积设计、基于计算-试配设计及基于集料裹浆厚度设计五个方面。混凝土配合比设计前沿进展包括功能性设计、基于环境设计、利用数学工具设计及运用新算法设计四个方面。

传统的普通混凝土配合比设计一般是假定体积密度法或者绝对体积法,选定水泥强度等级,通过鲍罗米公式可以计算并预测水胶比与混凝土强度的关系。

4.7.1 混凝土配合比设计的基本要求

混凝土配合比设计的任务,就是根据原材料的技术性能及施工条件,确定出能满足工程所要求的技术经济指标的各组成材料的用量。其基本要求如下。

(1) 达到混凝土结构设计的强度等级。
(2) 满足混凝土施工所要求的和易性。
(3) 满足工程所处环境和使用条件对混凝土耐久性的要求。
(4) 符合经济原则,节约水泥,降低成本。

4.7.2 混凝土配合比设计中的三个参数

混凝土配合比设计,实质上就是确定水泥、水、砂与石子这四种基本组成材料用量之间的三个比例关系:水与水泥之间的比例关系,常用水胶比表示;砂与石子之间的比例关系,常用砂率表示;水泥浆与集料之间的比例关系,常用单位用水量来反映。水胶比、砂率、单位用水量是混凝土配合比设计中的三个重要参数,在混凝土配合比设计中正确地确定这三个参数,就能使混凝土满足配合比设计的四项基本要求。

确定这三个参数的基本原则是:在满足混凝土强度和耐久性的基础上,确定混凝土的水胶比;在满足混凝土施工要求的和易性的基础上,根据粗集料的种类和规格,确定混凝土的单位用水量；砂的数量应按填充石子空隙后略有富余的原则，来确定砂率。

4.7.3 混凝土配合比的设计步骤

1. 设计前的资料准备

在设计混凝土配合比之前，必须通过调查研究，预先掌握下列基本资料。

（1）了解工程设计要求的混凝土强度等级、质量稳定性的强度标准差，以便确定混凝土的配制强度。

（2）了解工程所处环境对混凝土耐久性的要求，以便确定所配制混凝土的最大水胶比和最小水泥用量。

（3）了解结构构件断面尺寸及钢筋配置情况，以便确定混凝土集料的最大粒径。

（4）了解混凝土的施工方法及管理水平，以便选择混凝土拌合物的坍落度及集料最大粒径。

（5）掌握原材料的性能指标，包括：水泥的品种、强度等级、密度；砂、石集料的种类、表观密度、级配、最大粒径；拌合水的水质情况；外加剂的品种、性能、适宜掺量；等等。

2. 混凝土配合比设计基本流程

（1）按照已选择的原材料的性能及对混凝土的技术要求进行初步计算，得出"初步计算配合比"。

（2）经过试验室试拌调整，得出"基准配合比"。

（3）经过强度检验（如有抗渗、抗冻等其他性能要求，应当进行相应的检验），定出满足设计和施工要求并比较经济的"设计配合比"（试验室配合比）。

（4）根据现场砂、石的实际含水率，对设计配合比进行调整，求出"施工配合比"。

3. 初步计算配合比的确定

1) 配制强度（$f_{cu,0}$）的确定

（1）为了使混凝土的强度保证率达到95%的要求，在进行配合比设计时，必须使混凝土的配制强度（$f_{cu,0}$）高于设计要求的强度标准值（$f_{cu,k}$）。参照《普通混凝土配合比设计规程》（JGJ 55—2011）的规定，混凝土配制强度应按下列规定确定。

① 混凝土的设计强度小于C60时，配制强度应按式（4-25）确定：

$$f_{cu,0} \geqslant f_{cu,k} + 1.645\sigma \quad (4-25)$$

式中　$f_{cu,0}$——混凝土配制强度，MPa；

　　　$f_{cu,k}$——混凝土立方体抗压强度标准值，这里取混凝土的设计强度等级值，MPa；

　　　σ——混凝土强度标准差，MPa。

② 当混凝土的设计强度等级不小于C60时，配制强度应按式（4-26）确定：

$$f_{cu,0} \geqslant 1.15 f_{cu,k} \quad (4-26)$$

（2）混凝土强度标准差 σ 应按照下列规定确定。

① 当具有近1~3个月的同一品种、同一强度等级混凝土的强度资料时，其混凝土强度标准差 σ 应按式（4-27）计算。

$$\sigma = \sqrt{\frac{\sum_{i=1}^{n} f_{cu,i}^2 - n\overline{f_{cu}}^2}{n-1}} \tag{4-27}$$

式中 $f_{cu,i}$——第 i 组试件强度，MPa；

$\overline{f_{cu}}$——n 组强度的平均值，MPa；

n——试件组数，$n \geqslant 30$。

对于强度等级不大于 C30 的混凝土：当 σ 计算值不小于 3.0MPa 时，应按照式（4-27）的计算结果取值；当 σ 计算值小于 3.0MPa 时，取 $\sigma=3.0$MPa。对于强度等级大于 C30 且不大于 C60 的混凝土：当 σ 计算值不小于 4.0MPa 时，应按照式（4-27）的计算结果取值；当 σ 计算值 <4.0MPa 时，取 $\sigma=4.0$MPa。

② 当没有近期的同一品种、同一强度等级的混凝土强度资料时，σ 可按表 4-24 取值。

表 4-24 标准差 σ 值 单位：MPa

混凝土强度标准值	≤C20	C25~C45	C50~C55
σ	4.0	5.0	6.0

③ 遇有下列情况时应提高混凝土的配制强度（即配制强度计算公式中的"大于"符号的使用条件）。

a. 现场条件与试验室条件有显著差异时。

b. C30 及其以上强度等级的混凝土，采用非统计方法评定时。

2）初步确定水胶比（W/B）

根据已知的混凝土配制强度（$f_{cu,0}$）及所用胶凝材料的实际强度（f_b），当混凝土强度等级小于或等于 C60 时，混凝土的水胶比宜按式（4-28）计算：

$$W/B = \frac{a_a f_{ce}}{f_{cu,0} + a_a a_b f_b} \tag{4-28}$$

式中 W/B——混凝土水胶比；

a_a、a_b——回归系数；

f_b——胶凝材料（水泥与矿物掺合料按使用比例混合）28d 胶砂抗压强度实测值，MPa。

当胶凝材料 28d 胶砂抗压强度无实测值时，可按式（4-29）计算：

$$f_b = \gamma_f \gamma_s f_{ce} \tag{4-29}$$

式中 γ_f、γ_s——粉煤灰影响系数和粒化高炉矿渣粉影响系数；

f_{ce}——胶凝材料 28d 胶砂抗压强度，MPa，可实测，也可计算。

当无胶凝材料 28d 抗压强度实测值时，f_{ce} 值可按式（4-30）确定：

$$f_{ce} = \gamma_c f_{ce,g} \tag{4-30}$$

式中 γ_c——胶凝材料强度等级值的富余系数，可按实际统计资料确定；

$f_{ce,g}$——胶凝材料强度等级值，MPa。

回归系数 a_a 和 a_b 宜按下列规定确定。

（1）回归系数 a_a 和 a_b 应根据工程所使用的原材料，通过试验由建立的水胶比与混凝土强度关系式确定。

(2) 当不具备上述试验统计资料时，其回归系数可按表 4-25 采用。

表 4-25　回归系数 (a_a、a_b) 取值表

系数	碎石	卵石
a_a	0.53	0.49
a_b	0.20	0.13

粉煤灰影响系数 γ_f 和粒化高炉矿渣粉影响系数 γ_s 可按表 4-26 选用。

表 4-26　粉煤灰和粒化高炉矿渣粉影响系数

掺量/%	粉煤灰影响系数 γ_f	粒化高炉矿渣粉影响系数 γ_s
0	1.00	1.00
10	0.85～0.95	1.00
20	0.75～0.85	0.95～1.00
30	0.65～0.75	0.90～1.00
40	0.55～0.65	0.80～0.90
50	—	0.70～0.85

注：① 采用Ⅰ级、Ⅱ级粉煤灰宜取上限值。
② 采用 S75 级粒化高炉矿渣粉宜取下限值，采用 S95 级粒化高炉矿渣粉宜取上限值，采用 S105 级粒化高炉矿渣粉可取上限值加 0.05。
③ 当超出表中的掺量时，粉煤灰影响系数和粒化高炉矿渣粉影响系数应经试验确定。

当水泥强度等级值的富余系数 γ_c 缺乏实际统计资料时，可按表 4-27 选用。

表 4-27　水泥强度等级值的富余系数 γ_c

水泥强度等级值	32.5	42.5	52.5
富余系数 γ_c	1.12	1.16	1.10

根据《混凝土结构设计标准（2024 年版）》（GB/T 50010—2010），为了保证混凝土的耐久性，水胶比不得大于表 4-28 中规定的最大水胶比值，如计算所得的水胶比大于规定的最大水胶比值时，应取规定的最大水胶比值。

表 4-28　不同环境条件下混凝土的最大水胶比

环境类别	最大水胶比	最低强度等级	水溶性氯离子最大含量/%	最大碱含量/(kg/m³)
一	0.60	C25	0.30	不限制
二 a	0.55	C25	0.20	3.0
二 b	0.50（0.55）	C30（C25）	0.15	
三 a	0.45（0.50）	C35（C30）	0.15	
三 b	0.40	C40	0.10	

注：① 环境类别一为室内干燥环境；环境类别二 a 为室内潮湿环境、非严寒和非寒冷地区的露天环境、与无侵蚀性的水或土壤直接接触的环境；环境类别二 b 为干湿交替环境、严寒和寒冷地区的露天环境、与无侵蚀性的水或土壤直接接触的环境；环境类别三 a 为严寒和寒冷地区冬季水位变动区环境、受除冰盐影响环境、海风环境；环境类别三 b 为盐渍土环境、受除冰盐作用环境、海岸环境。
② 处于严寒和寒冷地区二 b、三 a 类环境中的混凝土应使用引气剂，并可采用括号中的有关参数。

3) 选取 $1m^3$ 混凝土的用水量（m_{w0}）

每立方米混凝土用水量的确定，应符合下列规定。

（1）干硬性和塑性混凝土用水量的确定。

① 水胶比为 0.40～0.80 时，根据粗集料的品种、粒径及施工要求的混凝土拌合物稠度，其用水量可按表 4-29 和表 4-30 选取。

② 水胶比小于 0.40 的混凝土及采用特殊成型工艺的混凝土的用水量，应通过试验确定。

表 4-29 干硬性混凝土的用水量　　　　单位：kg/m³

拌合物稠度		卵石最大公称粒径/mm			碎石最大公称粒径/mm		
项目	指标	10.0	20.0	40.0	16.0	20.0	40.0
维勃稠度 /s	16～20	175	160	145	180	170	155
	11～15	180	165	150	185	175	160
	5～10	185	170	155	190	180	165

表 4-30 塑性混凝土的用水量　　　　单位：kg/m³

拌合物稠度		卵石最大公称粒径/mm				碎石最大公称粒径/mm			
项目	指标	10.0	20.0	31.5	40.0	16.0	20.0	31.5	40.0
坍落度 /mm	10～30	190	170	160	150	200	185	175	165
	35～50	200	180	170	160	210	195	180	175
	55～70	210	190	180	170	220	205	195	185
	75～90	215	195	185	175	230	215	205	195

注：① 本表用水量系采用中砂的取值。采用细砂时，每立方米混凝土用水量可增加 5～10kg；采用粗砂时，每立方米混凝土用水量可减少 5～10kg。
② 采用矿物掺合料和外加剂时，用水量应相应调整。

（2）流动性和大流动性混凝土的用水量计算。

① 以表 4-30 中坍落度为 90mm 的用水量为基础，按坍落度每增大 20mm 用水量增加 5kg，计算出未掺外加剂时混凝土的用水量。

② 掺外加剂时的混凝土用水量按式（4-31）计算：

$$m_{wa} = m_{w0}(1-\beta) \qquad (4-31)$$

式中　m_{wa}——掺外加剂时，每立方米混凝土的用水量，kg/m³；
　　　m_{w0}——未掺外加剂时，每立方米混凝土的用水量，kg/m³；
　　　β——外加剂的减水率，%，应经试验确定。

4) 计算 $1m^3$ 混凝土的胶凝材料用量、矿物掺合料用量、水泥用量

根据已经初步确定的水胶比（W/B）和选用的单位用水量（m_{w0}），可计算出胶凝材料用量（m_{b0}）。

$$m_{b0} = \frac{m_{w0}}{W/B} \qquad (4-32)$$

式中　m_{b0}——计算配合比每立方米混凝土的胶凝材料用量，kg/m³；

m_{w0}——计算配合比中每立方米混凝土的用水量，kg/m^3。

根据《混凝土结构耐久性设计标准》（GB/T 50476—2019），为保证混凝土的耐久性，胶凝材料用量还应满足表4-31规定的胶凝材料用量的要求。如计算得出的胶凝材料用量少于规定的最小用量，则应取规定的最小胶凝材料用量值。

表4-31 单位体积混凝土的胶凝材料用量　　　　　　　　　　单位：%

强度等级	最小用量/（kg/m^3）	最大用量/（kg/m^3）
C25	260	—
C30	280	—
C35	300	—
C40	320	—
C45	—	450
C50	—	500
≥C55	—	550

注：① 表中数据适用于最大集料粒径为20mm的情况，集料粒径较大时宜适当降低胶凝材料用量，集料粒径较小时可适当增加胶凝材料用量。
② 引气混凝土的胶凝材料用量与非引气混凝土要求相同。
③ 当胶凝材料的矿物掺合料掺量大于20%时，最大水胶比不应大于0.45。

每1m³混凝土的矿物掺合料用量（m_{f0}）应按式（4-33）计算：

$$m_{f0} = m_{b0}\beta_f \quad (4-33)$$

式中　m_{f0}——计算配合比每立方米混凝土的矿物掺合料用量，kg/m^3；
　　　β_f——矿物掺合料掺量，%。

每立方米混凝土的水泥用量应按式（4-34）计算：

$$m_{c0} = m_{b0} - m_{f0} \quad (4-34)$$

式中　m_{c0}——计算配合比每立方米混凝土的水泥用量，kg/m^3。

5）计算外加剂用量

每立方米混凝土中外加剂用量（m_{a0}）应按式（4-35）计算：

$$m_{a0} = m_{b0}\beta_a \quad (4-35)$$

式中　m_{a0}——每立方米混凝土中外加剂用量，kg/m^3；
　　　m_{b0}——计算配合比每立方米混凝土中胶凝材料用量，kg/m^3；
　　　β_a——外加剂掺量，%，应通过混凝土试验确定。

6）选取合理的砂率值（β_s）

砂率应当根据集料的技术指标、混凝土拌合物的性能和施工要求，参考既有历史资料确定。当缺乏砂率的历史资料可参考时，混凝土砂率的确定应符合下列规定。

（1）坍落度小于10mm的混凝土，其砂率应经试验确定。

（2）坍落度为10～60mm的混凝土，其砂率可根据粗集料种类、最大公称粒径和水胶比，按表4-32选用。

（3）坍落度大于60mm的混凝土，其砂率可经过试验确定，也可在表4-32的基础上，按坍落度每增大20mm砂率增大1%的幅度予以调整。

表 4-32　混凝土的砂率　　　　　　　　　　　　　　单位：%

水胶比	卵石最大公称粒径/mm			碎石最大公称粒径/mm		
	10.0	20.0	40.0	16.0	20.0	40.0
0.40	26～32	25～31	24～30	30～35	29～34	27～32
0.50	30～35	29～34	28～33	33～38	32～37	30～35
0.60	33～38	32～37	31～36	36～41	35～40	33～38
0.70	36～41	35～40	34～39	39～44	38～43	36～41

注：① 本表数值系中砂的选用砂率，对细砂和粗砂，可相应地减少或增大砂率。
　　② 当采用人工砂配制混凝土时，砂率可适当增大。
　　③ 只用一个单粒级粗集料配置混凝土时，砂率应适当增大。

7）计算粗、细集料的用量 m_{g0} 及 m_{s0}

粗、细集料的用量可用质量法或体积法求得。

(1) 质量法。

如果原材料情况比较稳定，所配制的混凝土拌合物的体积密度将接近一个固定值，这样可以先假设一个 $1m^3$ 混凝土拌合物的质量值，可按式(4-36)计算：

$$\left. \begin{array}{l} m_{c0}+m_{f0}+m_{g0}+m_{s0}+m_{w0}=m_{cp} \\ \beta_s = \dfrac{m_{s0}}{m_{s0}+m_{g0}} \times 100\% \end{array} \right\} \quad (4-36)$$

式中　m_{c0}——$1m^3$ 混凝土的水泥用量，kg/m^3；

　　　m_{f0}——$1m^3$ 混凝土的矿物掺合料用量，kg/m^3；

　　　m_{g0}——$1m^3$ 混凝土的粗集料用量，kg/m^3；

　　　m_{s0}——$1m^3$ 混凝土的细集料用量，kg/m^3；

　　　β_s——砂率，%；

　　　m_{cp}——$1m^3$ 混凝土拌合物的假定质量，kg/m^3，其值可取 2350～2450kg/m^3。

解联立方程，即可求出 m_{g0}、m_{s0}。

(2) 体积法。

假定混凝土拌合物的体积等于各组成材料绝对体积和混凝土拌合物中所含空气体积的总和。因此，在计算 $1m^3$ 混凝土拌合物的各材料用量时，可按式(4-37)计算：

$$\left. \begin{array}{l} \dfrac{m_{c0}}{\rho_c}+\dfrac{m_{f0}}{\rho_f}+\dfrac{m_{g0}}{\rho_g}+\dfrac{m_{s0}}{\rho_s}+\dfrac{m_{w0}}{\rho_w}+0.01\alpha=1 \\ \beta_s = \dfrac{m_{s0}}{m_{s0}+m_{g0}} \times 100\% \end{array} \right\} \quad (4-37)$$

式中　ρ_c——水泥密度，可取 2900～3100kg/m^3；

　　　ρ_f——矿物掺合料的密度，kg/m^3；

　　　ρ_g——粗集料的表观密度，kg/m^3；

　　　ρ_s——细集料的表观密度，kg/m^3；

　　　ρ_w——水的密度，可取 1000kg/m^3；

α——混凝土的含气量百分数,在不使用引气型外加剂时,可取 1。

解联立方程,即可求出 m_{g0}、m_{s0}。

通过以上七个步骤,便可将水、水泥、砂和石子的用量全部求出,从而得出初步计算配合比,供试配用。

以上混凝土配合比计算公式和表格,均以干燥状态集料(是指含水率小于 0.5% 的细集料和含水率小于 0.2% 的粗集料)为基准。当以饱和面干集料为基准进行计算时,应做相应的修正。

【思考与讨论 4-7】
在混凝土配合比设计过程中,是否只考虑应用鲍罗米公式计算确定水胶比即可?

【参考答案】

4. 混凝土配合比的试配、调整与确定

1) 配合比的试配与调整

以上在初步计算的配合比中,所求出的各材料用量是借助于一些经验公式和数据计算出来的,或是利用经验资料查得的,不一定能够完全符合具体的工程实际情况,因而必须通过试拌调整,直到混凝土拌合物的和易性符合要求为止,然后提出供检验强度用的基准配合比。

按初步计算配合比,称取实际工程中使用的材料,进行试拌,混凝土的搅拌方法,应与生产时使用的方法相同。当所用集料最大粒径 $D_{max} \leqslant 31.5 \text{mm}$ 时,试配的最小拌合量为 20L;当 $D_{max} = 40 \text{mm}$ 时,试配的最小拌合量为 25L。混凝土搅拌均匀后,检查拌合物的性能。当试拌出的拌合物坍落度或维勃稠度不能满足要求,或黏聚性和保水性不良时,应在保持水胶比不变的条件下,相应调整用水量和砂率,直到符合要求为止。然后,提出供检验强度用的基准配合比。

经过和易性调整后得到的基准配合比,其水胶比选择不一定恰当,即混凝土的强度有可能不符合要求,所以应检验混凝土的强度。进行混凝土强度检验时,应至少采用 3 个不同的配合比,其一为基准配合比,另外两个配合比的水胶比,宜较基准配合比分别增加或减少 0.05,而其用水量与基准配合比相同,砂率可分别增加或减小 1%。当不同水胶比的混凝土拌合物坍落度与要求值的差超过允许偏差时,可通过增减用水量进行调整。每种配合比制作一组(3 块)试件,并经标准养护到 28d 时试压(在制作混凝土试件时,尚需检验混凝土拌合物的和易性及测定体积密度,并以此结果作为代表这一配合比的混凝土拌合物的性能值)。

2) 设计配合比的确定

(1) 初步设计配合比的确定。

根据试验得出的各胶水比及其对应的混凝土强度的关系,用作图法或计算法求出与混凝土配制强度($f_{cu,0}$)相对应的胶水比,并按下列原则确定 1m^3 混凝土的材料用量。

用水量(m_w):取基准配合比中的用水量,并根据制作强度试件时测得的坍落度或维勃稠度,进行适当的调整。

胶凝材料用量(m_c):以用水量乘以选定的胶水比计算确定。

粗、细集料用量(m_g、m_s):取基准配合比中的粗、细集料用量,并按选定的胶水比进行适当的调整。

至此,得到初步设计配合比。

(2) 混凝土体积密度的校正。

初步设计配合比经试配、调整和确定后,还需根据实测的混凝土体积密度($\rho_{c,t}$)做必要的校正,其步骤如下。

计算混凝土的体积密度计算值($\rho_{c,c}$),可按式(4-38)计算:

$$\rho_{c,c}=m_w+m_c+m_f+m_g+m_s \tag{4-38}$$

计算混凝土配合比校正系数δ,可按式(4-39)计算:

$$\delta=\frac{\rho_{c,t}}{\rho_{c,c}} \tag{4-39}$$

当混凝土体积密度实测值($\rho_{c,t}$)与计算值($\rho_{c,c}$)之差的绝对值不超过计算值的2%时,以上定出的配合比即为确定的设计配合比;当两者之差超过计算值的2%时,应将配合比中的各组成材料用量均乘以校正系数δ,所得即为确定的设计配合比。

5. 施工配合比的确定

由于设计配合比是以干燥材料为基准的,而工地存放的砂、石都含有一定的水分,且随着气候的变化而经常变化,因此现场材料的实际称量应按工地砂、石的含水情况进行修正,修正后的配合比称为施工配合比。

假定工地存放砂的含水率为a(%)、石子的含水率b(%),则将上述设计配合比换算为施工配合比,其材料用量(kg)可按式(4-40)~式(4-43)计算:

$$m'_b=m_b \tag{4-40}$$

$$m'_s=m_s(1+0.01a) \tag{4-41}$$

$$m'_g=m_g(1+0.01b) \tag{4-42}$$

$$m'_w=m_w-0.01am_s-0.01bm_g \tag{4-43}$$

4.7.4 混凝土配合比设计实例

【例题4-1】 某楼房的钢筋混凝土柱子,采用现浇方式进行施工,柱截面的最小尺寸为300mm,并且钢筋的最小间距为60mm。该混凝土柱处于露天环境中,受到雨雪天气的影响。混凝土的设计强度等级为C30,使用的是42.5级普通水泥,未进行强度实测,其密度为3.1 g/cm³;粉煤灰等级为Ⅱ级,密度为2.20 g/cm³,粉煤灰掺量为30%;砂为中砂,其表观密度为2600 kg/m³,堆积密度为1500 kg/m³;碎石的表观密度为2690 kg/m³,堆积密度为1550 kg/m³。混凝土需满足坍落度为35~50mm的要求,施工中采用机械搅拌和机械振捣,但施工单位没有混凝土强度标准差的历史统计数据。试进行混凝土配合比的设计。

【解】(1)初步配合比的确定。

① 确定配制强度$f_{cu,0}$。

$$f_{cu,0} \geqslant f_{cu,k}+1.645\sigma$$

由于施工单位缺乏σ的历史统计数据,查表4-24可得,$\sigma=5.0$,同时因混凝土的设

计强度等级为 C30，$f_{cu,k}=30$ MPa，代入上式得
$$f_{cu,0} \geqslant 30+1.645\times 5=38.2 (\text{MPa})$$

② 确定水胶比（W/B）。
$$\frac{W}{B}=\frac{\alpha_a f_b}{f_{cu,0}+\alpha_a \alpha_b f_b}$$

采用碎石，查表 4-25 可得
$$\alpha_a=0.53,\ \alpha_b=0.20$$

胶凝材料 28d 胶砂抗压强度 f_b 无实测值，故按下式计算。
$$f_b=\gamma_f \gamma_s f_{ce}=\gamma_f \gamma_s \gamma_c f_{ce,g}=0.75\times 1\times 1.16\times 42.5\approx 37.0$$，其中 γ_f、γ_s 由表 4-26 查得，γ_c 由表 4-27 查得。

所以可得
$$\frac{W}{B}=\frac{0.53\times 37.0}{38.2+0.53\times 0.20\times 37.0}\approx 0.47$$

由于本例题混凝土柱所处环境为露天受雨雪影响环境，根据表 4-28 的规定，处于该环境条件下的混凝土的水胶比不得超过 0.50。因此，该计算符合规范的要求，水胶比取为 0.47。

③ 确定单位用水量（m_{w0}）。

先确定粗集料的最大粒径，根据之前的讨论可得：
$$D_{\max}\leqslant \frac{1}{4}\times 300=75(\text{mm})$$
且
$$D_{\max}\leqslant \frac{3}{4}\times 60=45(\text{mm})$$

因此，粗集料的最大粒径可以选用公称粒径 $D_{\max}=31.5$ mm，即可以使用为 5~31.5mm 的碎石。同时，本例题要求混凝土坍落度为 35~50mm，查表 4-30，单位用水量可选取 185kg/m³。

④ 计算胶凝材料用量。
$$m_{b0}=\frac{m_{w0}}{W/B}=\frac{185}{0.47}\approx 394(\text{kg/m}^3)$$

根据表 4-31 的规定，C30 混凝土的最小胶凝材料用量为 280kg/m³，因此取胶凝材料的用量为 394kg/m³。

由于粉煤灰掺量为 30%，所以粉煤灰用量 $m_{f0}=m_{b0}\times 30\%=394\times 0.3\approx 118(\text{kg/m}^3)$
每立方米混凝土的水泥用量 $m_{c0}=m_{b0}-m_{f0}=394-118=276(\text{kg/m}^3)$

⑤ 确定砂率。

通过查表 4-32 并运用线性插值法进行计算，本工程选定砂率为 35%。

⑥ 计算砂石用量。

体积法：
$$\frac{m_{c0}}{\rho_c}+\frac{m_{f0}}{\rho_f}+\frac{m_{s0}}{\rho_s}+\frac{m_{g0}}{\rho_g}+\frac{m_{w0}}{\rho_w}+0.01\alpha=\frac{276}{3100}+\frac{118}{2200}+\frac{m_{s0}}{2600}+\frac{m_{g0}}{2690}+\frac{185}{1000}+0.01=1$$

$$\beta_s=\frac{m_{s0}}{m_{s0}+m_{g0}}\times 100\%=35\%$$

解上述方程组可得：
$$m_{s0}=616\text{kg/m}^3,\ m_{g0}=1144\text{kg/m}^3$$
经过初步计算，每立方米混凝土的材料用量为：
$$m_{c0}:m_{f0}:m_{w0}:m_{s0}:m_{g0}=276:118:185:616:1144$$

（2）配合比的试配、调整。

① 和易性的调整。根据初步配合比，称取 20L 混凝土所需的材料用量，水泥为 5.52kg/m³，粉煤灰为 2.36kg/m³，水为 3.70kg/m³，砂为 12.32kg/m³，碎石为 22.88kg/m³，按照规定的拌和方法进行操作，测得坍落度为 38mm，符合工程要求，混凝土的黏聚性和保水性均表现良好。

② 强度校核。采用水胶比为 0.42、0.47 和 0.52 的三种不同的配合比，配制了三组混凝土试件，并对其和易性进行了检验，测量了混凝土拌合物的体积密度，并分别制作了混凝土试件，标准养护 28d 后测定其强度，结果如表 4-31 所示。

表 4-33 三组不同配合比混凝土的实验结果

W/B	混凝土配合比/kg					坍落度/mm	体积密度/(kg/m³)	强度/MPa
	水泥	粉煤灰	砂	碎石	水			
0.42	6.17	2.65	12.32	22.88	3.70	32	2355	44.1
0.47	5.52	2.36	12.32	22.88	3.70	38	2350	39.5
0.52	4.99	2.15	12.32	22.88	3.70	48	2340	32.9

根据结果，选定水胶比为 0.47 的基准配合比作为试验室配合比，并根据实测的表观密度进行校正。

③ 体积密度的校正。
$$\delta=\frac{2350}{276+118+185+616+1144}\approx 1.005$$

由于 $\frac{\rho_{c,t}-\rho_{c,c}}{\rho_{c,c}}\times 100\%\approx 0.5\%$，混凝土体积密度的实测值（$\rho_{c,t}$）与计算值（$\rho_{c,c}$）之差的绝对值不超过计算值的 2%，所以混凝土配合比无须调整，即混凝土试验室配合比为
$$m_c:m_f:m_w:m_s:m_g=276:118:185:616:1144$$

（3）施工配合比。

施工现场进行混凝土的大量搅拌时，测得砂的含水率为 3%，石子的含水率 1%，据此调整施工配合比如下。
$$m'_c=m_c=276\text{kg/m}^3$$
$$m'_f=m_f=118\text{kg/m}^3$$
$$m'_s=m_s(1+a\%)=616\times(1+0.03)\approx 634(\text{kg/m}^3)$$
$$m'_g=m_g(1+b\%)=1144\times(1+0.01)\approx 1155(\text{kg/m}^3)$$
$$m'_w=m_w-m_s\times a\%-m_g\times b\%=185-616\times 0.03-1144\times 0.01\approx 155(\text{kg/m}^3)$$

故施工配合比为
$$m'_c:m'_f:m'_w:m'_s:m'_g=276:118:155:634:1155$$

【例题 4-2】 某试验室试拌混凝土，经调整后各材料用量为：42.5 级矿渣水泥

5.5kg,水 3.3kg,砂 11.5kg,碎石 23.1kg。用质量为 2.1kg 的 5L 容量筒装满混凝土,称得其总重为 14.02kg。试求:

(1) 该混凝土拌合物的体积密度。
(2) 每立方米混凝土各材料用量。
(3) 当施工现场砂子含水率为 3%、石子含水率为 1.1% 时,求施工配合比。

【解】(1) 该混凝土拌合物的体积密度。

$$\rho' = \frac{m}{V'} = \frac{14.02 - 2.1}{5} = 2.384 (\text{kg/L}) = 2384 \text{kg/m}^3$$

(2) 每立方米混凝土的质量为 2384kg,各材料用量如下。

$$m_c = 2384 \times \frac{5.5}{5.5 + 3.3 + 11.5 + 23.1} \approx 302(\text{kg})$$

$$m_w = 2384 \times \frac{3.3}{5.5 + 3.3 + 11.5 + 23.1} \approx 181(\text{kg})$$

$$m_s = 2384 \times \frac{11.5}{5.5 + 3.3 + 11.5 + 23.1} \approx 632(\text{kg})$$

$$m_g = 2384 \times \frac{23.1}{5.5 + 3.3 + 11.5 + 23.1} \approx 1269(\text{kg})$$

(3) 施工配合比。

$$m'_c = 302 \text{kg}$$
$$m'_s = 632 \times (1 + 3\%) \approx 651(\text{kg})$$
$$m'_g = 1269 \times (1 + 1.1\%) \approx 1283(\text{kg})$$
$$m'_w = 181 - 632 \times 3\% - 1269 \times 1.1\% \approx 148(\text{kg})$$

则施工配合比为

$$m'_c : m'_s : m'_g : m'_w = 302 : 651 : 1283 : 148$$

4.7.5 混凝土材料应用新进展

1. 低水胶比水泥基材料的应用

低水胶比水泥基材料种类繁多,主要包括超高性能混凝土(ultra-high performance concrete,UHPC)、纤维增强水泥基材料(fiber reinforced cementitious composites,FRCC)、化学结合陶瓷(chemical bonded ceramics,CBC)、均匀分布超细颗粒致密体系(densified system containing homogenously arranged ultrafine particle,DSP)、密实增强混凝土(compact reinforced concrete,CRC)、渍浆纤维混凝土(slurry infiltrated fiber concrete,SIFCON)、无宏观缺陷(micro-defect-free,MDF)水泥基材料和聚合物水泥基材料(polymer cement-based materials,PCM)等种类。UHPC 等低水胶比水泥基材料以其优异的力学性能和耐久性,满足了人们对建筑轻量化、结构复杂化、工程长寿命化的需求,是目前土木工程材料领域重要的发展方向。

1)国外应用现状

在国外的应用中,以 UHPC 为代表的低水胶比水泥基材料主要应用在桥梁工程、核电工程、机场工程等工程领域。例如,加拿大建造了 UHPC 人行桥;美国陆军工程师团与法国合作制造了 UHPC 预应力梁、污水处理过滤板及放射性固体废料储存容器;日本利用 UHPC 自重轻及抗腐蚀性能优异的优点，扩展了东京羽田机场海上跑道，材料用量高达 22000m³；德国将 UHPC 应用于路面修复中，获得了承载能力更高的路面；韩国修建了主跨 120m 的 UHPC 拱桥；澳大利亚建造了预应力 UHPC 公路桥；美国修建了单跨简支梁 UHPC 桥梁。其中，以 UHPC 为代表的低水胶比水泥基材料在桥梁工程领域的应用最为广泛。世界各国已有超过 400 座桥梁采用了 UHPC 材料，且其中超过 150 座桥梁的主体结构完全采用 UHPC 材料（图 4-27）。其中，UHPC 应用于桥梁工程中的典型工程案例主要有加拿大的 Sherbrooke 人行桥、美国的 Mars Hill 公路桥、奥地利的 Wild 桥和马来西亚的 Batu 6 桥等。

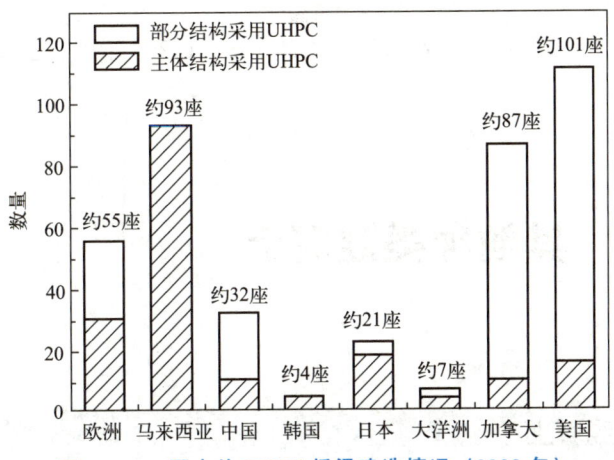

图 4-27　国内外 UHPC 桥梁建造情况（2020 年）

2）国内应用现状

在国内的应用中，以 UHPC 为代表的低水胶比水泥基材料的工程应用主要集中在铁路工程、市政工程等领域，主要包括 UHPC 井盖、UHPC 预应力超低高度梁、UHPC 人行道和高速铁路电缆槽盖板、UHPC 防护门等。1998 年，覃维祖教授首次针对 UHPC 开展探索研究。清华大学通过试验研究，制备出的 UHPC 抗压强度达到了 200MPa，抗折强度超过 50MPa，断裂能达到了 21100J/m²。北京交通大学针对 UHPC 进行了全面研究工作，将抗压强度 140MPa 级 UHPC 楼板、梁和柱预制构件在沈阳某厂房工程中成功应用，将抗压强度 120MPa 级 UHPC 梁在迁曹铁路中成功应用。对于 UHPC 的本构关系我国学者也有所研究，提出了一些本构方程，但仍需对其做进一步验证。2009 年，南京一轨道交通工程在清华大学指导下采用细度模数为 2.7 的河砂制备的 UHPC 可自流平浇筑，且自然养护下其强度达到了 100MPa。2016 年，我国在长沙北辰三角洲建成了首座全预制拼装 UHPC 跨街天桥，桥梁上部结构质量大幅减轻。

2. 低水胶比水泥基材料的特点

目前，研究人员针对低水胶比水泥基材料的材料体系设计、制备工艺、力学性能、耐久性能、抗爆炸性能和耐高温性能等已开展了众多研究。相较于普通混凝土，其具有的特点主要体现在以下几个方面。

（1）水胶比极低：水胶比＜0.23，约为普通混凝土的 1/2，有效改善了水泥基材料的密实性，但是其早期自收缩较大。

（2）水泥强度等级高、水泥用量大且掺入大量矿物掺合料。

(3) 强度及弹性模量极高：抗压强度≥150MPa，甚至可达 800MPa，劈裂抗拉强度可达 15～25MPa，弹性性模量可达 40～60GPa。

(4) 孔隙率极低：其致密的内部结构可有效阻止放射性物质泄漏，是建造放射性废弃物储存容器的理想材料。

(5) 耐久性优异：抗氯离子渗透性、抗冻性、抗钢筋腐蚀能力、抗碳化性能和抗疲劳性能大大提升，混凝土结构服役寿命大幅延长。

(6) 耐磨性能优异：可应用于城市地铁、高等级路面及除冰盐路面等领域。

(7) 抗冲击性能良好：由于材料结构致密及基体中钢纤维的作用，其具有良好的抗冲击性能。

(8) 自重极低：结构自重约为普通混凝土的 1/3～1/2，有利于建造高层建筑和大跨度桥梁。

4.8 其他种类混凝土

4.8.1 抗渗混凝土

抗渗混凝土（impermeable concrete）又称防水混凝土、不透水混凝土，主要适用于工业、民用与公共建筑的地下防水工程（如地下室）、屋面工程、储水构筑物（如水池、水塔、游泳池等）、处于干湿交替作用或冻融交替作用的工程（如海港码头、桥梁、水坝等）。

抗渗混凝土按抗渗压力不同分为 P6、P8、P10、P12 和＞P12 共 5 个等级。相对于沥青毛毡等柔性材料，混凝土防水属于刚性防水，其施工工艺简单，耐久性好，正常情况下其防水功能与混凝土寿命基本相同。

混凝土渗水原因主要是其中存在裂缝和孔隙。针对普通混凝土内部存在毛细管和缝隙引起渗水的问题，可采取相应的技术措施提高混凝土的密实性、憎水性和抗渗性。即通过选择合适的集料级配、降低水胶比、改善配合比、加强施工管理、掺加适量外加剂、加强混凝土振捣、重视混凝土养护等，减少和破坏存在于混凝土内部的毛细管网络，切断渗水通道，以期达到防水的目的。

1. 通过调整混凝土的配合比提高抗渗性

混凝土是一种非匀质性材料，从微观结构上看属于多孔体，其内部含有许多大小不同的微细孔隙，尤其是孔径大于 2.5×10^{-8} m 的开口孔隙的危害极大，这是造成混凝土渗漏的主要原因。

为了提高混凝土的抗渗性，通常要降低混凝土的水胶比，以减少毛细孔的数量和孔径；另外，水泥砂浆除满足填充和黏结作用外，还要求能在粗集料周围形成一定厚度的、良好的砂浆包裹层，使粗集料彼此隔离，以阻隔沿粗集料互相连通的渗水孔网。因此，防水混凝土的水胶比一般限制在 0.60 以内；采用较低的用水量、改善混凝土的保水性，以免泌水产生连通的孔道；水泥用量高于普通混凝土，一般不小于 300kg/m³；采用较小的集料粒径，以减小沉降孔隙；砂率较大（一般控制在 35%～40% 范围内），灰砂比也较高（一般为 1∶2.5～1∶2），以便在石子外面形成良好的砂浆包裹层。

2. 通过掺加外加剂提高抗渗性

可以显著提高混凝土抗渗性的外加剂有减水剂、引气剂、三乙醇胺、氯化铁、膨胀剂等。

（1）减水剂对水泥具有强烈的分散作用，能使水泥成为细小的单个粒子，破坏水泥颗粒的絮凝结构，释放出其中束缚的水，同时还能在水泥微粒表面形成一层稳定的水膜，使混凝土拌合物的流动性显著增加。在满足一定施工和易性的条件下，掺加减水剂可大大降低拌合水用量，使硬化后混凝土中的毛细孔数量相应减少，从而大大减少毛细管渗水通道，提高混凝土的抗渗性。

（2）引气剂可以在混凝土中引入大量的、细小的、均匀分布的、封闭的微小气泡，这些气泡能截断毛细孔网，并且使毛细孔内壁憎水化，从而提高混凝土的抗渗性。

（3）三乙醇胺能加强水泥颗粒的吸附分散与化学分散作用，加速水泥的水化，使水化生成物增多，水泥石结晶变细，结构密实，从而提高混凝土的抗渗性。

（4）氯化铁防水剂的主要成分有氯化铁、氯化亚铁、硫酸铝，它们可以与水泥水化过程中析出的氢氧化钙反应，生成氢氧化铁、氢氧化铝等不溶于水的胶体，填塞于混凝土的孔隙，增加混凝土的密实度，这是氯化铁防水混凝土提高抗渗性的主要原因；另外，上述胶体也能使混凝土的泌水率降低，从而减少混凝土内的泌水孔道。

（5）膨胀剂在水化过程中，它的固相体积可增大并不断填充、堵塞、切断连通的毛细孔道，改善混凝土的孔隙结构，使大孔减少，孔隙率降低，抗渗性提高。

4.8.2 高强混凝土

1. 高强混凝土的概念

作为结构材料的混凝土，强度是其非常重要的性能指标。近年来混凝土技术发展很快，随着新材料和新技术的使用，混凝土的强度不断提高。因此，高强混凝土（high strength concrete）是一个需要以发展的观点来看待的概念。现阶段，一般认为高强混凝土为采用水泥、粗细集料、高效减水剂等外加剂和粉煤灰、磨细矿渣粉、硅灰等矿物掺合料以常规工艺配制的 C60 以上的混凝土。

与普通中低强度混凝土相比，使用高强混凝土具有十分明显的优越性。

首先，可以提高结构的承载和跨越能力。近年来，高层建筑以及重载、大跨度的结构越来越多，对材料的强度提出了很高的要求。如果采用普通混凝土，结构断面尺寸将会很大，有时难以实现；因此，这种情况下多采用钢结构。但钢结构也有缺点，如成本较高、不耐腐蚀、不耐火等。混凝土强度等级提高以后，再加上预应力混凝土、钢管混凝土、劲性骨架混凝土等技术，混凝土越来越多地用到了这类结构上。

其次，可以有效地减轻结构自重。众所周知，普通混凝土的最大缺点是自重大，这不仅会降低结构自身的承载能力，还会给基础增加很大的负担。当混凝土强度提高以后，表观密度变化不大，比强度大大增加，这种情况下构件尺寸可以减小，结构自重将大大降低。同时，结构断面尺寸的减小，还可以减少材料消耗，增加有效使用面积。

最后，由于高强混凝凝土内部结构比较密实，其耐久性将极大地改善，建筑物的使用期限将大幅度增加。

2. 高强混凝土的配制原理

根据对混凝土破坏过程的研究，裂缝的扩展多发生在水泥石与集料的界面（过渡区）上，高强混凝土也偶有裂缝穿过集料的情况发生。这说明水泥石与集料的黏结是影响混凝土强度的决定因素。提高混凝土强度的措施，都可以围绕改善水泥石与集料的黏结这一主线展开。

1）原材料的选择

高强混凝土一般均使用强度等级较高的硅酸盐水泥或普通水泥，在熟料矿物组成上要求具有较高的 C_3S 含量和较低的 C_3A 含量，以及适当高的细度。为了降低水泥用量过高带来的负面影响，还要掺加粉煤灰、磨细矿渣粉等矿物掺合料。

减水剂也是配制高强混凝土不可缺少的组成材料之一。因为水胶比是影响混凝土强度的主要因素，以往都是通过减少用水量、增大水泥用量的方法降低水胶比，配制的混凝土不是和易性差、难以密实成型，就是因为水泥用量畸高导致混凝土体积稳定性较差、容易开裂、耐久性不好。现在的减水剂减水效果可达 20%～30%，掺加减水剂以后就可以在较低的用水量条件下满足施工性能要求，从而降低了配制高强混凝土的难度。

配制高强混凝土时，对集料的技术要求也比较高。粗集料应选用质地坚硬、级配良好的石灰岩、花岗岩、辉绿岩等碎石或卵石，集料母材的抗压强度不低于混凝土强度的 1.2 倍，最大粒径不宜超过 31.5mm，C80 级以上不宜超过 25mm；粗集料颗粒中针、片状含量不宜超过 5%，且不得混入风化颗粒；细集料应选用洁净、质地坚硬、级配良好的河砂，为了降低水泥用量粒径宜适当偏粗；应严格控制粗细集料的含泥量，不允许有泥块存在，必要时可冲洗后使用。

2）配合比设计要求

高强混凝土的配合比设计方法与普通混凝土相同，但一般水泥用量较高。为了降低水泥用量，除掺加减水剂及矿物掺合料外，还要注意选用级配良好的粗细集料、选取最优砂率，这样可以降低达到所需流动性的用水量，从而降低水泥用量。

3）施工技术要求

高强混凝土因为水泥用量较高，所用的水泥活性也高，施工中应注意坍落度损失及水泥水化热带来的不利影响；因为胶凝材料用量高，拌合物的黏度比较大，振捣作用的影响半径会变小，应注意插捣落点要比普通混凝土密；要加强浇筑后的养护，保证水泥的充分水化，减少失水产生的干缩裂缝等问题。

4.8.3 大体积混凝土

大体积混凝土（mass concrete）的本意是指混凝土的体积比较大，最小断面尺寸一般不小于 1m。水泥水化时要放出热量，而混凝土又是热的不良导体，当混凝土体积比较大时，其中的热量不容易散发，会产生较大的内外温差，由于热胀冷缩，最终会产生温度裂缝。

大体积混凝土内出现的裂缝按深度不同，可分为表面裂缝、深层裂缝及贯通裂缝三种。水泥水化放热产生的温度场特点是内部温度高、表面温度低,对应的应力场的特点就是内部为压应力、表面为拉应力。当拉应力超过混凝土的抗拉强度时,就会产生表面裂缝。浅层的、开展不大的表面裂缝对结构的承载能力影响不大,但会因为应力集中诱发深层裂缝或贯通裂缝,且使混凝土保护层失去保护作用,从而对混凝土的耐久性产生很大的影响。

当水泥水化减缓甚至停止时,放热速度低于散热速度,混凝土内部的温度会下降,体积会收缩,从而产生内部深层裂缝;如果混凝土块体受到的外界约束很大,比如地基或者前期已浇筑的混凝土,还有可能使混凝土从中间断为两块甚至多块,从而产生贯通裂缝。深层裂缝和贯通裂缝会严重降低结构的承载能力。

因此,对大体积混凝土概念的理解,不应拘泥于最小断面尺寸是否超过1m。现代混凝土因为水泥用量普遍较高,且矿物组成中C_3S含量较高、细度较大,容易导致其水化热很高,所以断面尺寸较小的结构物也有可能产生较高的内外温差。一般来说,内外温差超过25℃就有可能产生温度裂缝,此时也应按大体积混凝土对待。再退一步说,尽管内外温差没有达到25℃,因为内外约束较强也有可能产生温度裂缝,这时也应按大体积混凝土对待。

为了防止温度裂缝,可以采取以下措施。

1. 尽可能降低混凝土的发热量

大体积混凝土产生温度裂缝的根本原因是水泥的水化热,因此应尽可能选用水化热低的水泥并降低水泥用量。

不同品种的水泥水化热差别较大。例如,强度等级为42.5级的矿渣水泥,其3d的水化热为180kJ/kg;而强度等级相同的普通水泥,其3d的水化热却高达250kJ/kg。根据对某大型基础做对比试验表明:选用强度等级为42.5级的硅酸盐水泥,比选用强度等级为42.5级的矿渣水泥,3d内水化热平均升温高5~8℃。因此,大体积混凝土宜使用矿渣水泥、粉煤灰水泥、火山灰水泥等混合材料掺量较大的水泥,特殊场合还可以使用大坝水泥或中低热水泥。

减少水泥用量也是降低混凝土发热量的重要措施。根据大量的试验资料表明,每立方米混凝土中水泥用量每增减10kg,其水化热将使混凝土的温度相应升降1℃。但降低水泥用量不能影响混凝土的正常性能(如强度、耐久性等),通常是采取掺加减水剂和矿物掺合料的措施,有的设计还可以采取在混凝土中抛填部分片石等措施来达到减少水泥用量的目的。

大体积混凝土一般不配筋或配筋较少,混凝土的坍落度可以较低,采用较大粒径的石子和相对较粗的砂子,对降低水泥用量也是有利的。

大体积混凝土一般作为结构基础,施工较早,正式承受结构荷载的龄期较长,充分利用混凝土的后期强度,根据结构实际承受荷载的情况以60d、90d甚至更长龄期的强度为依据进行混凝土配合比设计,也不失为降低水泥用量的有效措施。

缓凝剂尽管不能降低水泥的水化热,但其可以减缓水泥的放热速度,降低水化热温升的峰值,从而降低内外温差。

2. 尽可能降低混凝土的浇筑温度

混凝土的浇筑温度越高,水泥的水化放热速度越快,温度的峰值就越高。为了降低大体积混凝土的总温升、减小结构物的内外温差,控制混凝土的浇筑温度同样非常重要。

混凝土由粗细集料、水泥、水、外加剂和掺合料等由搅拌机拌和均匀而成，出机温度取决于每一种原材料的温度、用量和比热，可以由热平衡计算得到。对混凝土出机温度影响最大的是石子的温度，砂的温度次之，水泥的温度影响最小。为了降低混凝土的出机温度，最有效的办法就是降低砂、石的温度。在气温较高时，为防止太阳的直接照射，可在砂石堆料场搭设简易的遮阳装置，甚至使用冷水、冰屑、干冰、液氮等冷却集料；拌合水也可以掺入冰屑。例如，大型水电工程葛洲坝工程，在拌和前用冷水冲洗粗集料，在储料仓中通冷风预冷，再加上冰屑拌和，使混凝土的出机温度达到7℃的要求。

3. 人工冷却/保温的措施

为了使混凝土内部的热量散发出来，可以浇筑前埋入水管、浇筑后通入冷水进行冷却。水管材质和管径的选择、水管的布设、通水的温度和流量，都要通过热工计算来确定。

除了内部通水冷却，加强表面的保湿、保温养护，对防止混凝土产生裂缝也具有重大作用。在混凝土浇筑之后，以适当的材料加以覆盖，采取保湿和保温措施，不仅可以减少升温阶段的内外温差，防止产生表面温度裂缝，而且可以使水泥顺利水化，提高混凝土的极限拉伸值，防止产生过大的温度应力和温度裂缝。

4. 分块浇筑

当混凝土结构的尺寸过大时，可以采用合理分块的方式进行浇筑。首先将结构分成若干浇筑段，使之能有效地减小温度和收缩应力，能够顺利完成浇筑；后期再将这若干段通过"后浇带"浇筑成整体。

5. 其他构造措施

在构造方面进行合理的配筋，使部分构造筋起到抵抗温度应力的作用，能有效提高混凝土表面抵抗开裂的性能。

在混凝土结构的表面，每隔一定距离（结构厚度的1/5）设置一条一定深度的沟槽（应力缓冲沟）。设置应力缓冲沟后，可将结构表面的拉应力减少20%～50%，能有效地防止表面裂缝。

遇到约束强的岩石类地基、较厚的混凝土垫层时，可在接触面上设置滑动层，这对减小温度应力也可起到显著作用。

4.8.4 高性能混凝土

1. 高性能混凝土的概念

混凝土自问世以来，抗压强度在不断提高。而且很长一个时期以来，人们总是用强度指标来衡量混凝土科学技术的发展水平，乐于追求强度的不断提高。但是最近几十年来，混凝土结构因材料劣化造成的失效以至破坏的事故在国内外都屡见不鲜，并有愈演愈烈之势。这些混凝土工程的过早破坏，其原因不是由于强度不足，而主要是由于混凝土的耐久性不良。由混凝土劣化导致的事故，让世界各国都为此付出了十分沉重的代价。

另外，随着科学技术的发展和人类文明的进步，人类生产活动涉及的范围越来越广，各种在严酷环境下使用的混凝土工程，如跨海大桥、海洋工程、核反应堆、电站大坝等不断增多，这些工程关系国计民生，必须实现百年大计甚至千年大计，这就更加要求混凝土具有优异的耐久性。

总之，由于耐久性问题付出的代价及目前面临的形势，混凝土耐久性已成为国际工程界普遍关注的重大课题。这也是高性能混凝土（high performance concrete，HPC）发展的起源。

"高性能混凝土"这一名词最早是由美国国家标准与技术研究所（NIST）与美国混凝土协会（ACI）于1990年5月在马里兰州召开的研讨会上提出来的。此后，美国的P. K. Mehta、法国的Malier、日本的Sarkar、加拿大的Neville等进一步发展和细化了高性能混凝土的概念，我国学者如吴中伟、黄大能、廉慧珍等也就国内的实际情况提出了自己的看法。

不同国家、不同地区、不同学者对高性能混凝土有不同的定义和解释，但他们共同的观点是：高性能混凝土应具有高的耐久性。《高性能混凝土应用技术规程》（CECS 207—2006）中，明确提出了高性能混凝土的概念，即高性能混凝土是采用常规材料和生产工艺，具有混凝土结构所要求的各项力学性能，且具有高耐久性、高工作性和高体积稳定性的混凝土。这种混凝土在配合比上的特点是掺加优质的矿物掺合料和高效减水剂，取用较低的水胶比和较少的水泥用量，并在制作上通过严格的质量控制，使其达到良好的工作性、均匀性、密实性和体积稳定性。

2. 高性能混凝土的结构特点

材料的宏观行为取决于材料的组成和内部结构。混凝土材料也是如此，在研究混凝土的各种性能时，必须从混凝土的内部结构来认识混凝土内在的影响因素和变化规律。

【拓展视频】

高性能混凝土主要是通过掺加矿物掺合料和高效减水剂，减少用水量和降低水胶比，来改善混凝土的内部结构，从而达到提高混凝土耐久性的目的。与普通混凝土相比，高性能混凝土的结构特点可以概括如下。

（1）孔隙率低，基本上不存在100nm以上的大孔。

（2）水化产物中起负面影响的$Ca(OH)_2$减少，起正面作用的C-S-H凝胶增多。

（3）未水化颗粒多，未水化的水泥颗粒和矿物掺合料颗粒组成的各级中心质增多，有利的中心质效应增强。

（4）界面过渡区厚度小，孔隙率低，$Ca(OH)_2$数量减少，结晶取向程度减小，界面过渡区得到了优化。

3. 高性能混凝土中常用的几个耐久性指标

1）电通量

大量的研究表明，混凝土的耐久性与其渗透性之间有着密切的联系，渗透性低的混凝土，其耐久性一般来说比较好。普通混凝土经常用抗渗等级来描述混凝土的渗透性，但主要适用于P12以下的混凝土。高性能混凝土由于结构更加致密，渗透性极低，抗渗等级很容易超过P12，并且用水作介质的渗透性检测方法极为费时。因此，高性能混凝土通常采用电通量来表示渗透性的大小。

电通量是指在一定条件下通过混凝土规定截面积的电荷总量，用于评价混凝土抵抗水和离子等介质向内渗透的能力。这一方法的原理是溶液中的离子在高压电场作用下渗透速度可以加快，从而缩短试验时间。将直径100mm厚度50mm的混凝土试样经真空饱水后，用特制的模具和电极给试样施加60V直流电压，通电6h，记录流过的电量。电通量单位以库仑（C）表示，数值越大说明混凝土的耐久性越差。

电通量试验是美国材料试验协会关于混凝土抵抗氯离子渗透能力的标准试验方法。它的本意是评价混凝土抵抗氯离子的渗透能力，因此特别适用于氯盐环境的混凝土；但它也可间接反映混凝土内部结构的密实性，因此在非氯盐环境也适用。在现行铁路标准中，电通量是衡量混凝土耐久性的通用指标。

2）氯离子扩散系数

尽管电通量被选为耐久性的通用指标，但其缺点也是显而易见的：试验过程中通过试件的电量与混凝土孔隙水中所有的离子有关，而并不只是氯离子，所以孔隙水中的离子的种类和浓度对测量结果影响较大，相同密实程度的混凝土，孔溶液中离子的浓度不同测试结果会相差很大；施加的电压过高，导致溶液温度升高，也会影响测试结果；另外，高电压容易使试件两侧的 NaCl 溶液和 NaOH 溶液发生电离，对试验结果也会产生一定影响。

氯离子扩散系数是描述混凝土孔隙水中氯离子从高浓度区向低浓度区扩散过程的参数，可用于评价混凝土抵抗氯离子侵蚀的能力。用氯离子扩散系数来评价混凝土渗透性的好坏是目前国内外较为推崇的方法，且具有明确的意义，可用于氯离子渗透深度的定量计算。因此，在现行铁路标准中，在氯盐环境下的混凝土是以氯离子扩散系数作为耐久性指标的。

用于检测混凝土中氯离子扩散系数的方法很多，有自然浸泡法、电迁移法、饱盐电导率法等。国家标准中选用了 RCM 法（非稳态快速氯离子电迁移法），该方法能直接根据氯离子侵入混凝土的深度来测出氯离子扩散系数，并定量地评价混凝土抵抗氯离子扩散的能力，有较好的准确度；试验周期较短，一般在几小时到几天；等等。

3）气泡间距系数

在混凝土中掺入优质的引气剂或引气减水剂，可使混凝土内部形成大量微小、稳定、分布均匀的封闭气泡，从而缓解孔隙水结冰时产生的膨胀压，这是提高混凝土抗冻性的重要措施。

含气量是冻融破坏环境下混凝土拌合物的重要质量控制指标，但经常发现在含气量相同时抗冻性能却相差很大。这是因为引入的气泡能在多大程度上改善混凝土的抗冻性能，不仅仅取决于含气量的多少，还与气泡的大小有关。

气泡间距是指硬化混凝土中相邻气泡边缘之间距离的平均值，它实际上反映了含气量和气泡大小的综合影响。含气量越高、气泡越小，气泡间距就越小。混凝土冻融破坏的静水压理论证明，由于冻胀产生的静水压力与气泡间距的平方成正比。所以说气泡间距才是影响混凝土抗冻性的本质因素，气泡间距越小，抗冻性越好。Powers 曾计算得到，为了充分防护混凝土不受冻害影响，气泡间距应为 $250\mu m$ 左右。

盐类结晶破坏与冻融破坏非常相似，它们都是膨胀压导致的破坏。因此，冻融破坏环境下、盐类结晶破坏环境下的混凝土都要检测气泡间距，混凝土的气泡间距系数应小于 $300\mu m$；另外，引气剂质量检验时也要测试受检混凝土的气泡间距系数。测定气泡间距系数时，需将硬化后的混凝土切割成厚度为 10～20mm 的薄片，经打磨、抛光、清洁烘干后置于放大倍数为 100 倍的光学显微镜下观测，根据镜下气泡的数量、切割导线的情况，用公式计算出气泡比表面积、平均半径、含气量及气泡间距系数等参数。

4. 高性能混凝土的应用

20 多年来，高性能混凝土的概念在国际上已深入人心，也得到了长足的发展。使用高性能混凝土的著名工程有日本明石海峡大桥、美国西雅图双联广场、挪威特若尔海洋采油平台、法国西瓦克斯核能电站等；国内采用高性能混凝土的工程在公路、市政等行业有苏通大桥、润扬大桥、西堠门大桥、东海大桥、杭州湾跨海大桥、厦门海沧大桥、香港昂船洲大桥、青马大桥等。

【拓展视频】

国内大规模使用高性能混凝土则是从2000年开始的，青藏铁路实际上就采用了高性能混凝土；2004年中国土木工程学会制定了《混凝土结构耐久性设计与施工指南》（CCES 01—2004）；2004年以后为了配合高速铁路的建设，铁路行业标准出现了重大变化，规定高速铁路或客运专线主体结构必须采用高性能混凝土，制定了《铁路混凝土结构耐久性设计暂行规定》（铁建设〔2005〕157号）、《铁路混凝土工程施工质量验收补充标准》（铁建设〔2005〕160号）、《客运专线高性能混凝土暂行技术条件》（科技基〔2005〕101号）等。2010年以后，《铁路混凝土结构耐久性设计规范》（TB 10005—2010）、《铁路混凝土工程施工质量验收标准》（TB 10424—2018）、《铁路混凝土》（TB/T 3275—2018）等标准相继颁布实施，整个铁路行业开始推广应用高性能混凝土。

4.8.5 轻混凝土

普通混凝土的体积密度一般在 2400kg/m³ 左右，体积密度低于 1950kg/m³ 的就可以称为轻混凝土（light weight concrete）。

轻混凝土的制备方法可以分为两类：一类是采用表观密度较低的粗、细集料代替普通集料，称为轻集料混凝土；另一类是增大混凝土的孔隙率，如大孔混凝土、多孔混凝土，这类混凝土不含粗、细集料，强度较低，一般用于保温、隔声等，如房屋建筑的隔墙、围护结构、保温层等。

与普通混凝土相比，轻混凝土最大的优点就是可以减轻结构自重。

1. 轻集料混凝土

按使用的细集料不同，轻集料混凝土又分为全轻混凝土（粗、细集料均为轻集料）和砂轻混凝土（细集料全部或部分为普通砂）。

1）轻集料的种类及技术性质

（1）按照国家标准（GB/T 17431.1—2010）及国际材料与结构研究试验协会（RILEM）的建议，轻集料可以分为如下几类。

① 天然轻集料，由火山爆发或生物沉积形成的天然多孔岩石加工而成，如浮石、泡沫熔岩、火山渣、火山凝灰岩、多孔石灰岩等。这类轻集料内部孔隙较大，容重和强度均较低，只能用来配制低强度的非承重结构用轻集料混凝土。

② 工业废料轻集料，以粉煤灰、矿渣、煤矸石等工业废料为原料，经过加工而成的多孔轻集料，如粉煤灰陶粒、膨胀矿渣珠、烧结煤矸石陶粒、炉渣、煤渣等。

③ 人造轻集料，以黏土、页岩、板岩或某些有机材料为原材料，经过加工而成的多孔材料，如页岩陶粒、黏土陶粒、膨胀珍珠岩、沸石岩轻集料、聚苯乙烯泡沫轻集料等。

（2）轻集料的技术性质主要包括堆积密度、强度和吸水率等。

① 堆积密度是表示轻集料在某一级配条件下，在自然堆积状态时单位体积的质量。轻粗集料按其堆积密度（kg/m³）分为300、400、500、600、700、800、900、1000八个

密度等级，轻细集料按其堆积密度（kg/m³）分为 500、600、700、800、900、1000、1100、1200 八个密度等级。

堆积密度不仅能反映轻集料的强度大小，还能反映轻集料的颗粒密度、粒形等。轻集料的堆积密度越大，则其抗压强度越高；堆积密度小于 300kg/m³ 者，只能配制非承重的、保温用的轻集料混凝土。在级配和粒形相同的情况下，轻集料的堆积密度与其颗粒密度成比例，一般为颗粒密度的 50% 左右。粒形对堆积密度也有很大影响，圆球形轻集料的堆积密度较大，而碎石型轻集料的堆积密度则较小。级配合理有利于增大堆积密度。颗粒直径与堆积密度之间没有固定的关系，一般来说，当粒径较小的颗粒堆积在一起时，它们之间的间隙较小，会导致堆积密度较大；相反，当粒径较大的颗粒堆积在一起时，它们之间的间隙较大，会导致堆积密度较小。

② 轻集料的强度用筒压法测定。筒压强度的测试，是将 10～20mm 粒级的粗集料装入截面积为 100cm² 的圆筒内做抗压试验，取压入深度为 2cm 时的抗压强度为该轻集料的筒压强度。由于轻集料在筒内为点接触，因此其抗压强度不是轻集料的极限抗压强度，只是反映集料颗粒强度的相对强度。

③ 轻集料与普通集料相比，具有较大的吸水率，一般人工轻集料 24h 的吸水率为 10%～25%。吸水率过大的轻集料，会给混凝土的性质带来不利影响，具体表现为：施工时混凝土拌合物的和易性很难控制；硬化后的混凝土会降低保温性能、抗冻性和强度。一般烧胀陶粒 24h 吸水率可达 10%，粉煤灰陶粒、火山渣、膨胀珍珠岩等轻集料，1h 的吸水率几乎达到 24h 吸水率的 80% 以上。因此，通常轻集料取 1h 吸水率作为配合比计算中考虑集料附加水的依据，并可完全满足施工对轻集料混凝土不迟于 45min 浇筑完毕的要求。根据工程实践经验，轻集料吸水率一般不应大于 22%。轻集料吸水率的大小，主要取决于轻集料的生产工艺及内部的孔隙结构和表面状态。通常，孔隙率越大吸水率也越高，特别是具有开孔的轻集料，其吸水率往往都比较大。

2）轻集料混凝土的技术性质

轻集料混凝土按其干体积密度分为十二个等级，即由 800～1900，每增加 100kg/m³ 为一个等级，而每一密度等级有一定的变化范围，如 800 密度等级的变化范围为 760～850kg/m³，900 密度等级的变化范围为 860～950kg/m³，其余依此类推。某一密度等级的轻集料混凝土的密度标准值，取该密度等级变化范围的上限，即取其密度等级值加 50kg/m³，如 1900 密度等级的轻集料混凝土，其密度标准值取 1950kg/m³。

轻集料混凝土按其立方体抗压强度标准值划分为十一个强度等级，即 CL15、CL17、CL25、CL30、CL35、CL40、CL45、CL50。

轻集料强度虽低于普通集料，但轻集料混凝土仍可达到较高强度。原因在于轻集料表面粗糙而多孔，轻集料的吸水作用使其表面处于低水胶比的状态，从而提高了轻集料与水泥石的界面黏结强度，使弱结合面变成了强结合面，混凝土受力时不是沿界面破坏，而是轻集料本身先遭到破坏。对低强度等级的轻集料混凝土，也可能是水泥石先开裂，然后裂缝向集料延伸。因此，轻集料混凝土的强度，主要取决于轻集料的强度和水泥石的强度。

轻集料混凝土的弹性模量小，一般为同强度等级普通混凝土的 50%～70%，这有利于改善建筑物的抗震性能和抵抗动荷载的作用。增加混凝土组分中普通砂的含量，可以提高轻集料混凝土的弹性模量。

轻集料混凝土的收缩和徐变，比普通混凝土相应大 20%～50% 和 30%～60%，热膨胀系数比普通混凝土小20%左右。

轻集料混凝土具有良好的保温性能。当其体积密度为1000kg/m³时，导热系数为0.28W/(m·K)；当体积密度为1400kg/m³时，导热系数为0.49W/(m·K)；当体积密度为1800kg/m³时，导热系数为0.87W/(m·K)。当含水率增大时，导热系数也将随之增大。

3）轻集料混凝土的配合比设计及施工要点

轻集料混凝土的配合比设计，除应满足强度、和易性、耐久性、经济等方面的要求外，还应满足体积密度的要求。

轻集料混凝土的水胶比一般以净水胶比表示。净水胶比，是指不包括轻集料1h吸水量在内的净用水量与水泥用量之比。配制全轻混凝土时，允许以总水胶比表示。总水胶比，是指包括轻集料1h吸水量在内的总用水量与水泥用量之比。

轻集料混凝土的施工工艺，基本上与普通混凝土相同。但由于轻集料的堆积密度小、呈多孔结构、吸水率较大，因此配制而成的轻集料混凝土具有某些不同的特征。只有在施工过程中充分加以注意，才能确保工程质量。

(1) 轻集料吸水率很大，会使混凝土拌合物的和易性很难控制，因此，在气温5℃以上的季节施工时，应对轻集料进行预湿处理。预湿时间可根据外界气温和来料的自然含水状态确定，一般应提前12~24h对轻集料进行淋水、预湿，然后滤干水分进行投料。在气温5℃以下的季节施工时，或对于表面无开口孔隙的轻集料，一般可不进行预湿。

(2) 轻集料混凝土在运输过程中，由于轻集料表观密度较小，易产生上浮现象，因此其比普通混凝土更容易产生离析。为防止轻集料混凝土拌合物的离析，运输距离应尽量缩短，若出现严重离析，浇筑前宜采用二次拌和。

(3) 用混凝土泵输送轻集料混凝土要比普通混凝土困难得多。主要是因为在压力下轻集料易于吸收水分，使混凝土拌合物变得比原来干硬，从而增大了混凝土与管道的摩擦，易引起管道堵塞。如果将粗集料预先吸水至接近饱和状态，则可以避免在泵压力下大量吸水，这样便可以像普通混凝土一样进行泵送。

(4) 由于轻集料混凝土的体积密度较小，施加给混凝土下层的附加荷载较小，而内部衰减较大，再加上从轻集料混凝土中排出混入的空气的速度比普通混凝土慢，因此浇筑轻集料混凝土所消耗的振捣能量要比普通混凝土大。在一般情况下，由于静水压力降低，混入拌合物中的空气不容易排出，因此振捣必须更加充分。

(5) 当采用插入式振动器时，由于它在轻集料混凝土拌合物中的作用半径约为普通混凝土中的一半，因此插点间距也要缩小一半。插点间距也可以粗略地按振动器头部直径的5倍控制。当轻集料与砂浆组分的容重相差较大时，在振捣过程中容易使轻集料上浮、砂浆下沉，从而产生分层离析现象。此外，在振捣中还必须防止振动过度。

(6) 轻集料多数为孔隙率较大的材料，其内部所含的水分足以供轻集料混凝土养护之用。当水分从混凝土表面蒸发时，集料内部的水分会不断地向水泥砂浆中转移。水分的连续转移，在一段时间内能使水泥的水化反应正常进行，并能使混凝土达到一定的强度。这段时间的长短，视周围气候而定。

(7) 在温暖和潮湿的气候下，轻集料混凝土中的水分，可以保证水泥的水化，因而不需要覆盖和喷水养护。但在炎热干燥的气候下，由于混凝土表面失水太快，易出现表面网状裂纹，因此有必要进行覆盖和喷水养护。

2. 大孔混凝土

大孔混凝土由粗集料、水泥和水配制而成。由于其排水性好，因而也称无砂透水混凝土。在这种混凝土中，水泥浆包裹在粗集料颗粒的表面，将粗集料黏结在一起，但水泥浆并不填满粗集料颗粒之间的空隙，因而形成大孔结构。为了提高大孔混凝土的强度，有时也加入少量细集料（砂），这种混凝土又称少砂混凝土。

大孔混凝土的导热系数小，保温性能好，吸湿性较小，排水性好，收缩一般比普通混凝土小30%~50%，抗冻性可达15~25次冻融循环。

大孔混凝土可用于制作墙体用的小型空心砌块和各种板材，也可用于现浇墙体，还可制成送水管、滤水板等，广泛用于市政工程。以大孔混凝土制作的护坡砖，可以保证植物根系生长，使护坡上形成绿色植被，增加装饰效果。在铁路上，大孔混凝土可用作垫层材料，有效地降低地下水位（减少毛细作用）；用在路基、隧道的排水及护坡结构中，能起到反滤和渗水作用，并具有一定强度，可承受适当的荷载。

1）原材料及配合比

大孔混凝土中在粗集料相互接触而形成的双凹黏结面上，水泥浆厚度越大，黏结点越多，黏结就越牢固。如粗集料中针、片状颗粒含量过多，则会减少水泥胶结层与粗集料的黏结面积，同时受力时易产生应力集中，从而降低混凝土的强度。因此，粗集料针、片状颗粒含量应不大于5%；其他指标不做特殊要求，但应符合普通混凝土的规定。

大孔混凝土在进行配合比设计时，应按设计要求的性能指标进行试验。配制成的混凝土应满足设计强度等级、透水性及施工工艺要求。

由于施工工艺的原因，大孔混凝土宜为干硬性混凝土。水泥用量宜为250~350kg/m^3，粗集料用量宜为1400~1600kg/m^3，水胶比不宜大于0.50。

2）施工及质量控制

大孔混凝土是干硬性混凝土，由于水泥浆的稠度较大且数量较少，为保证水泥浆能够均匀地包裹在集料上，应采用强制式搅拌机搅拌，同时搅拌时间应适当延长。投料顺序宜为水泥、水、外加剂，搅拌均匀后再加入碎石继续搅拌。

大孔混凝土在浇筑时不得采用强烈振捣或夯实，否则将会使水泥浆沉积，从而破坏混凝土结构的均匀性，并在底部形成不透水层。

为防止混凝土中水分流失而影响干硬性混凝土的工作性和水泥的凝结硬化，无砂透水混凝土在浇筑前应用水润湿基层，并加强早期养护，浇筑后应用塑料薄膜覆盖表面并开始洒水养护。

3. 多孔混凝土

多孔混凝土是一种不用集料，且内部均匀分布着大量微小气泡的轻质混凝土。多孔混凝土孔隙率可达85%，体积密度为300~1200kg/m^3，导热系数为0.081~0.29W/(m·K)，兼有承重及保温隔热功能。多孔混凝土容易切割，易于施工，可制成砌块、墙板、屋面板及保温制品，广泛用于工业与民用建筑及保温工程中。

根据气孔产生的方法不同，多孔混凝土可分为加气混凝土和泡沫混凝土。

（1）加气混凝土。

加气混凝土是用含钙材料（水泥、石灰）、含硅材料（石英砂、粉煤灰、粒化高炉矿渣等）和发气剂为原料，经过磨细、配料、搅拌、浇筑、成型、切割和蒸压养护（0.8~1.5MPa下养护6~8h）等工序生产而成。

一般是采用铝粉作为发气剂,把它加在加气混凝土料浆中,与含钙材料中的氢氧化钙发生化学反应放出氢气,形成气泡,使料浆体积膨胀形成多孔结构,其反应式如下。

$$2Al + 3Ca(OH)_2 + 6H_2O \longrightarrow 3CaO \cdot Al_2O_3 \cdot 6H_2O + 3H_2 \uparrow \qquad (4-44)$$

料浆在高压蒸汽养护下,含钙材料和含硅材料发生反应,产生水化硅酸钙,使坯体具有强度。

加气混凝土制品主要有砌块和条板两种。砌块可作为三层或三层以下房屋的承重墙,也可作为工业厂房,多层、高层框架结构的非承重填充墙。配有钢筋的加气混凝土条板可作为承重和保温合一的屋面板。加气混凝土还可以与普通混凝土预制成复合板,用于外墙,兼有承重和保温作用。

由于加气混凝土能利用工业废料,产品成本较低,能大幅度降低建筑物自重,保温效果好,因此具有较好的技术经济效果。

(2) 泡沫混凝土。

泡沫混凝土是将水泥浆与泡沫剂拌和后成型、硬化而成的一种多孔混凝土。泡沫混凝土在机械搅拌作用下,能产生大量均匀而稳定的气泡。常用的泡沫剂有合成泡沫剂、松香泡沫剂及水解血泡沫剂等。泡沫剂使用时先掺入适量水,然后用机械搅拌或喷吹成泡沫,再与水泥浆搅拌均匀,然后进行蒸汽养护或自然养护,硬化后即为成品。

泡沫混凝土的技术性能和应用,与相同体积密度的加气混凝土大体相同。泡沫混凝土还可在现场直接浇筑,用作屋面保温层。

4.8.6 纤维混凝土

混凝土是一种典型的脆性材料,抗拉强度低,容易产生裂缝。尤其是高强混凝土,抗拉强度仅为抗压强度的6%左右,当结构受弯时,在钢筋的应力远小于其屈服极限时混凝土中就开始产生裂缝。

纤维混凝土(fiber-reinforced concrete)是以水泥浆、砂浆或混凝土做基材,以金属纤维、无机非金属纤维、合成纤维或天然有机纤维为增强材料组成的复合材料。纤维与基体材料充分复合后,可发挥出各种材料的优势,既保留了水泥混凝土抗压强度高的优点,又对混凝土抗拉性、抗裂性、韧性等方面有了较大提高。

纤维混凝土的性能特点有:①纤维能在混凝土早期硬化期间,对裂缝的产生有很大的抑制作用;②在混凝土受拉时,纤维与基材能共同受力,从而提高混凝土的抗拉强度;③纤维可提高混凝土的韧性,使混凝土在产生大量裂缝的情况下仍然可以承受一定的荷载。

1. 用于混凝土的纤维材料

纤维混凝土所用纤维按其材料可分为以下三类。

(1) 金属纤维:主要是钢纤维和不锈钢纤维。

(2) 无机非金属纤维:主要有人造矿物纤维(抗碱玻璃纤维、抗碱矿棉纤维、碳纤维等)。

(3) 有机纤维:主要有合成纤维(聚丙烯纤维、聚丙烯腈纤维、聚乙烯醇纤维等)和植物纤维(麻纤维)等。

相对于基体混凝土的弹性模量,纤维又可分为高弹性模量纤维和低弹性模量纤维。其中,金属纤维、玻璃纤维、碳纤维等属于高弹性模量纤维;纤维素纤维、聚丙烯纤维、聚丙烯腈纤维等属于低弹性模量纤维；高模量聚乙烯醇纤维的弹性模量与混凝土基体相当，也称高弹性模量纤维。

纤维材料对混凝土性能影响较大的性质主要包括纤维的弹性模量、与基体的黏结力及长径比等。

高弹性模量纤维（如钢纤维）能够显著地提高混凝土的抗拉、抗弯和抗剪强度，对抗压强度也有一定的改善；混凝土的韧性有明显的提高，破坏时无碎块、不崩裂，能基本保持原来的外形。此外，复合材料的收缩徐变可以减少，耐磨性、抗冻性大幅度提高。

低弹性模量纤维（如聚丙烯纤维）对混凝土强度几乎无改善作用，甚至掺量过大时会导致抗压强度降低。但低模量纤维具有良好的抵抗早期塑性开裂的作用，均匀分布于混凝土中的纤维可承受因塑性收缩引起的拉应力，从而阻止或减少裂缝的生成；由于其良好的能量吸收作用，即使混凝土发生开裂，纤维也可横跨裂缝承受一部分拉应力，并可使混凝土具有良好的韧性。

尽管纤维是一种辅助受拉材料，但纤维与基体的黏结力比其本身的抗拉强度更重要。不同长径比的纤维有不同的破坏模式，长径比较低的纤维一般为拔出破坏，长径比较高的纤维一般为拉断破坏。因为采用长径比较高的纤维在搅拌均匀上有一定的困难，所以纤维混凝土破坏时多数是从基体中拔出而不是被拉断。

目前工程上应用较广泛的纤维是钢纤维和合成纤维。钢纤维混凝土适用于对抗拉、抗剪、弯拉强度和抗裂、抗冲击、抗疲劳、抗震、抗爆等性能要求较高的工程或部位；合成纤维混凝土适用于非结构性裂缝控制，以及对弯曲韧性和抗冲击性能有一定要求的工程或部位。

合成纤维中应用较多的是聚丙烯纤维，经常应用在路面、跑道、桥面铺装、薄壁水管等工程中。聚丙烯纤维的主要优点是：具有良好的抗碱性和化学稳定性，具有较高的抗拉强度、极限延伸率，且原材料价格低廉。其主要缺点是：耐火性差，当温度超过120℃时，纤维就软化；在空气或氧气中光照易老化；弹性模量低，一般只有1～8GPa；具有憎水性而不易被水泥浆浸湿，与基体的黏结力低。

2. 配合比设计要点

纤维混凝土的配合比设计与普通混凝土基本相同。

纤维掺量一般用纤维体积率或每立方米纤维质量表示。纤维掺量要根据混凝土的抗拉强度、抗弯强度、冲击韧性、阻裂性能等参数视纤维掺加的目的而定。纤维体积掺量一般不会超过2%，因此可以直接在普通混凝土基础上掺入纤维材料，必要时可对混凝土的表观密度进行实测修正。

在混凝土中加入纤维材料后，对和易性有一定的影响。为了获得适宜的和易性，有必要适当增加单位用水量和单位水泥用量。

为了保证纤维分散均匀、不成团，粗集料的粒径不宜太大，砂率宜适当提高。

纤维混凝土配合比设计时应检验劈裂抗拉强度指标，其他同不掺纤维的混凝土的规定。

3. 施工及质量控制

纤维混凝土应根据所使用纤维的种类、掺量选择适宜的施工工艺，投料顺序、搅拌方法和搅拌时间应通过现场匀质性试验确定。但大量实践表明，纤维混凝土的施工与常规混凝土没有大的不同，一般的施工方法都适用于纤维混凝土。

关于投料顺序，一般宜按水泥、纤维、细集料、粗集料、水的顺序进行，即先进行干拌后再加水湿拌；同时，纤维应分 2～3 次投放，以保证纤维在搅拌时不结团、不弯曲或折断。有条件的可采用摇筛或分散机进行纤维投料，以保证纤维分布均匀。

拌和时间应根据拌合物的黏聚性、均匀性及强度稳定性要求通过试拌确定。先干拌后湿拌，一般按干拌时间不少于 80s，湿拌时间不少于 100s，总拌和时间控制在 300s 以内。

纤维混凝土抹面时不宜过度操作，避免纤维浮于表层或造成纤维外露。

4.8.7 聚合物混凝土

聚合物混凝土（polymer concrete）可以泛指针对普通混凝土的缺点用聚合物进行改性的各种混凝土。根据聚合物引入方式的不同，聚合物混凝土主要可以分为聚合物浸渍混凝土、聚合物胶结混凝土和聚合物水泥混凝土。

1. 聚合物浸渍混凝土

聚合物浸渍混凝土（polymer impregnated concrete，PIC），就是将已经硬化的混凝土浸渍在以树脂为原料的液态单体中，使其聚合成为整体混凝土。聚合物填充了混凝土内部的孔隙和微裂缝，特别是提高了水泥石与集料间的黏结强度，减少了应力集中，使聚合物浸渍混凝土具有高强、密实、防腐、抗渗、耐磨、抗冲击等优良的物理力学性能。与基准混凝土相比，其抗压强度可提高 2～4 倍，一般在 150MPa 以上，最高可达 285MPa。

聚合物浸渍混凝土，按其浸渍深度可分为完全浸渍和局部浸渍。完全浸渍适用于制作高强度浸渍混凝土；局部浸渍通常用以改善混凝土的面层性能。用于聚合物浸渍的基材种类很多，如水泥混凝土、轻集料混凝土、钢丝网水泥混凝土、石膏混凝土等。这些经浸渍处理后的基材，性能改善效果都非常显著。例如，经浸渍处理的轻集料混凝土，具有轻似木材、强如岩石的优点。

浸渍液是聚合物浸渍混凝土的关键材料，由一种或几种单体组成。当采用加热聚合时，还应加入适量的引发剂等添加剂。当基材需完全浸渍时，应采用黏度较小的单体，如甲基丙烯酸甲酯、苯乙烯等，它们的黏度均小于 1×10^{-4} Pa·s，这种单体浸渍液具有很高的渗透能力；当基材需局部浸渍或表面浸渍时，可选用黏度较大的单体，如聚酯-苯乙烯、环氧-苯乙烯等，以便控制浸渍的深度，减少聚合时的流失。

2. 聚合物胶结混凝土

聚合物胶结混凝土（polymer conerete），是以合成树脂为胶结材料、以砂石为集料的混凝土。聚合物混凝土与普通水泥混凝土相比，具有强度高、化学稳定性好、耐磨性高、抗冻性好、绝缘性能好、耐药色性强、几乎不吸水、易于黏结、工艺简单、硬化速度快等主要优点，较广泛用于耐腐蚀的化工结构和高强度接头中。另外，由于聚合物胶结混凝土具有漂亮的外貌，也可用作饰面构件，如窗台、窗框、地面砖、花坛、桌面、浴缸等。

聚合物胶结混凝土的胶结材料主要有热固性树脂（如不饱和聚酯树脂、聚氨基甲酸乙酯、环氧树脂、苯酚树脂、呋喃树脂等）、热塑性树脂（如聚氯乙烯树脂、聚乙烯树脂等）、沥青类树脂（如沥青、橡胶沥青、环氧沥青、聚硫化物沥青等）、煤焦油改性树脂（如环氧焦油、焦油氨基甲酸乙酯、焦油聚硫化物等）、乙烯类单体（如甲基丙烯酸甲酯、苯乙烯等）。

3. 聚合物水泥混凝土

聚合物水泥混凝土（polymer cement concrete），是在普通混凝土的拌合物中加入聚合物而制成的。这种由水泥混凝土和高分子材料有效结合的有机复合材料，其性能比普通混凝土要好得多。由于其制作简单且研究历史较长，利用现有普通混凝土的生产设备即能生产，成本较低，因而实际应用较广泛，近年来被进一步扩大应用到很多建筑结构中。美国、日本等国家是应用聚合物水泥混凝土较多的国家，聚合物水泥混凝土最近几年在我国发展也较快。

聚合物水泥混凝土所用的原材料，除一般混凝土所用的水泥、集料和水外，还有聚合物和助剂。国内外用于水泥混凝土改性的聚合物添加剂品种繁多，但总体上可以分三种类型，即乳胶（如橡胶乳胶、树脂乳胶和混合分散体等）、液体聚合物（如不饱和聚酯、环氧树脂等）和水溶性聚合物（如纤维素衍生物、聚丙烯酸盐、糠醇等），其中乳胶是应用最广泛的一种。这些聚合物的使用方法与混凝土外加剂一样，可以将它们与水泥、集料、水一起进行搅拌。

聚合物水泥混凝土性能优良，应用范围较广泛，目前主要用于地面、路面、桥面和船舶的内外板面，尤其适用于有化学物质洒落的楼地面，也可用作衬砌材料、喷射混凝土和新旧混凝土的接头。

4.8.8　防辐射混凝土

防辐射混凝土（radiation shielding concrete）能屏蔽原子核辐射和中子辐射，是原子能反应堆、粒子加速器及其他含放射源装置常用的一种防护材料。

不同的射线，它们的穿透能力也不同。α粒子、β粒子和质子具有电荷，当它们和防护物质的原子电场相互作用时，其能量将明显降低，所以用厚度很小的防护材料就可以阻挡；X射线、γ射线是一种高能量、高频率的电磁波，当它们穿过防护物质时，可以逐渐减小能量，但只有防护材料超过某一厚度并具有高容重时，能量才能被完全吸收；中子具有高度的穿透能力，原子核只能俘获吸收慢速中子，快速中子只有通过与原子核碰撞才能减速慢化，但某些物质的原子核和中子相碰撞时，会产生第二次γ射线，所以不能采用一般材料防护。氢和硼吸收中子后只放出很易屏蔽的α射线，并不放出γ射线，因此，含氢、含硼的材料是中子射线良好的防护材料。

钡水泥、锶水泥等具有很好的防辐射性能，但因为成本较高只有在特殊情况下才使用。防辐射混凝土一般采用普通水泥，所以防辐射的性能主要还是由集料来提供。

防辐射混凝土一般由密度很大的重集料配制而成，比如重晶石（硫酸钡）或褐铁矿、赤铁矿、磁铁矿、重晶石、蛇纹石、废钢铁、铁砂或钢砂等，这种混凝土的体积密度大，对X射线和γ射线的防护性能良好；如果采用含结合水和氢元素较多的褐铁矿石作为集料，对中子射线的防护性能也很好。

防辐射混凝土的配合比设计与普通混凝土的配合比设计基本相同。但由于粗、细集料的相对密度均比较大，混凝土拌合物易产生离析，故在选择配合比时，应尽可能选用较小的坍落度。在施工的各个过程中，如拌制、运输、浇筑、养护、拆模等，要切实加强施工管理，确保相对密度大的集料不产生离析。

4.8.9　超高性能混凝土

超高性能混凝土（ultra-high performance concrete，UHPC）是近些年发展起来的一

类性能更为优异的水泥基材料。从工程应用角度来看，UHPC 有以下的优点。

（1）超高性能混凝土的抗压强度一般高于 150MPa，约是传统混凝土的 3 倍以上，结构构件可以采用更薄的截面或具有创新性的截面形状，从而有效地减轻结构物的自重。

（2）超高性能混凝土孔隙率极低，几乎无碳化，氯离子渗透和硫酸盐渗透也几乎为零，能够抵御外部侵蚀性介质的腐蚀，大幅度提高结构物的耐久性，极大地减少或免除维护费用，大幅度提高结构的使用寿命，具有很高的性价比。

（3）超高性能混凝土具有优异的韧性，和一些金属相当，这有利于提高结构的抗震和抗冲击性能。

（4）超高性能混凝土的耐高温性、耐火性及抗腐蚀能力远远高于钢材。

超高性能混凝土在工程结构中的应用可以解决目前高强与高性能混凝土抗拉强度不够高、脆性大、体积稳定性不良等缺点，同时还可以解决钢结构投资高、防火性能差、易锈蚀等问题。我国在高速铁路建设中，已广泛应用的 RPC 材料（又称活性粉末混凝土、纤维增强砂浆）就是一种超高性能混凝土，它主要用于制作桥梁上的人行道板、声屏障、电缆沟槽盖板及人行道栏杆等。

超高性能混凝土的基本配制原理主要是通过提高组分的细度与活性，优化颗粒级配，使材料内部的缺陷（孔隙与微裂缝）减小到最少，从而获得超高强度与高耐久性。具体措施主要包括以下几个方面。

1）为提高匀质性，去除粗集料

对于大多数固体材料，其实际强度远远低于其理论强度，主要原因就是由于材料内部存在大量缺陷。例如，在混凝土中，集料和水泥石之间存在界面过渡区。由于水泥石和集料的弹性模量相差悬殊，当应力、温度发生变化时，二者变形并不一致，在其交界面上会出现剪应力和拉应力，从而导致微裂缝的产生。随着应力的增长，这些微裂缝不断扩展并伸向水泥石，最终导致结构的破坏。超高性能混凝土材料去除了粗集料，减小了界面过渡区的厚度与范围。集料粒径的减小，使其自身存在缺陷的概率减小，整个基体的缺陷也就减少。

2）利用具有较高活性的硅灰等辅助胶凝材料

硅灰是一种以活性 SiO_2 为主要成分的矿物掺合料，其具有很高的活性，可与富集在集料周围过渡区的 $Ca(OH)_2$ 反应生成水化硅酸钙凝胶，改善过渡区的黏结性能；另外，硅灰颗粒极细，可以填充水泥颗粒之间更为微小的空隙，使水泥石结构更加致密，从而大大提高水泥石的强度和弹性模量，使超高性能混凝土中集料与水泥石的弹性模量之比在 1~1.4 之间，这样两者之间不均匀性的影响几乎消除。

3）为提高密实度，需优化颗粒的混合级配

超高性能混凝土配合比设计以最大密实度理论为依据，采用最优的颗粒级配。为了提高材料的堆积密度，常在较大的单一粒径的颗粒之间加入粒径较小的颗粒。一般先由直径最大的球体堆积成最密填充状态，剩下的空隙依次由次大的球体来填充，这样可使球体间的空隙减小，从而整体达到最大密实状态。

4）采用较低的水胶比和用水量

由水胶比定则可知，水泥基材料的强度及密实度与水胶比有关。超高性能混凝土的水胶比一般低于 0.20，用水量较低，为了保证拌合物的工作性，必须掺加高效减水剂。

5）采用振动成型措施

使用振动台或振动棒对混凝土进行振捣，以排除内部气泡，提高混凝土的密实性。例如，在浇筑混凝土时，利用振动装置排除气孔。

6) 采用特殊的养护措施

为提高微结构的性能，也可采用凝结后加热养护措施，这样可以加速水泥水化反应的进程和火山灰效应的发挥，改善水化产物的微观结构。对于抗压强度在200MPa以下的制品，采用常压养护就可以实现；为了获得更高的抗压强度，需在250~400℃温度下蒸压养护，使水化生成物C-S-H凝胶大量脱水，形成硬硅钙石结晶。同时，在加热养护的过程中，石英粉也会与水化产物发生反应，能大幅度地改善集料与水泥石之间的界面。

7) 掺加微钢纤维，提高韧性

一般而言，强度的提高会使材料变得非常脆。在超高性能混凝土中掺加微钢纤维，可提高其韧性。

4.8.10 混凝土制品

混凝土作为一种土木工程中的常用材料，除通过现场浇筑成型外，还可以在工厂制作成各种混凝土制品（concrete products），如用于楼房的砖瓦砌块、预制桩、墙板、楼板、檩条、屋面板，用于市政工程的电杆、水管、地下管廊预制件、地铁管片，用于公路铁路的轨枕、轨道板、电缆沟盖板、预制梁、桥梁墩台等。不同的制品，对混凝土性能的要求不同，制作的工艺也有很大差异。在工厂专业化预制，可以节省原材料，提高生产效率，保证产品质量。

本章小结

本章主要介绍了水泥混凝土的组成材料、和易性及其影响因素、力学性能及其影响因素、变形、耐久性的内涵及其提高措施、质量控制与强度评定，以及传统混凝土配合比设计等。通过本章的学习，希望同学们理解混凝土的组成材料、技术性质及其应用，能够根据实际工程要求依据相关的技术标准正确选择材料，并能根据工程要求进行配合比设计，同时能理论结合实际，对工程中的典型案例进行综合分析。

练习题

一、基础题

（一）填空题

1. 以边长为100mm的立方体试件，测得受压破坏荷载为234kN，若混凝土强度标准差σ_0=4.0MPa，则该混凝土的抗压强度标准值为_____MPa。

2. 5~31.5mm粒级的集料，其最大粒径为_____。

3. 某混凝土配合比为 300∶738∶1206∶156，则其水胶比是_____，砂率是_____。

4. 进行混凝土拌合物坍落度试验时，混凝土应分_____层均匀装入筒内，每层应用捣棒插捣_____次，插捣应沿螺旋方向由外向中心进行。

5. 凡粒径小于_____的集料称为细集料。

6. 混凝土和易性包括_____、_____、_____三方面含义。

7. 混凝土拌合物流动性的试验方法有_____和_____两种方法。

8. 普通混凝土常用的组成材料有_____、_____、_____、_____等；为了改善混凝土的性能，经常还会掺入_____。

9. 集料级配好的标准是_____和_____。

10. 用碎石配制的混凝土比同条件下用卵石配制的混凝土的流动性_____，强度_____。

（二）选择题

1. 试拌混凝土时，当流动性偏低时应采用的调整措施是提高（　　）。
 A. 加水量　　　　　　　　　B. 水泥用量
 C. 水泥浆量（水胶比不变）　　D. 砂用量

2. 混凝土配合比设计中，水胶比是根据混凝土的（　　）要求来确定的。
 A. 强度及耐久性　B. 强度　C. 耐久性　D. 和易性与强度

3. 混凝土细集料级配及颗粒粗细是根据（　　）来评定的。
 A. 细度模数＋砂率　　　B. 细度模数＋筛分曲线
 C. 筛分曲线＋砂率　　　D. 细度模数

4. 配制混凝土时，在条件允许的情况下，应尽量选择（　　）的粗集料。
 A. 最大粒径小、空隙率大的　B. 最大粒径大、空隙率小的
 C. 最大粒径小、空隙率小的　D. 最大粒径大、空隙率大的

5. 现场拌制混凝土，发现黏聚性不好时最可行的改善措施为（　　）。
 A. 适当加大砂率　　　　　B. 加水泥浆（水胶比不变）
 C. 加大水泥用量　　　　　D. 加 $CaSO_4$

6. 我国规范规定，混凝土设计时要求的强度保证率为（　　）。
 A. 80%　　B. 100%　　C. 85%　　D. 95%

7. 通常情况下，混凝土的水胶比越大，其强度（　　）。
 A. 越大　　B. 越小　　C. 不变　　D. 不一定

8. 混凝土的（　　）是指混凝土在饱和水状态下能经受多次冻融循环而不破坏，同时强度也不严重降低的性能。
 A. 抗冻性　B. 抗渗性　C. 抗碳化　D. 抗侵蚀性

9. 混凝土的（　　）是指水泥中的碱（Na_2O 和 K_2O）与集料中的活性 SiO_2 发生反应，使混凝土发生不均匀膨胀，造成裂缝、强度下降等不良现象，从而威胁建筑物安全。
 A. 碱集料反应　B. 侵蚀　C. 碳化　D. 水化

10. 下列减少混凝土收缩措施，错误的是（　　）。
 A. 设置伸缩缝　　　　　　B. 提高混凝土密实度
 C. 增大水胶比和水泥用量　D. 加强养护

（三）判断题

1. 砂按产源可分为天然砂和人工砂两类。（　　）
2. 如果坍落度测试混凝土锥体倒塌、部分崩裂或出现离析现象，则表示混凝土保水性不好。（　　）
3. 混凝土的维勃稠度越大，说明混凝土的流动性越大。（　　）
4. 普通混凝土的强度与其水胶比成线性关系。（　　）
5. 混凝土的弹性模量与强度成正比。强度越高，弹性模量越大。（　　）
6. 混凝土的强度标准差 σ 值越大，表明混凝土质量越稳定，施工水平越高。（　　）
7. 混凝土水胶比越大，混凝土越不密实、孔隙率越大，外界 CO_2 越容易侵入，越容易碳化。（　　）
8. 混凝土标准养护的条件为温度 20℃±1℃，相对湿度在 90% 以上。（　　）
9. 混凝土的强度等级是根据棱柱体抗压强度确定的。（　　）
10. 采用边长为 100mm 的立方体试块确定强度等级时，应乘以的换算系数为 1.05。（　　）

（四）案例分析题

1. 某工程建设单位若在下列环境中施工，在通用水泥中宜选择何种品种，并说明选择的理由？①大体积混凝土；②高强混凝土；③高炉基础混凝土；④海港堤坝混凝土。

2. 某工程现场在配制大体积混凝土时就地取材利用了当地的黄砂和现场已有的水泥，泵送施工，结果两周后拆膜，发现混凝土表面有多道裂缝。已知当地黄砂的细度模数为 1.4，现场水泥为 42.5R 级的硅酸盐水泥，请分析造成混凝土开裂的原因。

3. 某工程 C30 混凝土结构完工后发生坍塌，调查发现实际混凝土强度仅 8.0MPa，且发现施工中存在工人往混凝土中加水的现象，另外在破坏混凝土的断口处可清楚地看出砂石未洗净，集料中混有鹅蛋大小的黏土块和树叶等杂质，试分析造成事故的原因。

二、拓展题

1. 取 500g 干砂，经筛分后其结果见表 4-34。该砂的级配（　　），细度模数为（　　）（保留 1 位小数），属于（　　）砂。

表 4-34 筛分结果

筛孔尺寸/mm	4.95	2.32	1.18	0.6	0.3	0.15	<0.15
筛余量/g	8	82	70	98	124	106	4

2. 某工地采用刚出厂的 42.5 级普通水泥和卵石配制混凝土。施工配合比为：水泥 336kg，水 129kg，砂 685kg，碎石 1260kg。已知砂、石含水率分别为 5%、1%。试问该配合比是否满足 C30 混凝土的要求（$\gamma_c=1.0$，回归系数 $a_a=0.48$，$a_b=0.33$，$\sigma_0=5.0$MPa）。

【在线答题】

3. 设计某非受冻部位的钢筋混凝土，设计强度等级为 C25。已知采用 42.5 级普通水泥，质量合格的砂石，砂率为 34%，单位用水量为 185kg，假设混凝土的体积密度为 2450kg/m³，试确定初步配合比（$\gamma_c=1.0$，$a_a=0.47$，$a_b=0.29$，$\sigma_0=5.0$MPa）。

第5章 建筑砂浆

📚 知识框架

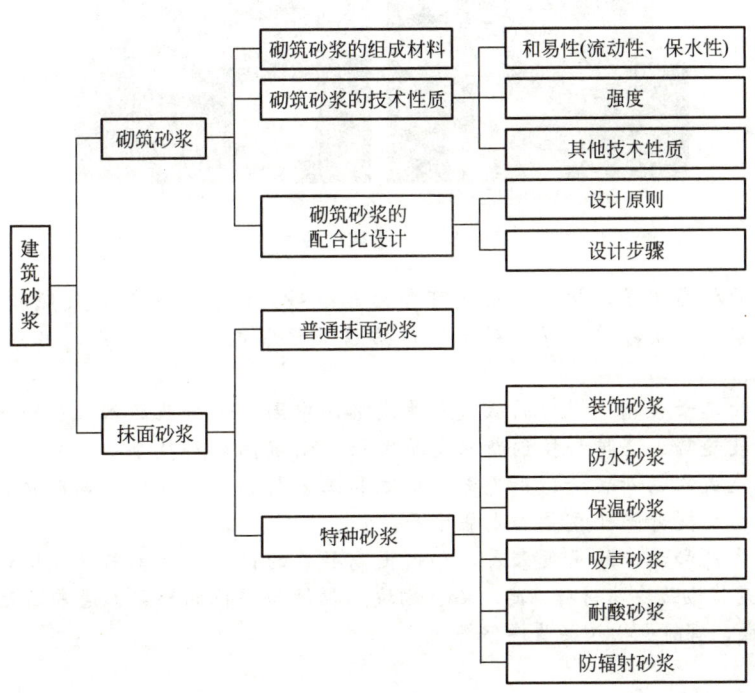

土木工程材料

学习目标

知识目标	了解砂浆的分类及应用
	熟悉砂浆对原材料的技术要求、砂浆的技术性质
能力和素质目标	综合运用所学知识,根据实际工程要求,依据相关技术标准正确选择材料,进行砂浆配合比设计

导入案例

建筑砂浆简介

水泥是建筑工程中使用量最大的一种材料,一部分用于生产混凝土,另外一部分则用于砂浆。砂浆的使用历史非常悠久,几乎与各种胶凝材料的发展同步,如有了石灰就有了石灰砂浆,有了水泥就有了水泥砂浆。在工程建设中,砂浆也是一种用量大、用途广泛的建筑材料,在房屋建筑中随处可见其身影(图 5-1)。但传统砂浆的技术含量较低,施工过程往往得不到足够的重视,经常出现强度不足、耐久性不良、开裂等问题。

(a) 砌筑工程中使用的砂浆　　(b) 抹面工程中使用的砂浆

图 5-1　砂浆的应用

建筑砂浆的种类较多,按照其用途可分为砌筑砂浆、抹面砂浆;按照胶凝材料种类,可分为水泥砂浆、石灰砂浆、混合砂浆等;按照供货形式及生产方式,可分为干粉砂浆、预拌砂浆等。

为贯彻党的二十大精神提出的低碳发展战略,中国砂浆行业迈入低碳时代,我们应紧跟新形势的发展趋势、坚持科技创新的发展定位、明确高端科技企业的目标方向、秉持开放共享与协同集成的创新理念,用先进的标准和工艺引领产品升级,同时借助新技术、新业态的引入,全面提升产业质量和发展水平。

思考: 从生产和施工的角度来看,如何提高砂浆的性能,使其与环境协调发展?

建筑砂浆是将砌筑块体材料(砖、石、砌块)黏结为整体的砂浆,通常由无机胶凝材料、细集料和水组成,有时也掺入某些掺合料。

5.1　砌筑砂浆

砌筑砂浆(masonry mortar)是指用于砌块、石、砖等砌体砌筑的砂浆,起着黏结砌块、传递荷载的作用,是砌体的重要组成部分。

5.1.1 砌筑砂浆的组成材料

1. 胶凝材料

砌筑砂浆常用的胶凝材料有水泥、石灰、石膏等。在选用时应根据使用环境、用途等合理选择。在干燥条件下使用的砌筑砂浆既可选用气硬性胶凝材料（石灰、石膏），也可选用水硬性胶凝材料（水泥）；若是在潮湿环境或水中使用的砌筑砂浆（如基础、长期受水浸泡的地下室）则必须选用水泥作为胶凝材料。

砌筑砂浆用水泥的强度等级应根据砂浆品种及强度等级的要求进行选择。M15 及以下强度等级的砌筑砂浆宜选用 32.5 级的通用硅酸盐水泥或砌筑水泥；M15 以上强度等级的砌筑砂浆宜选用 42.5 级通用硅酸盐水泥。

另外，也可用石灰膏、电石膏等材料改善砂浆的保水性。除掺入水泥外，又掺入了石灰膏或电石膏的砂浆，称为混合砂浆，一般用于地面以上的砌体。

用于混合砂浆的石灰膏或电石膏，应注意以下问题。

生石灰熟化成石灰膏时，应用孔径不大于 3mm×3mm 的网过滤，熟化时间不得少于 7d；磨细生石灰粉必须熟化成石灰膏才可使用，熟化时间不得少于 2d。沉淀池中储存的石灰膏，应采取防止干燥、冻结和污染的措施，严禁使用脱水硬化的石灰膏。

消石灰粉一般颗粒太粗，起不到改善和易性的作用，并且还会因未充分熟化而大幅度降低砂浆强度，因此不得使用。

制作电石膏的电石渣应用孔径不大于 3mm×3mm 的网过滤，检验时应加热至 70℃后至少保持 20min，并应待乙炔挥发完后再使用。

2. 砂

砂在砌筑砂浆中起着骨架和填充作用，并对收缩和开裂有较好的抑制作用。由于砂浆层一般较薄，普通砖砌体的灰缝只有 5~10mm，因此一般要求砂的最大粒径不宜大于 2.5mm；毛石及砌块砌体灰缝较大，可以选用粗砂，砂的最大粒径应小于砂浆层厚度的 1/5；光滑抹面及勾缝，应采用细砂。

3. 水

砌筑砂浆用水的要求与混凝土用水的要求相同，应采用不含有害杂质的洁净水。

4. 外加剂

为改善或提高砌筑砂浆的性能，可掺入一定的外加剂。砌筑砂浆用外加剂有增塑剂、保水剂、微沫剂等。增塑剂能明显改善砌筑砂浆的和易性，主要成分同混凝土中使用的减水剂。保水剂能显著减少砌筑砂浆泌水，常用的保水剂有甲基纤维素、硅藻土等。微沫剂会在砂粒之间产生大量微小的、高度分散的、稳定的气泡，能增大砌筑砂浆的流动性，但硬化后气泡仍存在于砌筑砂浆中，常用的微沫剂有松香皂等。

【拓展视频】

【知识拓展】 CA 砂浆

砂浆使用的胶凝材料除常见的水泥、石灰等无机材料外，还有各种聚合物，如 CA 砂浆中就使用了乳化沥青。CA 砂浆（cement asphalt mortar）是由水泥（C）、乳化沥青

(A)、砂和多种外加剂组成的,由于水泥沥青硬化体的力学性能具有介于弹性和黏性之间的黏弹性特征,因而可用作高速铁路板式轨道的弹性垫层,在板式轨道结构中能起到调平、缓冲的作用。

[来源:高强型水泥沥青砂浆抗压强度影响因素分析,王强、阎培渝、阿茹罕,建筑材料学报,2009年第12卷第5期(有改动)]

5.1.2 砌筑砂浆的技术性质

1. 和易性

砂浆(以下若不特别说明均指砌筑砂浆)的和易性指砂浆拌合物便于施工操作,并能保证质量均匀的综合性质,包括流动性和保水性两个方面。

1) 流动性

砂浆的流动性也叫稠度,是指砌筑在自重或外力作用下流动的性能,通常用沉入度表示。

砂浆稠度测定仪如图5-2(a)所示,将搅拌均匀的砂浆装入下面的锥形容器中,标准圆锥体10s沉入砂浆内的深度就是沉入度,单位为mm。沉入度越大,表示砂浆的流动性越大。

砂浆流动性的选择与砌体材料、施工条件及天气情况有关。若流动性过小,则不便施工操作,灰缝不易填充;若流动性过大,则砂浆易分层、析水。对于多孔吸水的砌体材料和干热的天气,则要求砂浆的流动性大一些;相反,对于密实不吸水的砌体材料和湿冷的天气,则要求砂浆的流动性小一些。新拌砂浆应具有适宜的稠度,一般情况可参考表5-1选择砂浆稠度。

(a) 砂浆稠度测定仪　　(b) 分层度筒

图5-2 砂浆稠度测定仪及分层度筒

影响砂浆流动性的因素主要是用水量,其次还有胶凝材料的种类和用量、集料的粒形和级配、外加剂的性质和掺量、拌和的均匀程度等。

2) 保水性

新拌砂浆能够保持水分的能力叫作保水性。新拌砂浆在存放、运输和使用过程中,必须保持其中水分,使其不致很快流失,才能形成均匀密实的砂浆缝,并保证砌体具有良好的质量。

砂浆的保水性用分层度表示,测定分层度时用到的分层度筒如图5-2(b)所示。砂浆装入分层度筒然后静置30min,取底部的试样测试其沉入度,如果泌水严重,底部试样的沉入度与初始值会减少很多,沉入度的变化值称为分层度。显然,保水性良好的砂浆其分层度是较小的。

砂浆的分层度以在10~30mm为宜。分层度大于30mm的砂浆,保水性太差;分层度接近于0的砂浆,虽然保水性很强,但干缩较大,会影响黏结力,且硬化后易产生干缩裂缝。

砂浆的保水性也可以用保水率来表示。测定砂浆保水率时,一般将砂浆装入直径100mm、高度25mm的圆形试模内,顶部用滤纸在一定的压力下吸出多余的水分,砂浆的保水率就是吸水处理后砂浆中保留的水的质量,并用原始水量的质量百分数来表示。

与混凝土相同,砂浆出现保水性不佳的原因主要是因为细颗粒过少。水泥砂浆经常出现保水性不佳的问题,主要是因为水泥砂浆中一般用很少量的水泥就可以满足强度要求,其中的细颗粒太少。这时候可以掺入石灰膏或电石膏做成混合砂浆,也可掺入适量粉煤灰或外加剂(减水剂、引气剂或微沫剂),以改善新拌砂浆的性质。

2. 强度

砂浆强度是以边长为 $70.7\text{mm} \times 70.7\text{mm} \times 70.7\text{mm}$ 的立方体试块,在温度为(20 ± 3℃)、一定相对湿度(混合砂浆为60%~80%,水泥砂浆大于90%)条件下养护28d测得的极限抗压强度。水泥砂浆及预拌砌筑砂浆的强度等级可分为 M5、M7.5、M10、M15、M20、M25、M30 七个等级,混合砂浆的强度等级可分为 M5、M7.5、M10、M15 四个等级。

影响砂浆抗压强度的因素较多,其组成材料的种类也较多,因此很难用简单的公式准确地计算出其抗压强度。在实际工作中,多根据具体的组成材料,采用试配的办法,经过试验来确定其抗压强度。对于普通水泥配制的砂浆可参考下列公式计算其抗压强度。

(1)用于不吸水底面(如密实的石材)的砂浆的强度,与混凝土相似,主要取决于水泥强度和水灰比,按式(5-1)计算:

$$f_{m,0} = A f_{ce} \left(\frac{C}{W} - B \right) \tag{5-1}$$

式中 $f_{m,0}$——砂浆28d抗压强度,MPa;
  A、B——经验系数;
  f_{ce}——水泥实测强度,MPa;
  C/W——灰水比。

(2)用于吸水底面(如砖或其他多孔材料)时,砂浆的强度主要取决于水泥强度等级及水泥用量,按式(5-2)计算:

$$f_{m,0} = \frac{\alpha f_{ce} Q_c}{1000} + \beta \tag{5-2}$$

式中 Q_c——每立方米砂浆的水泥用量,kg;
  $f_{m,0}$——砂浆28d抗压强度,MPa;
  α、β——经验系数;
  f_{ce}——水泥实测强度,MPa。

由于基层能吸水,当其吸水后,砂浆中保留水分的多少主要取决于其本身的保水性,在一定范围内与用水量关系不大。

3. 其他技术性质

砌体是靠砂浆把许多块状的材料黏结成为一个整体的,因此要求砂浆对于砖石必须有一定的黏结力。一般情况下,砂浆的抗压强度越高其黏结力也越大。此外,砂浆的黏结力与砖石表面状态、清洁程度、湿润情况及施工养护条件等都有相当的关系。

砂浆在承受荷载、温度、湿度变化时均会发生变形，如果变形量太大，则会引起开裂而降低砌体质量。砂浆中混合料掺量过多或使用轻集料，也会产生较大的收缩变形。为了减少收缩变形，可在砂浆中加入适量的膨胀剂。

硬化砂浆应有良好的耐久性，保证其在长期的使用过程中自身不发生破坏，并对工程结构起到应有的保护作用。为此，砂浆应与基底材料有良好的黏结力及较小的收缩变形；此外，当受冻融作用影响时，砂浆还应有抗冻性。

5.1.3 砌筑砂浆的配合比设计

1. 设计原则

砂浆的配合比应根据原材料性能及对砂浆的技术要求进行计算，并经试验室试配试验，再进行调整后确定。砂浆的施工稠度、保水率、试配抗压强度应同时满足设计要求。

砂浆的施工稠度可以参考表5-1，砂浆拌合物的保水率见表5-2。

表5-1　砂浆的施工稠度　　　　　　　　　　　　　　　　单位：mm

砌体种类	砂浆稠度
烧结普通砖砌体、粉煤灰砖砌体	70～90
混凝土砖砌体、普通混凝土小型空心砌块砌体、灰砂砖砌体	50～70
烧结多孔砖砌体、烧结空心砖砌体、轻集料混凝土小型空心砌块砌体、蒸压加气混凝土砌块砌体	60～80
石砌体	30～50

表5-2　砂浆拌合物的保水率　　　　　　　　　　　　　　单位：%

砂浆种类	水泥砂浆	水泥混合砂浆	预拌砌筑砂浆
保水率	≥80	≥84	≥88

砂浆的强度等级应按工程设计要求确定。在一般工程中，办公楼、教学楼及多层建筑物宜选用M5～M10的砂浆，平房商店等多选用M2.5～M5的砂浆，仓库、食堂、地下室及工业厂房等多选用M2.5～M10的砂浆，而特别重要的砌体则宜选用M10以上的砂浆。

砂浆拌合物的体积密度宜符合表5-3的规定。

表5-3　砂浆拌合物的体积密度　　　　　　　　　　　　单位：kg/m³

砂浆种类	水泥砂浆	水泥混合砂浆	预拌砌筑砂浆
体积密度	≥1900	≥1800	≥1800

受冻融影响较多的建筑部位，当设计中有冻融循环要求时，必须进行冻融试验。砂浆的抗冻性应满足表5-4的要求。

表5-4　砂浆的抗冻性

使用条件	抗冻指标	质量损失率/%	强度损失率/%
夏热冬暖地区	F15	≤5	≤25
夏热冬冷地区	F25		
寒冷地区	F35		
严寒地区	F50		

砂浆中胶凝材料的用量,宜符合表5-5的要求。

表 5-5 砂浆中胶凝材料的用量　　　　　　　　　　单位:kg/m³

砂浆种类	材料用量	备注
水泥砂浆	≥200	水泥用量
水泥混合砂浆	≥350	水泥+石灰膏或电石膏用量
预拌砌筑砂浆	≥200	水泥及其他辅助胶材总量

2. 设计步骤

1)计算砂浆试配强度 $f_{m,0}$

砂浆的试配强度应按式(5-3)计算:

$$f_{m,0} = k f_2 \tag{5-3}$$

式中　$f_{m,0}$——砂浆的试配强度,MPa,应精确到0.1MPa;

f_2——砂浆的强度等级值,MPa;

k——系数,按表5-6取值。

表 5-6 砂浆强度标准差及 k 值

施工水平	强度标准差							k
	M5	M7.5	M10	M15	M20	M25	M30	
优良	1.00	1.50	2.00	3.00	4.00	5.00	6.00	1.15
一般	1.25	1.88	2.50	3.75	5.00	6.25	7.50	1.20
较差	1.50	2.25	3.00	4.50	6.00	7.50	9.00	1.25

砂浆强度标准差的确定,当无统计资料时可按表5-6取值;当有统计资料时,应按式(5-4)计算:

$$\sigma = \sqrt{\frac{\sum_{i=1}^{n} f_{m,i}^2 - n \mu_{f_m}^2}{n-1}} \tag{5-4}$$

式中　$f_{m,i}$——统计周期内同一品种砂浆第 i 组试件的强度,MPa;

μ_{f_m}——统计周期内同一品种砂浆 n 组试件强度的平均值,MPa;

n——统计周期内同一品种砂浆试件的总组数,$n \geq 25$。

2)计算每立方米砂浆中的胶凝材料用量

每立方米砂浆的水泥用量,可按式(5-5)计算:

$$Q_c = \frac{1000(f_{m,0} - \beta)}{\alpha f_{ce}} \tag{5-5}$$

式中　Q_c——每立方米砂浆的水泥用量,kg,精确至1kg;

$f_{m,0}$——砂浆的试配强度,MPa,精确至0.1MPa;

f_{ce}——水泥的实测强度,MPa,精确至0.1MPa;

α、β——砂浆的特征系数,其中 $\alpha = 3.03$,$\beta = -15.09$。

注:各地区也可用本地区试验资料确定 α、β 值,统计用的试验组数不得少于30组。

配制混合砂浆时,石灰膏或电石膏的用量可按式(5-6)计算:

$$Q_d = Q_a - Q_c \qquad (5-6)$$

式中 Q_d——每立方米砂浆的石灰膏或电石膏用量，kg，精确至 1kg；

Q_c——每立方米砂浆的水泥用量，kg，精确至 1kg；

Q_a——每立方米砂浆中胶凝材料的总量，kg，精确至 1kg，可取 350kg。

石灰膏、电石膏等材料的用量，宜按稠度（120±5）mm 计量，其他稠度应视其稠度大小参照表 5-7 调整用量。

表 5-7 石灰膏不同稠度的换算系数

稠度/mm	120	110	100	90	80	70	60	50	40	30
换算系数	1.00	0.99	0.97	0.95	0.93	0.92	0.90	0.88	0.87	0.86

3）确定每立方米砂浆中砂的用量 Q_s

砂浆中的水、胶凝材料和掺合料是用来填充砂子的空隙的，1m³ 砂子就构成了 1m³ 砂浆。因此，每立方米砂浆中的砂子用量，应按干燥状态（含水率小于 0.5%）砂的堆积密度值作为计算值。

4）确定每立方米砂浆用水量 Q_w

砂浆中用水量的多少，应根据砂浆稠度要求来选用，一般为 210～310kg。

混合砂浆中的用水量，不包括石灰膏中的水；当采用细砂或粗砂时，用水量分别取上限或下限；稠度小于 70mm 时，用水量可小于下限；施工现场天气炎热或气候干燥时，可酌量增加用水量。

5）配合比试配调整和确定

按计算或查表所得配合比进行试拌时，应测定其拌合物的稠度和分层度，当不能满足要求时，应调整材料用量，直到符合要求，最终确定为试配时的砂浆基准配合比（即计算配合比经试拌后，稠度、分层度已合格的配合比）。

为了使砂浆强度能在计算范围内，试配时应采用 3 个不同的配合比。其中一个为基准配合比，其他配合比的水泥用量应按基准配合比分别增加及减少 10%。在保证稠度和分层度合格的条件下，可将用水量或掺合料用量做相应调整，最后测定砂浆强度，并选定符合试配强度要求的且水泥用量最低的配合比作为砂浆配合比。

【例题 5-1】 某住宅砌砖墙用石灰水泥混合砂浆，强度等级为 M7.5，稠度为 70～100mm，试计算砂浆配合比。原材料如下：粉煤灰水泥，32.5 级；中砂，含水率为 2%，堆积密度为 1450kg/m³；石灰膏，稠度为 110mm。

【解】 设计过程如下。

（1）计算砂浆的配制强度，假定施工水平为一般，则配制强度可定为

$$f_{m,0} = kf_2 = 1.2 \times 7.5 = 9.0 (\text{MPa})$$

（2）计算水泥用量 Q_c。

$$Q_c = \frac{1000(f_{m,0} - \beta)}{\alpha f_{ce}} = \frac{1000 \times (9.0 + 15.09)}{3.03 \times 32.5} \approx 245 (\text{kg/m}^3)$$

（3）计算石灰膏用量 Q_d。

$$Q_d = Q_a - Q_c = 350 - 245 = 105 (\text{kg/m}^3)$$

稠度为110mm，需要换算（换算系数查表5-7为0.99），换算后的石灰膏用量为$Q_d = 0.99 \times 105 \approx 104$（kg/m³）。

(4) 确定单位砂量Q_s。
$$Q_s = 1450 \times (1+2\%) = 1479 (kg/m^3)$$

(5) 选择单位用水量Q_w。

中砂，砂浆稠度为70~100mm，属较高稠度砂浆，用水量范围为210~310kg/m³，取用水量为280kg/m³。

(6) 确定砂浆配合比。

水泥：石灰膏：砂：水 = 245：104：1479：280

5.2 抹面砂浆

凡涂抹在建筑物或建筑构件表面的砂浆，可统称为抹面砂浆（decorative mortar），一般可分为普通抹面砂浆和特种砂浆。特种砂浆是指具有某些特殊功能或使用特殊材料或工艺的砂浆，如装饰砂浆、防水砂浆、保温砂浆、吸声砂浆、耐酸砂浆、防辐射砂浆等。

抹面砂浆的主要功能是使结构表面平整、光洁和美观，另外也起保护作用，用于保护墙体、地面不受风雨及有害杂质的侵蚀，提高防潮、防腐蚀、抗风化性能，增加耐久性。

与砌筑砂浆相比，抹面砂浆几乎不承受荷载，但要求其与基底层有足够的黏结强度，使其在施工中或长期自重和环境作用下不脱落、不开裂；抹面层多为薄层，并分层涂抹，面层要求平整、光洁、细致、美观；抹面砂浆多用于干燥环境，大面积暴露在空气中。

抹面砂浆要求具有良好的和易性，以便抹成均匀平整的薄层，故砂浆中胶凝材料（包括掺合料）的用量比砌筑砂浆中多一些；为提高与基层的黏结能力，抹面砂浆中经常需掺加一些有机胶粉；为防止开裂，有时需加入一些纤维材料，或者抹面时加挂纤维网。

5.2.1 普通抹面砂浆

常用的普通抹面砂浆有石灰砂浆、水泥砂浆、水泥混合砂浆、麻刀石灰浆（简称麻刀灰）、纸筋石灰浆（简称纸筋灰）等。

普通抹面砂浆一般分两层或三层施工（图5-3）。底层砂浆可以增加抹灰层与基层的黏结力，多采用混合砂浆，有防水防潮要求时多采用水泥砂浆，对于板条或板条顶棚的底层抹灰多采用石灰砂浆或水泥混合砂浆，对于混凝土墙体、柱、梁、板多采用水泥混合砂浆；中层砂浆主要起找平作用，又称找平层，一般采用水泥混合砂浆或石灰砂浆；面层砂浆起装饰作用，多采用细砂配制的水泥混合砂浆、麻刀灰或纸筋灰，在容易受碰撞的部位（如窗台、窗口、踢脚板等）采用水泥砂浆。普通抹面砂浆的材料及稠度见表5-8。常用普通抹面砂浆的参考配合比及应用范围见表5-9。

【拓展视频】

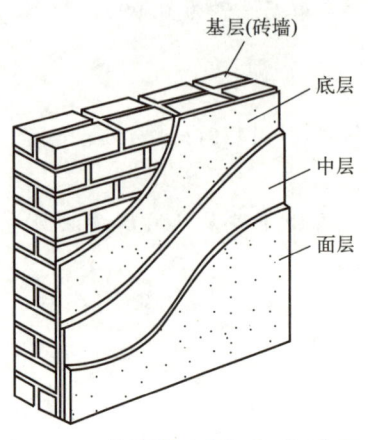

【拓展视频】

图 5-3　普通抹面砂浆分层示意图

表 5-8　普通抹面砂浆的材料及稠度

普通抹面砂浆层次	沉入度/mm	砂的最大粒径/mm
底层	100～120	2.5
中层	70～90	2.5
面层	70～80	1.2

表 5-9　常用普通抹面砂浆的参考配合比及应用范围

组成材料	配合比	应用范围
石灰∶砂	1∶3（体积比）	干燥砖石墙面打底找平
	1∶1（体积比）	墙面石灰面层
水泥∶石灰∶砂	1∶1∶6（体积比）	内外墙面水泥混合砂浆找平
	1∶0.3∶3（体积比）	墙面水泥混合砂浆面层
水泥∶石膏∶砂∶锯末	1∶1∶3∶5（体积比）	吸声粉刷
水泥∶砂	1∶2（体积比）	地面、顶棚、墙面水泥砂浆面层
石灰∶麻刀	100∶2.5（质量比）	木板条顶棚底层
	100∶1.3（质量比）	木板条顶棚面层
石灰膏∶纸筋	100∶3.8（质量比）	木板条顶棚面层
	1m³ 石灰膏 3.6kg 纸筋	墙面及顶棚

【工程案例 5-1】　砂浆墙面的空鼓和开裂问题

概况：某住宅项目抹灰后，抹灰面出现空鼓和开裂等问题（图 5-4），请分析原因。

原因分析：抹灰一般被视为附属工程，施工过程没有得到足够的重视，因此空鼓和开裂的质量问题非常普遍。

空鼓主要是因为抹面砂浆与基层的黏结不好。为防止空鼓，要求基层事先要清理浮尘并适当润湿，光滑的混凝土墙面可以拉毛或刷界面剂，严格执行分层抹压的工艺规程，所用砂浆的黏结性要好，拌和好的砂浆不要停放过久。

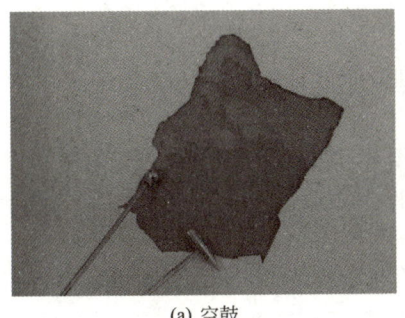 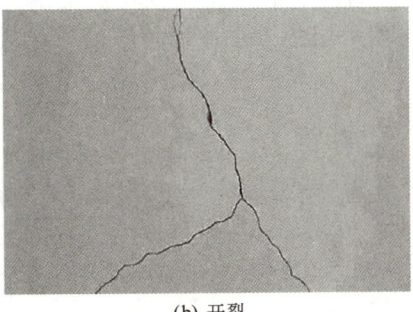

(a) 空鼓　　　　　　　　　　　(b) 开裂

图 5-4　抹灰面出现的空鼓和开裂

开裂主要是因为砂浆的收缩（有时使用未经陈伏的石灰也可因过火石灰的膨胀导致开裂），而收缩主要是由失水导致的。因此抹面前要求基层事先要润湿，严格执行分层抹压的工艺规程，完工后要及时洒水养护。另外，由于广泛使用的加气混凝土砌块墙体本身收缩较大，因此要等墙体收缩变形基本稳定了再抹灰；抹灰前加挂纤维网也是解决开裂的有效措施。

5.2.2　特种砂浆

1. 装饰砂浆

装饰砂浆是指涂抹在建筑物内外墙表面，具有美观装饰效果的抹灰砂浆。装饰砂浆的底层和中层抹灰与普通抹面砂浆基本相同，主要是装饰砂浆的面层，要选用具有一定颜色的胶凝材料和集料及采用某些特殊的操作工艺，使表面呈现出各种不同的色彩、线条与花纹等装饰效果。

装饰砂浆按饰面方式可分为灰浆类装饰砂浆和石渣类装饰砂浆两大类。

1）灰浆类装饰砂浆

灰浆类装饰砂浆常用的饰面方式有以下几种。

（1）拉毛灰、甩毛灰。拉毛灰是用铁抹子或木抹子将罩面灰轻压后，顺势轻轻拉起，形成的一种凹凸质感较强的饰面层。甩毛灰是用竹丝刷等工具，将罩面灰浆甩洒到墙面上，形成的大小不一但又很有规律的云朵状毛面；也有先在基层上刷水泥色浆，再甩上不同颜色的罩面灰浆，并用抹子轻轻压平，形成两种颜色的套色做法。

（2）喷涂、弹涂。喷涂是用挤压式砂浆泵或喷斗将聚合物水泥砂浆喷涂在墙面基层或底灰上，根据涂层质感可分为波面喷涂、颗粒喷涂和花点喷涂，其具有不同的饰面效果。弹涂是在墙体表面涂刷一道聚合物水泥色浆后，通过电动（或手动）筒形弹力器，分几遍将各种水泥色浆弹到墙面上，形成直径1～3mm、大小近似、颜色不同、互相交错的圆粒状色点，深浅色点互相衬托，构成一种彩色的装饰面层。这种饰面黏结力好，可直接弹涂在底层灰上或底基较平整的混凝土墙板、石膏板等墙面上。

（3）仿面砖。仿面砖是采用掺氧化铁系颜料的水泥砂浆，通过手工操作，达到模拟砖面装饰效果的饰面做法。仿面砖特别适用于装配式墙板外墙抹灰饰面。

2）石渣类装饰砂浆

石渣类装饰砂浆常用的饰面方式有以下几种。

(1) 水刷石。水刷石是将按比例配制的水泥砂浆用作外墙的面层抹灰，待水泥浆初凝后，再用一定的方法冲刷掉石渣浆层表面的水泥浆皮，半露出石渣，从而达到装饰的效果；还可以结合适当的分格、分色、凹凸线条等处理，使饰面获得一定的艺术效果。

(2) 干粘石。在素水泥浆或聚合物水泥浆黏结层上，把石渣、彩色石子等集料粘在其上，再拍平压实，可以做出干粘石装饰面。按操作方法，干粘石可分为手工甩粘和机械喷涂两种。

(3) 水磨石。水磨石是由水泥、彩色石渣及水，按适当比例配合，掺入适量颜料，经均匀搅拌、浇筑捣实、养护、硬化、表面打磨、洒草酸冲洗、干后上蜡等工序制成的。它既可以现场制作，也可工厂预制。水磨石多用于地面装饰，关键工序是表面打磨。施工前，应预先按设计要求的图案划线并固定好分格条，一般需用磨石机浇水打磨三遍。

(4) 斩假石（又称剁斧石）。斩假石是在水泥砂浆做成面层抹灰后，待其具有一定强度时，用钝斧或凿子等工具，在面层上剁出纹理，从而获得类似天然石材经雕琢后的纹理质感。斩假石主要用于外柱面、勒脚、栏杆、踏步等处的装饰。

图 5-5 给出了几种装饰砂浆效果图。

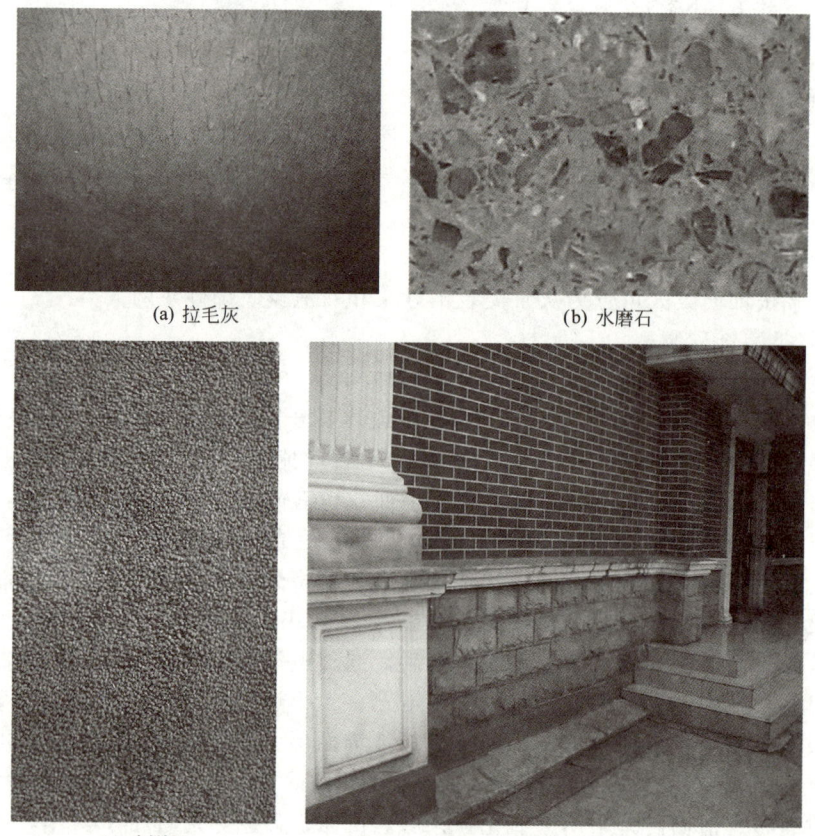

(a) 拉毛灰　　(b) 水磨石
(c) 水刷石　　(d) 仿面砖

图 5-5　几种装饰砂浆效果图

2. 防水砂浆

防水砂浆是用作防水层的砂浆，其具有较高的抗渗性能，可用于不受振动作用的混凝土、砖石结构等稳定的基底上铺设刚性防水层。

常用的防水砂浆主要有以下几种。

（1）普通防水砂浆。普通防水砂浆的防水原理：通过多层抹压减少砂浆内部的连通孔隙，提高其密实度，可达到防水的效果。普通防水砂浆通常为五层做法：先在清洁的底面抹一层纯水泥浆，然后抹一层5mm厚的防水砂浆，并在初凝前将其抹压密实；而后交替抹压纯水泥浆和防水砂浆，共20～30mm厚；最后一层为纯水泥浆层，须压平抹光。普通防水砂浆抹完之后要加强养护，防止脱水过快造成干裂。

（2）水泥砂浆加防水剂。在普通水泥砂浆中掺入防水剂，可提高砂浆的防水能力。常用的防水剂有氯化物金属盐类防水剂、水玻璃类防水剂和金属皂类防水剂等。

（3）水泥砂浆加膨胀剂。由于膨胀剂具有微膨胀和补偿收缩性能，可提高砂浆的密实性，从而达到良好的防水效果。

3. 保温砂浆

保温砂浆，又称绝热砂浆，是以水泥、石膏等胶凝材料与轻质多孔集料（膨胀珍珠岩、膨胀蛭石、浮石、陶粒、发泡聚苯乙烯颗粒等）按一定比例配制的砂浆。保温砂浆具有轻质、保温的特性，主要用于屋面、墙体的绝热层和热水、空调管道的绝热层。

4. 吸声砂浆

吸声砂浆，又称吸音砂浆，是一种具有吸声功能的特种砂浆。采用轻质集料拌制而成的保温砂浆，由于集料内部孔隙率大，也具有良好的吸声性能。若在吸声砂浆内掺入锯末、玻璃纤维、矿物棉等松软的材料，则能获得更好的吸声效果。吸声砂浆主要用于室内的吸声墙面和顶面。

5. 耐酸砂浆

耐酸砂浆，一般是由水玻璃、氟硅酸钠作胶凝材料，集料采用耐酸性能较好的石英砂、花岗岩砂、铸石等，按适当的比例配制而成的砂浆。耐酸砂浆具有较强的耐酸性，主要用作衬砌材料、耐酸地面和耐酸容器的内壁防护层等。

6. 防辐射砂浆

防辐射砂浆是在重水泥（钡水泥、锶水泥）中加入重集料（黄铁矿、重晶石、硼砂等）配制而成的具有防X射线、α射线、γ射线等的砂浆。其配合比一般为水泥：重晶石粉：重晶石砂＝1：0.25：(4～5)。在配制中加入硼砂、硼酸，还可制成具有防中子辐射能力的砂浆。这类砂浆主要用于射线防护工程中。

【思考与讨论5-1】

本章中所述砂浆主要用水泥或石灰作胶凝材料。结合自己所学的知识，思考一下还可以使用哪些胶凝材料。

【参考答案】

 【知识拓展】 预拌砂浆

从前，建筑砂浆都是在现场由施工单位自行拌制而成的，这样搅拌的建筑砂浆质量不够稳定、材料浪费大，而且存在文明施工程度低及污染环境等问题。近年来，随着建筑业科技进步和文明施工要求的提高，和预拌混凝土一样，预拌砂浆也逐渐推广开来。预拌砂

浆有湿拌砂浆和干粉砂浆等不同的供货形式，湿拌砂浆像预拌混凝土一样，运输到工地后要求在短时间内用完；干粉砂浆由工厂将干料按比例混合，运到工地可以在专用的容器中存放，随用随加水搅拌。

预拌砂浆作为一种新型生产方式，在节约资源、保护环境、确保建筑工程质量、实现资源再利用等方面具有显著优势。它的发展不仅充分体现了国家实现节能减排的战略方针，也是促进循环经济发展的重要措施之一。

由于预拌砂浆具有集中生产的优势，因此便于生产厂家采用新材料、新技术，提高砂浆的技术含量。比如，为了改善砂浆的使用性能，预拌砂浆中普遍加入了外加剂、乳胶粉等改性材料。

本章小结

本章主要介绍了砌筑砂浆的组成材料、砌筑砂浆的技术性质、砌筑砂浆的配合比设计方法，以及抹面砂浆等。通过本章的学习，希望同学们能够综合运用所学知识，根据实际工程要求，依据相关技术标准正确选择材料，进行砂浆配合比设计，并对砂浆施工中的一些问题具有分析、判断和解决的能力。

练习题

一、基础题

（一）填空题

1. 砌筑砂浆的和易性包括_____和_____，分别以_____和_____表示。
2. 用于片石砌体的砂浆，其强度取决于_____、_____。
3. 某房屋建筑工程地下部分采用水泥砂浆，地上部分采用混合砂浆，工地试验室把砂浆试件和混凝土试件放在一起养护，请分析是否符合要求。

（二）计算题

需配制 M10 级、沉入度为 70mm 的水泥混合砂浆，施工水平优良。现材料供应如下：水泥，42.5 级普通水泥，堆积密度为 $1250kg/m^3$；中砂，含水率小于 0.5%，堆积密度为 $1550kg/m^3$；石灰膏，沉入度为 80mm，体积密度为 $1380kg/m^3$。试求 $1m^3$ 砂浆中各材料的用量。

二、拓展题

砖砌体用砂浆，其强度主要由水泥强度和水泥用量决定，用水量可适度增减，是否可以认为用于水泥基材料的鲍罗米公式对于砖砌体用砂浆不成立了？

【在线答题】

第6章 墙体材料

知识框架

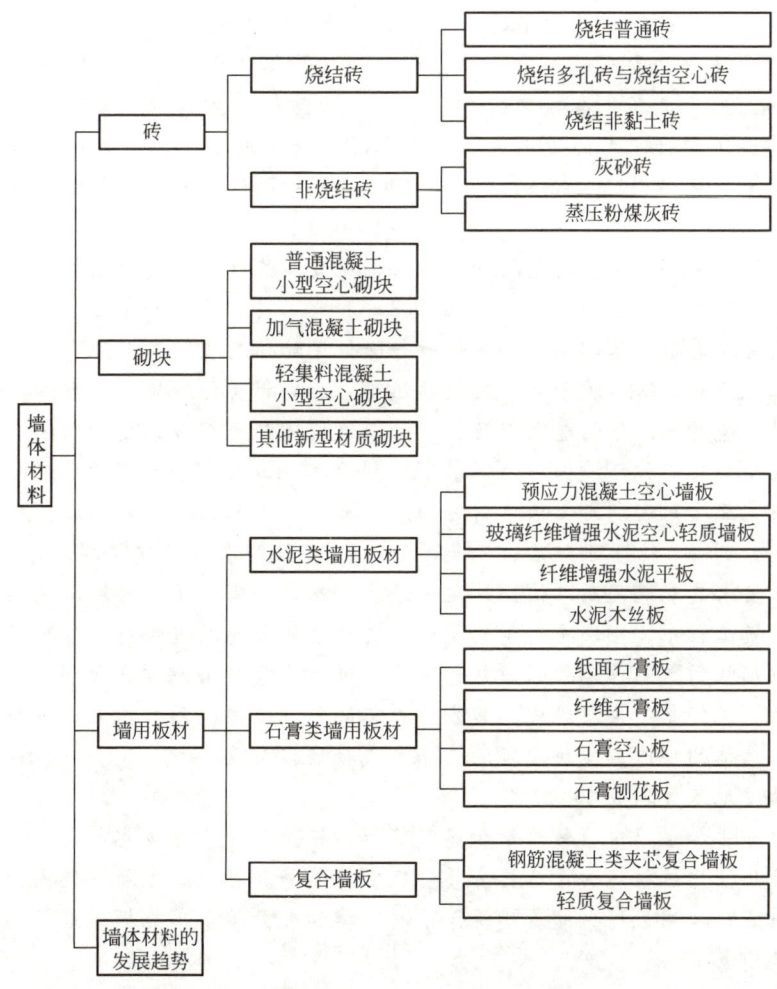

土木工程材料

学习目标

知识目标	了解常用墙体材料的种类,以及常用砌块和墙用板材的种类、基本性能和应用
	掌握烧结普通砖的技术性能及其应用,熟悉非烧结砖的分类与技术性能
	了解新型墙体材料的发展趋势
能力和素质目标	综合运用所学知识,根据实际工程要求,依据相关技术标准正确选用墙体材料;能认知墙体材料对国家发展的作用,树立家国情怀,培养科学素养、专业素养和创新精神

墙体材料的发展历史

墙体材料主要有各种砖、砌块和墙用板材等。墙体材料的发展,有着极为悠久的历史,最早的墙体材料为烧结黏土砖。原始人类受到雨后的脚印在篝火灼烧后形状得以固定且强度很高的启发,有意识地将黏土做成各种形状进行焙烧,从而得到各种产品,其中一种很重要的产品就是烧结黏土砖,它主要用于房屋的墙体砌筑和地面的铺筑。从战国时期的建筑遗址中,已发现条砖、方砖和栏杆砖等各种烧结黏土砖制品。烧结黏土砖的大规模使用开始于秦朝。秦始皇统一中原后,为防御北方匈奴的南侵,于公元前214年使用砖石建造了举世闻名的万里长城。在水泥广泛应用之前,烧结黏土砖在人类建筑材料的历史上长时间地处于主导地位,人们用它修建了各种房屋、宫殿、庙宇、城池和桥梁。

随着历史的发展和需求量的不断增大,人们也发现烧结黏土砖会消耗大量的耕地资源和燃料,为此,人们又开发出了烧结黏土多孔砖和空心砖,这在一定程度上节约了耕地资源和燃料,同时改善了墙体的保温隔热性能并降低了墙体自重。工业革命以后,各行业产生了大量的工业废渣,给环境带来了巨大的压力,急需将类似粉煤灰、矿渣等工业废渣加以利用;同时,烧结砖消耗的能源以及排放的二氧化碳越来越多,更加需要一种新型环保的墙体材料诞生。在这种环境保护的需求下,利用各种工业废渣生产的免烧砖产品(如灰砂砖、粉煤灰蒸压砖)逐渐走上墙体材料的历史舞台。

进入20世纪特别是21世纪后,人类生产生活不仅要求各种建筑材料节省土地资源、环保节能,还要求其能满足高效快捷的施工进度。在这种需求下,砌块随之诞生,并大量用于当代的建筑工程中。砌块是用于砌筑墙体的尺寸较大的人造块材,外形多为直角六面体,也有其他形状的。制作砌块的原材料丰富,可以充分利用地方资源和工业废渣,既节约了土地资源,又保护了生态环境。其生产工艺简单,适用范围广,施工方便灵活且工效高,并可改善墙体的功能。砌块砌筑的墙体可减轻墙体自重30%~50%,从而降低了建筑物自重,节约了地基处理成本。

在我国进一步加强墙体材料改革和建筑节能指标控制标准逐步完善的形势下,越来越多的建筑物采用墙用板材。由于其具有质量轻、节能降耗、施工方便、使用面积大、开间布置灵活等特点,墙用板材也随着建筑体系的改革和大开间多功能框架结构的发展,而具有良好的发展前景。

第6章 墙体材料

思考：目前常用的墙体材料有哪些？各有什么特点？选择和使用这些墙体材料时应注意哪些问题？

墙体材料（wall material）是指用于砌筑、拼装或用其他方法构成承重或非承重墙体或构筑物的材料，在建筑中起承重、围护或分隔作用，以及防水、保温、隔声等作用。墙体材料在建筑材料中占有很大的比重，是土木工程中基本而重要的建筑材料之一。因此，合理选用墙体材料，对建筑物的功能、安全、施工和造价等具有重要意义。

按照结构和尺寸大小不同，墙体材料主要有各种砖、砌块和墙用板材。由于其原材料来源广泛、价格便宜、耐久性和热工性能良好、施工简单，因此具有很强的生命力。随着生活水平和科技的不断进步，墙体材料从古老的砖逐渐发展为现代的砌块、墙用板材。砖和砌块这两种墙体材料的主要差别是尺寸，砌块比砖大。我国对这两者的定义是：三个边长分别等于或小于360mm、240mm、115mm的为砖，其中任何一个边长超过上述限制者为砌块。

6.1 砖

凡是由黏土、工业废渣或其他地方资源为主要原料，以不同生产工艺制成的，在建筑中用于砌筑墙体的块状材料统称为砌墙砖，在我国普通砖一直是土木工程中应用最广泛的材料。根据砖的孔洞率的大小，砖分为实心砖（solid brick）、多孔砖（perforated brick）和空心砖（hollow brick）。常用于承重部位、孔洞率不小于25%、孔的尺寸小而数量多的砖称为多孔砖；常用于非承重部位、孔洞率不小于40%、孔的尺寸大而数量少的砖称为空心砖。按原材料种类分类，砖可分为黏土砖和采用页岩、煤矸石、粉煤灰等工业废渣作为原材料的非黏土砖。根据制造工艺，砖又可分为烧结砖（fired brick）和非烧结砖（non-fired brick）。

6.1.1 烧结砖

烧结砖是以黏土、页岩、煤矸石、粉煤灰等为主要原料，成型为标准尺寸的单元，然后在900~1200℃下焙烧而成的制品，是一种以二氧化硅（质量百分比为55%~65%）和氧化铝（质量百分比为10%~25%）为主，并与多达25%的其他成分结合而成的陶瓷体。

按所用主要原料分类，烧结砖可分为烧结黏土砖（N）、烧结页岩砖（Y）、烧结煤矸石砖（M）、烧结粉煤灰砖（F）、烧结建筑渣土砖（U）、烧结污泥砖（W）、烧结固体废弃物砖（G）。

下面主要介绍烧结砖中的烧结普通砖、烧结多孔砖、烧结空心砖和烧结非黏土砖。

1. 烧结普通砖

我国烧结普通砖主要为烧结黏土砖。烧结黏土砖（fired clay brick）有红砖（red brick）和青砖（blue brick）之分。黏土成分和煅烧时的化学变化影响砖的最终颜色。决定砖体色泽的是氧化物中铁的价位：在氧化气氛下煅烧时，氧化物以三价铁的形式存在，呈棕红色；在煅烧的最后阶段，通过限制空气量或向窑内喷入适量燃料驱除氧气，即在还原气氛下煅烧时，则氧化物以二价铁的形式存在，或以三价铁和二价铁混合的形式存在，这样得到的产品则呈青蓝色或青黑色。

由于砖在焙烧时窑内温度分布难以绝对均匀，因此，除正火砖外，还常出现过火砖（crozzle）和欠火砖（underburut brick）。过火砖色深、敲击时声音清脆、吸水率低、强度较高，但有弯曲变形；欠火砖色浅、敲击时声音发哑、吸水率大、强度低、耐久性差。过火砖和欠火砖均属不合格产品。

1）烧结普通砖的性能

烧结普通砖的各项性能指标应满足《烧结普通砖》（GB/T 5101—2017）的规定。

（1）尺寸规格。为保证砌筑质量，要求砖的尺寸偏差必须符合《烧结普通砖》（GB/T 5101—2017）的规定。按标准规定，烧结普通砖的标准尺寸是 240mm×115mm×53mm，4 块砖长、8 块砖宽、16 块砖厚，再加上砌筑灰缝长度均为 1m，1m^3 砖砌体需用砖 512 块。

（2）外观质量。砖的外观质量包括两条面高度差、弯曲、杂质凸出高度、缺棱掉角的三个破坏尺寸、裂纹长度、完整面等项内容，应符合规定。

（3）强度等级。烧结普通砖强度等级的划分，是通过取 10 块砖试样进行抗压强度试验，根据试验结果划分为 MU10、MU15、MU20、MU25、MU30 五个强度等级。试验方法可按《砌墙砖试验方法》（GB/T 2542—2012）的规定。烧结普通砖的强度要求应符合表 6-1 的规定。

表 6-1 烧结普通砖的强度要求

强度级别	抗压强度平均值（≥）/MPa	强度标准值（≥）/MPa
MU30	30.0	22.0
MU25	25.0	18.0
MU20	20.0	14.0
MU15	15.0	10.0
MU10	10.0	6.5

（4）抗冻性。吸水饱和的砖经 15 次冻融循环，每块砖样不准出现分层、掉皮、缺棱、掉角等冻坏现象，质量损失和裂缝长度不超过标准规定，即认为抗冻性合格。

（5）泛霜试验。泛霜（efflorescence）是砖在使用过程中的一种盐析现象，砖内过量的可溶盐受潮吸水溶解，随水分蒸发而沉积于砖的表面，形成白色粉状物。轻微泛霜就能对清水墙建筑外观产生较大的影响。中等程度泛霜的砖用于建筑中的潮湿部位时，几年后因盐析结晶膨胀将使砖体的表面产生粉化剥落；在干燥的环境中使用约 10 年后砖体表面也将产生粉化剥落。严重泛霜的砖用于建筑中对建筑结构的破坏性更大。经试验的砖不应出现起粉、掉屑和脱皮现象，每块砖不准出现严重泛霜。

（6）石灰爆裂（lime popping）。当生产烧结黏土砖的原料含有石灰石时，则焙烧砖时石灰石会煅烧成生石灰留在砖内，这时的生石灰为过烧生石灰，这些生石灰在砖内会吸收外界的水分，消化并产生体积膨胀，导致砖发生膨胀性破坏，这种现象称为石灰爆裂。砖的石灰爆裂应符合下列规定。

① 破坏尺寸大于2mm且小于或等于15mm的爆裂区域,每组砖样不得多于15处,其中大于10mm的爆裂区域不得多于7处。

② 不允许出现最大破坏尺寸大于15mm的爆裂区域。

③ 试验后抗压强度损失不得大于5MPa。

(7) 抗风化能力 (resistance to weathering)。烧结普通砖的抗风化能力是指能抵抗干湿变化、冻融变化等气候作用的性能。抗风化能力与砖的使用寿命密切相关,抗风化能力好的砖其使用寿命长,砖的抗风化能力除与砖本身的性质有关外,还与所处环境的风化指数有关。风化指数是指日气温从正温降至负温或从负温升至正温的每年平均天数与每年从霜冻之日起至消失霜冻之日止这一期间降雨总量(以mm计)的平均值的乘积。

2) 烧结普通砖的标记规则

烧结普通砖的产品标记顺序为:产品名称的英文缩写、类别、强度等级、标准编号。

示例:烧结普通砖,强度等级MU15的黏土砖,其标记为FCB N MU15 GB/T 5101。

3) 烧结普通砖的应用

烧结普通砖主要用于砌筑建筑的内外墙、柱拱、烟囱和窑炉等。在采用烧结普通砖砌筑砌体时,在砌筑前,必须预先将砖进行吸水润湿。

【工程案例6-1】 烧结砖开裂问题

概况:某建筑物用烧结黏土砖砌筑,施工前用自来水浇湿烧结黏土砖,施工结束后数日发现砖的表面出现很多剥落现象,剥落处中心有浅黄色粉末,请分析原因。

原因分析:该现象为烧结黏土砖的石灰爆裂现象,当生产烧结黏土砖的原料中含有石灰石时,则焙烧砖时石灰石会煅烧成生石灰留在砖内,这时的生石灰为过烧生石灰,这些生石灰在砖内会吸收外界的水分,消化并产生体积膨胀,导致砖发生膨胀性破坏。

2. 烧结多孔砖与烧结空心砖

烧结多孔砖 (fired perforated brick) 与烧结空心砖 (fired hollow brick) 的原料及生产工艺与烧结普通砖基本相同,所不同的是对原料的可塑性要求较高 (图6-1)。烧结多孔砖为大面有孔洞的砖,孔洞率大于或等于25%,孔多而小,容重约为1400kg/m³,使用时孔洞垂直于承压面,通常用于砌筑承重墙(一般用于六层以下建筑物)。烧结空心砖为顶面有孔洞的砖,孔洞率一般大于或等于40%,孔大而少,容重约为1100kg/m²,使用时孔洞平行于承压面,多用于非承重墙,如多层建筑的内隔墙或框架结构的填充墙。

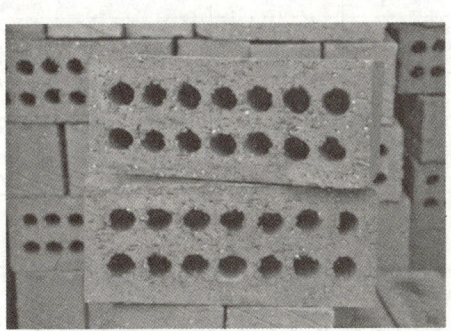

图6-1 烧结多孔砖与烧结空心砖

与烧结普通砖相比,生产烧结多孔砖与烧结空心砖,可节省黏土20%～30%、节约燃料10%～20%，且砖坯焙烧均匀，烧成率高。采用烧结多孔砖与烧结空心砖砌筑墙体，可减轻墙体自重1/3左右，工效提高约40%，同时还能改善墙体的热工性能。

为了避免使砖的强度下降过多，承重砖的孔洞率不宜超过40%。水平孔烧结空心砖多用于非承重墙，如多层建筑的内隔墙或框架结构的填充墙等，其孔洞率可达60%甚至更大。

大孔洞烧结空心砖的优点为尺寸大、体积密度小、隔热性能较好。这种砖砌体还可在孔洞内配筋。制砖时，若在黏土内掺入适量的锯屑、稻壳等植物纤维，焙烧后可制得微孔砖，这种砖不但强度较大、自重轻，而且隔热、隔声性能较好。

对烧结多孔砖与烧结空心砖的主要技术要求可查阅相关的国家标准：《烧结多孔砖和多孔砌块》（GB/T 13544—2011）和《烧结空心砖和空心砌块》（GB/T 13545—2014）。

【思考与讨论6-1】

烧结黏土砖的烧制不仅会造成大量的耕地损失，还会耗费大量的能源，从而增加碳排放量；另外，工业生产过程中的废弃物和生活垃圾等已经严重危害到人类的生存环境。是否可以用工业废渣、生活废料烧制烧结砖，甚至省去烧结环节而生产出符合要求的各种新型墙体材料？

3. 烧结非黏土砖

烧结黏土砖是一种传统材料，需要消耗大量黏土、破坏良田，为此开发出了一系列以工业废渣为原料的烧结非黏土砖，见表6-2。

表6-2 烧结非黏土砖的主要种类

种类	主要原料	特点	用途
烧结页岩砖 (fired shale brick)	页岩	可完全不用黏土，配料调制时所需水分较少，有利于砖坯干燥，焙烧时能耗较少	应用范围均与烧结普通砖相同
烧结煤矸石砖 (fired gangue brick)	煤矸石	焙烧时基本不需要外投煤，可节约能源，还可节省大量的黏土资源，减少工业废渣的占地	在一般的工业与民用建筑中，烧结煤矸石砖完全可以代替烧结普通砖使用
烧结粉煤灰砖 (fired fly ash brick)	粉煤灰	烧结粉煤灰砖的体积密度较小，颜色从淡红到深红，抗压强度一般为10～15MPa，抗折强度为3～5MPa，吸水率为20%左右，能满足砖的抗冻要求	烧结粉煤灰砖可以代替烧结普通砖应用于一般的工业与民用建筑中

【拓展阅读】 污泥的处理

近年来，我国兴建了大量的污水处理厂，处理污水的能力有了很大的提升。与此同时，相应地产生了大量的污泥，对生态环境造成了一定的威胁和破坏。为了减小污泥对环境的不良影响，降低污水处理厂的运行成本，有效地保护环境，科研工作者将污泥应用于污泥砖的制备。利用污泥中有机物含量很高（热值高达12000kJ/kg左右）的特点，在烧制过程中可使污泥中所含热值得到充分利用，减少能源的消耗。在烧制过程中，利用高温有效氧化有害有机物，去除污泥中的有害病原体，并将重金属固化在砖体内，使得污泥的处理达到彻底无害化，具有一定的社会经济效益及环境生态效益。

党的二十大报告提出，"我们坚持可持续发展，坚持节约优先、保护优先、自然恢复为主的方针，像保护眼睛一样保护自然和生态环境"。这种污泥砖的开发利用，既节省了土地资源和能源，又合理有效利用了污泥废料，减轻了环境压力，为国家绿色、循环、低碳发展做出了贡献。

6.1.2 非烧结砖

由于烧结砖生产过程中需要消耗大量的能源并释放二氧化碳，烧结砖越来越不能满足环保和节能减排的要求，因此人们逐步将普通砖的重点转向非烧结砖。非烧结砖是指不经过焙烧制成的砖，一般采用含钙材料（如电石渣、石灰和水泥等）和含硅材料（如砂子、粉煤灰、煤矸石和炉渣等）与水拌和后，经压制成型，然后通过常压或高压，并配合蒸汽或自然养护制备而成，如灰砂砖、蒸压粉煤灰砖等。

1. 灰砂砖

灰砂砖（sand lime brick）是以石灰、砂为原料，经配料、拌和、压制成型和蒸压养护制成的砖。用料中石灰占10%～20%。灰砂砖的规格尺寸与烧结普通砖相同，表观密度比烧结普通砖小，保温性能比烧结普通砖好。

灰砂砖可用于工业与民用建筑的墙体和基础。由于灰砂砖中的某些水化物不耐酸也不耐热，因此不得用于长期受热或急冷急热交替作用及有酸性介质侵蚀的建筑部位，也不宜用于受流水冲刷的部位。

2. 蒸压粉煤灰砖

蒸压粉煤灰砖（autoclaved fly ash brick）是利用粉煤灰为主要原料，掺入适量的石灰和石膏或再加入部分炉渣等，经配料、拌和、压制成型和蒸压（或常压蒸汽）养护制成的砖。蒸压粉煤灰砖的规格尺寸与烧结普通砖相同，呈深灰色，表观密度比烧结普通砖小。根据《蒸压粉煤灰砖》（JC/T 239—2014），粉煤灰砖强度等级为MU30、MU25、MU20、MU15、MU10，质量等级根据尺寸偏差、外观质量、强度等级、干燥收缩分为优等品（A）、一等品（B）、合格品（C）。

蒸压粉煤灰砖可用于工业与民用建筑的墙体和基础，但用于基础或用于易受冻融和干湿交替作用的建筑部位时，必须使用优等品或一等品；不得用于长期受热或急冷急热交替作用及有酸性介质侵蚀的建筑部位；为避免或减少收缩裂缝的产生，用蒸压粉煤灰砖砌筑的建筑物，应适当增设圈梁及伸缩缝。

【工程案例6-2】 灰砂砖使用不当

概况：某个处于河中的水文监测设施采用MU15灰砂砖砌筑，服役若干年后突然倒塌，后发现该水文监测设施砌体砖出现较多的缺棱掉角和空洞，请分析原因。

原因分析：产生该现象的原因是灰砂砖不宜用于受流水冲刷的部位，而该水文监测设施长期处于流水环境，导致水化产物随流水冲刷损失，长期积累致使结构承载力下降而最终破坏。

6.2 砌块

砌块是用于砌筑的形体大于砌墙砖的人造块材。它是一种新型节能墙体材料，可以充分利用地方资源和工业废渣，并可节省黏土资源和保护环境，具有生产工艺简单、原料来源广、适应性强、制作及使用方便、可改善墙体功能等特点，因此发展较快。

砌块的分类方法很多，按用途可分为承重用实心或空心砌块、彩色劈裂混凝土装饰砌块、多功能砌块和地面砌块；按材料可分为普通混凝土小型砌块、轻集料混凝土砌块、硅酸盐砌块、加气混凝土砌块、复合砌块等，其中以普通混凝土小型砌块产量最大，应用最广；按产品主规格尺寸可分为大型砌块（高度大于 980mm）、中型砌块（高度为 380～980mm）和小型砌块（高度为 115～380mm）。砌块高度一般不大于长度或宽度的 6 倍，长度不超过高度的 3 倍，根据需要也可生产各种异型砌块。

目前，我国各地生产的小型砌块品种有：普通水泥混凝土小型砌块（占全部产量的 70%）、天然轻集料或人造轻集料（包括粉煤灰陶粒、黏土陶粒、页岩陶粒、膨胀珍珠岩等）小型砌块、工业废渣（包括煤矸石、窑灰、粉煤灰、炉渣、煤渣、增钙渣、废石膏等）小型砌块（其中后两种砌块占全部产量的 25% 左右）。此外，我国还开发生产了一些特种用途的小型砌块，如饰面砌块、铺地砌块、护坡砌块、保温砌块、吸声砌块和花格砌块等。

下面主要介绍砌块中的普通混凝土小型空心砌块、加气混凝土砌块、轻集料混凝土小型空心砌块和其他新型材质砌块。

6.2.1 普通混凝土小型空心砌块

普通混凝土小型空心砌块是以水泥为胶凝材料，砂、碎石或卵石为集料，加水搅拌，经振动、加压或冲压成型，并经养护而制成的小型（主规格为 390mm×190mm×190mm）并有一定空心率的墙体材料，如图 6-2 所示。

图 6-2 普通混凝土小型空心砌块

1. 生产工艺

普通混凝土小型空心砌块的生产工艺流程如图 6-3 所示。

2. 主要性能

普通混凝土小型空心砌块的主要性能如下。

优点：自重轻、热工性能好、抗震性能好、砌筑方便、墙面平整度好、施工效率高等。普通混凝土小型空心砌块不仅可以用于非承重墙，较高强度等级的砌块还可用于多层建筑的承重墙。

缺点：易产生收缩变形、易破损、不便砍削

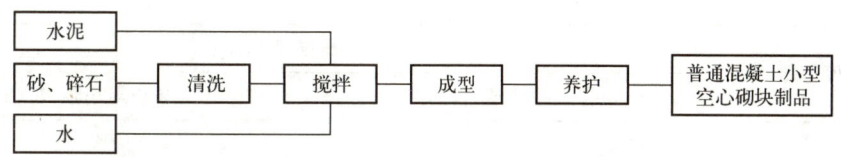

图6-3 普通混凝土小型空心砌块的生产工艺流程

加工等,若处理不当,砌体易出现开裂、漏水、热工性能降低等质量问题。砌块因失水而产生的收缩会导致墙体开裂,为了控制砌块墙的墙体裂缝,国家标准《普通混凝土小型砌块》(GB/T 8239—2014)对砌块的吸水率做了规定,承重类砌块的吸水率应不大于10%,非承重类砌块的吸水率应不大于14%。通常对用于承重墙和外墙的砌块的干缩率要求不大于0.45mm/m,用于非承重墙或内墙的砌块的干缩率应不大于0.65mm/m。

3. 特性

1) 种类、规格尺寸、强度分级与强度等级

(1) 砌块按空心率分为空心砌块(空心率不小于25%,代号H)和实心砌块(空心率小于25%,代号S);按砌筑结构的受力情况分为承重砌块(L)和非承重砌块(N)两类。

(2) 普通混凝土小型空心砌块的规格尺寸见表6-3。

表6-3 普通混凝土小型空心砌块的规格尺寸

长度/mm	宽度/mm	高度/mm
390	90、120、140、190、240、290	90、140、190

注:其他规格尺寸可由供需双方协商确定。采用薄灰缝砌筑的块型,相关尺寸可做相应调整。

(3) 普通混凝土小型空心砌块的强度分级见表6-4。

表6-4 普通混凝土小型空心砌块的强度分级 单位:MPa

砌块种类	承重砌块(L)	非承重砌块(N)
空心砌块(H)	7.5、10.0、15.0、20.0、25.0	5.0、7.5、10.0
实心砌块(S)	15.0、20.0、25.0、30.0、35.0、40.0	10.0、15.0、20.0

(4) 强度等级。

普通混凝土小型空心砌块的抗压强度用破坏荷载除以砌块受压面的毛面积求得。根据《普通混凝土小型砌块》(GB/T 8239—2014)的规定,普通混凝土小型空心砌块的抗压强度分为MU40、MU35、MU30、MU25、MU20、MU15、MU10、MU7.5、MU5.0共9个强度等级,具体指标见表6-5。

表6-5 普通混凝土小型空心砌块强度等级

强度等级	抗压强度/MPa	
	平均值(≥)	单块最小值(≥)
MU5.0	5.0	4.0
MU7.5	7.5	6.0
MU10	10.0	8.0

续表

强度等级	抗压强度/MPa	
	平均值（≥）	单块最小值（≥）
MU15	15.0	12.0
MU20	20.0	16.0
MU25	25.0	20.0
MU30	30.0	24.0
MU35	35.0	28.0
MU40	40.0	32.0

2）外观质量要求

普通混凝土小型空心砌块的外观质量要求见表6-6。

表6-6 普通混凝土小型空心砌块的外观质量要求

项目名称		技术指标
弯曲		≤2mm
缺棱掉角	个数	≤1个
	三个方向的投影尺寸最大值	≤20mm
裂纹延伸的投影尺寸累计		≤30mm

3）标记规则

普通混凝土小型空心砌块的标记顺序为：砌块种类、规格尺寸、强度等级、标准编号。示例：普通混凝土小型空心砌块的规格尺寸为390mm×190mm×190mm，强度等级为MU15，承重结构用实心砌块，其标记为 LS390×190×190 MU15.0 GB/T 8239—2014。

4. 应用

普通混凝土小型空心砌块可用于低层或中层建筑的内墙和外墙，如图6-4所示。使用普通混凝土小型空心砌块作墙体材料时，应严格遵照有关部门所颁布的设计规范与施工规程。普通混凝土小型空心砌块在砌筑时一般不宜浇水，但在气候特别干燥炎热时，可在砌筑前稍微喷水湿润。砌筑时应尽量采用主规格砌块，并应先清除砌块表面的污物和孔洞的底部毛边。采用反砌（砌块底面朝上）法时，砌块之间应对孔错缝搭接。砌筑灰缝宽度

图6-4 普通混凝土小型空心砌块的应用

应控制在 8~12mm，所埋设的拉结钢筋或网片，必须设置在砂浆层中。承重墙不得用砌块和砖混合砌筑。

 **【拓展阅读】 混凝土小型砌块施工的注意事项**

普通混凝土小型空心砌块存在块型种类多、块体相对较重、易产生收缩变形、易破损、不便砍削加工等缺点，若处理不当，砌体易出现开裂、漏水、热工性能降低等质量问题。因此在砌块生产、设计、施工及质量管理等方面均应注意保证其特殊要求。

砌块出厂必须达到规定的出厂强度。砌块装卸和运输应平稳，装卸时应轻码轻放，避免撞击，严禁倾卸重摔。装饰砌块在装运过程中，不得弄脏和损伤饰面。砌块应按不同规格和等级分别整齐堆放，堆垛上应设标志，堆放场地必须平整，并做好排水，地面上宜铺垫一层煤渣屑或石屑、碎石等，尤以 100mm 高的垫木或垫块为佳。轻质砌块产品提前出厂时，砌块抗压强度不得小于 28d 龄期规定值的 75%，且至 28d 龄期时应达到规定值的 100%。砌块应按密度等级、强度等级、质量等级分批堆放，不得混杂。砌块的堆放高度不得超过 1.6m，开口端应向下放置。堆垛间应保留适当通道，并应有防止雨淋的措施。

【工程案例 6-3】 普通混凝土小型空心砌块墙体开裂问题

概况：某多层建筑用普通混凝土小型空心砌块作承重外墙砌筑材料，砌块的干缩率为 0.52mm/m，施工时由于天气干燥，用自来水浇湿砌块后即进行砌筑，施工结束后数日发现墙体表面出现多条裂缝，请分析原因。

原因分析：该现象为墙体失水干缩开裂，由于该砌块的干缩率为 0.52mm/m，大于承重外墙关于砌块干缩率不大于 0.45mm/m 的要求，且砌块砌筑前因天气干燥浇水，导致砌筑后砌块失水干缩而造成墙体开裂。

【参考答案】

【思考与讨论 6-2】

在普通混凝土小型空心砌块施工过程中，为什么要限制其吸水率？

6.2.2 加气混凝土砌块

加气混凝土砌块是以钙质材料（水泥或石灰）和硅质材料（砂或粉煤灰等）为基本原料，以铝粉为发气剂，经过蒸压养护等工艺制成的一种多孔轻质的新型墙体材料，如图 6-5 所示。其体积密度为 300~1000kg/m³，抗压强度为 1.5~10.0MPa。

加气混凝土砌块的分类方法很多，按养护方法可分为蒸养加气混凝土砌块和蒸压加气混凝土砌块两种；按原材料的种类可分为蒸压水泥-石灰-砂加气混凝土砌块、蒸压水泥-石灰-粉煤灰加气混凝土砌块、蒸压水泥-矿渣-砂加气混凝土砌块、蒸压水泥-石灰-尾矿加气混凝土砌块、蒸压水泥-石灰-沸腾炉渣加气混凝土砌块、蒸压水泥-石灰-煤矸石加气混凝土砌块、蒸压石灰-粉煤灰加气混凝土砌块等。

由于加气混凝土砌块具有较高的强度和比强度、较小的体积密度，因此其具有轻质、保温、耐火、抗

图 6-5 加气混凝土砌块

震等良好的综合性能，而且具有足够的强度和良好的可加工性能。与传统的烧结黏土砖相比，加气混凝土砌块可以节约土地资源，改善建筑墙体的保温隔热性能，提高建筑节能效果。由于上述一系列优点，建筑工程中采用加气混凝土砌块，可大大减轻建筑物的自重，提高抗震能力，改善墙体、屋面的保温性能，因此加气混凝土砌块是一种理想的轻质新型建材。另外，加气混凝土砌块以粉煤灰、矿渣、火山灰、其他工业尾矿粉及水泥窑灰等工业废渣为原料，有利于工业废渣的综合利用及环境的保护治理，故属国家大力提倡和扶植的新型建筑材料之一。并且由于加气混凝土砌块轻质、保温隔热、隔声、耐火等优良性能符合我国目前建筑节能的规范要求，因此是高层建筑中用作围护结构和填充墙材料的首选产品。因此，大力开发和应用加气混凝土砌块可以取得良好的经济效益和社会效益，在建筑中应用非常广泛，具有广阔的发展前景。

1. 生产工艺

加气混凝土砌块的生产工艺因原材料不同、生产设备不同、外加剂不同而有所差异。但其主要的生产工序及主要的生产原理是相同的，主要是将钙质材料、硅质材料、发气剂（主要是铝粉）、调节剂、稳定剂和水，按配合比混合、搅拌、发气、成型、蒸养而成。

加气混凝土砌块的生产工艺流程一般可分为原材料加工、配料浇注、坯体静停切割、蒸压养护、脱模加工、成品堆放包装几个阶段。

2. 主要性能

(1) 轻质。加气混凝土砌块的表观密度小，一般仅为黏土砖的 1/3，作为墙体材料，可使建筑物自重减轻 2/5～1/2，从而降低造价。由于地震时建筑物的受力大小与建筑物的自重成正比，因此用加气混凝土砌块砌筑轻质墙体可提高建筑物的抗震能力。

(2) 保温隔热。加气混凝土砌块为多孔材料，其导热系数为 $0.14\sim 0.28\mathrm{W/(m\cdot K)}$，保温隔热性能好，用作墙体可降低建筑物的采暖、制冷等使用能耗。

(3) 隔声。用加气混凝土砌块砌筑的 150mm 厚的墙加双面抹灰，对 100～3150Hz 的平均隔声量约为 45dB。

(4) 耐火。加气混凝土砌块是非燃烧材料，故其耐火性好。

此外，加气混凝土砌块可加工性能优良，材料可锯、可钉、可钻、可粘，便于施工。在装配式建筑施工中，可根据所需尺寸对砌块进行锯切和黏结，拼装成各种规格的构件，这就给建筑设计中规格的多样化提供了良好条件。与普通混凝土制品相比，加气混凝土砌块在该方面的优点更为突出。加气混凝土本身属不燃物质，即使在高温下也不会产生有害气体；其耐火性能良好，并且由于具有较高的孔隙率，因此还具有较好的吸声性能。

3. 特性

1) 品种、规格

加气混凝土砌块按其原料的组成来分主要有三种：水泥-石灰-粉煤灰、水泥-矿渣-砂和水泥-石灰-砂。蒸压加气混凝土砌块的规格见表 6-7。

表 6-7 蒸压加气混凝土砌块的规格

项目	规格
长（L）/mm	600
宽（B）/mm	100、120、125、150、180、200、240、250、300
高（H）/mm	200、240、250、300

2）性能指标

根据《蒸压加气混凝土砌块》(GB/T 11968—2020) 的规定，蒸压加气混凝土砌块按尺寸偏差分为Ⅰ型和Ⅱ型，Ⅰ型适合于薄灰缝砌筑，Ⅱ型适合于厚灰缝砌筑；按立方体抗压强度分为 A1.5、A2.0、A2.5、A3.5、A5.0 五个等级；按干密度分为 B03、B04、B05、B06、B07 五个级别。表 6-8 和表 6-9 分别为蒸压加气混凝土砌块的尺寸偏差要求和强度、干密度指标。

表 6-8　蒸压加气混凝土砌块的尺寸偏差要求

项目	Ⅰ型	Ⅱ型
长（L）/mm	±3	±4
宽（B）/mm	±1	±2
高（H）/mm	±1	±2

表 6-9　蒸压加气混凝土砌块的强度、干密度指标

强度级别	抗压强度/MPa 平均值（≥）	抗压强度/MPa 最小值（≥）	干密度级别	平均干密度（≤）/(kg/m³)
A1.5	1.5	1.2	B03	350
A2.0	2.0	1.7	B04	450
A2.5	2.5	2.1	B04	450
			B05	550
A3.5	3.5	3.0	B04	450
			B05	550
			B06	650
A5.0	5.0	4.2	B05	550
			B06	650
			B07	750

3）标记规则

加气混凝土砌块的标记顺序为：产品代号（AAC-B）、强度级别、干密度级别、规格尺寸、标准编号。示例：强度级别为 A3.5、干密度级别为 B05、规格尺寸为 600mm×200mm×250mm 的蒸压加气混凝土砌块，其标记为 AAC-B A3.5 B05 600×200×250 (Ⅰ) A GB/T 11968—2020。

4. 应用

加气混凝土砌块在建筑中应用非常广泛。例如，加气混凝土砌块可用于一般建筑物的墙体，可用于多层建筑的承重墙和非承重外墙及内隔墙，也可用于屋面保温隔热。一般干密度级别为 B05 级、强度级别为 A3.5 的加气混凝土砌块用于横墙承重的房屋时，其层数不得超过 3 层，总高度不超过 10m；干密度级别为 B07 级、强度级别为 A5.0 号的砌块不宜超过 5 层，总高度不超过 16m。图 6-6 所示为加气混凝土砌块在工程中的应用。

图 6-6 加气混凝土砌块在工程中的应用

**【拓展阅读】 加气混凝土砌块的注意事项**

在无有效保障措施的情况下，以下建筑部位不得使用加气混凝土砌块：①建筑物外墙防潮层以下；②长期浸水或经常干湿交替的部位；③受酸碱化学物质侵蚀的部位；④承重制品表面温度高于80℃的建筑部位。

加气混凝土砌块应存放5d以上方可出厂。加气混凝土砌块本身强度较低，搬运和堆放过程要尽量减少损坏。砌块储存堆放应做到场地平整，同品种、同规格、同等级做好标记，整齐稳妥，宜有防雨措施。产品运输时，宜成垛捆扎或有其他包装。绝热用产品必须捆扎加塑料薄膜封包。运输装卸宜用专用机具，严禁抛掷、倾倒翻卸。承重加气混凝土砌块墙体，不宜进行冬季施工。

【工程案例6-4】 加气混凝土砌块问题

概况：某厂房处于沿海地区，基础采用加气混凝土砌块作为承重砌体材料，投入使用几年后，发现砌体表面有很多起粉、剥落现象，请分析原因。

原因分析：产生该现象的原因是使用加气混凝土砌块作为砌筑材料砌筑承重结构，由于该厂房处于沿海地区，地下水位变化频繁，使基础长期处于干湿交替的环境中，且地下水中含有较多盐类，因此不断发生溶解-结晶循环，导致砌块表面产生盐类结晶破坏。

6.2.3 轻集料混凝土小型空心砌块

轻集料混凝土小型空心砌块是以陶粒、膨胀珍珠岩、浮石、火山渣、煤渣及炉渣等各种轻粗细集料和水泥按一定比例混合，经搅拌成型、养护而成的空心率大于25%、体积密度小于1400kg/m³的轻质混凝土小型空心砌块。它是一种轻质高强、能取代烧结黏土砖的最有发展前途的墙体材料之一，主要用于工业与民用建筑的外墙及承重和非承重内墙，也可用于有保温承重要求的外墙。

轻集料混凝土小型空心砌块按其所采用的轻集料品种可分为陶粒混凝土小型空心砌块、火山渣（或浮石）混凝土小型空心砌块、煤渣混凝土小型空心砌块、自燃煤矸石混凝土小型空心砌块等。

由于轻集料混凝土小型空心砌块具有许多独特的优点，如自重轻、热工性能好、抗震性能好等，因此它可用于非承重墙，较高强度等级的轻集料混凝土小型空心砌块还可用于多层建筑的承重墙。此外，砌块生产过程中还可充分利用我国各种丰富的天然轻集料资源和一些工业废渣作为原料，有利于降低砌块生产成本和减少环境污染，具有良好的社会效益和经济效益。

1. 主要性能指标

1）体积密度

轻集料混凝土小型空心砌块的体积密度对其强度和保温性能有很大影响。不同品种的轻集料其孔结构不同，堆积密度也不同，因而用其制作的轻集料混凝土小型空心砌块密度差别也很大。我国轻集料混凝土小型空心砌块品种很多，体积密度差异很大，保温性能也相差很大。当前以超轻陶粒混凝土小型空心砌块为最轻，体积密度最小，保温性能最好。其次为某些地区的天然轻集料混凝土小型空心砌块及粉煤灰珍珠岩混凝土小型空心砌块，而火山渣、煤渣及自燃煤矸石混凝土小型空心砌块一般都较重，保温性能也较差。对同一品种的轻集料来讲，因其配制的混凝土类别不同，轻集料混凝土小型空心砌块的体积密度也不同，其中无砂混凝土小型空心砌块最轻，全轻集料混凝土小型空心砌块居中，砂轻集料混凝土小型空心砌块最重。《轻集料混凝土小型空心砌块》(GB/T 15229—2011)将轻集料混凝土小型空心砌块的密度大小分成8个等级，见表6-10。

表6-10 轻集料混凝土小型空心砌块的密度等级

密度等级	干体积密度范围/(kg/m³)	密度等级	干体积密度范围/(kg/m³)
700	610～700	1100	1010～1100
800	710～800	1200	1110～1200
900	810～900	1300	1210～1300
1000	910～1000	1400	1310～1400

2）抗压强度

抗压强度是轻集料混凝土小型空心砌块的一个最重要指标。对同一规格的轻集料混凝土小型空心砌块来说，混凝土体积密度越大，其强度越高，反之则越小。对同一品种的轻集料混凝土来说，也可因混凝土配合比及砌块生产工艺的不同而制成不同密度、不同强度的轻集料混凝土小型空心砌块。《轻集料混凝土小型空心砌块》(GB/T 15229—2011)将轻集料混凝土小型空心砌块的抗压强度分成5个等级，见表6-11。

表6-11 轻集料混凝土小型空心砌块的强度等级

强度等级	小砌块抗压强度/MPa		密度等级范围（≤）/(kg/m³)
	平均值（≥）	单块最小值（≥）	
MU2.5	2.5	2.0	800
MU3.5	3.5	2.8	1000
MU5.0	5.0	4.0	1200

续表

强度等级	小砌块抗压强度/MPa		密度等级范围（≤）/(kg/m³)
	平均值（≥）	单块最小值（≥）	
MU7.5	7.5	6.0	1200[a] 1300[b]
MU10.0	10.0	8.0	1200[a] 1400[b]

注：当砌块的抗压强度同时满足 2 个强度等级或 2 个以上强度等级要求时，应以满足要求的最高强度等级为准。

  a. 除自燃煤矸石掺量不小于砌块质量 35% 以外的其他砌块。

  b. 自燃煤矸石掺量不小于砌块质量 35% 的砌块。

3）吸水率和相对含水率

轻集料混凝土的吸水率比普通混凝土大，以致其制成的轻集料混凝土小型空心砌块的吸水率也较大。相对含水率是以轻集料混凝土小型空心砌块出厂时的含水率与其吸水率的比值来表示的。吸水率及相对含水率对轻集料混凝土小型空心砌块的收缩、抗冻、抗碳化性能有较大影响。轻集料混凝土小型空心砌块相对含水率越大，其上墙后的收缩越大，墙体内部产生的收缩应力也越大，当其收缩应力大于轻集料混凝土小型空心砌块的拉应力时，将产生裂缝，因而严格控制轻集料混凝土小型空心砌块上墙时的相对含水率十分重要，见表 6-12。

表 6-12 干缩率和相对含水率

干缩率/%	相对含水率/%		
	潮湿地区（≤）	中等湿度地区（≤）	干燥地区（≤）
＜0.03	45	40	35
0.03～0.045	40	35	30
0.045～0.065	35	30	25

注：潮湿地区指年平均相对湿度大于 75% 的地区；中等湿度地区指年平均相对湿度为 50%～75% 的地区；干燥地区指年平均相对湿度小于 50% 的地区。

4）耐久性

轻集料混凝土小型空心砌块的耐久性包括其抗冻性、抗碳化性及耐水性。轻集料混凝土小型空心砌块的抗碳化性以其碳化系数来表示，即轻集料混凝土小型空心砌块碳化后的强度与碳化前的强度之比。我国《轻集料混凝土小型空心砌块》（GB/T 15229—2011）中规定，加入粉煤灰掺合料的轻集料混凝土小型空心砌块碳化系数应不小于 0.8。试验研究和实践都证明，一般以水泥为主要胶凝材料的轻集料混凝土小型空心砌块，其抗碳化性完全可满足要求。轻集料混凝土小型空心砌块的耐水性通常以其软化系数来表示，即浸水后与浸水前的轻集料混凝土小型空心砌块抗压强度之比。不掺粉煤灰的水泥混凝土小型空心砌块耐水性也完全合乎要求，掺粉煤灰的混凝土小型空心砌块，则因掺入粉煤灰的品质和掺量而有所差别，因此标准中只对掺粉煤灰掺合料的轻集料混凝土小型空心砌块的耐水性做了规定,即其软化系数应不小于0.8。

5) 规格型号

轻集料混凝土小型空心砌块可以有单排孔、双排孔、三排孔等,主规格为390mm×190mm×190mm,最小外壁和肋厚应不小于20mm。

2. 应用

目前,我国轻集料混凝土小型空心砌块主要用于以下几种情况。

(1) 需要减轻结构自重,并要求具有较好的保温性能与抗震性能的高层建筑的框架填充墙。超轻陶粒混凝土小型空心砌块在此领域用量最大。

(2) 北方地区及其他地区对保温性能要求较高的住宅建筑外墙。在该区域主要应用普通陶粒混凝土小型空心砌块、煤渣混凝土小型空心砌块、自燃煤矸石混凝土多排孔小型空心砌块等作自承重保温墙体。

(3) 公用建筑或住宅建筑的内隔墙。一般用作内隔墙的轻集料混凝土小型空心砌块的密度等级宜小于800级,强度等级应不小于MU1.5,厚度以90mm为宜。

(4) 轻集料资源丰富地区多层建筑的内承重墙及保温外墙。

(5) 住宅建筑屋面保温隔热工程、耐热工程、吸声隔声工程等。

【工程案例6-5】 轻集料混凝土小型空心砌块问题

概况:北方地区,某高层建筑用全轻集料混凝土小型空心砌块砌筑框架填充墙,由于春季气候干燥,为保证砌筑质量,砌筑前对砌块进行了浇水湿润,结果在数日后出现填充墙开裂现象,请分析原因。

原因分析:产生该现象的原因是砌块收缩较大造成的墙体开裂。由于砌块为全轻集料混凝土小型空心砌块,各种集料的孔隙率都很大,致使砌块的吸水率偏大,砌筑前对其浇水使其含水率大幅增加,后期由于水分蒸发使砌块产生较大的干燥收缩,当干缩应力超过砌块的抗拉强度后,墙体产生裂缝。

6.2.4 其他新型材质砌块

随着科技的进步及环保节能需求的不断提高,在上述传统材质砌块的基础上,一些新型材质砌块创新成果应运而生。

(1) 聚苯板砌块。它是一种以聚苯乙烯为主要原料的高效防火砌块,这种材料具有轻质、隔热、保温等特点,实际应用时多是将其成型于灰砂砌块或混凝土砌块中间(图6-7),作为保温隔热结构,广泛应用于建筑外墙保温系统、屋面保温系统,以及地下车库、隧道等场合。

(2) 硅酸钙板砌块。它是一种以硅酸钙为主要原料的砌块,其具有优良的耐火性、隔热性和防水性,广泛应用于建筑墙体、顶板、地面防水、屋面和地铁隧道等领域。

(3) 玻化微珠混凝土砌块。它是一种轻质环保材料,其主要成分是水泥、砂、水、玻化微珠等,这种材料具有轻质、隔热、保温、隔声、耐火等特点,被广泛应用于建筑墙体、隔墙、楼板、普通墙体等场合,如图6-8所示。

这些砌块的出现,不仅满足了当前环保节能的要求,而且相较于传统材料砌块更具有优异的保温、隔热、防水、耐火等性能,大大拓展了砌块的应用空间。

图 6-7 夹心聚苯板砌块

图 6-8 玻化微珠混凝土砌块

6.3 墙用板材

在我国进一步加强墙体材料改革和建筑节能指标控制标准逐步完善的形势下，越来越多的建筑物采用墙用板材。墙用板材也随着建筑体系的改革和大开间多功能框架结构的发展而不断发展。由于其质量轻、节能降耗、施工方便、使用面积大、开间布置灵活等特点，因此具有良好的发展前景。

墙用板材按功能可分为承重墙板（load-bearing wall panel）和非承重墙板（non load-bearing wall panel）。承重墙板多为预制混凝土大板，非承重墙板多为轻质条板、石膏类板材、硅酸盐制品类板材和复合墙板等类型。

6.3.1 水泥类墙用板材

水泥类墙用板材具有较好的力学性能和耐久性，生产技术成熟，可用于承重墙、外墙和复合墙板的外层面。其主要的缺点是自重较大、抗拉强度低。常见的水泥类墙用板材有预应力混凝土空心墙板、玻璃纤维增强水泥（GRC）空心轻质墙板、纤维增强水泥平板、水泥木丝板等，见表 6-13。

表 6-13 水泥类墙用板材的分类

名称	实物图	主要原料及工艺	特点	用途
预应力混凝土空心墙板		用高强度低松弛预应力钢丝、42.5 级早强水泥、砂、石为原料，经张拉、搅拌、挤压、养护、放张、切割而成	强度高、自重大	可用于承重或非承重外墙板、内墙板、楼板、屋面板和阳台板等

续表

名称	实物图	主要原料及工艺	特点	用途
玻璃纤维增强水泥（GRC）空心轻质墙板		以低碱水泥为胶凝材料，抗碱玻璃纤维或其网格布为增强材料，膨胀珍珠岩为集料（也可用炉渣、粉煤灰等），并配以发泡剂和防水剂等，经配料、搅拌、浇筑、振动成型、脱水、养护而成	质量轻，强度高，防火性好，防水、防潮性好，抗震性好，干缩变形小，制作简便，安装快捷	适用于非承重墙体，主要用于工业和民用建筑的内隔墙及复合墙体的外墙面
纤维增强水泥平板	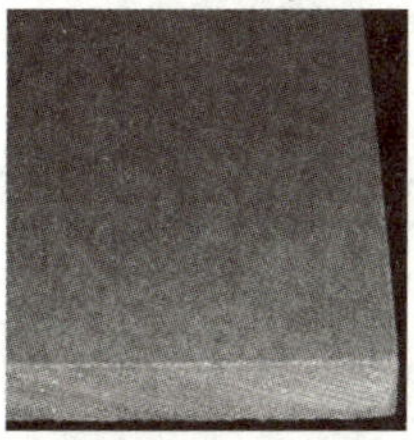	以低碱水泥、耐碱玻璃纤维为主要原料，加水混合成浆，经圆网机抄取、制坯、压制、蒸养而成	质量轻、强度高、防潮、防火、不易变形、可加工性（锯、钻、钉及表面装饰等）好	适用于各类建筑物的复合外墙和内隔墙，特别是高层建筑有防火、防潮要求的隔墙
水泥木丝板		以木材为下脚料经机械刨切成均匀木丝，加入水泥、水玻璃等，经成型、冷压、养护、干燥而成的薄型建筑平板	具有自重轻、强度高、防火、防水、防蛀、保温、隔声等性能，可进行锯、钻、钉、装饰等加工	主要用于建筑物的内外墙板、顶板、壁橱板等

6.3.2 石膏类墙用板材

石膏制品有许多优点，石膏类墙用板材在轻质墙体材料中占有很大比例，主要有纸面石膏板、纤维石膏板、石膏空心板和石膏刨花板等，见表6-14。

表6-14 石膏类墙用板材的分类

名称	实物图	主要原料及工艺	特点	用途
纸面石膏板		以建筑石膏为胶凝材料，掺入适量的添加剂和纤维作为板芯，以特制的护面纸作为面层的一种轻质板材	质量轻、隔声、隔热、韧性好，不燃、尺寸稳定、表面平整、加工性好、施工方法简便	主要用于吊顶、隔墙、内墙贴面、天花板、吸声板等

续表

名称	实物图	主要原料及工艺	特点	用途
纤维石膏板		以纤维增强石膏为基材的无面纸石膏板，加入无机纤维或有机纤维与建筑石膏、缓凝剂等，经打浆、铺装、脱水、成型、烘干而制成	可节省护面纸，具有质轻、高强、耐火、隔声等性能，韧性好，可加工性好	主要用于内墙和隔墙
石膏空心板		以建筑石膏为胶凝材料，加入适量水泥、粉煤灰、轻集料（如膨胀珍珠岩、膨胀蛭石等）、增强纤维等，与水混合，经搅拌、振动成型、抽芯模、干燥而成	具有质轻、强度高、隔热、隔声、防火等性能，可加工性好，施工方便	适用于各类建筑的非承重内隔墙，但若用于相对湿度大于75%的环境中，则板材表面应做防水等相应处理
石膏刨花板		以建筑石膏为主要原料，木质刨花为增强材料，添加所需的辅助材料，经配合、搅拌、铺装、压制而成的轻质板材	质轻、比强度高、隔热、隔声、防火、可加工性好、施工方便	适用于非承重内隔墙

【工程案例 6-6】 纸面石膏板问题

概况：某水产市场用纸面石膏板做室内隔墙板，使用数月后，发现墙面出现严重的纸面脱落、鼓包现象，请分析原因。

原因分析：该现象产生的原因是纸面石膏板的组成材料均不耐水，石膏为气硬性材料，适用于干燥环境，在潮湿环境中，石膏易吸收水分造成溃解，强度下降，同时由于纸面吸水饱和，导致其从墙板表面脱落。

6.3.3 复合墙板

以单一材料制成的墙用板材常因材料本身的局限性而使其应用受到限制，为此，常用不同材料组合成多功能的复合墙体以满足需要，这就是复合墙板。常用的复合墙板主要由承受（或传递）外力的结构层（多为普通混凝土或金属板）、保温层（矿棉、泡沫塑料、加气混凝土等）及面层（各类具有可装饰性的轻质薄板）组成。

【拓展图文】

下面主要介绍复合墙板中的钢筋混凝土类夹芯复合墙板、轻质复合墙板。

1. 钢筋混凝土类夹芯复合墙板

该类墙板使用钢筋混凝土作为承重结构层、岩棉作为保温隔热材料,具有质量轻、热工性能好、施工简便、综合效益高等特点,是当前国内达到节能标准要求的复合墙板,受到设计和施工人员的重视,并逐步得到推广应用。它可作为承重型外墙板,适用于大模板工艺建筑和装配式大板建筑。下面主要介绍目前常用的承重型混凝土岩棉复合墙板。

1)结构

承重型混凝土岩棉复合墙板的结构如图 6-9 所示,总厚为 250mm,其中内侧为承重的混凝土结构层(厚 150mm),中间为岩棉保温层(厚 50mm),外侧为混凝土保护层(厚 50mm)。

2)规格和性能

承重型混凝土岩棉复合墙板的规格和性能分别见表 6-15 和表 6-16。

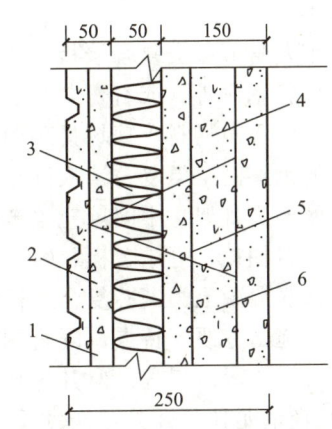

1—钢筋网片;2—混凝土保护层;
3—岩棉保温层;4—承重层钢筋;
5—钢筋连接件;6—混凝土结构层。

图 6-9 承重型混凝土岩棉复合墙板

表 6-15 承重型混凝土岩棉复合墙板的规格　　　　　　　单位:mm

尺寸	板的类别			
	纵墙板	山墙板	阳角板	大角板
高度/mm	2490、2690	2690	2690	2690
宽度/mm	2680、3280、3880	2380、2500、2680	2500	2600
厚度/mm	250	250	250	250

表 6-16 承重型混凝土岩棉复合墙板的性能

项目	试验结果
体积密度/(kg/m^3)	500~512.5
导热系数/[W/(m·K)]	1.01
水平荷载(垂直荷载为 106kN)/kN	77.8
水平荷载(垂直荷载为 440kN)/kN	11.7

3)建筑节能效果

承重型混凝土岩棉复合墙板已经达到 490mm 厚砖墙的保温效果,具有节省建筑采暖能耗的作用。与以前大量使用的单一材料的水泥混凝土浮石轻集料外墙板相比较,在住宅建筑中采用承重型混凝土岩棉复合墙板,虽然要增加一次性投资,但从长远来看能耗将相应下降,由此可以获得良好的综合节能效益。

2. 轻质复合墙板

轻质复合墙板是用面层材料、骨架和填充材料复合而成的一种轻质墙板。按其不同的组成材料及构造,轻质复合墙板可分为轻钢龙骨薄板类复合墙板和水泥钢丝网架类复合墙板两大类。

轻钢龙骨薄板类复合墙板主要以纸面石膏板和玻纤增强水泥板等各种轻质薄板为面层材料，以轻钢龙骨（或石膏龙骨、木龙骨）为骨架，中间为空气层或填充聚苯泡沫板、岩棉板等保温吸声材料，现场拼装而成的轻质墙板。

水泥钢丝网架类复合墙板则是以聚合物水泥砂浆为面层材料，以镀锌细钢丝焊接而成的空间网架为骨架，中间填充聚苯泡沫板、岩棉板作保温吸声材料，现场拼装而成的轻质墙板（如泰柏板、舒乐舍板、GY板等）。

与钢筋混凝土类夹芯复合墙板相比，这些大型轻质复合墙板具有质量轻、保温好、布局灵活、施工方便等特点，既适用于外墙，也适用于内墙、内隔墙；有一定的承载能力，有的还可用于屋面工程；但其每平方米的价格都较高。

1）轻钢龙骨薄板类复合墙板

此类复合墙板的面层材料以纸面石膏板为主，还可采用玻纤增强水泥板（S-GRC板）、纤维增强水泥板（TK板）、纤维水泥加压板（FC板）、纤维水泥平板（埃特板）或纤维增强硬石膏压力板（AP板）等。以这些轻质薄板制成的复合墙板，不仅强度高，而且具有较好的耐水、防火及隔声性能，但是价格较高。

轻钢龙骨纸面石膏板复合墙板是这类复合墙板的典型产品。它是以纸面石膏板为面层材料，以轻钢龙骨为骨架，中间填充或不填保温材料，在现场拼装而成的轻质复合墙板。

轻钢龙骨纸面石膏板复合墙板按使用功能可分为普通复合墙板、防火复合墙板及防水复合墙板三种。有保温或隔声要求时，可在复合墙板中间填充岩棉板、聚苯泡沫板或珍珠岩保温芯板。

（1）主要性能。轻钢龙骨薄板类复合墙板的性能主要取决于其护面的轻质薄板的性能和墙板的复合构造。用作复合墙板护面的轻质薄板的主要性能示于表6-17。

从表6-17可知，轻钢龙骨薄板类复合墙板的面层轻质薄板，以纸面石膏板的体积密度最小、强度最低，其他品种的薄板一般都采用抄取或加压成型，因而体积密度较大、强度较高。但是由于石膏板的资源丰富、生产工艺简单、价格较低，且具有调节室内微气候的特殊功能，因而目前在国内外的一般房屋建筑中，纸面石膏板复合墙板的用量仍居首位；而其他品种的薄板则因价格较高，产量较低，主要用于有特殊要求的建筑。

表6-17 轻质薄板的主要性能

板材名称	原材料	体积密度/(g/cm³)	抗弯强度/MPa	吸水率/%	耐火极限/min	隔声量/dB
纸面石膏板	半水石膏、面纸	0.75～0.90	—	30	10～15	26～28
玻纤增强水泥板（S-GRC板）	低碱水泥、抗碱玻纤	1.2	6.8～9.8	30～35	—	—
纤维增强水泥板（TK板）	低碱水泥、中碱纤维、短石棉	1.66～1.75	9.5～15.0	28～32	47	—

续表

板材名称	原材料	体积密度/(g/cm³)	抗弯强度/MPa	吸水率/%	耐火极限/min	隔声量/dB
纤维水泥加压板（FC板）	普通水泥、天然人造纤维	1.5～1.75	20～28	17	77	50
纤维水泥平板（埃特尼特板）	普通水泥、矿物纤维	0.9～1.4	8.5～16	40～45	75～120	
纤维增强硬石膏压力板（AP板）	天然硬石膏、混合纤维	1.5	25～29	22～27		
石棉水泥平板	普通水泥、石棉	1.6～1.8	20～30	22～25		

（2）应用。轻钢龙骨薄板类复合墙板的适用范围取决于其面层轻质薄板的品种和性能。

面层为普通纸面石膏板的复合墙板可用于多层及高层住宅、宾馆、办公室的隔墙、贴面墙和曲面墙等；面层为耐火纸面石膏板的复合墙板，则可用于有相应防火要求的隔墙、贴面墙及曲面墙；面层为耐水纸面石膏板的复合墙板主要用作厨房、卫生间等瓷砖墙面的衬板。图 6-10 所示为轻钢龙骨纸面石膏板复合墙板的应用。

以玻纤增强水泥板（S-GRC板）、纤维增强水泥板（TK板）、纤维水泥加压板（FC板）、纤维水泥平板（埃特尼特板）、纤维增强硬石膏压力板（AP板）、石棉水泥平板等为面板的复合墙板，可用于耐水、耐火等级要求较高的各类建筑的外墙、内隔墙及曲面墙。

2）水泥钢丝网架类复合墙板

此类复合墙板的最典型产品是泰柏板。它是以镀锌细钢丝的焊接网架为骨架，中间填充聚苯泡沫保温条芯材，在现场拼装后，两面涂抹聚合物水泥砂浆面层材料而成的一种建筑板材（图 6-11）。此种板材具有轻质、高强、保温、隔声、抗震性能好等特点，适合用作高层建筑的内隔墙、复合保温墙体的外保温层，或低层建筑的承重内外墙和楼板、屋面板。泰柏板 [图 6-12(a)] 之后又相继出现以整块聚苯泡沫保温板为芯材的舒乐舍板 [图 6-12(b)] 和以岩棉保温板为芯材的 GY 板 [或称钢丝网岩棉夹芯复合板，见图 6-12(c)]。

图 6-10 轻钢龙骨纸面石膏板复合墙板的应用

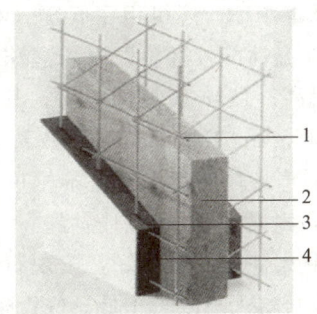

1—镀锌细钢丝；2—聚苯泡沫保温条；
3—聚合物水泥砂浆；4—涂料墙纸。

图 6-11 泰柏板结构示意图

 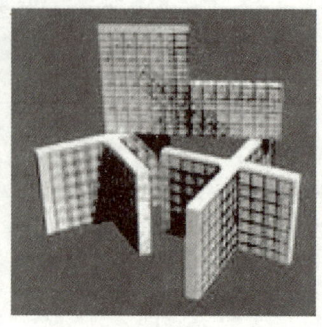 

(a) 泰柏板　　　　　　　　(b) 舒乐舍板　　　　　　　　(c) GY板

图 6-12　水泥钢丝网架类复合墙板

（1）主要性能。水泥钢丝网架类复合墙板的主要规格尺寸为 1250mm×2700mm×120mm。三维钢丝网架的厚度，按两片钢丝网架的中心间距计算约为 70mm。两面各铺抹 25mm 厚的聚合物水泥砂浆，板的总厚度为 120mm。其主要性能指标见表 6-18。

表 6-18　水泥钢丝网架类复合墙板的主要性能指标

项目名称	单位	性能指标		
		泰柏板	舒乐舍板	GY 板
面密度	kg/m²	<110	<110	<110
轴心受压破坏荷载	kN/m	280	300	180~220
横向破坏荷载	kN/m²	1.7	2.7	2.7
导热系数（110mm 厚）	W/(m·K)	0.028	0.047	0.030~0.035
隔声量	dB	45	55	48
耐火极限	h	>1.3	>1.3	>2.5

从表 6-18 可以看出，水泥钢丝网架类复合墙板与其他轻质板材比较，在物理力学性能方面有如下几个特点。

① 力学性能指标较高。这几种板材的轴心抗压和横向抗弯强度均较高，因此不仅可用于非承重墙体，还可用作低层（2~3 层）建筑的承重墙体和楼板、屋面板。

② 保温性能较好。以聚苯泡沫塑料或岩棉保温板为芯材的此类复合墙板的导热系数小、热阻高。110mm 厚的板材，其保温性能优于二砖半厚的砖墙。但因其表观密度（平均约 1000kg/m³）小于红砖，故蓄热系数较低，隔热性能仅相当于一砖厚的砖墙。

③ 隔声性能好。无论是泰柏板、舒乐舍板还是 GY 板，其隔声性能都很好，隔声量超过 40dB，因而适合作分户隔墙。

④ 耐火性能也比较好。按现行标准试验方法对上述三种板材进行耐火性能检验，结果表明，其耐火极限均不低。GY 板已超过建筑构件一级防火的要求，泰柏板和舒乐舍板也接近一级防火等级。但由于泰柏板和舒乐舍板均采用聚苯泡沫塑料芯材，在温度超过 70℃时芯材会熔化，在烈火作用下如砂浆层开裂，会冒出白色烟雾令人窒息。因此，为保证该类板材在建筑工程中安全应用，符合防火要求，生产企业必须为施工单位提供板的安

装施工规程、标准,并参与指导。施工企业必须按施工规程施工,确保质量,尤其是注意水泥砂浆层的厚度和完好性。

另外,公安部消防部门要求,此类板材的耐火极限不应小于1h。聚苯泡沫塑料芯材的防水等级为B1级,水泥砂浆外覆层厚不得小于25mm。达到此防火要求的板材可以在二类高层建筑的面积不超过100m^2的房间用作隔墙;在高度超过100m的一类高层建筑中,人员不超过50人,面积不超过100m^2的房间也可用此类板材作隔墙。

(2) 应用。水泥钢丝网架类复合墙板主要应用在以下几个方面:多、高层建筑,特别是大开间的框架建筑的外墙和内隔墙,以及承重的外保温复合墙的保温层;低层框架建筑的承重内外墙和保温要求较高的屋面板;旧房改造和楼房接层的内外墙体与屋面工程;等等。

6.4 墙体材料的发展趋势

墙体材料的发展趋势主要包括以下几个方面。

(1) 绿色环保。未来墙体材料的趋势是使用更多可再生、可回收和低碳排放的材料。例如,利用可再生资源如竹材、麦秸等作为墙体的构造材料,减少对非再生资源的依赖;采用可回收材料如钢铁或混凝土进行建设,以减少资源浪费。

(2) 高强度和轻质化。随着建筑结构的多样化和建筑高度的增加,墙体材料需要具备更高的强度和更轻的质量。因此,新型墙体材料的发展趋势是朝着高强度和轻质化的方向发展,如轻质混凝土、高性能钢材等。

(3) 高保温和节能。随着能源资源的稀缺和能源消耗的增加,墙体材料需要具备更好的保温性能和节能效果。因此,新型墙体材料的发展趋势是朝着高保温和节能的方向发展,如保温砖、保温板等。

(4) 智能化和功能化。随着科技的不断进步,墙体材料也开始趋向智能化和功能化。例如,墙体材料可以具备自动调节室内温度和湿度的功能,实现智能化的室内环境控制。

(5) 健康与舒适。建筑墙体材料的发展也应致力于提供健康与舒适的室内环境。这意味着应选择无有害挥发物的材料,如低挥发性有机化合物(VOC)的涂料和胶黏剂,从而减少室内空气污染;同时,注重提供良好的声学环境,通过推广使用具有隔声功能的材料,如吸声石膏板,提高室内舒适性。

(6) 高新技术应用。利用纳米技术、生物化学技术、稀土技术、光催化技术和3D打印技术等高新技术提高产品的高科技含量和高附加值。

总之,墙体材料的发展趋势是在可持续发展的框架下,强调绿色环保、能效与节能、健康与舒适、循环利用以及智能化与技术创新。倡导这一趋势,可以实现建筑的可持续性,促进人类与环境的和谐发展。

本章小结

本章主要介绍了砖、砌块和墙板等常用墙体材料的种类、技术性质和技术要求、应用范围及注意事项。通过本章的学习，希望同学们能够综合运用所学知识，根据实际工程要求，依据相关技术标准正确选择墙体材料，采用合理的施工方法，并对墙体材料应用中的一些常见问题进行具体分析、判断，提高解决问题的能力。墙体材料新技术的应用对于改善建筑材料性能、提高生产效率和减少环境污染具有重要意义。纳米技术、3D打印技术、环保节能技术和智能化技术等高新技术的应用将为墙体材料行业带来创新和突破。随着科技的不断进步，墙体材料生产行业还将面临更多新技术的应用和发展机遇，为建筑行业打造更加节能环保、高性能的墙体材料。

练习题

一、基础题

（一）填空题

1. 用于承重部位、孔洞率不小于_____%、孔的尺寸小而数量多的砖称为多孔砖；常用于非承重部位、孔洞率不小于_____%、孔的尺寸大而数量少的砖称为空心砖。

2. 在氧化气氛下煅烧，氧化铁以_____价铁的氧化物存在，呈棕红色；在煅烧的最后阶段，在还原气氛下煅烧，则铁将以_____价铁氧化物存在，这样得到的产品呈青蓝色或青黑色。

3. 灰砂砖是以_____、_____为原料，经配料、拌和、压制成型和蒸压养护制成的砖。

4. 承重混凝土小型空心砌块代号为_____，非承重混凝土小型空心砌块代号为_____。

5. 加气混凝土生产工艺流程一般可分为原材料加工、_____、坯体静停切割、_____、脱模加工、成品堆放包装几个阶段。

6. 目前国内常用的墙用板材主要有_____、_____和_____。

（二）选择题

1. 下列不属于烧结普通砖强度等级的是（　　）。
   A. MU10　　　　B. MU15　　　　C. MU20　　　　D. MU35

2. 为了避免使砖的强度下降过多，承重砖的孔洞率不宜超过（　　）%。
   A. 15　　　　　B. 35　　　　　C. 40　　　　　D. 60

3. 下列哪些砌体不能用于潮湿和酸性环境的建筑基础？（　　）
   A. 烧结普通砖　　　　　　　　　B. 灰砂砖
   C. 混凝土砌块　　　　　　　　　D. 烧结页岩砖

4. 烧结砖的冻融试验中，需冻融循环（　　）次。
   A. 15　　　　　B. 20　　　　　C. 25　　　　　D. 50

5. 石灰爆裂的产生原因主要是焙烧砖时砖内含有（　　）。
A. 欠火生石灰　　　B. 过烧生石灰　　　C. 石膏　　　D. 粉煤灰
6. 生产加气混凝土时，常用的发气剂是（　　）。
A. 引气剂　　　　　B. 硅质原料　　　　C. 钙质原料　　D. 铝粉
7. 玻纤增强水泥板的代号为（　　）。
A. TK　　　　　　　B. S－GRC　　　　　C. GY　　　　　D. FC

二、拓展题

1. 与传统的烧结黏土砖相比，新型砌墙砖有哪些优势？
2. 简述加气混凝土的凝结硬化原理。
3. 复合墙板主要由哪几类材料组成？各起什么作用？

【在线答题】

第7章 建筑钢材

 知识框架

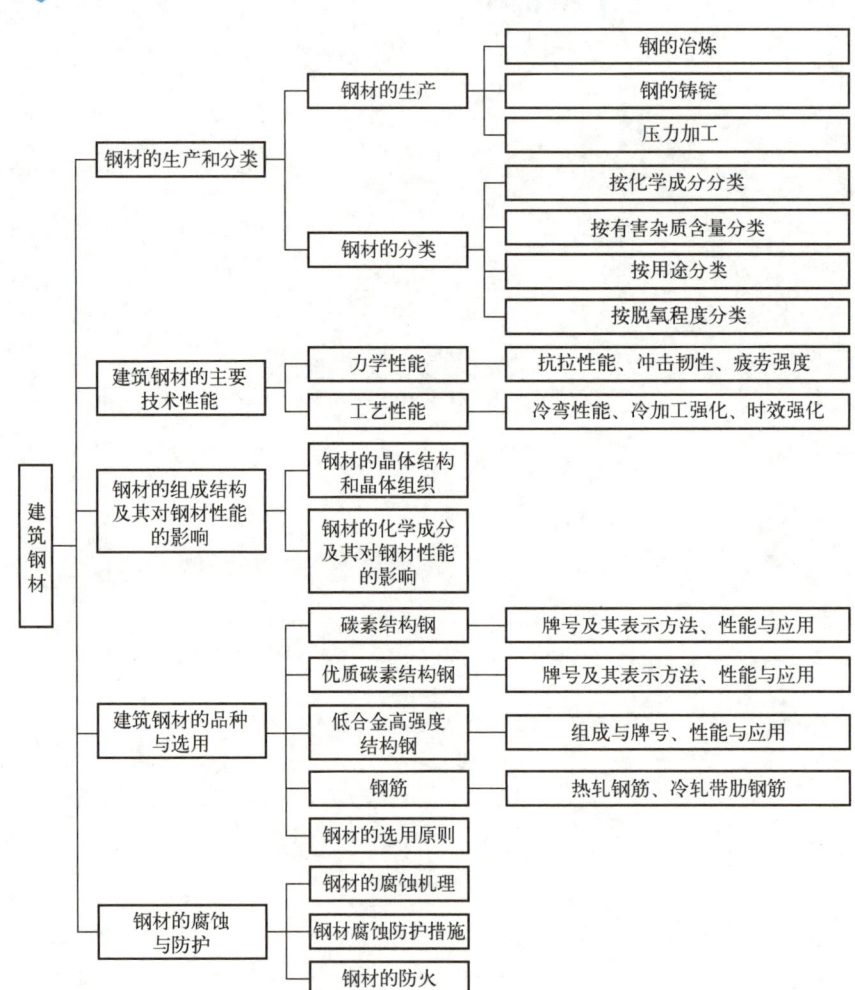

第7章 建筑钢材

**学习目标**

知识目标	掌握钢材的定义、生产、分类和主要技术性能
	理解钢材的质量标准、质量评定方法和选用原则
	了解钢材的成分对性能的影响,以及其腐蚀原理、防腐措施和防火措施
能力和素质目标	能依据设计要求,结合钢材的成分和性能特点,合理选用钢材,树立家国情怀,培养专业素养和创新精神

**导入案例**

从港珠澳大桥看钢结构建筑的"神奇魔法"

被英国《卫报》誉为"新世界七大奇迹"的港珠澳大桥(图7-1),全长55km,是目前世界上最长的跨海大桥,其设计使用寿命120年,打破了世界上同类型桥梁的"百年惯例"。海中主体桥梁用钢量达到40多万吨,质量相当于10个鸟巢或60座埃菲尔铁塔,可以说是我国钢结构建筑史上浓墨重彩的一笔。

在带领设计团队日夜为港珠澳大桥奋战之时,总设计师孟凡超遇到了一个生态问题:港珠澳大桥所跨越的伶仃洋海域正好经过国家一级保护动物中华白海豚的栖息地,如何尽量减少工程对中华白海豚的干扰和影响?在仔细研究中华白海豚的生活习性后,他们提出了一个创造性思路:所有大型构件都在工厂完成,再运抵海上安装,最大限度地减少了海上作业的人员、时间和装备数量,从而把对中华白海豚生活的干扰降到了最低。

在港珠澳大桥施工现场,看不到人头攒动、千军万马的施工景象,只有为数不多的大型装备在现场进行装配化安装。桥墩、桥面、钢箱梁、钢管桩等都是在附近地区的厂房里建好后,待风平浪静时运到海上一块块、一层层地组装起来的,像搭积木一样(图7-2),效率更高,也更环保。

图7-1 港珠澳大桥

图7-2 最后一件上节墩身安装

【拓展视频】

党的二十大报告指出,要"积极稳妥推进碳达峰碳中和"和"推进工业、建筑、交通等领域清洁低碳转型"。随着国家"双碳"目标的确立,有着低能耗、低排放属性的钢结构慢慢成为这场转型的中坚力量。中国工程院有关数据显示,每平方米钢结构建筑比每平方米混凝土建筑在生产施工过程中能减少15%的碳排放,如果算上钢结构住宅拆除阶段的回收利用,节能减排的效果更为可观。在我国"双碳"目标下,钢结构建筑的发展无疑迎来了机遇期,精进和攻克与钢结构建筑相关的技术,方能构建更美好的低碳未来。

[案例来源:搜狐网(有改动)]

思考：试分析钢结构用建筑钢材有哪些优点和缺点？如何保障钢结构建筑的耐久性？

建筑钢材具有品质均匀、强度高、塑性和韧性较好、可以焊接和铆接、便于装配等优点，被广泛用于大跨度结构、高层建筑、受动力荷载结构、重型工业厂房结构和钢筋混凝土结构之中，是重要的建筑结构材料之一。钢材的缺点是容易锈蚀，维修费用高，而且能耗大、成本高、耐火性差，因此应用中应采取适当措施加以保护。

（1）钢材（steel）：指以铁为主要元素，含碳量一般在2%以下，并含有其他元素的合金材料［《钢分类 第1部分：按化学成分分类》（GB/T 13304.1—2008）］。

（2）建筑钢材（building steel）：指用于钢结构的各种型钢（如圆钢、角钢、工字钢等）、钢板和用于钢筋混凝土结构中的各种钢筋和钢丝等。

7.1 钢材的生产和分类

7.1.1 钢材的生产

钢材的生产主要包括三个过程：冶炼（smelting）、铸锭（foundry）和压力加工（pressed work），如图7-3所示。

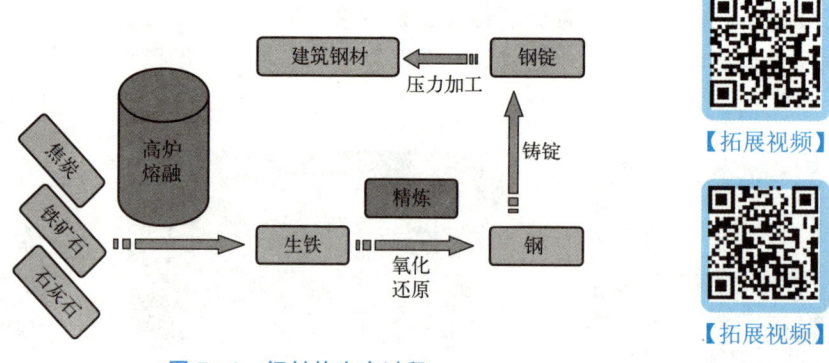

图7-3 钢材的生产过程

1. 钢的冶炼

钢是由生铁冶炼而成的。钢和生铁的主要成分都是铁和碳，其主要区别在于含碳量不同。

生铁（pig iron）是铁矿石、溶剂（石灰石）、燃料（焦炭）在高炉中经过还原反应和造渣反应而得到的一种铁碳合金，其中碳的含量在2%以上，硫、磷等杂质的含量也较高。生铁硬而脆，塑性及韧性差，不易进行焊接、锻造、轧制等加工，所以必须进行冶炼。

炼钢的原理就是通过将熔融的生铁进行氧化，使碳的含量降低到预定范围内，使其他杂质的含量降低到允许范围内。所以，从理论上讲，凡含碳量在2%以下，含有害杂质较少的铁碳合金便可称为钢。常用钢材的含碳量在 1.3% 以下。钢的密度为 $7.84\sim7.86\text{g/cm}^3$。

常用的炼钢方法主要有氧气转炉法（oxygen converter process）、平炉法（open hearth process）和电炉法（electric furnace process）三种，具体见表 7-1。目前，氧气转炉法是最主要的炼钢方法。

表 7-1　炼钢方法和特点

方法	生产设备图片	生产过程及特点	生产钢种
氧气转炉法		以熔融的铁水为原料，从上方吹入高压的高纯度氧气，使铁水中的磷、硫等有害杂质被氧化去除掉。其特点是冶炼速度快（精炼时间只需 20～40min），钢材质量好，且不需燃料，成本低	碳素钢、低合金钢
平炉法		以固体或液态生铁、废钢铁及适量的铁矿石为原料，以煤气或重油为燃料，依靠废钢铁及铁矿石中的氧与杂质起氧化作用而成渣，熔渣浮于表面，使下层液态钢水与空气隔绝，避免了空气中的氧、氮等进入钢中。平炉法冶炼时间长（每炉需 4～12h），去除杂质更为彻底，其缺点是能耗高，成本高。此法已逐渐被淘汰	碳素钢、低合金钢
电炉法		以废钢铁为原料，利用电流的热效应来产生高温的炼钢方法。这种方法能在短时间内达到高温，温度也容易控制。电炉法能够充分除去磷、硫等杂质，得到高纯度的优质钢，但成本高	优质碳素钢、合金钢及其他有特殊要求的专用钢

2. 钢的铸锭

将冶炼好的钢液注入锭模，冷凝后便形成柱状的钢锭（钢坯），此过程称为钢的铸锭。

钢材在冶炼过程中，由于氧化作用会有部分铁被氧化，使钢材质量变差，因此常在铸锭之前进行脱氧处理，即在冶炼后期向炉内或钢包中投入脱氧剂，使氧化铁还原为金属铁。钢液经脱氧处理后方可进行铸锭。

3. 压力加工

钢液在铸锭冷却过程中，由于钢内某些元素在铁的液相中的溶解度高于固相，使得这些元素向凝固较迟的钢锭中心聚集，导致化学成分在钢锭截面上分布不均匀，这种现象称为化学偏析。除化学偏析外，在钢锭中往往还会有缩孔、气泡、晶粒粗大、组织不致密等缺陷存在，为了保证钢的质量并满足工程需要，钢锭须再经过压力加工，轧制成各种型钢和钢筋后才能使用。压力加工可分为热加工和冷加工两种，具体见表 7-2。

【拓展视频】

表 7-2 压力加工方法和作用

加工方法	定义	作用
热加工	将钢锭重新加热至一定温度，使其呈塑性状态，再施加压力改变其形状，称为热加工	可使钢锭内部气泡焊合，使疏松的组织变得致密；既能使钢锭轧成各种型钢和钢筋，同时还能提高钢材的强度和质量
冷加工	钢材在常温下进行的压力加工称为冷加工	冷加工的方式很多，有冷拉、冷拔、冷轧、冷扭、冲压等。在土木工程中常应用冷拉及冷拔工艺来提高钢材的强度和硬度

7.1.2 钢材的分类

钢材的品种繁多，为了便于选用，常从不同角度对钢材进行分类。

1. 按化学成分分类

按化学成分分类，钢材可分为碳素钢和合金钢两大类，详见表 7-3。

表 7-3 钢材的分类（按化学成分分类）

钢种	成分		分类
碳素钢	化学成分主要是铁，其次是碳，还含有少量硅、锰及极少量的硫、磷等元素	低碳钢	含碳量<0.25%
		中碳钢	含碳量为 0.25%～0.60%
		高碳钢	含碳量>0.60%
合金钢	在碳素钢的基础上，特意加入少量的一种或多种合金元素（如硅、锰、钛、钒等）后冶炼而成的	低合金钢	合金元素总含量<5%
		中合金钢	合金元素总含量为 5%～10%
		高合金钢	合金元素总含量>10%

2. 按有害杂质含量分类

按有害杂质［硫（S）和磷（P）］含量分类，钢材可分为普通钢、优质钢、高级优质钢和特级优质钢，详见表 7-4。

表 7-4 钢材的分类（按有害杂质含量分类）

钢种	S 元素含量	P 元素含量
普通钢	≤0.050%	≤0.045%
优质钢	≤0.035%	≤0.035%
高级优质钢	≤0.025%	≤0.025%
特级优质钢	≤0.015%	≤0.025%

3. 按用途分类

按用途分类，钢材可分为结构钢、工具钢和特殊钢，详见表 7-5。

第7章 建筑钢材

表 7-5 钢材的分类（按用途分类）

钢种	定义
结构钢	指主要用于工程结构及机械零件的钢，一般为低碳钢或中碳钢
工具钢	指主要用于各种工具、量具及模具的钢，一般为高碳钢
特殊钢	具有特殊物理、化学或机械性能的钢，如不锈钢、耐热钢、耐酸钢、耐磨钢、磁性钢等，一般为合金钢

目前，在土木建筑工程中常用的钢材是碳素结构钢和低合金结构钢。

4. 按脱氧程度分类

按脱氧程度分类，钢材可分为沸腾钢、镇静钢和特殊镇静钢，详见表 7-6。

表 7-6 钢材的分类（按脱氧程度分类）

钢种	定义	性能及用途	代号
沸腾钢	炼钢时脱氧不充分，钢液中还有较多金属氧化物，浇铸钢锭后钢液冷却到一定的温度，其中的碳会与金属氧化物发生反应，生成大量一氧化碳气体，这些一氧化碳气体会外逸，引起钢液激烈"沸腾"，因而这种钢称为沸腾钢	冲击韧性和可焊性较差，特别是低温冲击韧性显著较低，但成本也较低	F
镇静钢	炼钢时脱氧充分，钢液中金属氧化物很少或没有，浇铸时钢液平静地冷却凝固，这种钢称为镇静钢	组织致密，气泡少，化学偏析程度低，各种力学性能比沸腾钢优越。可用于受冲击荷载的结构或其他重要结构	Z
特殊镇静钢	比镇静钢脱氧程度更充分彻底的钢，称为特殊镇静钢	性能优于镇静钢，适用于特别重要的结构工程	TZ

与机械制造、国防工业及工具等用钢相比，建筑用钢对其质量和性能要求相对较低，用量较大。

【工程案例 7-1】 沸腾钢作为承受动荷载的结构材料

概况：某工程师在进行钢结构设计时，对直接承受动荷载的结构选用了 Q235AF 钢作为主要原材料，请对这一选用过程进行分析。

原因分析：Q235AF 钢为 A 级沸腾钢，沸腾钢是一种脱氧不充分的钢，其内部可能存在大量的微小气孔，这些气孔由于轧制作用可能富集而成为大缺陷，且沸腾钢组织不均匀、化学偏析严重、抗冲击性能较差；该类气孔作为一种先天缺陷，会导致工程受力（尤其是疲劳）后破坏，因此不能将 Q235AF 钢用于直接承受动荷载的结构中。

7.2 建筑钢材的主要技术性能

钢材的技术性能主要包括力学性能和工艺性能等。只有了解、掌握钢材的各种技术性能，才能做到正确、经济、合理地选择和使用钢材。

7.2.1 力学性能

建筑钢材的力学性能主要有抗拉性能、冲击韧性、疲劳强度等。

1. 抗拉性能

抗拉性能（tensile property）是建筑钢材最重要的力学性能。钢材受拉时，在产生应力的同时，相应地会产生应变。应力和应变的关系反映出钢材的主要力学特征。

低碳钢（软钢）是土木工程中广泛应用的一种钢材。将其制成一定规格的试件，放在材料试验机上进行拉伸试验，可以绘出如图7-4所示的应力-应变关系曲线。

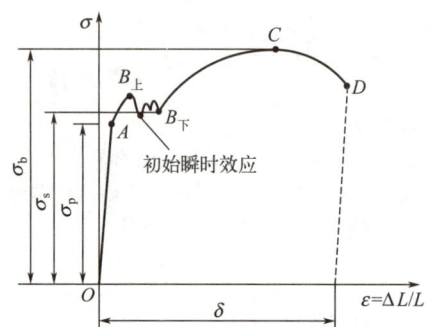

【拓展视频】

图7-4 低碳钢拉伸过程的应力-应变关系曲线

从图7-4中可以看出，低碳钢从受拉至拉断，全过程可划分为以下四个阶段。

1) 弹性阶段（OA）

曲线中 OA 段是一条直线，应力较低，应力与应变成正比例关系，如卸去外力，试件将恢复原状，无残余形变，这种性质即为弹性，此阶段的变形为弹性变形。因此称 OA 段为弹性阶段。与 A 点对应的应力称为弹性极限（elastic limit），用 σ_p 表示。应力与应变的比值为常数，即弹性模量（E），$E=\sigma/\varepsilon$。弹性模量反映钢材抵抗弹性变形的能力，是钢材在受力条件下计算结构变形的重要指标。常用低碳钢的弹性模量 $E=(1.9\sim2.1)\times10^5$ MPa，弹性极限 $\sigma_p=180\sim200$ MPa。

2) 屈服阶段（AB）

曲线中 AB 段是一条曲线，应力超过 A 点后，应力与应变不再成正比例关系，开始出现塑性变形。应力的增长滞后于应变的增长，变形迅速增加，而此时外力则大致在恒定的位置上波动，直到 B 点，这就是所谓的"屈服现象"，似乎钢材不能承受外力而屈服，所以 AB 段称为屈服阶段。

屈服强度（yield strength）（σ_s）是指当金属材料呈现屈服现象时，在试验期间金属材料发生塑性变形而力不增加的应力点。如果应力在屈服阶段出现波动，则应区分为上屈服点和下屈服点。

上屈服点（$B_上$）：试样发生屈服而应力首次下降前的最大应力。

下屈服点（$B_下$）：不计初始瞬时效应的最小应力。一般以 $B_下$ 的应力作为钢材的屈服强度 σ_s，可按式(7-1)计算：

$$\sigma_s = \frac{F_s}{A_0} \tag{7-1}$$

式中 σ_s——下屈服强度，MPa；
　　F_s——屈服阶段不计初始瞬时效应的最小的力，N；
　　A_0——钢材的原始截面积，mm²。

钢材受力大于屈服强度后，产生大量塑性变形，尽管尚未断裂，却已不能满足使用要求，故结构设计中以屈服强度作为许用应力取值的依据（建筑钢材最大允许应力）。常用的低碳钢的 $\sigma_s = 185 \sim 235 \text{MPa}$。

3）强化阶段（BC）

当应力超过屈服强度后，由于钢材内部组织中的晶格发生了畸变，阻止了晶格进一步滑移，钢材得到强化，因此钢材抵抗塑性变形的能力又重新提高，$B \rightarrow C$ 呈上升曲线，故 BC 段称为强化阶段。对应于最高点 C 的应力值（σ_b）称为极限抗拉强度，简称抗拉强度（tensile strength），可按式(7-2)计算：

$$\sigma_b = \frac{F_b}{A_0} \tag{7-2}$$

式中 F_b——最大拉力，N。

当应力大于抗拉强度时，钢材将完全丧失对变形的抵抗能力而断裂。因此，抗拉强度为钢材所能承受的最大拉应力。

在实际工程中，不仅希望钢材具有较高的屈服强度，而且希望钢材具有适当的抗拉强度。屈服强度和抗拉强度之比称为屈强比（σ_s / σ_b）。它是反映钢材的利用率和结构安全可靠程度的一个重要指标。屈强比越小，钢材在受力超过屈服强度工作时，结构的安全可靠程度越高。但屈强比过小，又会因为钢材强度的利用率偏低，造成钢材浪费。建筑钢材合理的屈强比一般为 0.60～0.75。

4）颈缩阶段（CD）

试件受力达到最高点 C 点后，其抵抗变形的能力明显降低，变形迅速发展，应力逐渐下降，试件被拉长，在有杂质或缺陷处，断面急剧缩小，直到断裂，故 CD 段称为颈缩阶段。

将拉断后的试件拼合起来，测定出标距范围内的长度 L_1，L_1 与试件原始标距长度 L_0 之差为塑性变形伸长值，此值与原始标距长度的百分比称为断后伸长率（percentage elongation after fracture）（δ），如图 7-5 所示。断后伸长率可按式(7-3)计算：

$$\delta = \frac{L_1 - L_0}{L_0} \times 100\% \tag{7-3}$$

式中 L_0——原始标距长度，mm；
　　L_1——断后标距长度，mm。

断后伸长率 δ 是衡量钢材塑性的一个重要指标，δ 越大说明钢材的塑性越好，具有一定的塑性变形能力，有利于应力重新分布，避免应力集中，从而使钢材用于结构的安全性更好。

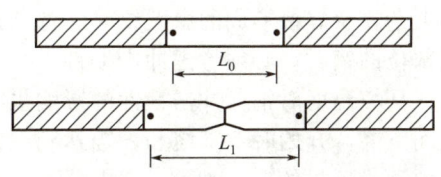

图 7-5　断后伸长率的测量

塑性变形在试件标距内的分布是不均匀的，颈缩处的变形最大，离颈缩部位越远其变形越小。所以，原始标距长度与直径之比越小，则颈缩处伸长值在整个伸长值中的比重越大，计算出来的 δ 值就大。通常以 δ_5 和 δ_{10}（分别表示 $L_0=5d_0$ 和 $L_0=10d_0$ 时的断后伸长率，d_0 为钢筋直径）为基准。对于同一种钢材，其 $\delta_5 > \delta_{10}$。

能够反映钢材塑性好坏的另一技术指标是断面收缩率。试件拉断后，颈缩处截面积的最大缩减量占原始截面积的百分数，称为钢材的断面收缩率（percentage reduction of area after fracture），用 ψ 表示，可按式(7-4)计算：

$$\psi = \frac{A_0 - A_1}{A_0} \times 100\% \qquad (7-4)$$

式中　ψ——断面收缩率；
　　　A_1——试件拉断后颈缩处的截面积，mm^2；
　　　A_0——试件的原始截面积，mm^2。

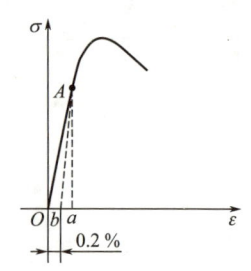

图7-6　硬钢拉伸时的应力-应变曲线

断后伸长率和断面收缩率表示钢材断裂前经受塑性变形的能力。

中碳钢与高碳钢（硬钢）拉伸时的应力-应变曲线（图7-6）与低碳钢不同。其特点是抗拉强度高，塑性变形小，无明显屈服平台。这类钢材难以测定屈服强度，一般规定以产生残余变形为原始标距长度的 0.2% 时所对应的应力值作为硬钢的屈服强度，称为条件屈服强度（规定塑性延伸强度），用 $\sigma_{0.2}$ 表示。

【思考与讨论7-1】
为什么屈服强度（σ_s）和断后伸长率（δ）被认为是建筑钢材的重要技术性能指标？

【参考答案】

2. 冲击韧性

冲击韧性（impact toughness）是指钢材抵抗冲击荷载而不被破坏的能力。它是以试件冲断时缺口处单位面积上所消耗的功——冲击韧性值（J/cm^2）来表示的，其符号为 α_k，可按式(7-5)计算：

$$\alpha_k = A_k / A \qquad (7-5)$$

式中　A_k——试件破坏时的冲击吸收功，J；
　　　A——试件槽口处的截面积，cm^2。

试验时将试件放置在固定支座上，然后以摆锤冲击试件刻槽的背面，使试件承受冲击弯曲而断裂，如图7-7所示。显然，α_k 值越大，钢材的冲击韧性越好。

影响钢材冲击韧性的因素很多，当钢材内硫、磷的含量高，存在化学偏析，含有非金属夹杂物及焊接形成的微裂纹时，都会使冲击韧性显著降低。对于承受冲击荷载和振动荷载部位的钢材，必须考虑冲击韧性。

环境温度对钢材冲击韧性的影响也很大（图7-8）。试验表明，冲击韧性随温度的降低而下降，开始时下降缓和，当达到一定温度范围时，会突然下降很多而呈现脆性，这种现象称为钢材的冷脆性（cold brittleness），此时的温度称为脆性临界温度（critical temperature of brittleness）。其数值越低，表明钢材的低温冲击韧性越好。所以，在负温下承受冲击荷载作用的结构，应选用脆性临界温度相比使用温度较低的钢材，并依据当地气温条件进行低温冲击韧性试验。

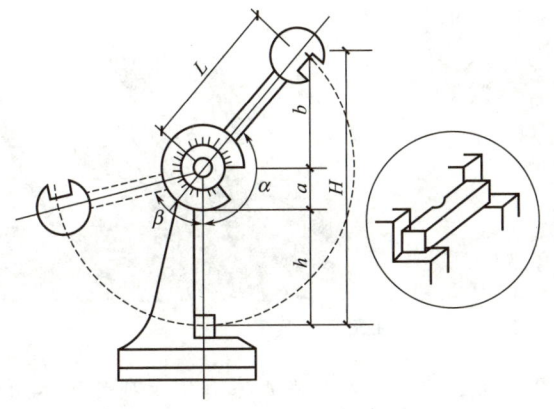

【拓展视频】

图 7-7　钢材的冲击韧性试验示意

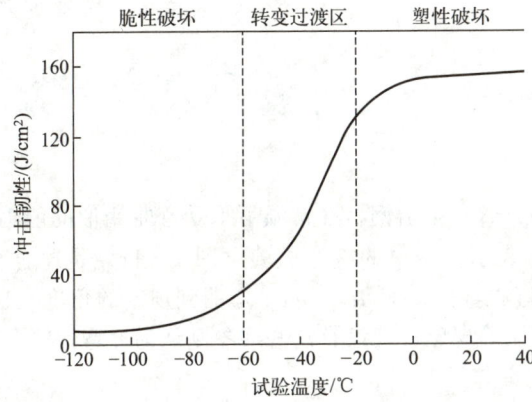

图 7-8　脆性断裂、韧性断裂及脆性临界温度范围

【参考答案】

【思考与讨论 7-2】

冷脆性和脆性临界温度的概念如何理解？其实际意义是什么？

3. 疲劳强度

在反复交变荷载作用下，结构工程所使用的钢材往往会在应力远低于其抗拉强度的情况下发生突然破坏，这种现象称为钢材的疲劳破坏，以疲劳强度来表示。

疲劳强度（fatigue strength）又称疲劳极限，是指钢材在交变应力作用下，于规定的循环次数（周期基数）内不发生断裂所能承受的最大应力，如图 7-9 所示。

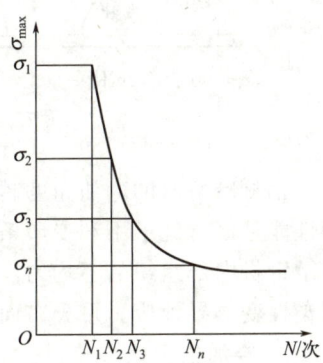

图 7-9　钢材的疲劳强度

【工程案例 7-2】　北海油田平台倾覆

概况：1980 年 3 月 27 日，北海埃科菲斯克油田的 A.L. 基尔兰德号平台突然从水下深处传来一次振动，紧接着一声巨响，平台立即倾斜，短时间内便翻入海中（图 7-10），致使 123 人丧生，造成巨大的经济损失。

原因分析：现代海洋钢结构如移动式钻井平台，特别是固定式桩基平台，在恶劣的海

图 7-10 北海油田平台倾覆

洋环境中受风浪和海流的长期反复作用和冲击振动；在严寒海域长期受流冰等随着海潮对平台的冲击碰撞；另外，低温作用以及海水腐蚀介质的作用等都给钢结构平台带来极为不利的影响。以上这些原因造成了海洋钢结构的脆性断裂和疲劳破坏。

［来源：百度百家号（有改动）］

7.2.2 工艺性能

1. 冷弯性能

冷弯性能（cold bending property）是指钢材在常温下承受弯曲变形的能力，以试验时的弯曲角度 α 和弯心直径 d 为指标表示。钢材的冷弯试验（图 7-11）是通过直径（或厚度）为 d_0 的试件，采用标准规定的弯心直径 $d(d/d_0=n)$，弯曲到规定的角度（180°或 90°）后，检查弯曲处有无裂纹、断裂及起层等现象，若没有这些现象则认为冷弯性能合格。

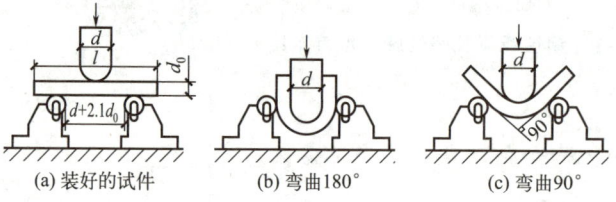

(a) 装好的试件　　(b) 弯曲180°　　(c) 弯曲90°

图 7-11 钢材冷弯试验

【拓展视频】

钢材冷弯时的弯曲角度越大，d/d_0 越小，则表示其冷弯性能越好。应该指出的是冷弯性能是钢材处于不利变形条件下的塑性，此时钢材在弯曲部位会产生大量塑性变形，可揭示钢材内部组织的不均匀性、内应力和夹杂物等潜在缺陷，而这些缺陷在拉伸试验中常因塑性变形导致应力重分布而得不到反映。

2. 冷加工强化

1）冷加工强化的机理

将钢材于常温下进行冷拉、冷拔或冷轧使其产生塑性变形，从而提高屈服强度，降低塑性、韧性，这个过程称为冷加工强化（cold-work strengthing）。冷加工强化的机理为：金属的塑性变形主要是通过位错运动来实现的。位错是一种线状缺陷，它发生在原子行列间的相互滑移过程中。在冷加工强化的过程中，当位错运动受到阻碍时，塑性变形就会变得困难，这导致了变形抗力的增大，进而使得金属的屈服强度得到提高。

2) 冷加工强化方法

钢材的冷加工强化方法有冷拉、冷拔和冷轧，具体见表 7-7。

表 7-7 冷加工强化方法

冷加工强化方法	工艺	性能变化
冷拉 (cold stretching)	将钢筋拉至其应力-应变曲线的强化阶段内任一点 K 处，然后缓慢卸去荷载，则当再度加载时，其屈服极限将有所提高，而其塑性变形能力将有所降低	屈服强度可提高 20%～25%
冷拔 (cold drawing)	将钢筋通过直径更小的硬质合金拔丝模孔强行拉拔	屈服强度可提高 40%～60%，但塑性和韧性下降，而具有硬钢的特点
冷轧 (cold rolling)	将圆钢在冷轧机上轧成断面形状规则的钢筋	提高钢筋强度及与混凝土的黏结力，且能较好地保持其塑性和内部结构的均匀性

3. 时效强化

将冷加工强化后的钢筋，在常温下存放 15～20d，或加热至 100～200℃ 后并保持一定时间（2～3h），其屈服强度和抗拉强度会显著提高，同时塑性和韧性会相应降低，而弹性模量则基本恢复，这个过程被称为时效强化（age hardening），前者称为自然时效，后者称为人工时效。通常强度较低的钢材宜采用自然时效，强度较高的钢材应采用人工时效。

钢材经冷加工和时效强化后，其性能变化的规律能明显地在应力-应变图上得到反映，如图 7-12 所示。图中 $OBCD$ 为未经冷拉和时效强化试件的应力-应变曲线。当试件冷拉至超过屈服强度的任意一个 K 点时卸去荷载，此时由于试件已产生塑性变形，曲线沿 KO' 下降，KO' 大致与 BO 平行。如果立即重新拉伸，则新的屈服点将提高至 K 点，以后的应力-应变曲线将与原来的曲线 KCD 相似。如果在 K 点卸去荷载后不立即重新拉伸，而将试件进行自然时效或人工时效后再拉伸，则其屈服强度将进一步提高至 K_1 点，

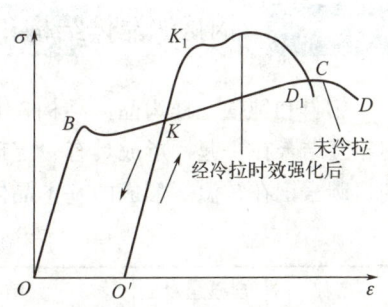

图 7-12 钢材经冷拉时效后应力-应变图的变化

继续拉伸时其曲线将沿 K_1D_1 发展。钢筋经冷拉和时效强化后，屈服强度和极限抗拉强度提高，塑性和韧性则相应降低，且屈服强度和抗拉强度提高的幅度略大于冷拉。时效强化对去除冷拉件的残余应力有积极作用。

当钢材在冷加工时，晶体在外力作用下会发生形变。在弹性阶段，金属原子偏离平衡位置产生的变形是可以恢复的（弹性变形）。然而，当外力继续增大，使得晶格的歪曲程度超过弹性变形时，晶格会发生滑移，从而导致永久性的变形。在塑性变形的过程中，由于晶粒表面的畸变及滑动平面上的细小碎屑，会使晶体在该平面上继续滑动产生困难，这导致晶体抵抗变形的能力增大，从而提高了屈服极限和硬度。由于塑性变形后，钢材中可

能产生滑移的区域几乎均已经滑动,因此塑性会降低。这意味着钢材在后续的冷加工中,能够发生塑性变形的能力减弱。在高温下,氮和氧的原子固溶于 α-Fe 中。随着温度的降低,这些原子的溶解度下降,但由于并未完全析出,它们在存放过程中会逐渐析出并扩散到晶粒缺陷处。这些原子的析出形成了固体微粒,这些微粒能够阻碍晶粒发生滑移,从而提高了材料对塑性变形的抵抗能力。

冷加工和时效强化可提高钢材的强度,冷拉后钢材的屈服强度可提高 20%～30%,时效强化后钢材的抗拉强度还可以提高,可节约钢材 20%～30%。对于受动荷载或经常处于中温条件工作的钢结构,如桥梁、钢轨、锅炉等,为避免脆性过大,出现突然断裂,要求采用时效敏感性(因时效强化作用导致钢材性能改变的程度)小的钢材。

【参考答案】

【思考与讨论 7-3】

冷拉并时效处理后的钢筋性能有何变化?在实际工程中有何意义?

7.3 钢材的组成结构及其对钢材性能的影响

7.3.1 钢材的晶体结构和晶体组织

钢材和纯铁一样为晶体结构,它是铁-碳合金晶体,在其晶体结构中,各个原子以金属键相互结合在一起,形成具有一定形态的聚合体,称为晶体组织。由于铁与碳的结合方式不同,碳素钢在常温下形成的基本晶体组织分为铁素体、渗碳体和珠光体三种,见表 7-8。

表 7-8 钢的基本晶体组织

名称	含碳量/%	结构特征	性能
铁素体 (ferrite)	≤0.006	碳溶于 α-Fe(体心立方晶格)中的固溶体。α-Fe 原子间间隙较小,溶碳能力较差	由于溶碳少且晶格中滑移面较多,因此塑性、韧性好,但强度、硬度低
渗碳体 (cementite)	6.67	铁和碳的化合物 Fe_3C,为层状结构	其晶体结构复杂,抗拉强度低,塑性和韧性极差,硬度很高,脆性极大,耐磨

续表

名称	含碳量/%	结构特征	性能
珠光体 （perlite）	0.77	铁素体和渗碳体的机械混合物，为层状结构。铁素体与渗碳体相间分布（铁素体基体上分布着硬脆的渗碳体片），二者既不互溶，也不化合，各自保持原有的晶格和性质	性质介于铁素体和渗碳体之间

当碳素钢的含碳量小于 0.8% 时，其基本组织为铁素体和珠光体，随着含碳量的增大，珠光体的含量增多，铁素体的含量相应减少，因而钢材的强度、硬度随之提高，但塑性和冲击韧性则相应下降。当碳素钢的含碳量等于 0.8% 时，其基本组织为珠光体。当碳素钢的含碳量大于 0.8% 时，其基本组织为珠光体和渗碳体，随着含碳量的增大，钢材的硬度增大，塑性、韧性降低，强度也下降。建筑钢材的含碳量一般不超过 0.8%，其基本组织为珠光体和铁素体，所以建筑钢材既具有较高的强度和硬度，又具有较好的塑性和韧性，能够满足各种工程所需的技术性能。

7.3.2 钢材的化学成分及其对钢材性能的影响

钢材的化学成分主要是铁和碳，此外钢材在冶炼过程中会从原料、燃料中引入一些其他元素，如硅、锰、磷、硫、氧、氮等元素。这些元素存在于钢材的组织结构中，对钢材的结构和性能有重要的影响。钢材中的元素可分为两类：一类是能改善（或优化）钢材性能的元素，称为合金元素，主要有硅、锰、钛等；另一类是会劣化钢材性能的元素，属钢材的杂质，主要有氧、硫、氮、磷等。含碳量对热轧碳素钢性能的影响见图 7-13，化学成分对钢材性能的影响见表 7-9。

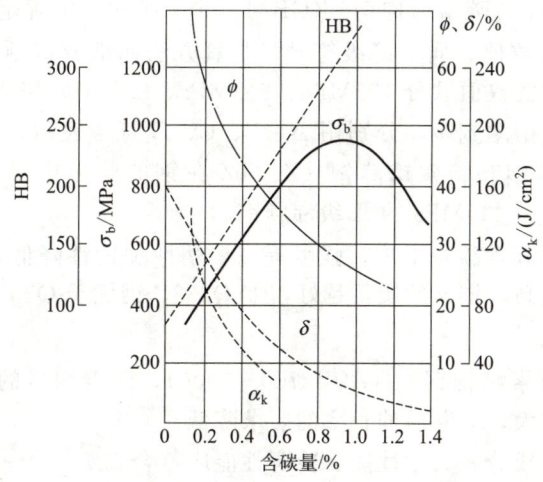

图 7-13 含碳量对热轧碳素钢性能的影响

表7-9 化学成分对钢材性能的影响

化学成分		强度	硬度	塑性、韧性	冷弯性能	焊接性能	冷脆性	热脆性
重要元素	C↑	↑	↑	↓	↓	↓	↑	↑
合金元素	Si↑	↑	↑	含量>1%时,塑性、韧性降低	不降低	不降低	含量>1%时,冷脆性增加	—
合金元素	Mn↑	↑	↑	含量>0.8%时,韧性增加	—	↑	—	↓
有害元素	P↑	↑	↑	↓	↓	↓	↑	↑
有害元素	S↑	—	—	↓	↓	↓	—	↑
有害元素	O、N↑	—	—	↓	↓	↓	↑	—

7.4 建筑钢材的品种与选用

7.4.1 碳素结构钢

1. 牌号及其表示方法

碳素结构钢（carbon structural steels）是最基本的钢种，包括一般结构钢和工程用热轧钢板、钢带、型钢等。《碳素结构钢》（GB/T 700—2006）中规定，其牌号由代表屈服强度的字母、屈服强度数值、质量等级符号、脱氧方法四部分按顺序组成。其中以"Q"代表屈服强度；屈服强度数值共分195MPa、215MPa、235MPa和275MPa四种；质量等级按硫、磷等杂质含量由多到少，分别用A、B、C、D符号表示；脱氧方法以F表示沸腾钢，Z、TZ表示镇静钢和特殊镇静钢（Z、TZ在钢的牌号中可以省略不写）。例如，Q235AF表示屈服强度为235MPa的A级沸腾钢。

随着牌号的增大，其含碳量增加，强度提高，塑性和韧性降低，冷弯性能逐渐变差。同一钢号内质量等级越高，钢材的质量越好，如Q235C钢优于Q235A、Q235B钢。

2. 性能与应用

根据国家标准《碳素结构钢》（GB/T 700—2006），随着牌号的增大，对钢材屈服强度和抗拉强度的要求增大，对断后伸长率的要求降低。

碳素结构钢的化学成分、力学性能、冷弯性能应符合表7-10～表7-12的规定。

表 7-10 碳素结构钢的化学成分（熔炼分析）(GB/T 700—2006)

牌号	统一数字代号	等级	厚度或直径/mm	脱氧方法	化学成分（质量分数）/%，不大于				
					C	Si	Mn	S	P
Q195	U11952	—	—	F、Z	0.12	0.30	0.50	0.035	0.040
Q215	U12152	A	—	F、Z	0.15	0.35	1.20	0.045	0.050
	U12155	B							0.045
Q235	U12352	A	—	F、Z	0.22	0.35	1.40	0.045	0.050
	U12355	B			0.20			0.045	0.045
	U12358	C		Z	0.17			0.040	0.040
	U12359	D		TZ				0.035	0.035
Q275	U12752	A	—	F、Z	0.24	0.35	1.50	0.045	0.050
	U12755	B	≤40	Z	0.21			0.045	0.045
			>40		0.22			0.040	0.040
	U12758	C		Z	0.20			0.035	0.035
	U12759	D		TZ					

注：① 表中为镇静钢、特殊镇静钢牌号的统一数字代号，沸腾钢牌号的统一数字代号如下：Q195F——U11950；Q215AF——U12150；Q215BF——U12153；Q235AF——U12350，Q235BF——U12353；Q275AF——U12750。
② 经需方同意，Q235B的含碳量可不大于0.22%。

表 7-11 碳素结构钢的力学性能 (GB/T 700—2006)

牌号	等级	拉伸试验											冲击试验（V形缺口）	
		屈服强度/(N/mm²)，不小于						抗拉强度/(N/mm²)	断后伸长率/%，不小于					温度/℃	冲击吸收功（纵向）/J，不小于
		钢材厚度或直径/mm							钢材厚度或直径/mm						
		≤	>						≤	>					
		16	16~40	40~60	60~100	100~150	150~200		40	40~60	60~100	100~150	150~200		
Q195	—	195	185	—	—	—	—	315~430	32	32	—	—	—	—	—
Q215	A	215	205	195	185	175	165	335~450	31	30	29	27	26	—	—
	B													+20	27
Q235	A	235	225	215	205	195	185	375~500	26	25	24	22	21	—	27
	B													+20	
	C													0	
	D													-20	

续表

牌号	等级	拉伸试验												冲击试验（V 形缺口）	
		屈服强度/(N/mm²)，不小于						抗拉强度/(N/mm²)	断后伸长率/%，不小于					温度/℃	冲击吸收功（纵向）/J，不小于
		钢材厚度或直径/mm							钢材厚度或直径/mm						
		≤	>						≤	>					
		16	16~40	40~60	60~100	100~150	150~200		40	40~60	60~100	100~150	150~200		
Q275	A	275	265	255	245	235	225	410~540	22	21	20	18	17	—	—
	B													+20	27
	C													0	
	D													−20	

注：① Q195 的屈服强度值仅供参考，不作为交货条件。
② 厚度大于 100mm 的钢材，抗拉强度下限允许降低 20N/mm²。宽带钢（包括剪切钢板）抗拉强度上限不作为交货条件。
③ 厚度小于 25mm 的 Q235B 级钢材，如供方能保证冲击吸收功值合格，经需方同意，可不做检验。

表 7-12 碳素结构钢的冷弯性能（GB/T 700—2006）

牌号	试样方向	冷弯试验 180°，B = 2a	
		钢材厚度或直径/mm	
		≤60	>60~100
		弯心直径 d	
Q195	纵	0	—
	横	0.5a	
Q215	纵	0.5a	1.5a
	横	a	2a
Q235	纵	a	2a
	横	1.5a	2.5a
Q275	纵	1.5a	2.5a
	横	2a	3a

注：① B 为试样宽度，a 为试样厚度或直径。
② 钢材厚度或直径大于 100mm 时，弯曲试验由双方协商确定。

不同牌号的碳素钢在土木工程中有不同的应用。

Q195——强度不高，塑性、韧性、加工性能与焊接性能较好，主要用于轧制薄板和盘条等。

Q215——与 Q195 基本相同，其强度稍高，大量用作管坯、螺栓等。

Q235——强度适中，有良好的承载性，又具有较好的塑性和韧性，可焊性和可加工性也较好，是钢结构常用的牌号，大量制作成钢筋、型钢和钢板，用于建造房屋和桥梁等。Q235良好的塑性可保证钢结构在超载、冲击、焊接、温度应力等不利因素作用下的安全性，因而能满足一般钢结构用钢的要求。其中Q235A一般用于只承受静荷载作用的钢结构，Q235B适用于承受动荷载焊接的普通钢结构，Q235C适用于承受动荷载焊接的重要钢结构，Q235D适用于低温环境使用的承受动荷载焊接的重要钢结构。

Q275——强度、硬度较高，耐磨性较好，但塑性、冲击韧性和可焊性差，不宜用于建筑结构，主要用于制作机械零件和工具等。

沸腾钢不得用于直接承受重级动荷载的焊接结构，不得用于计算温度等于和低于 $-20℃$ 的承受中级或轻级动荷载的焊接结构及承受重级动荷载的非焊接结构，也不得用于计算温度等于和低于 $-30℃$ 的承受静荷载或间接承受动荷载的焊接结构。

选用钢材时，要根据工程结构的荷载类型（静荷载或动荷载）、连接方式（焊接、铆接或螺栓连接）及环境温度，综合考虑钢材的强度、质量等级和脱氧方式等因素，合理确定牌号。

7.4.2 优质碳素结构钢

1. 牌号及其表示方法

《优质碳素结构钢》（GB/T 699—2015）规定，优质碳素结构钢（quality carbon structural steels）共有28个牌号，表示方法与其平均含碳量（以0.01%为单位）及含锰量相对应。如序号6的优质碳素结构钢统一数字代号为U20302，牌号30，其含碳量为0.27%～0.34%，含锰量为0.50%～0.80%。又如序号14的优质碳素结构钢统一数字代号为U20702，牌号70，其含碳量为0.67%～0.75%，含锰量为0.50%～0.80%。序号18～28的优质碳素结构钢的含锰量比序号1～17的优质碳素结构钢高，牌号中要注明"Mn"。如序号21的优质碳素结构钢统一数字代号为U21302，其含碳量与统一数字代号U20302的优质碳素结构钢含碳量相同，也为0.27%～0.34%，但含锰量为0.70%～1.00%。

2. 性能与应用

在建筑工程中，牌号30～45的优质碳素结构钢主要用于重要结构的钢铸件和高强度螺栓等，牌号65～80的优质碳素结构钢主要用于生产预应力混凝土钢丝和钢绞线。

优质碳素结构钢对有害杂质的含量控制严格，其质量稳定、综合性能好，但成本较高。其性能主要取决于碳的质量分数，碳的质量分数越高，则强度越高，塑性和韧性越差。

7.4.3 低合金高强度结构钢

1. 组成与牌号

低合金高强度结构钢（high strength low alloy structural steels）是在钢材中加入规定数量的合金元素而生产的钢材。合金元素有硅（Si）、锰（Mn）、钒（V）、铌（Nb）、铬（Cr）、镍（Ni）及稀土元素等，这些合金元素可以提高钢材的性能。

《低合金高强度结构钢》（GB/T 1591—2018）规定，低合金高强度结构钢牌号由代表钢材屈服强度"屈"字的汉语拼音首字母"Q"、规定的最小上屈服强度数值、交货状态代号、质量等级符号（B、C、D、E、F）四个部分组成。交货状态为热轧时，交货状态代号 AR 或 WAR 可省略；交货状态为正火或正火轧制状态时，交货状态代号均用 N 表示。如 Q355ND 表示屈服强度不小于 355MPa，交货状态为正火或正火轧制，质量等级为 D 级的低合金高强度结构钢。

2. 性能与应用

低合金高强度结构钢与碳素结构钢相比，具有较高的强度，综合性能好。其强度的提高主要靠加入的合金元素细晶强化和固溶强化来达到。在相同的使用条件下，其可比碳素结构钢节省钢材 20%～30%，对减轻结构自重有利，同时还具有良好的塑性、韧性、可焊性、耐磨性、耐蚀性、耐低温性等性能。Q355 是钢结构的常用牌号，Q390 也是推荐使用的牌号。与碳素结构钢 Q235 相比，低合金高强度结构钢 Q355 的强度更高，等强度代换时可以节省钢材 15%～25%，并减轻结构自重。另外，Q355 具有良好的承受动荷载能力和耐疲劳性。

低合金高强度结构钢主要用于轧制各种型钢、钢板、钢管及钢筋，广泛用于钢结构和钢筋混凝土结构中，特别适用于各种重型结构、高层结构、大跨度结构及桥梁等工程项目中。

7.4.4 钢筋

1. 热轧钢筋

钢筋混凝土用钢筋，根据其表面形状分为光圆钢筋（plain bars）和带肋钢筋（ribbed bars）两类。带肋钢筋为表面具有有规则间隔横肋的钢筋，分有纵肋和无纵肋两种。纵肋是与钢筋纵向一致的肋，横肋是与纵肋不平行的肋，它们通常呈月牙形或其他形状。图 7-14 所示为光圆钢筋和带肋钢筋。

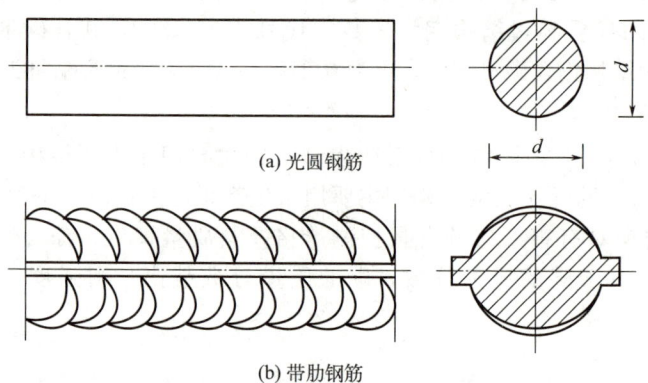

图 7-14 光圆钢筋和带肋钢筋

1）钢筋混凝土用热轧光圆钢筋

热轧光圆钢筋（hot rolled plain bars）的牌号由 HPB 和屈服强度特征值组成，其中 H、P、B 分别为热轧（hot rolled）、光圆（plain）、钢筋（bars）三个词的英文首字母。根据《钢筋混凝土用钢 第 1 部分：热轧光圆钢筋》（GB 1499.1—2024）的规定，热轧光圆钢筋的下屈服强度、抗拉强度、断后伸长率、最大力总延伸率及弯曲试验的力学性能特征值应符合表 7-13 的规定。

表 7-13　热轧光圆钢筋的力学性能（GB 1499.1—2024）

牌号	下屈服强度 R_{eL}/MPa	抗拉强度 R_m/MPa	断后伸长率 A/%	最大力总延伸率 A_{gt}/%	弯曲试验
	≥				
HPB 300	300	420	25	10.0	$D=d$

注：D 为弯曲压头直径；d 为钢筋公称直径。

2）钢筋混凝土用热轧带肋钢筋

《钢筋混凝土用钢　第 2 部分：热轧带肋钢筋》（GB 1499.2—2024）规定，普通热轧钢筋是按热轧状态交货的钢筋。热轧带肋钢筋（hot rolled ribbed bars）按屈服强度特征值分为 400 级、500 级、600 级。普通热轧带肋钢筋的牌号由 HRB 和屈服强度特征值构成，包括 HRB400、HRB500、HRB600、HRB400E、HRB500E 五个牌号（E 为"地震"的英文首字母，代表抗震型钢筋）。细晶粒热轧带肋钢筋由 HRBF 和屈服强度特征值构成，包括 HRBF400、HRBF500、HRBF400E、HRBF500E 五个牌号（F 为"细"的英文首字母，代表细晶粒强化）。热轧带肋钢筋的下屈服强度、抗拉强度、断后伸长率、最大力总延伸率等力学性能特征值应符合表 7-14 的规定。

表 7-14　热轧带肋钢筋的力学性能及性能（GB 1499.2—2024）

牌号	下屈服强度 R_{eL}/MPa	抗拉强度 R_m/MPa	断后伸长率 A/%	最大力总延伸率 A_{gt}/%	R_m^o/R_{eL}^o	R_{eL}^o/R_{eL}
	≥					≤
HRB400 HRBF	400	540	16	7.5	—	—
HRB400E HRBF400E	400	540	—	9.0	1.25	1.30
HRB500 HRBF500	500	630	15	7.5	—	—
HRB500E HRBF500E	500	630	—	9.0	1.25	1.30
HRB600	600	730	14	7.5	—	—

注：① 对于没有明显屈服的钢筋，下屈服强度特征值 R_{eL} 采用规定塑性延伸强度 $R_{p0.2}$。
② R_m^o 为钢筋实测抗拉强度，R_{eL}^o 为钢筋实测下屈服强度。
③ 出厂检验准许采用 A，仲裁检验时采用 A_{gt}。

按照表 7-15 规定的弯曲压头直径弯曲 180°后，钢筋受弯曲部位表面不应产生裂纹。

表 7-15　钢筋弯曲性能

牌号	公称直径/d	弯曲压头直径/D
HRB400 HRBF400 HRB400E HRBF400E	6～25	$4d$
	28～40	$5d$
	>40～50	$6d$

续表

牌号	公称直径/d	弯曲压头直径/D
HRB500 HRBF500 HRB500E HRBF500E	6～25	6d
	28～40	7d
	>40～50	8d
HRB600	6～25	6d
	28～40	7d
	>40～50	8d

注：① 对牌号带"E"的钢筋应进行反向弯曲试验。经反向弯曲试验后，钢筋受弯曲部位表面不应产生裂纹。

② 反向弯曲试验的弯曲压头直径比弯曲试验相应增加一个钢筋公称直径。

钢筋混凝土用热轧光圆钢筋和热轧带肋钢筋的表示方法、性能和应用对比见表 7-16。

表 7-16　钢筋混凝土用钢筋

钢筋种类	表示方法	性能	应用
钢筋混凝土用热轧光圆钢筋	HPB+屈服强度	强度不高，但塑性好，伸长率高，便于弯折成型，容易焊接	可用作中小型钢筋混凝土结构的主要受力钢筋，构件的箍筋，钢、木结构的拉杆等；还可作为冷轧带肋钢筋的原材料
钢筋混凝土用热轧带肋钢筋	HRB+屈服强度（+E） HRBF+屈服强度（+E）	强度较高，塑性和焊接性能较好，且因表面带肋，钢筋与混凝土之间的黏结力强	用于纵向受力普通钢筋混凝土和箍筋等

2. 冷轧带肋钢筋

冷轧带肋钢筋（cold rolled ribbed bars）是由热轧圆盘条经冷轧后，在其表面带有沿长度方向均匀分布的横肋的钢筋。《冷轧带肋钢筋》（GB/T 13788—2024）规定，钢筋分为 CRB550、CRB600H、CRB650、CRB800、CRB800H 五个牌号。CRB550、CRB600H 为普通钢筋混凝土用钢筋，CRB650、CRB800、CRB800H 为预应力混凝土用钢筋。C、R、B、H 分别为冷轧（cold rolled）、带肋（ribbed）、钢筋（bars）、高延性（high elongation）四个词的英文首字母；数字代表抗拉强度特征值。

冷轧带肋钢筋用于非预应力构件，与热轧钢筋相比，其强度提高30%左右，可节约钢材30%左右；也适用于焊接钢筋网，用于混凝土路面、预制桥面板等。

冷轧带肋钢筋用于预应力构件，与低碳钢冷拔钢丝相比，其伸长率高，钢筋与混凝土之间的黏结力较大，适用于中小预应力混凝土结构构件。

7.4.5　钢材的选用原则

对经常承受动荷载或反复交变荷载作用的结构，易产生应力集中，引起疲劳破坏，需选用韧性好、疲劳强度较高的钢材。

对经常处于低温环境中的结构，钢材易发生冷脆断裂，特别是焊接结构，冷脆倾向更加显著，应选择塑性好、脆性临界温度低、冲击韧性好的钢材。

【拓展视频】

焊接结构当温度变化和受力性质改变时，易导致焊缝附近的母体金属出现冷、热裂缝，促使结构早期破坏。所以，焊接结构应特别注意化学成分对钢材性能的影响，要选用可焊性较好的钢材，以确保焊接质量。

【拓展视频】

钢材的选用还应考虑建筑或结构的重要性，对具有纪念性的建筑、重荷载大跨度的结构以及其他重要的建筑结构，必须选用材质好的钢材。

另外，钢材的力学性能一般会随厚度的增大而降低，钢材经多次轧制后，其晶体组织更加致密，强度提高，质量变好。故结构工程用钢材，其厚度一般不宜超过 40mm。

【思考与讨论 7-4】

在建筑工程中，如何最大限度地减少钢材的资源消耗和浪费？有哪些创新方法可以实现这一目标？

【参考答案】

【思考与讨论 7-5】

在采购建筑钢材时，企业应该考虑哪些因素？请从可持续发展的角度进行讨论。

【参考答案】

7.5　钢材的腐蚀与防护

7.5.1　钢材的腐蚀机理

钢材的腐蚀是指钢材表面与周围介质发生作用而引起破坏的现象。钢材腐蚀的现象普遍存在，如在大气中生锈，特别是当环境中有各种侵蚀性介质或湿度较大时，情况就更为严重。腐蚀不仅使钢材有效截面积减小，还会产生局部锈坑，引起应力集中，同时腐蚀会显著降低钢材的强度、塑性、韧性等力学性能。根据钢材与环境介质的作用原理，腐蚀可分为化学腐蚀和电化学腐蚀，两种腐蚀的方式和影响因素见表 7-17。

表 7-17　钢材的腐蚀

腐蚀类别	腐蚀方式	影响因素
化学腐蚀	钢材与周围的介质（如氧气、二氧化碳、二氧化硫和水等）直接发生化学作用，生成疏松的氧化物进而造成锈蚀	温度和湿度（温度高、湿度大时腐蚀速度大大加快）

续表

腐蚀类别	腐蚀方式	影响因素
电化学腐蚀	钢材与电解质溶液接触，形成微电池而产生的锈蚀	钢材由不同的晶体组织构成，并含有杂质，由于这些成分的电极电位不同，使得电化学腐蚀程度不同

钢材在大气中的腐蚀，实际上是化学腐蚀和电化学腐蚀共同作用所致，但以电化学腐蚀为主。

7.5.2 钢材腐蚀防护措施

《建筑钢结构防腐蚀技术规程》（JGJ/T 251—2011）对建筑钢结构防腐蚀的设计、施工、验收、安全、卫生、环境保护和维护管理等提出了一系列技术要求。根据碳钢在不同大气环境下暴露一年的腐蚀速率，将腐蚀环境类型分为 6 个等级：Ⅰ级为无腐蚀，Ⅱ级为弱腐蚀，Ⅲ级为轻腐蚀，Ⅳ级为中腐蚀，Ⅴ级为较强腐蚀，Ⅵ级为强腐蚀。钢材腐蚀防护措施见表 7-18。

表 7-18 钢材腐蚀防护措施

防锈方法	工艺	常用方法/注意事项
表面刷漆	钢材表面刷漆时，一般为一道底漆、一道中间漆和两道面漆，要求高时可增加一道中间漆或面漆	构成涂层系统的所有涂料宜由同一涂料制造厂生产；不同厂家的涂料配套使用时，应进行配套试验并证明其性能满足要求。钢结构涂装前应进行表面处理，质量检查合格后方能进行涂装
表面镀金属	用耐腐蚀性好的金属，以电镀或喷镀的方法覆盖在钢材的表面	镀锌（如白铁皮）、镀锡（如马口铁）、镀铜和镀铬
电化学保护法	根据电化学原理，在钢材上采取措施使之成为锈蚀微电池中的阴极	阳极保护（外加电流保护法）：外加直流电源，将负极接在被保护的钢材上，正极接在废钢铁上或难熔的金属上，如高硅铁、银合金等。 阴极保护：在被保护的钢材上接一块较钢铁更为活泼的金属，如锌、镁等，使活泼金属成为阳极被腐蚀

 **【拓展阅读】** 镍对提高钢材强度和耐腐蚀性的作用

不锈钢中添加镍，可以增强钢材的耐腐蚀性，实现强韧、可延展和坚固的焊接，进而确保不锈钢可用于坚固耐用的结构中。类似结构包括由 Renzo Piano 设计的意大利新圣乔治大桥。2018 年 8 月，热那亚莫兰迪桥倒塌。之后的一份独立报告指出，维护不善以及桥梁设计和建造中存在缺陷是造成致命事故的可能原因。其中一座桥塔南侧斜拉索顶部的缆索腐蚀被认为是主要原因。自莫兰迪桥事故以来，人们对于桥梁设计的坚固性和耐用性有

了更深刻的认识。热那亚的新圣乔治大桥（新桥，见图 7-15）由 Renzo Piano 设计，并于 2020 年落成，与原桥的斜拉索设计不同，新桥采用不锈钢钢筋。这种设计既保证了力学强度，又保证了耐腐蚀性，从而提高了桥梁整体的耐用性。

图 7-15 建设中的新圣乔治大桥

[来源：网易（有改动）]

7.5.3 钢材的防火

钢是不燃性材料，但这并不表明钢材能够抵抗火灾。耐火试验与火灾案例表明：以失去支持能力为标准，无保护层时钢柱和钢屋架的耐火极限只有 0.25h，而裸露钢梁的耐火极限为 0.15h。当温度在 200℃ 以内时，可以认为钢材的性能基本不变；当温度超过 300℃ 时，钢材的弹性模量、屈服强度和极限强度均开始显著下降，应变急剧增大；当温度超过 400℃ 时，钢材的弹性模量、屈服强度和极限强度均急剧降低；当温度达到 600℃ 时，钢材的弹性模量、屈服强度和极限强度均接近于零，钢材已经失去承载能力。所以，没有防火保护层的钢结构是不耐火的。

钢结构防火保护的基本原理是采用绝热或吸热材料，阻隔火焰和热量，推迟钢结构的升温速率。包覆法作为一种主要的防火措施，通过使用防火涂料、不燃性板材、混凝土或砂浆将钢构件包裹起来，以提供防火保护。包覆法中常见的方法包括防火涂料包裹法、不燃性板材包裹法、实心包裹法、液体吸热法等。

1) 防火涂料包裹法

此方法是采用防火涂料，紧贴钢结构的外露表面，将钢构件包裹起来，这是目前最为流行的做法。防火涂料按受热时的变化分为膨胀型（薄型）和非膨胀型（厚型）两种。

（1）膨胀型防火涂料的涂层厚度一般为 2~7mm，附着力较强，有一定的装饰效果。由于这种涂料内含膨胀组分，遇火后会膨胀增厚 5~10 倍，形成多孔结构，从而起到良好的隔热、防火作用。根据涂层厚度不同，可使构件的耐火极限达到 0.5~1.5h。

（2）非膨胀型防火涂料的涂层厚度一般为 8~50mm，呈颗粒状表面，密度小、强度低。喷涂后须再用装饰面层防护，耐火极限可达 0.5~3.0h。为使防火涂料牢固地包裹住钢构件，可在涂层内埋设钢丝网，并使钢丝网与钢构件表面的净距离保持在 6mm 左右。

2）不燃性板材包裹法

常用的不燃性板材有防火板、石膏板、硅酸钙板、蛭石板、珍珠岩板和矿棉板等，这些板材可通过胶黏剂或钢钉、钢箍等固定在钢构件上，将其包裹起来。

3）实心包裹法

一般采用混凝土或耐火砖，将钢结构浇筑在其中，混凝土与耐火砖均具有一定的耐火性能，可使用混凝土包裹钢构件或用耐火砖包封钢构件，从而起到减小钢构件升温速率的作用。

4）液体吸热法

空心型钢结构建筑可以采用液体吸热法，在钢材内部充水，吸收钢材因为火灾带来的高热量，水的温度升高，然后经过水循环得到冷却，之后再吸收热量，这样循环利用液体吸热降温，可以很好地保护钢材。

本章小结

本章主要介绍了建筑钢材的生产和分类、建筑钢材的力学性能和工艺性能、建筑钢材的品种和选用及钢材的腐蚀和防护。通过本章学习，学生应理解钢材的主要技术性能；认识钢材的分类、建筑钢材的标准，并能按设计要求选用相应规格的钢材。引导学生关注钢材的可持续发展问题，培养学生认知建筑钢材对国家发展的作用，树立家国情怀，培养专业素养和创新精神。

练习题

一、基础题

（一）填空题

1. 钢材按化学成分分为_____、_____，其中_____、_____、_____、_____为有害杂质。

2. 在炼钢过程中，由于脱氧程度不同，钢材一般可分为_____、_____和_____。

3. 低碳钢在受拉过程中经历的四个阶段是_____、_____、_____、_____。

4. 钢材的屈强比越小，材料的安全可靠性_____，建筑工程中合理的屈强比一般为_____。

5. 评定钢材冷弯性能的指标有_____、_____。

6. 钢筋混凝土用钢材一般包括_____、_____、_____。

7. 含碳量为_____的碳素钢具有良好的可焊性，_____、_____、_____、_____等存在会使可焊性降低。普通碳素结构钢分为A、B、C、D四个质量等级的主要依据是_____。

（二）问答题

1. 钢材与生铁在化学成分上有何区别？钢材按化学成分不同可分为哪几种？土木工程常用哪几种钢材？
2. 含碳量对钢材的各技术性能有何影响？
3. 低合金高强度结构钢与碳素结构钢有哪些不同？
4. 热轧钢筋各等级符号的含义是什么？试述各钢筋的用途。
5. 对于有冲击、振动荷载和在低温下工作的结构应采用什么钢材？

二、拓展题

1. 钢筋经冷拉及时效处理后其力学性能有何变化？钢筋时效处理的目的是什么？
2. 对于低温下承受较大动荷载的焊接钢结构，应对所用钢材中的哪些元素含量加以控制？请分析原因。

【在线答题】

第8章
沥青及沥青混合料

知识框架

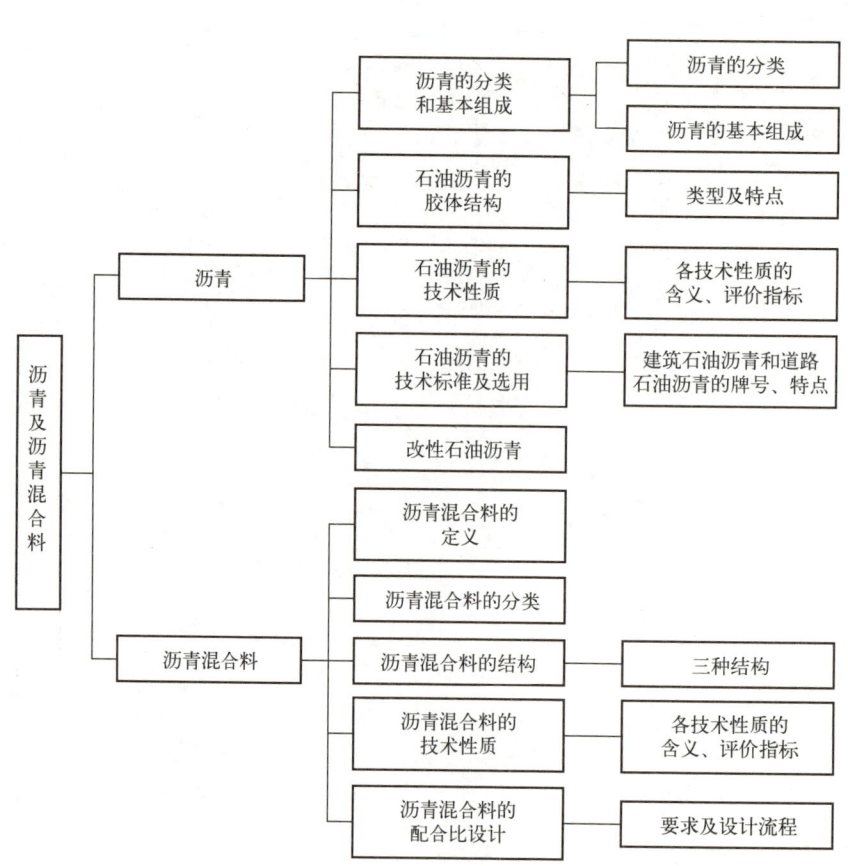

第8章 沥青及沥青混合料

学习目标

知识目标	理解石油沥青的三大组分及其作用，石油沥青胶体的三种结构类型
	了解石油沥青的种类，掌握石油沥青的主要技术性质、评价指标及改性方法，理解牌号与性能的关系
	掌握沥青混合料的主要技术性质，熟悉沥青混合料的配合比设计方法
能力和素质目标	综合运用所学知识，根据实际工程要求，依据相关技术标准正确选择沥青材料，进行沥青混合料的配合比设计，培养学生的科学素养和创新精神

导入案例

沥青材料的发展历史

考古研究发现，早在公元前1200年人们已经开始应用天然沥青，在生产兵器和工具时用沥青作为装饰品，为雕刻物添加颜色。特别是在美索不达米亚地区，由于该地区天然沥青蕴藏量充足，苏美尔人用天然沥青覆盖在器皿和船的外层，并在黏土砖中使用天然沥青作黏合剂。

公元前100年，古罗马人就在庞贝古城的罗马大道（图8-1）的建设中使用沥青填充接缝和涂抹外层。17世纪后，沥青的运用被扩大到屋顶防水层的密封。当时，用沥青加固路面还很昂贵，以至于只有富人专用的道路才能使用沥青加固面层。沥青第一次被用于桥梁是在英国桑德兰的一座木桥上用作沥青路面安装。1810年，沥青玛蹄脂铺层在法国里昂被首次运用。10年以后在热那亚发展出了现代沥青油毛毡的前身并且获得成功的运用。基于广泛的尝试，1837年沥青工艺被证明可以运用在公路工程上。1838年在普鲁士的汉堡出现第一条被铺上沥青的道路。1851年，一条通往巴黎的公路上有78m长的部分铺上了沥青面层。仅仅20年后，巴黎的主要街道几乎全部铺上了沥青，不久之后这种情况发展到欧洲几乎所有的大城市。

图8-1 庞贝古城的罗马大道

1842年在奥地利的因斯布鲁克，浇注式沥青被发明并于不久之后成功应用于道路工程的施工中。1853年由 Léon Malo 提出了沥青混凝土的概念。为了得到足够的压缩比，1876年人们开始用碾压的方法压缩沥青混凝土（图8-2）。1907年，第一个沥青混合料构件在美国投入使用。1914年，人们在柏林第一次看到了沥青路面的赛车车道。1923年，沥青应用于水坝的密封。从1950年起，通过专门的添加剂使得在低温状态下进行沥青施工成为可能。

为了使机场的飞机跑道尽快投入使用，1963年在英国出现了干式沥青施工工艺。不久后的1968年第一次出现了沥青玛蹄脂施工。20世纪70年代在美国开始实践沥青回收再利用。为了获得更好的密封效果，1979年开始在垃圾堆场工程中使用沥青。至今，沥青已经成为我们生活中不可或缺的材料之一。

思考：为什么沥青可以用于制备沥青混凝土路面材料？沥青在其中起到了什么作用？

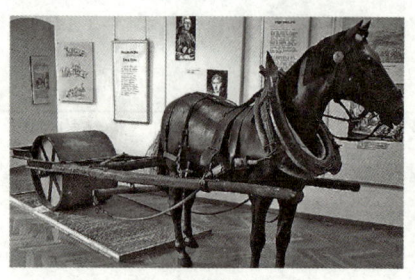

(a) 古代碾压方式　　　　　　　　(b) 近代机械碾压方式

图 8-2　沥青混凝土碾压施工

8.1　沥青

8.1.1　沥青的分类和基本组成

1. 沥青的分类

沥青（asphalt）是一种由复杂碳氢化合物和这些化合物的多种非金属衍生物组成的混合物。在常温下，沥青呈固体、半固体或液体状态，颜色以黑色或黑褐色为主。

【拓展视频】

按其产源不同，沥青可分为地沥青（land asphalt）和焦油沥青（tar pitch），前者又包括天然沥青（natural asphalt）和石油沥青（petroleum asphalt），后者又细分为煤沥青（coal tar pitch）和页岩沥青（shale tar pitch），具体见表 8-1。

表 8-1　沥青的分类

沥青			
	地沥青	天然沥青	石油在天然条件下，经长时间地球物理作用所形成的产物
		石油沥青	石油经炼制加工后所得到的产品
	焦油沥青	煤沥青	由煤干馏所得到的煤焦油再加工所得
		页岩沥青	由页岩油所得的工业副产品

沥青因具有良好的黏结性、塑性、憎水性和耐腐蚀性等优点，在建筑工程中主要用作防水、防潮、防渗、防腐材料。同时，沥青还具有一定的强度和黏-弹-塑性，在高速公路、桥梁、隧道等各种道路工程中也有广泛的应用（图 8-3）。

2. 沥青的基本组成

下面以石油沥青和煤沥青为例，介绍沥青的基本组成。

1）石油沥青的基本组成

石油沥青是石油经蒸馏炼制提炼出各种轻质油（如汽油、柴油等）及润滑油后的残留物，是由许多高分子碳氢化合物及其非金属（主要为氧、硫、氮等）衍生物组成的复杂混合物。

(a) 沥青防水材料　　　　　　　　(b) 沥青混凝土路面

图 8-3　沥青材料的应用

通常将沥青中一些化学性质相近，并且与工程性质有一定联系的有机分子划分为一组，称为组分（component）。各组分含量的变化，对沥青技术性质有直接影响。在我国，通常将石油沥青划分为油分（oil content）、树脂（resin）和沥青质（asphaltene）三种组分，各组分的主要特性见表 8-2。

【拓展图文】

表 8-2　石油沥青的组分

组分	颜色	状态	密度/(g/cm³)	相对分子质量	质量分数/%	特点	作用
油分	淡黄至红褐色	透明液体	0.7~1.0	300~500	45~60	溶于苯等有机溶剂，不溶于酒精	赋予沥青以流动性。但含量多时，沥青的温度稳定性差
树脂	黄色至黑褐色	黏性半固体	1.0~1.1	600~1000	15~30	溶于汽油等有机溶剂，难溶于酒精和丙酮	赋予沥青以塑性。树脂组分高，沥青不但塑性好，黏结性也好
沥青质	深褐色至黑色	脆性固体颗粒	1.1~1.5	1000~6000	5~30	溶于三氯甲烷、二硫化碳，不溶于酒精	赋予沥青温度稳定性和黏结性。沥青质含量高，沥青的温度稳定性好，但其塑性降低，硬脆性增加

除三个主要组分外，石油沥青中还含有蜡、沥青碳和似碳物。蜡会降低石油沥青的黏结性、塑性和抗滑性，同时也会导致沥青的温度稳定性变差，是石油沥青的有害成分，其含量为 2%~4%。沥青碳和似碳物为无定形的黑色固体粉末，是在高温裂化、过度加热或深度氧化过程中脱氢而生成的，是石油沥青中相对分子质量最大的物质，它们能降低石油沥青的黏结力，其含量一般为 2%~3%。

2）煤沥青的基本组成

煤沥青是由煤干馏的产品煤焦油再加工而获得的，其组成主要是芳香族碳氢化合物及其氧、硫和碳的衍生物的混合物。煤沥青化学组分的分析方法与石油沥青相似，即采用选择性溶解将煤沥青分离为几个化学性质相近且与应用性能有一定联系的组分。通常，煤沥青主要有游离碳（free carbon）、油分和树脂三个组分。

（1）游离碳。游离碳又称自由碳，是高分子的有机化合物的固态碳质微粒，不溶于有机溶剂，加热不熔，但在高温下会分解。煤沥青中的游离碳含量增加，可提高其黏度和温度稳定性。但随着游离碳含量的增加，其低温脆性也增加。

（2）油分。油分是液态碳氢化合物，是三个组分中结构最简单的物质。

（3）树脂。树脂为环形含氧碳氢化合物。树脂可分为两类：硬树脂，类似于石油沥青中的沥青质；软树脂，为赤褐色黏-塑性物，溶于氯仿，类似于石油沥青中的树脂。

【参考答案】

【思考与讨论 8-1】

试分析如何优化沥青组分才能获得柔韧性和耐高温性均良好的沥青材料。

8.1.2 石油沥青的胶体结构

石油沥青的性质不仅取决于石油沥青的组分，而且取决于石油沥青的胶体结构（colloidal structures）。石油沥青是以沥青质为分散相，油分和树脂为分散介质组成的胶体分散体系。以沥青质为胶核，在其周围吸附油分及树脂分子，构成胶团。胶团内被吸附的油分和树脂按分子从大到小逐渐向外扩散分布。由于石油沥青组分含量及化学结构的不同，形成了不同类型的胶体结构，并表现出不同的性能，具体见表8-3。

表8-3 石油沥青的胶体结构

结构类型	结构示意图	结构特点	性能特点
溶胶型结构		当沥青质的含量相对较低、油分和树脂含量相对较高时，胶团外膜较厚、相距较远，它们之间的吸引力很小，甚至没有吸引力，胶团之间相对运动较自由	溶胶型石油沥青的特点是流动性和塑性较好，开裂后自行愈合能力较强，低温时变形能力较强，但温度稳定性差，温度过高会发生流淌
凝胶型结构		当沥青质含量较多而油分和树脂较少时，胶团外膜较薄，胶团靠近聚集，形成空间网络结构，移动比较困难	凝胶型石油沥青的特点是弹性和黏结性较高、高温稳定性较好，但塑性较差、低温变形能力较差
溶胶-凝胶型结构		当沥青质含量适当，并有较多的树脂作为保护膜层时，胶团之间保持一定的吸引力，这时沥青形成溶胶-凝胶型结构	溶胶-凝胶型石油沥青的性能介于溶胶型石油沥青和凝胶型石油沥青之间

石油沥青的胶体结构会随温度不同而改变。当温度升高时，固体石油沥青中易熔的成分逐渐转变为液态，使原来的凝胶型结构状态逐渐转变为溶胶型结构状态。但当温度下降

时，它又可以恢复为原来的结构状态。在浇筑或捣实过程中还可以采用振动作用来改变石油沥青的结构状态。

8.1.3 石油沥青的技术性质

石油沥青是憎水性材料，结构致密，不仅与矿物材料表面有很好的黏结力，而且具有一定的塑性，能适应材料或构件的变形，所以常用于道路工程和建筑防水。为保证工程质量，正确选用材料，必须掌握石油沥青的主要技术性质及其测试方法。

1. 黏滞性

石油沥青的黏滞性（viscosity）又称黏性，是反映沥青材料内部阻碍其相对流动的一种特性。黏滞性是沥青性质的重要指标之一，是划分沥青牌号的主要依据。

对于固体和半固体石油沥青，其黏滞性用针入度（penetration）来表示。根据《沥青针入度测定法》（GB/T 4509—2010）的规定，沥青针入度以标准针在一定的荷载、时间及温度条件下垂直穿入试样的深度表示，单位为 1/10mm。除非另行规定，标准针、针连杆与附加砝码的总质量为 $(100±0.05)g$，温度为 $(25±0.1)℃$，时间为 5s，如图 8-4 所示。沥青的针入滞性越差，则流动性越大，表示黏滞性越差，沥青越软。

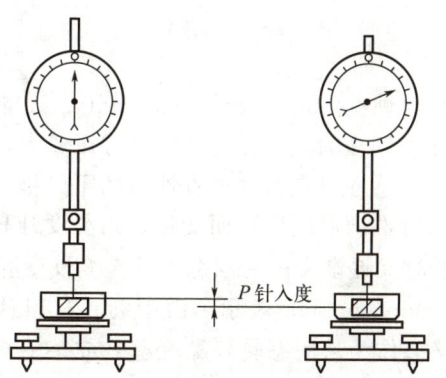

【拓展视频】

图 8-4　针入度法测定沥青针入度示意图

对于液体石油沥青，其黏滞性通常用标准黏度计测定的标准黏度（standard viscosity）来表示。根据《公路工程沥青及沥青混合料试验规程》（JTG E20—2011）中《沥青标准黏度试验（道路沥青标准黏度计法）》（T 0621—1993）的规定，液体沥青（石油沥青、煤沥青、乳化沥青等）的标准黏度是在一定温度下经规定直径的孔口漏下 50mL 沥青时所需的秒数，如图 8-5 所示。标准黏度常用符号 $C_{T,d}$ 表示，其中"T"为试样温度（℃），"d"为流孔直径（mm）。

石油沥青的黏滞性与组分、温度密切相关。当沥青质含量较高、油分含量较少时，石油沥青的黏滞性较大。在一定温度范围内，石油沥青的黏滞性随温度的升高而降低，反之则增大。

2. 塑性

石油沥青的塑性（plasticity）是指其在外力作用下产生变形而不破坏（裂缝或断裂）的能力，是石油沥青性质的重要指标之一。

沥青的塑性用延度（ductility）表示。依据《沥青延度测定法》（GB/T 4508—2010），将熔化的沥青试样注入专用模具中制成∞字形标准试件，然后将其移到延度仪中进行试验，测定其在规定速度（5cm/min±0.25cm/min）和规定温度（非经特殊说明，试验温度为25℃±0.5℃）下拉断时的伸长量，以 cm 为单位表示，如图 8-6 所示。延度值越大，则沥青塑性越好。

【拓展视频】

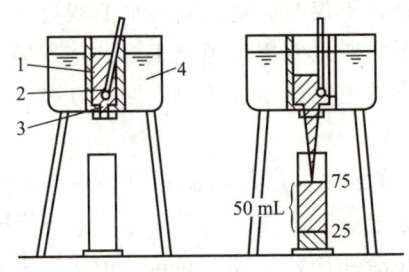

1—沥青；2—活动球杆；3—流孔；4—水。

图 8-5　标准黏度计法测定液体沥青黏度示意图

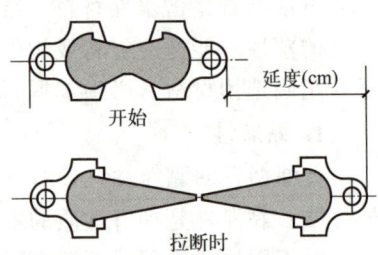

图 8-6　沥青延度测定示意图

石油沥青的塑性与其组分有关。当树脂含量较多时，石油沥青塑性较大。常温下，石油沥青产生裂缝可因其良好的塑性而自行愈合，故塑性也可反映石油沥青开裂后的自愈能力。

3. 温度敏感性

石油沥青的温度敏感性（temperature sensitivity）是指在温度变化时石油沥青黏滞性、塑性和韧性的变化程度。变化程度越大，则石油沥青的温度敏感性越大。温度敏感性也是石油沥青性质的重要指标之一。

【拓展视频】

石油沥青的结构与特性随温度变化而变化。当温度升高时，石油沥青由固态或半固态逐渐软化，当温度降低时又逐渐凝固为固态，甚至变硬变脆。

沥青的温度敏感性用软化点（softening point）表示。由于沥青材料从固态变为液态有一定的变态间隔，故规定其中某一状态作为从固态转到黏流态（或某一规定状态）的起点，相应的温度称为沥青软化点。测定沥青软化点的方法很多，我国主要采用环球法测定［《沥青软化点测定法　环球法》（GB/T 4507—2014）］。预先把融化的沥青试样装入规定尺寸的铜肩环或铜锥环（图 8-7）内，试样上放置一标准钢球（$\phi=9.5$mm，$m=3.5$g±0.05g），再装入盛有水或甘油的软化点测试仪中。以规定的升温速度（5℃/min）加热，钢球随沥青软化而下沉，当下沉达到规定距离（25mm）时的温度（℃）即为其软化点，如图 8-8 所示。软化点越高，表明沥青的耐热性越好，即温度敏感性越小。

一般来说，工程上要求石油沥青具有较小的温度敏感性，即石油沥青的黏滞性、塑性和韧性随温度变化的改变幅度应较小。石油沥青中沥青质含量较多时，在一定程度上能够减小其温度敏感性；而石油沥青中蜡含量较多时，则会增大其温度敏感性。在实际使用中，常通过加入滑石粉、石灰石粉或其他矿物填料来减小石油沥青的温度敏感性。

针入度、延度和软化点是评价固体和半固体石油沥青路用性能最常用的技术指标，通称为"三大指标"。

4. 大气稳定性

大气稳定性（stability）是指石油沥青在温度、阳光、空气、水等长期作用下性能的

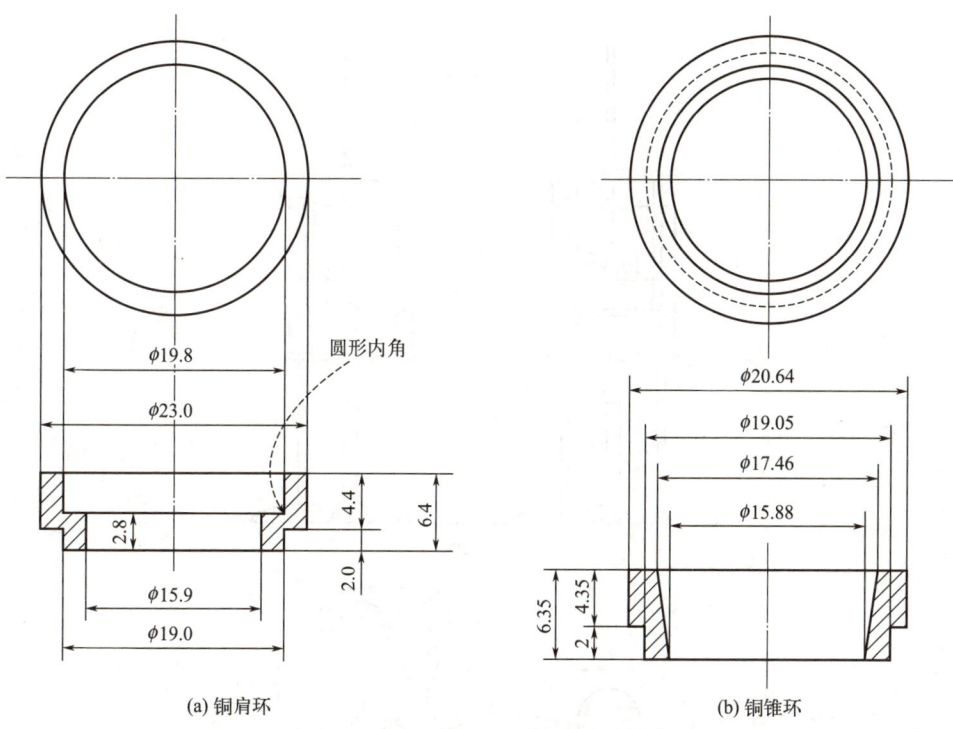

图 8-7 铜肩环或铜锥环规格尺寸

稳定程度。在工程环境中，沥青中各组分会不断递变，相对分子质量低的物质将逐步转变成相对分子质量高的物质，即油分和树脂逐渐减少，沥青质相应增多。因此，石油沥青随着时间的延长流动性和塑性逐渐减小，硬脆性逐渐增大，直至龟裂或自然脆断，这个过程称为石油沥青的老化。大气稳定性反映了石油沥青的抗老化能力。

石油沥青的大气稳定性常以蒸发损失和蒸发前后针入度比（简称针入度比）来评定。根据《公路工程沥青及沥青混合料试验规程》（JTG E20—2011）中《沥青蒸发损失试验》（T 0608—1993）的规定，其测定方法是：先测定沥青试样的质量及其针入度，然后将试样置于加热试验专用的烘箱中，在163℃下蒸发5h，待冷却后再测定其质量及针入度。蒸发前后质量损失占原质量的百分率，称为蒸发损失（当试样蒸发后质量减少时为负值，质量增加时为正值）；蒸发后沥青残留物的针入度占原试样针入度的百分率，称为针入度比。蒸发损失和针入度比越大，表示大气稳定性越高，老化越慢。

5. 溶解度

溶解度（solubility）是指石油沥青在三氯乙烯中溶解的百分率，反映了石油沥青中有效黏结成分的含量。那些不溶解的物质会降低石油沥青的黏结性能，应把不溶物视为有害物质（如沥青碳或似碳物）而加以限制。

6. 闪点和燃点

闪点（flash point）也称闪火点，是指加热沥青时挥发出的可燃气体和空气的混合物，在规定的条件下与火焰接触，初次闪火（有蓝色闪光）时的沥青温度（℃）。

燃点（ignition point）也称着火点，是指加热沥青产生的气体和空气的混合物，与火焰接触能持续燃烧5s以上时的沥青温度（℃）。燃点温度比闪点温度约高10℃。沥青质组分多的石油沥青其闪点和燃点的温度相差较大；液体石油沥青由于轻质成分较多，闪点和

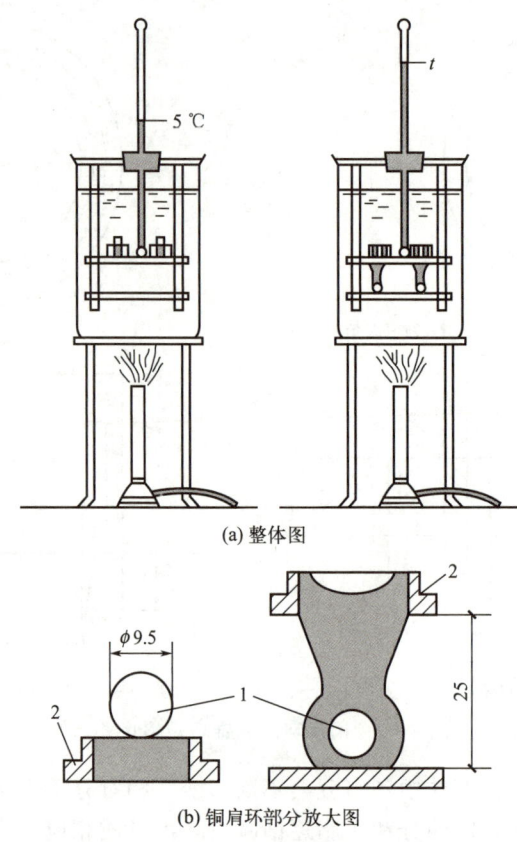

(a) 整体图

(b) 铜肩环部分放大图

1—钢球；2—铜肩环。

图 8-8 环球法测定沥青软化点的示意图

燃点的温度相差很小。闪点和燃点是沥青火灾或爆炸的临界温度，是沥青热拌施工加热时的安全性控制温度。

【参考答案】

【思考与讨论 8-2】

试分析如何改善石油沥青的黏度、黏结力、变形和耐热性等性质，以适应更广泛的工程应用。

【工程案例 8-1】 高温下沥青材料的选择

概况：某地夏季最高温度可达 40℃ 以上，此地某工程采用石油沥青作为屋面防水材料，请从石油沥青组分上分析如何选择石油沥青。

原因分析：由于夏季温度较高，为防止石油沥青流淌，应提高石油沥青的耐高温性能、降低石油沥青的温度敏感性，因此需要选择油分少而沥青质较多的石油沥青。

8.1.4 石油沥青的技术标准及选用

1. 石油沥青的技术标准

石油沥青按用途可分为建筑石油沥青、道路石油沥青和普通石油沥青三种。其中，建筑石油沥青和道路石油沥青在土木工程中应用最广泛。

建筑石油沥青按沥青针入度值可划分为10号、30号和40号三个牌号，其技术性能应符合《建筑石油沥青》(GB/T 494—2010)的规定，见表8-4。

表8-4　建筑石油沥青技术标准（GB/T 494—2010）

项目	质量指标		
	10号	30号	40号
针入度（25℃，100g，5s）/0.1mm	10～25	26～35	36～50
针入度（46℃，100g，5s）/0.1mm	报告		
针入度（0℃，100g，5s）/0.1mm	≥3	≥6	≥6
延度（25℃，5cm/min）/cm	≥1.5	≥2.5	≥3.5
软化点（环球法）/℃	≥95	≥75	≥60
溶解度（三氯乙烯）/%	≥99.0		
蒸发后质量变化（163℃，5h）/%	≤1		
蒸发后25℃针入度比/%	≥65		
闪点（开口杯法）/℃	≥260		

注：① 报告应为实测值。
　　② 测定蒸发损失后样品的25℃针入度与原25℃针入度之比乘以100后所得的百分比，称为蒸发后25℃针入度比。

石油化工行业标准《道路石油沥青》(NB/SH/T 0522—2010)按针入度值将道路石油沥青分为200号、180号、140号、100号、60号五个牌号，其技术要求见表8-5。

表8-5　道路石油沥青的技术要求（NB/SH/T 0522-2010）

项目		质量指标				
		200号	180号	140号	100号	60号
针入度（25℃，100g，5s）/0.1mm		200～300	150～200	110～150	80～110	50～80
延度（25℃）/cm		≥20	≥100	≥100	≥90	≥70
软化点/℃		30～48	35～48	38～51	42～55	45～58
溶解度/%		≥99.0				
闪点（开口）/℃		≥180	≥200	≥230		
密度（25℃）/(g/cm³)		报告				
蜡含量/%		≤4.5				
薄膜烘箱试验（163℃，5h）	质量变化/%	≤1.3	≤1.3	≤1.3	≤1.2	≤1.0
	针入度比/%	报告				
	延度（25℃）/cm	报告				

注：如25℃延度达不到，15℃延度达到时，也认为是合格的，指标要求与25℃延度一致；报告应为实测值。

按道路的交通量，道路石油沥青分为重交通道路石油沥青和中、轻交通道路石油沥青。重交通道路石油沥青主要用于高速公路和一级公路路面、机场道面及重要的城市道路路面等工程。按《重交通道路石油沥青》(GB/T 15180—2010)的规定，重交通道路石油沥青分为AH-130、AH-110、AH-90、AH-70、AH-50和AH-30六个牌号，其技术要求见表8-6。

表8-6 重交通道路石油沥青技术要求 (GB/T 15180—2010)

项目		质量指标					
		AH-130	AH-110	AH-90	AH-70	AH-50	AH-30
针入度 (25℃, 100g, 5s) /0.1mm		120~140	100~120	80~100	60~80	40~60	20~40
延度 (15℃) /cm		≥100	≥100	≥100	≥100	≥80	报告
软化点/℃		38~51	40~53	42~55	44~57	45~58	50~65
溶解度/%		≥99.0					
闪点/℃		≥230				≥260	
密度 (25℃) /(kg/cm³)		报告					
蜡含量/%		≤3.0					
薄膜烘箱试验 (163℃, 5h)	质量变化/%	≤1.3	≤1.2	≤1.0	≤0.8	≤0.6	≤0.5
	针入度比/%	≥45	≥48	≥50	≥55	≥58	≥60
	延度 (15℃) /cm	≥100	≥50	≥40	≥30	报告	报告

注：报告应为实测值。

2. 石油沥青的选用

选用石油沥青的原则是：根据工程类别（房屋、道路或防腐）、当地气候条件及所处工程部位（屋面、地下）等具体情况，合理选用不同品种和牌号的石油沥青。在满足使用需求的前提下，尽量选用较大牌号的石油沥青，以保证较长的使用年限。

建筑石油沥青针入度较小，软化点较高，但延度较小，主要用作制造油纸、油毡、防水涂料和沥青嵌缝膏。它们绝大部分用于屋面及地下防水、沟槽防水防腐蚀及管道防腐等工程。在屋面防水工程中使用时制成的沥青胶膜较厚，增大了对温度的敏感性。同时，黑色沥青表面又是好的吸热体。按高温季节测试，一般沥青屋面的表面最高温度比当地最高气温高25~30℃，为避免夏季流淌，通常屋面用石油沥青材料的软化点应比本地区屋面最高温度高20℃以上。一般地区可选用30号石油沥青，夏季炎热地区宜选用10号石油沥青。但严寒地区不宜选用10号石油沥青。在地下防水工程中，石油沥青所经历的温度变化不大，为了延长石油沥青防水层的使用年限，宜选用牌号较高的石油沥青材料，如40号石油沥青。

道路石油沥青一般与粗细集料和矿粉等矿质材料配制成沥青混合料，主要用于各等级道路路面或车间地面等工程。道路石油沥青的标号较多，应按照公路等级、气候条件、交通条件、路面类型及在结构层中的层位和受力特点、施工方法等，结合当地使用经验，经技术论证后确定。对于冬季寒冷地区或交通量较少的地区，宜选用稠度小、低温延度大的石油沥青，以减少低温开裂。对于夏季温度高、高温持续时间长的地区，重载交通路段或山区上坡路段，宜选用稠度大、黏度大的石油沥青，以保证夏季路面有足够的稳定性。对于日温差、年温差大的地区，宜选用温度敏感性小的石油沥青。

普通石油沥青含蜡较多，一般含蜡量大于5%，有的高达20%以上。由于石蜡的熔点低（为32～55℃），因而普通石油沥青温度敏感性较大，故在工程中不宜单独使用，只能与其他种类石油沥青掺配或改性处理后使用。

3. 石油沥青的掺配

当某一种牌号的石油沥青不能满足特定的工程技术要求时，可以通过掺配不同牌号的石油沥青来达到所需的性能。在进行掺配时，为了不使掺配后的石油沥青胶体结构破坏，应选用表面张力相近和化学性质相似的石油沥青。

两种石油沥青的掺量可用式(8-1)和式(8-2)计算：

$$Q_1 = \frac{T-T_1}{T_2-T_1} \times 100\% \tag{8-1}$$

$$Q_2 = 100\% - Q_1 \tag{8-2}$$

式中　Q_1——牌号较低沥青的掺量，%；
　　　Q_2——牌号较高沥青的掺量，%；
　　　T——掺配后要求达到的软化点，%；
　　　T_1——牌号较高沥青的软化点，℃；
　　　T_2——牌号较低沥青的软化点，℃。

【工程案例 8-2】 石油沥青的掺配计算

概况：某工程需用软化点为70℃的石油沥青，现有10号和40号两种石油沥青，由试验测得10号石油沥青的软化点为90℃，40号石油沥青的软化点为60℃。请计算应如何掺配才可以满足工程需要。

解：按式(8-1)和式(8-2)可知

10号石油沥青的掺量为 $Q_1 = \dfrac{T-T_1}{T_2-T_1} \times 100\% = \dfrac{70-60}{90-60} \times 100\% \approx 33.3\%$

40号石油沥青的掺量为 $Q_2 = 100\% - Q_1 = 100\% - 33.3\% = 66.7\%$

需要注意的是，根据上式计算得到的掺配比例，不一定满足工程要求，此时可用计算的掺配比例和邻近的比例（±5%～±10%）取几组进行试配。将各组沥青混合熬制均匀，测定各组混合沥青的软化点，然后绘制"掺配比-软化点"曲线，即可从曲线上确定出要求软化点对应的实际掺配比例。

8.1.5　改性石油沥青

随着现代土木工程技术的不断发展，石油沥青无论作为防水、防腐材料还是作为路面用胶结材料，对其高温抗变形能力、低温抗裂性、黏附性、耐久性等性能都提出了更高的要求，而仅依靠石油沥青自身的性能，很难同时满足这些要求。为此，常用橡胶、树脂和矿物填料等对其进行改性而成为改性石油沥青（以下简称"改性沥青"，以下所称沥青均指石油沥青）。改性沥青的品种很多，按改性材料的不同，一般可将其分为以下四类。

1. 橡胶改性沥青

橡胶是沥青的重要改性材料，其不仅与沥青有良好的混溶性，而且能赋予沥青类似橡胶的很多优点，如高温变形小，低温柔性好。橡胶品种不同，掺入方法也有所不同，所改性的沥青的性能也有一定差异。常用橡胶改性沥青的种类、改性过程、特点及应用见表8-7。

表 8-7 常用橡胶改性沥青的种类、改性过程、特点及应用

种类	改性过程	特点及应用
氯丁橡胶改性沥青	氯丁橡胶改性沥青的生产方法有溶剂法和水乳法。溶剂法是先将氯丁橡胶溶于一定的溶剂中形成溶液,然后掺入沥青中,混合均匀即成为氯丁橡胶改性沥青。水乳法是将橡胶和石油沥青分别制成乳液,再混合均匀即可使用	沥青中掺入氯丁橡胶后,可使其气密性、低温柔性、耐化学腐蚀性、耐候性等得到大大改善,可用于路面的稀浆封层和制作密封材料、涂料等
丁基橡胶改性沥青	丁基橡胶改性沥青的配制方法与氯丁橡胶改性沥青类似,而且简单一些。将丁基橡胶碾切成小片,于搅拌条件下把小片加到 100℃的溶剂中(不得超过 110℃),制成浓溶液。同时将沥青加热脱水熔化成液体状沥青。通常在 100℃左右把两种液体按比例混合搅拌均匀,浓缩 15~20min,达到要求的性能指标。丁基橡胶在混合物中的质量分数一般为 2%~4%。同样也可以分别将丁基橡胶和沥青制备成乳液,然后按比例把两种乳液混合即可	丁基橡胶改性沥青具有优异的耐分解性,并有较好的低温抗裂性和耐热性,多用于道路路面工程和制作密封材料或涂料
热塑性弹性体(SBS)改性沥青	SBS 是热塑性弹性体苯乙烯-丁二烯嵌段共聚物,它兼有橡胶和树脂的特性,常温下具有橡胶的弹性,还能像树脂那样熔融流动,成为可塑的材料	SBS 改性沥青具有良好的耐高温性、优异的低温柔性和耐疲劳性,主要用于制作防水卷材和铺筑高等级公路路面等,是目前应用最成功和用量最大的一种改性沥青
再生橡胶改性沥青	将废旧橡胶加工成 1.5mm 以下的颗粒,然后与沥青混合,经加热搅拌脱硫,就能得到具有一定弹性、塑性且黏结力良好的再生橡胶改性沥青	再生橡胶掺入沥青中以后,同样可大大提高沥青的气密性,低温柔性,耐光、热、臭氧性等耐候性

2. 树脂改性沥青

根据能否进行二次加工,树脂可分为热塑性树脂和热固性树脂两类,用作沥青改性的树脂以热塑性树脂为主。常被采用的树脂有古马隆树脂、聚乙烯树脂、乙烯-乙酸乙烯共聚物(EVA)等,其中古马隆树脂改性沥青和聚乙烯树脂改性沥青的改性过程、特点及应用详见表 8-8。

表 8-8 常用树脂改性沥青的种类、改性过程、特点及应用

种类	改性过程	特点及应用
古马隆树脂改性沥青	古马隆树脂又名香豆桐树脂,呈黏稠液体或固体状,浅黄色至黑色,易溶于氯化烃、酯类、硝基苯等,为热塑性树脂。将沥青加热熔化脱水,在 150~160℃情况下,把古马隆树脂(掺量约 40%)放入熔化的沥青中,并不断搅拌,再把温度升至 185~190℃,保持一定时间,使之充分混合均匀,即得到古马隆树脂改性沥青	古马隆树脂改性沥青的黏性较大,可用于路面的稀浆封层和制作密封材料、涂料等

续表

种类	改性过程	特点及应用
聚乙烯树脂改性沥青	在沥青中掺入 5%～10% 的低密度聚乙烯，采用胶体磨法或高速剪切法即可制得聚乙烯树脂改性沥青。一般认为，聚乙烯树脂与多蜡沥青的相容性较好，对多蜡沥青的改性效果较好	聚乙烯树脂改性沥青的耐高温性和耐疲劳性有显著改善，低温柔性也有所改善，多用于防水卷材、密封材料和防水涂料等

3. 橡胶和树脂复合改性沥青

橡胶和树脂同时用于改性沥青，能使沥青兼具橡胶和树脂两者的特性，改性效果较好。橡胶、树脂和沥青在加热熔融状态下，沥青与高分子聚合物之间发生相互侵入和扩散，沥青分子填充在聚合物大分子的间隙内，同时聚合物分子的某些链节扩散进入沥青分子中，形成凝聚的网状混合结构，故改性后的沥青性能优良。配制时，采用不同的原材料品种、配合比、制作工艺，可获得性能各异的产品，主要有卷材、片材、密封材料、防水涂料等。

4. 矿物填充料改性沥青

为了提高沥青的黏结力和耐热性，降低沥青的温度敏感性，可加入一定量的矿物填充料作为沥青的改性剂，以扩大沥青的使用范围。常用的矿物填充料多为粉状或纤维状矿物，主要有滑石粉、石灰石粉、硅藻土、石棉粉等。矿物填充料之所以能起到改性作用，是因为在石油沥青中掺入矿物填充料后，沥青对矿物填充料有良好的润湿和吸附作用，在矿物颗粒表面形成一层稳定、牢固的沥青薄膜，赋予改性后沥青良好的黏性和耐热性。但要注意矿物填充料的掺量要适当，以形成恰当的沥青薄膜层。

【参考答案】

【思考与讨论 8-3】
试分析为何目前工程上常用的沥青材料绝大部分为改性沥青而非普通石油沥青？

【拓展阅读】"超级沥青"——能耐 300℃高温，耐酸碱有弹性

郑民高速（郑州至民权）是河南省高速公路网中重要的一条联络通道，全线采用双向四车道高速公路技术标准。2008 年，郑民高速公路开始修建，铺设这条高速公路所用的国产"超级沥青"为"环氧沥青"。

与常用沥青不同，环氧沥青是将环氧树脂加入沥青中，经过与固化剂发生反应，使沥青具有很高的强度及韧性，且在高低温下变形很小。这种材料看似简单，然而想得到材料的合适配合比却比登天还难。其科研几乎是在一片空白中展开的。"就像人的血型一样，输血得找能配对的，沥青和环氧树脂，显然相互不能融合，难就难在这里。"

据负责人介绍，在反复实验中，国产环氧沥青能保持在 300℃高温及－30℃低温下不变形。这种沥青还耐腐蚀，"我们曾做实验，把环氧沥青分别浸泡在酸、碱、盐中一个多月，拿出来几乎没有变化。"这种沥青还有一个特点是有韧性，"过去我们的路面多是刚性的，车开上去硬碰硬，噪声大，车轮和路面的磨损都严重。新型沥青有一定弹性，能为重型飞机起降时提供缓冲力，飞机不易磨损。"还有一个关键点，就是这种材质是吸水的，可吸收雨雪导致的积水。

党的二十大报告指出，教育、科技、人才是全面建设社会主义现代化国家的基础性、战略性支撑。必须坚持科技是第一生产力、人才是第一资源、创新是第一动力，深入实施科教兴国战略、人才强国战略、创新驱动发展战略，开辟发展新领域新赛道，不断塑造发展新动能新优势。

[来源：新华日报（有改动）]

8.2 沥青混合料

8.2.1 沥青混合料的定义

沥青混合料（asphalt mixture）是由一定级配组成的矿料（包括粗集料、细集料、填料等）和适当比例的沥青经混合拌制而成的一种复合材料。沥青混合料是一种黏-弹-塑性材料，具有良好的力学性能，一定的高温稳定性和低温柔性，修筑路面不需设置接缝，行车较舒适，施工方便、速度快，能及时开放交通，并可再生利用。因此，沥青混合料是高等级道路修筑中的一种主要路面材料。

8.2.2 沥青混合料的分类

沥青混合料的类型很多，主要有以下几种分类方式。

（1）按空隙率，沥青混合料可分为密级配沥青混合料、半开级配沥青混合料、开级配沥青混合料。

【拓展视频】

① 密级配沥青混合料，是指按最大密实原则设计矿料级配形成的设计空隙率不超过6%（对不同交通及气候情况，层位可做适当调整）的密实式沥青混凝土混合料（以AC表示）和密实式沥青稳定碎石混合料（以ATB表示）。

② 半开级配沥青混合料，是指由粗集料嵌挤形成骨架，适量细集料及填料形成的设计空隙率为6%～12%的沥青混合料，也称沥青碎石混合料（以AM表示）。

③ 开级配沥青混合料，是指由粗集料嵌挤形成骨架，少量细集料及填料形成的设计空隙率不小于18%的沥青混合料，包括排水式沥青磨耗层混合料（以OGFC表示）和排水式沥青稳定碎石基层（以ATPB表示）。

（2）按矿料级配，沥青混合料可分为连续级配沥青混合料、间断级配沥青混合料。

① 连续级配沥青混合料，是指矿料级配中每一级都占有适当的比例的沥青混合料。其典型代表是密级配沥青混凝土混合料（AC）。

② 间断级配沥青混合料，是指矿料级配组成中一个或多个粒级含量接近于零的沥青混合料。其典型代表为沥青玛琋脂碎石混合料（以SMA表示）。

（3）按公称最大粒径，沥青混合料可分为粗粒式沥青混合料（公称最大粒径为 26.5mm 或 31.5mm）、中粒式沥青混合料（公称最大粒径为 16mm 或 19mm）、细粒式沥青混合料（公称最大粒径为 9.5mm 或 13.2mm）和砂粒式沥青混合料（公称最大粒径等于或小于 4.75mm）。

（4）按生产时的拌和温度，沥青混合料可分为热拌沥青混合料、温拌沥青混合料和冷拌沥青混合料。

① 热拌沥青混合料，是指由矿料、沥青结合料等在高温条件下拌和生成的沥青混合物（以 HMA 表示）。

② 温拌沥青混合料，是指通过掺加添加剂或采取发泡物理工艺等措施，由矿料、沥青结合料等在低于相应热拌沥青混合料 20℃以上条件下拌和生成的沥青混合物（以 WMA 表示）。

③ 冷拌沥青混合料，是指由矿料、沥青结合料等在常温下拌和生成的沥青混合料（以 CMA 表示）。

（5）按铺筑时的施工温度和施工方式，沥青混合料可分为热铺沥青混合料、冷铺沥青混合料、热补沥青混合料和冷补沥青混合料。

8.2.3 沥青混合料的结构

沥青混合料按矿料骨架的结构状况，其结构分为以下三种类型，见表 8-9。

表 8-9　沥青混合料的结构

结构类型	结构示意图	结构形成	特点
悬浮密实结构	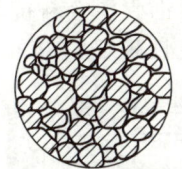	当采用连续密级配矿质混合料与沥青组成的沥青混合料时，矿料由大到小形成连续级配的密实混合料，由于粗集料的数量较少，细集料的数量较多，较大颗粒被小一档颗粒挤开，使粗集料以悬浮状态存在于细集料之间	这种结构的沥青混合料虽然密实度、耐久性和强度较高，但温度稳定性较差
骨架空隙结构		当采用连续开级配矿质混合料与沥青组成的沥青混合料时，粗集料较多，彼此紧密相接，细集料的数量较少，不足以充分填充空隙，形成骨架空隙结构	这种结构的沥青混合料中粗集料能充分形成骨架，集料之间的嵌挤力和内摩阻力大。因此，这种沥青混合料受沥青材料性质和温度的变化影响较小，热稳定性较好，但沥青与矿料的黏结力较小、空隙率较大、耐久性较差
骨架密实结构	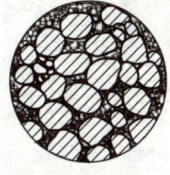	采用间断型级配矿质混合料与沥青组成的沥青混合料，是综合以上两种结构之长的一种结构。它既有一定数量的粗集料形成骨架，又根据粗集料空隙的多少加入细集料，具有较高的密实度	这种结构的沥青混合料的密实度、强度和耐久性都较好，是一种较理想的结构类型，但施工时容易产生离析现象

8.2.4 沥青混合料的技术性质

沥青混合料作为沥青路面材料，在使用过程中要承受车辆荷载的反复作用及环境因素的长期影响。因此，沥青混合料应具有高温稳定性、低温抗裂性、耐久性、抗滑性等技术性质，以及必要的施工和易性。

1. 高温稳定性

【拓展视频】

沥青混合料的高温稳定性（high temperature stability）是指在高温条件下其承受多次重复荷载作用而不发生过大累积塑性变形的能力。沥青混合料是一种典型的黏-弹-塑性材料，它的承载能力或模量随着温度的变化而改变，当温度升高时，其承载力下降。特别是在高温条件下或长时间承受荷载作用时会产生明显的变形，变形中的一些不可恢复的部分累积成为车辙，或以波浪和拥包的形式表现在路面上，这是现代高等级沥青路面最常见的病害。

依据《公路沥青路面施工技术规范》（JTG F40—2004）的规定，一般采用马歇尔试验（图8-9）来评价沥青混合料的高温稳定性。马歇尔试验通常测定的是马歇尔稳定度（marshall stability）和流值（flow value）。马歇尔稳定度是指标准尺寸试件在规定温度和加荷速度下，在马歇尔试验仪中的最大破坏荷载（kN）；流值是达到最大破坏荷载时试件的垂直变形（mm）。

尽管马歇尔试验方法简便，但多年的实践和研究认为，马歇尔试验可有效地用于混合料配合比设计，用来决定沥青用量和进行施工质量控制，但它并不能正确地反映沥青混合料的抗车辙能力，因此，《公路沥青路面施工技术规范》（JTG F40—2004）中还规定，对高速公路、一级公路、城市快速路、主干路所用沥青混合料，还应通过车辙试验检验其抗车辙能力。

车辙试验用来模拟车辆轮胎在路面上行驶时所产生的车辙作用，是对沥青混合料高温稳定性进行评价的一种试验方法，如图8-10所示。车辙试验采用标准方法制成300mm×300mm×（50～100）mm（厚度根据需要确定）的沥青混合料板形试件或从路面切割得到所需要尺寸的试件，在规定温度下，一定荷载的试验车轮在同一轨迹上，在一定时间内反复行走（形成一定的车辙深度）产生1mm变形所需的行走次数（次/mm），即为沥青混合料的动稳定度（dynamic stability）。动稳定度可作为评价沥青混合料抗车辙能力大小的指标。显然，动稳定度值越大，相应沥青混合料的高温稳定性越好。

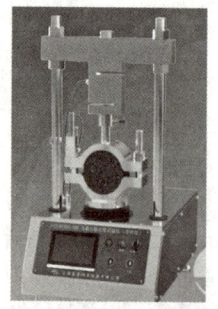

图8-9 沥青混合料马歇尔试验

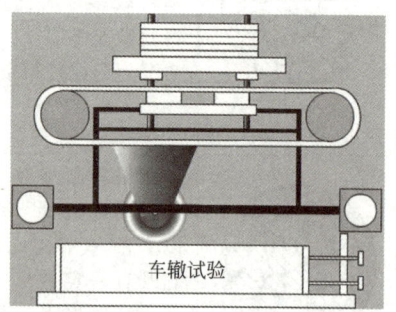

图8-10 沥青混合料车辙试验

影响沥青混合料高温稳定性的因素众多，从组成材料上看，主要因素有沥青用量、沥青的黏度、矿料级配、矿料的形状和表面性能等。合理的沥青用量非常重要，如沥青过量，不仅会降低沥青混合料的内摩阻力，而且在夏季容易产生泛油现象，因此适当减少沥青用量，可以使矿料颗粒更多地以结构沥青的形式相联结，从而增加沥青混合料的黏聚力和内摩阻力；沥青的黏度会直接影响沥青混合料的抗剪强度，沥青的黏度越高，沥青混合料的抗剪强度也越高；由合理的矿料级配组成的沥青混合料，可以形成骨架密实结构，这种沥青混合料的黏聚力和内摩阻力都比较大，非常有利于提高沥青混合料的抗车辙能力；矿料的形状和表面性能也非常重要，集料棱角丰富、表面粗糙、形状接近立方体，有助于集料颗粒形成有效的嵌挤，能够极大地提高沥青混合料的高温稳定性。

2. 低温抗裂性

沥青混合料不仅要具有高温稳定性，还要具有低温抗裂性（low temperature crack resistance）。低温抗裂性是指沥青混合料不出现脆裂、低温缩裂、温度疲劳等现象，以保证路面在冬季低温时不产生裂缝的性质。

与高温变形相对应，冬季低温时沥青混合料将产生体积收缩，但在周围材料的约束下，沥青混合料不能自由收缩，从而在结构层内部产生温度应力。由于沥青材料具有一定的应力松弛能力，当降温速率较为缓慢时，所产生的温度应力会随时间逐渐松弛减小，不会对沥青路面产生明显的消极影响。但当气温骤降时，所产生的温度应力就来不及松弛，当温度应力超过沥青混合料的允许应力值时，沥青混合料会被拉裂，导致沥青路面出现裂缝，造成路面破坏。因此要求沥青混合料具备一定的低温抗裂性，即要求沥青混合料具有较高的低温强度或较大的低温变形能力。

《公路沥青路面施工技术规范》（JTG F40—2004）中，通过测定低温下沥青混合料弯曲应变（bending strain）来表征沥青的低温抗裂性能。而《沥青混合料低温抗裂性能评价方法》（GB/T 38948—2020）中，则通过测定低温下沥青混合料弯曲应变能密度（bending strain energy density）来表征沥青的低温抗裂性，弯曲应变能密度越大表示沥青的低温抗裂性越强。

从材料组成来看，沥青混合料的低温抗裂性主要取决于沥青用量和沥青的低温性能特点。增加沥青用量、使用低温柔度好的沥青能够极大地提高沥青混合料的低温抗裂性。

3. 耐久性

路面长期受自然因素（阳光、热、水分、空气等）的作用，为使路面具有较长的使用年限，沥青混合料必须具有较好的耐久性。沥青混合料的耐久性与组成材料的性质和配合比有密切关系。沥青在大气因素作用下，组分会产生转化，油分减少，沥青质增加，使沥青的塑性逐渐降低，脆性增加，路面的使用品质会下降。同时，从耐久性考虑，沥青混合料应有较高的密实度和较小的空隙率，但空隙率过小又将影响沥青混合料的高温稳定性。因此，在我国的有关规范中，对空隙率和饱和度均提出了要求。目前，沥青混合料的耐久性常用浸水马歇尔试验或真空饱水马歇尔试验、冻融劈裂试验等进行评价。

4. 抗滑性

随着现代交通车速不断提高，对沥青路面的抗滑性（slip resistance）提出了更高的要求。沥青路面的抗滑性与集料的表面结构（粗糙度）、沥青用量及含蜡量等因素有关。为保证沥青路面的抗滑性，《沥青路面施工及验收规范》（GB 50092—1996）对抗滑层集料提出了磨光值、道瑞磨耗值和冲击值三项指标，要求面层集料应选用质地坚硬、具有棱角的碎石（通常采用玄武岩）。同时，沥青用量对抗滑性也有非常大的影响，沥青用量超过最佳用量的 0.5%，就会使沥青路面的抗滑性指标有明显的降低，所以对沥青路面表层的沥青用量要严格控制。此外，含蜡量对沥青混合料抗滑性也有明显的影响，因此必须按照规范严格控制。采取适当增大集料粒径、减少沥青用量及控制蜡含量等措施，均可提高路面的抗滑性。

5. 施工和易性

沥青混合料应具备良好的施工和易性（construction workability），要求在施工的各个工序中，尽可能使沥青混合料的集料颗粒以设计级配要求的状态分布，集料表面被沥青膜完整覆盖，使沥青混合料易于拌和、摊铺和碾压施工。影响沥青混合料施工和易性的因素很多。从沥青混合料的材料组成来看，影响施工和易性的是沥青混合料的级配和沥青用量。如粗、细集料的颗粒大小相差过大，缺乏中间尺寸的颗粒，沥青混合料则容易离析；如细集料太少，则沥青层不容易均匀地包裹住粗集料表面；如细集料过多，则会使沥青混合料拌和困难。如沥青用量过少，或矿粉用量过多，沥青混合料容易疏松，不易压实；如沥青用量过多，或矿粉质量不好，则沥青混合料容易黏结成块，不易摊铺。从施工条件来看，施工时的温度控制也会影响沥青混合料的和易性。温度不够，沥青混合料就难以充分拌和，而且不易达到所需的压实度；但温度偏高，又会引起沥青老化，严重时将会明显影响沥青混合料的路用性能。

工程实际中，沥青混合料的施工和易性应根据搅拌和运输条件、压实及摊铺机械、气候情况等因素确定。

【工程案例 8-3】 沥青路面的拥包问题

概况：某工程采用沥青和矿料铺筑沥青混凝土路面面层，铺筑厚度不大于3cm。但施工中喷洒沥青不够均匀，使用一段时间后，路面出现不少拥包，请分析原因及对交通的影响。

原因分析：由于喷洒沥青不均，导致局部沥青用量过多，沥青混合料中出现较多的"自由"沥青，这些沥青成为沥青混合料中的润滑剂，导致路面形成拥包，影响行车舒适性和安全性。另外，路面不平坦还会增加车载的冲击力，从而加剧路面的破坏。

8.2.5 沥青混合料的配合比设计

沥青混合料配合比设计的任务是确定粗集料、细集料、填料和沥青之间的比例关系，使沥青混合料的各项指标达到工程要求。

沥青混合料配合比设计包括目标配合比设计、生产配合比设计和生产配合比验证三个阶段，主要内容涉及确定沥青混合料的材料品种及配合比、确定矿料级配、确定最佳沥青用量。《公路沥青路面施工技术规范》（JTG F40—2004）规定热拌沥青混合料配合比设计采用马歇尔试验设计方法。本节主要介绍矿质混合料配合比组成设计、沥青最佳用量确定、配合比设计检验和配合比设计报告。

1. 矿质混合料配合比组成设计

矿质混合料配合比组成设计的目的是选配具有足够密实度且具有较高内摩阻力的矿质混合料，通常采用规范推荐的矿质混合料级配范围来确定。依据《公路沥青路面施工技术规范》（JTG F40—2004）的规定，设计步骤如下：

1）确定沥青混合料的类型

根据道路等级、路面类型和所处的结构层位，选定沥青混合料的类型，具体见

表 8-10。各国对沥青混合料的最大粒径（D）同路面结构层最小厚度（h）的关系均有规定，研究表明：随 h/D 增大，沥青混合料的耐疲劳性提高，但车辙量增大；反之，h/D 减小，车辙量也相应减小，但沥青混合料的耐疲劳性降低，特别是在 $h/D<2$ 时，沥青混合料的耐疲劳性急剧下降。《公路沥青路面施工技术规范》（JTG F40—2004）规定，对热拌沥青混合料，沥青层每层的压实厚度不宜小于集料公称最大粒径的 2.5~3 倍；对沥青玛琦脂碎石混合料（SMA）等嵌挤型沥青混合料，沥青层每层的压实厚度不宜小于公称最大粒径的 2~2.5 倍。

表 8-10 热拌沥青混合料种类 （JTG F40—2004）

| 混合料类型 | 密级配 | | 开级配 | 半开级配 | 公称最大粒径/mm | 最大粒径/mm |
| | 连续级配 | 间断级配 | 间断级配 | | | |
	沥青混凝土	沥青稳定碎石	沥青玛琦脂碎石	排水式沥青磨耗层	排水式沥青碎石基层	沥青稳定碎石		
特粗式	—	ATB-40	—	—	ATPB-40	—	37.5	53.0
粗粒式	—	ATB-30	—	—	ATPB-30	—	31.5	37.5
	AC-25	ATB-25	—	—	ATPB-25	—	26.5	31.5
中粒式	AC-20	—	SMA-20	—	—	AM-20	19.0	26.5
	AC-16	—	SMA-16	OGFC-16	—	AM-16	16.0	19.0
细粒式	AC-13	—	SMA-13	OGFC-13	—	AM-13	13.2	16.0
	AC-10	—	SMA-10	OGFC-10	—	AM-10	9.5	13.2
砂粒式	AC-5	—	—	—	—	—	4.75	9.5
设计空隙率/%	3~5	3~6	3~4	>18	>18	6~12	—	—

注：空隙率可按配合比设计要求适当调整。

2）确定矿质混合料的级配范围

首先按《公路沥青路面施工技术规范》（JTG F40—2004）确定采用粗型（C型）或细型（F型）的混合料，见表 8-11。对夏季温度高且高温持续时间长，或者重载交通多的路段，宜选用粗型密级配沥青混合料（AC-C型），并选取较高的设计空隙率。对冬季温度低且低温持续时间长的地区，或者重载交通较少的路段，宜选用细型密级配沥青混合料（AC-F型），并选取较低的设计空隙率。

表 8-11 粗型和细型密级配沥青混凝土的关键性筛孔通过率 （JTG F40—2004）

| 混合料类型 | 公称最大粒径/mm | 用以分类的关键性筛孔尺寸/mm | 粗型密级配（C型） | | 细型密级配（F型） | |
			名称	关键性筛孔通过率/%	名称	关键性筛孔通过率/%
AC-25	26.5	4.75	AC-25C	<40	AC-25F	>40
AC-20	19	4.75	AC-20C	<45	AC-20F	>45
AC-16	16	2.36	AC-16C	<38	AC-16F	>38

续表

混合料类型	公称最大粒径 /mm	用以分类的关键性筛孔尺寸/mm	粗型密级配（C型）名称	关键性筛孔通过率/%	细型密级配（F型）名称	关键性筛孔通过率/%
AC-13	13.2	2.36	AC-13C	<40	AC-13F	>40
AC-10	9.5	2.36	AC-10C	<45	AC-10F	>45

然后，确定密级配沥青混合料的工程设计级配范围，通常情况下工程设计级配范围不宜超出表8-12的要求。

表8-12 密级配沥青混凝土混合料矿料级配范围（JTG F40—2004）

级配类型		通过下列筛孔（mm）的质量百分率/%										
		31.5	26.5	19	16	13.2	9.5	4.75	2.36	1.18	0.6	0.3	0.15	0.075
粗粒式	AC-25	100	90~100	75~90	65~83	57~76	45~65	24~52	16~42	12~33	8~24	5~17	4~13	3~7
中粒式	AC-20		100	90~100	78~92	62~80	50~72	26~56	16~44	12~33	8~24	5~17	4~13	3~7
	AC-16			100	90~100	76~92	60~80	34~62	20~48	13~36	9~26	7~18	5~14	4~8
细粒式	AC-13				100	90~100	68~85	38~68	24~50	15~38	10~28	7~20	5~15	4~8
	AC-10					100	90~100	45~75	30~58	20~44	13~32	9~23	6~16	4~8
砂粒式	AC-5						100	90~100	55~75	35~55	20~40	12~28	7~18	5~10

3）矿质混合料的配合比计算

（1）组成材料的原始数据测定。根据现场取样，对粗集料、细集料和矿粉进行筛析试验，按筛析结果分别绘出各组成材料的筛分曲线。同时测定各组成材料的相对密度，以便计算物理常数。

（2）计算组成材料的配合比。根据各组成材料的筛析试验数据，采用图解法或试算（电算）法，求得符合要求级配范围的各组成材料用量比例。

（3）调整配合比。合成级配曲线应尽量接近设计级配的中值，尤其应使0.075mm、2.36mm、4.75mm筛孔的通过量对交通量大、车载量重的公路宜偏向级配范围的下（粗）限，对中小交通量或人行道路等宜偏向级配范围的上（细）限。

2. 沥青最佳用量确定

沥青混合料的沥青最佳用量（optimum asphalt content，OAC）可以通过各种理论计算的方法求得，但由于实际材料性质的差异，按理论公式求得的最佳沥青用量仍要通过试验方法修正,因此理论方法只能得到供试验参考的数据。目前,常用的试验方法有维姆法和马歇尔法,《公路沥青路面施工技术规范》(JTG F40—2004)中主要采用马歇尔法。

1) 制备试样

按确定的矿质混合料配合比,计算各种矿质材料的用量;根据沥青用量范围的经验,估计适宜的沥青用量或油石比。

2) 测定物理、力学指标

以估计沥青用量为中值,以 0.5% 间隔上下变化沥青用量制备马歇尔试件,试件数不少于 5 组。测定沥青混合料马歇尔试件的毛体积相对密度,再通过试验或公式计算出沥青混合料的理论最大相对密度,并计算试件的空隙率(VV)、沥青饱和度(VFA)、矿料间隙率(VMA)等参数。随后,在马歇尔试验仪上,按照标准方法测定试件的马歇尔稳定度和流值。

3) 马歇尔试验结果分析

(1) 以沥青用量或油石比为横坐标,以马歇尔试验的各项指标为纵坐标,将试验结果绘入图中,连成圆滑的曲线,如图 8-11 所示。确定沥青混合料技术指标均符合设计要求的沥青用量范围 $OAC_{min} \sim OAC_{max}$。需要说明的是,绘制曲线时含 VMA 指标,且应为下凹形曲线,但在确定 $OAC_{min} \sim OAC_{max}$ 时不包括 VMA。

(2) 根据试验曲线走势,按下列方法确定沥青混合料的最佳沥青用量的初始值 OAC_1。

在马歇尔试验结果图上分别求得相应于最大稳定度的沥青用量 a_1、相应于最大密度的沥青用量 a_2、相应于规定空隙率范围中值的沥青用量 a_3、相应于沥青饱和度范围中值的沥青用量 a_4,按式(8-3)求取四者的平均值作为最佳沥青用量的初始值 OAC_1:

$$OAC_1 = \frac{a_1 + a_2 + a_3 + a_4}{4} \tag{8-3}$$

如果所选择的沥青用量范围未能覆盖沥青饱和度的要求范围,则按式(8-4)计算 OAC_1:

$$OAC_1 = \frac{a_1 + a_2 + a_3}{3} \tag{8-4}$$

对所选择试验的沥青用量范围,当密度或稳定度没有出现峰值时,可直接以目标空隙率所对应的沥青用量 a_3 作为 OAC_1,但 OAC_1 必须在 $OAC_{min} \sim OAC_{max}$ 范围内,否则必须重新进行配合比设计。

(3) 以各项指标均符合技术标准(不包括 VMA)的沥青用量范围 $OAC_{min} \sim OAC_{max}$ 的中值作为 OAC_2,可按式(8-5)计算:

$$OAC_2 = \frac{OAC_{min} + OAC_{max}}{2} \tag{8-5}$$

(4) 通常情况下取 OAC_1 与 OAC_2 的中值作为计算的最佳沥青用量 OAC,可按式(8-6)计算:

$$OAC = \frac{OAC_1 + OAC_2}{2} \tag{8-6}$$

(5) 根据式(8-6)确定的最佳沥青用量 OAC,从马歇尔试验结果图中得到所对应的空隙率和 VMA 值,检验是否能满足《公路沥青路面施工技术规范》(JTG F40—2004)及相关规定关于最小 VMA 值的要求。OAC 值宜位于凹形曲线最小值（贫油）的一侧。当空隙率不是整数时，最小 VMA 按内插法确定，并将其绘入马歇尔试验结果图中。

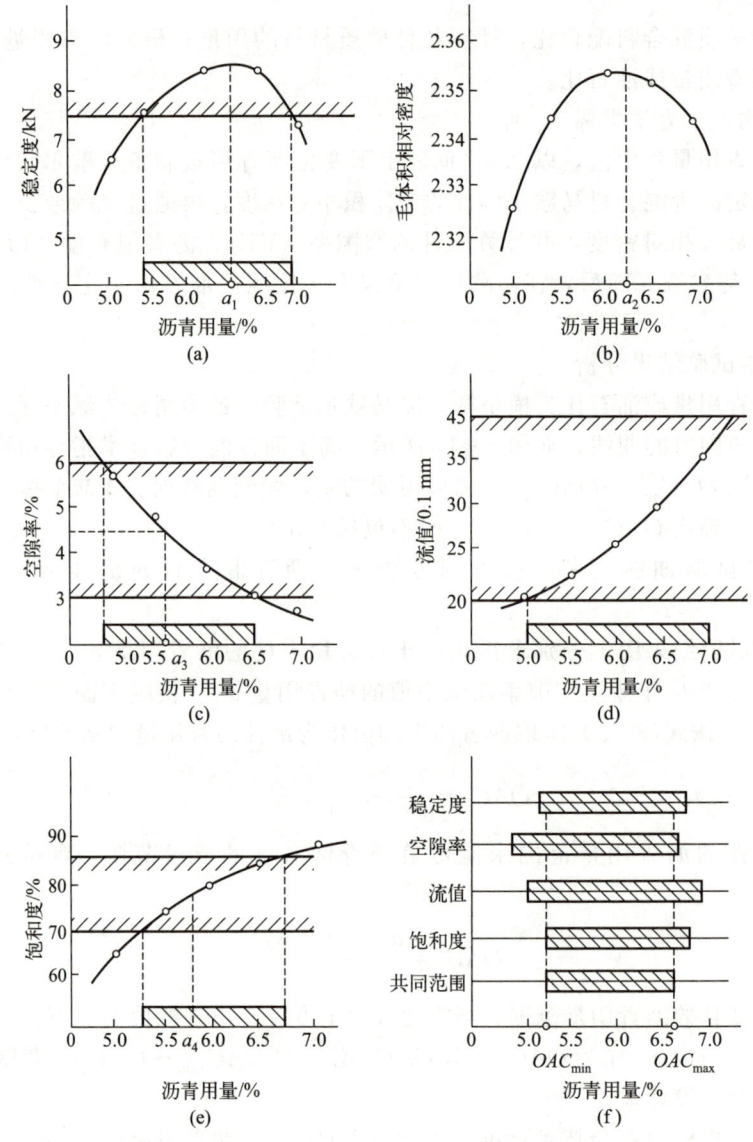

图 8-11　沥青含量与各马歇尔指标关系图

（6）检查马歇尔试验结果图中相应于此 OAC 的各项指标是否符合马歇尔试验技术标准。

（7）根据实践经验、公路等级、气候条件和交通情况，调整确定最佳沥青用量 OAC。

① 调查当地各项条件相接近的工程的沥青用量及使用效果，论证适宜的最佳沥青用量。检查计算得到的最佳沥青用量是否相近，如相差甚远，应查明原因，必要时应重新调整级配，进行配合比设计。

② 对炎热地区公路以及高速公路、一级公路的重载交通路段，山区公路的大长坡路段，预计有可能产生较大车辙时，宜在空隙率符合要求的范围内将计算的最佳沥青用量减

少 0.1%～0.5%作为设计沥青用量。此时，除空隙率外的其他指标可能会超出马歇尔试验配合比设计技术标准，在配合比设计报告或设计文件中必须予以说明。配合比设计报告中必须要求采用重型轮胎压路机和振动压路机组合等方式加强碾压，以使施工后路面的空隙率达到未调整前的原最佳沥青用量时的水平，且渗水系数符合要求。如果试验段试拌试铺达不到此要求，宜调整所减少的沥青用量的幅度。

③ 对于冬季寒冷地区公路、旅游公路、交通量很小的公路，最佳沥青用量可以在 OAC 的基础上增加 0.1%～0.3%，以适当减小设计空隙率，但不得降低对压实度的要求。

3. 配合比设计检验

沥青混合料的体积参数及马歇尔试验指标虽然与沥青混合料的路用性能存在联系，但还不能充分反映沥青混合料的路用性能。

（1）对于高速公路和一级公路的密级配沥青混合料，需要在配合比设计的基础上进行各种路用性能的验证。不符合要求的沥青混合料，必须更换材料或重新进行配合比设计。其他等级公路的沥青混合料可参照执行。

（2）配合比设计检验按计算确定的设计最佳沥青用量在标准条件下进行。当按照此方法将计算的设计沥青用量调整后作为最佳沥青用量，或者改变试验条件时，各项技术要求均应适当调整，不宜照搬。

（3）高温稳定性检验。对公称最大粒径等于或小于 19mm 的混合料，按规定方法进行车辙检验时，动稳定度应符合《公路沥青路面施工技术规范》（JTG F40—2004）的相关要求。

（4）水稳定性检验。按规定方法进行浸水马歇尔试验和冻融劈裂试验时，残留稳定度及残留强度比必须符合《公路沥青路面施工技术规范》（JTG F40—2004）的相关要求。

（5）低温抗裂性检验。对公称最大粒径等于或小于 19mm 的混合料，按规定方法进行低温弯曲试验时，其破坏应变宜符合《公路沥青路面施工技术规范》（JTG F40—2004）的相关要求。

（6）渗水系数检验。利用轮碾机成型的车辙试件进行渗水试验时，所测定的渗水系数宜符合《公路沥青路面施工技术规范》（JTG F40—2004）的相关要求。

（7）钢渣活性检验。对使用钢渣的沥青混合料，应按规定的试验方法检验钢渣的活性及膨胀性，并应符合《公路沥青路面施工技术规范》（JTG F40—2004）的相关要求。

（8）根据实际需要，可以改变试验条件进行配合比设计检验。在进行沥青混合料配合比设计检验时，可以根据实际需要适当调整试验条件。例如，可以通过改变最佳沥青用量、调整最佳沥青用量的变动范围（$OAC\pm0.3\%$）、改变试验温度、增加试验荷载、使用现场压实密度来进行车辙试验，或者在特定的残余空隙率（如 7%～8%）条件下进行水稳定性试验和渗水试验等。需要注意的是，在进行合格评定时，不宜完全采用规范规定的技术要求，而应综合考虑实际工程需求和使用环境。

4. 配合比设计报告

（1）配合比设计报告应包括工程设计级配范围选择说明、材料品种选择与原材料质量试验结果、矿料级配、最佳沥青用量，以及各项体积指标、配合比设计检验结果等。试验报告的矿料级配曲线应按规定的方法绘制。

（2）当按实践经验和公路等级、气候条件、交通情况调整沥青用量作为最佳沥青用量时，宜在报告中给出不同沥青用量条件下的各项试验结果，并提出对施工压实工艺的技术要求。

本章小结

本章主要介绍了石油沥青的组成结构、技术性质和技术标准,沥青混合料的结构和技术性质,以及沥青混合料的配合比设计。通过本章的学习,学生应掌握石油沥青的化学组成、胶体结构、技术性质和技术标准,以及基本性能的评价方法,能熟练运用沥青及沥青混合料的特性解决工程实际问题。

练习题

一、基础题

(一) 填空题

1. 沥青按其在自然界中获得的方式可分为 _____ 和 _____ 两大类。
2. 沥青在常温下,可以呈 _____、_____ 和 _____ 状态。
3. 沥青材料是由高分子的碳氢化合物及其非金属 _____、_____、_____ 等的衍生物组成的混合物。
4. 石油沥青的胶体结构可分为 _____、_____ 和 _____ 三个类型。
5. 评价黏稠石油沥青性能最常用的指标是 _____、_____、_____,通称为"三大指标"。
6. 评价石油沥青大气稳定性的指标有 _____ 和 _____。
7. 改性沥青的改性材料主要有 _____、_____、_____。
8. 沥青混合料按空隙率可分为 _____、_____ 和 _____。
9. 沥青混合料的主要技术性质为 _____、_____、_____、_____ 和 _____。
10. 我国现行标准规定,采用 _____、_____ 方法来评定沥青混合料的高温稳定性。

(二) 选择题

1. 石油沥青的软化点是( )技术性质的指标。
   A. 黏滞性　　　B. 塑性　　　C. 温度敏感性　　　D. 大气稳定性
2. 赋予石油沥青流动性的组分是( )。
   A. 油分　　　B. 树脂　　　C. 沥青脂胶　　　D. 沥青质
3. ( )小的沥青不会因温度较高而流淌,也不致因温度低而脆裂。
   A. 大气稳定性　　　　　　　B. 温度敏感性
   C. 黏性　　　　　　　　　　D. 塑性
4. 道路石油沥青及建筑石油沥青的牌号是按其( )划分的。
   A. 针入度的平均值　　　　　B. 软化点平均值
   C. 延度平均值　　　　　　　D. 沥青中的油分含量

5. 建筑工程常用的是（　　）沥青。
A. 煤油　　　　B. 焦油　　　　C. 石油　　　　D. 页岩

（三）问答题

1. 试述石油沥青的三大组分及其特征。各组分与其性质有什么关系？
2. 石油沥青主要有哪些技术性质？各用什么指标表示？影响这些性质的主要因素有哪些？
3. 石油沥青的老化与组分有何关系？沥青老化过程中性质会发生哪些变化？沥青老化对工程有何影响？
4. 怎样划分石油沥青的牌号？牌号大小与沥青主要技术性质之间的关系是怎样的？
5. 沥青混合料按其组成结构可分为哪几种类型？各种结构类型的特点是什么？
6. 试述路面沥青混合料应具备的主要技术性质。

二、拓展题

1. 实际工程中为满足施工及工程某些性能的要求，需要对石油沥青的稠度、黏结力、变形、耐热性等性质加以改善，请结合所学知识分析实现上述要求的方法有哪些。
2. 某沥青混凝土路面在夏季后出现了明显的波浪、车辙等不良变形，而冬季过后局部还出现了不同程度的开裂现象，试从沥青混合料性能入手解释原因。

【在线答题】

第9章
建筑功能材料

知识框架

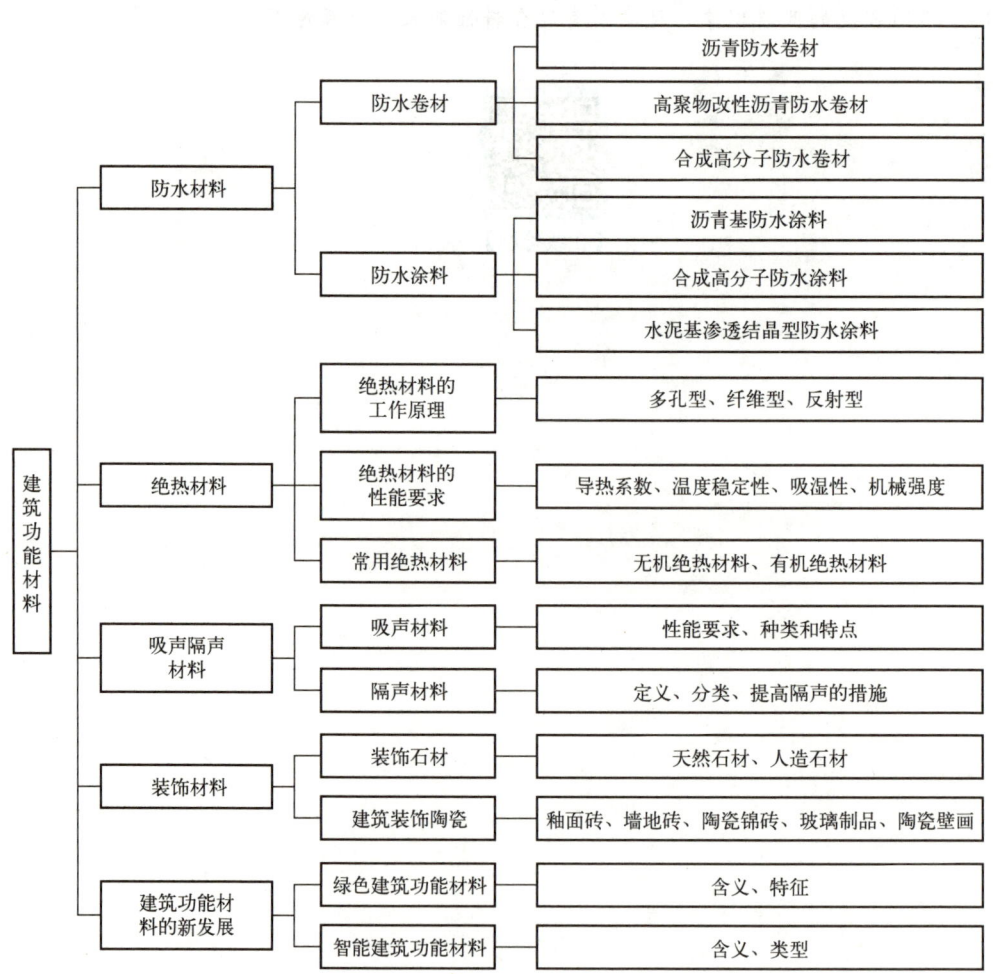

第9章　建筑功能材料

 **学习目标**

知识目标	认识常用防水材料的性能、技术指标及应用
	掌握绝热材料与吸声隔声材料的原理
	认识装饰材料的种类、性能和用途
能力和素质目标	能按工程要求选用合适的功能材料，认识新型建筑功能材料对国家发展的作用，培养创新精神

 **导入案例**

未来最具发展潜力的新型建筑功能材料

党的二十大报告指出，推动战略性新兴产业融合集群发展，构建新一代信息技术、人工智能、生物技术、新能源、新材料、高端装备、绿色环保等一批新的增长引擎。因此，在建筑工程施工过程中，科学、合理地选择新技术、新型建筑功能材料是非常重要的。

生物炭塑料：德国初创公司 Made of Air 将生物炭与由甘蔗等农林废物制成的黏合剂混合，形成一种可以像普通热塑性塑料一样熔化和成型的材料。这种材料的特点是含有 90% 的碳，并且每生产 1t 塑料可储存约 2t 二氧化碳当量的碳。该材料可应用于建筑外墙、家具、室内设计、交通和城市基础设施等领域。

工业大麻混凝土：是一种由生物纤维（工业大麻）和矿物黏合剂（石灰）组成的复合材料。它作为建材的创新之处在于其多性能表现，其中最为显著的特点是其良好的碳储存性能，使用同等数量的混凝土，工业大麻混凝土的碳排放量可比传统混凝土降低约 80%。其次，它还是优秀的隔热隔声材料，还能有效调节湿度。与普通混凝土不同的是，工业大麻混凝土的机械柔韧性使其在运动时不会开裂。此外，它还具有良好的防火性能，无毒，且天然防霉防虫。2022 年北京冬奥会雪车雪橇赛道（图 9-1）就采用了这种环保材料。

图 9-1　2022 年北京冬奥会雪车雪橇赛道

菌丝体：总部设在伦敦的设计工作室 Blast Studio，使用菌丝体 3D 打印出一个"活体"建筑柱，它既能提供强度，又能为菌丝体提供必要的生长条件。一旦这个活体柱达到其作为食物来源的目的，就可以在高温下对其进行干燥，以杀死真菌，并将结构固化为一个承重的建筑元素。Blast Studio 声称，最终的灭活生物材料在强度上将与中等密度纤维板（MDF）相似，同时还具有绝缘和阻燃的特性。最重要的是，当它的使用寿命结束时，还可以被回收并简单地重新打印。Blast Studio 正在开发该结构的自我修复版本，它仍然包含活的菌丝体，可以在裂缝上重新生长以覆盖任何外部损坏。

在现代建筑领域中，高层建筑、现代化多功能公共建筑、大跨度建筑、超高层建筑随处可见。建筑技术的发展促进了建筑领域实现现代化，而新型建筑功能材料的使用有助于提升建筑技术水平，如增加建筑物的功能、改善建筑施工工艺、优化房屋结构等。因此，开发和使用性能优异的防水材料、保温隔热材料、装饰材料等，是促进建筑领域技术发展的重要因素。

[来源：百度百家号（有改动）]

思考： 建筑功能材料在提升建筑性能、增强舒适度和促进可持续发展等方面发挥着至关重要的作用，请问工程中应用较为广泛的建筑功能材料都有哪些？

9.1 防水材料

防水材料（waterproof material）是指防止建筑物遭受雨水、地下水、环境水浸入或透过的各种材料。

防水材料的主要作用是防潮、防漏、防渗，避免水和盐分对建筑物的侵蚀，保护建筑构件。防水材料质量的好坏直接影响到人们的居住环境、生活条件及建筑物的寿命。

防水材料要满足建筑防水工程的要求，其性能要求见表 9-1。

表 9-1 防水材料的性能要求

性能	定义	常用的表示指标
耐水性	指在水的作用和被水浸润后其性能基本不变，在压力水作用下具有不透水性	不透水性、吸水性等
温度稳定性	指在高温下不流淌、不起泡、不滑动，低温下不脆裂的性能，即在一定温度变化下保持原有性能的能力	耐热度、耐热性等
力学强度、延伸性和抗断裂性	指防水卷材承受一定荷载、应力或在一定变形的条件下不断裂的性能	拉力、拉伸强度和断裂伸长率等
柔韧性	指在低温条件下保持柔韧性的性能。它对保证易于施工、不脆裂十分重要	柔度、低温弯折性等
大气稳定性	指在阳光、热、臭氧及其他化学侵蚀介质等因素的长期综合作用下抵抗侵蚀的能力	耐老化性、热老化保持率等

建筑防水材料依据其外观形态可分为防水卷材、防水涂料、密封材料和刚性防水材料四大系列。本节主要介绍防水卷材和防水涂料。

9.1.1 防水卷材

防水卷材（waterproof roll）是一种可卷曲成卷状的柔性防水材料。按组成材料，防水卷材可分为沥青防水卷材、高聚物改性沥青防水卷材和合成高分子防水卷材三大类。各类防水卷材的选用应充分考虑建筑物的特点、地区环境条件、使用条件等多种因素，结合材料的特性和性能指标来选择。

1. 沥青防水卷材

沥青防水卷材（asphalt waterproof membrane）是指以原纸、纤维织物等为胎基浸涂沥青（石油沥青、煤沥青等）后，再在表面撒布粉状或片状隔离材料制成的一种防水卷材。

按浸涂的沥青品种，沥青防水卷材可分为石油沥青油毡和煤沥青油毡；按所用的胎基材料，沥青防水卷材可分为石油沥青纸胎油毡、玻璃布胎（或玻纤毡胎）沥青油毡、黄麻胎沥青油毡、铝箔胎沥青油毡等。

1) 石油沥青纸胎油毡

石油沥青纸胎油毡（paper base petroleum asphalt felt）是采用低软化点石油沥青浸渍原纸，用高软化点石油沥青涂盖油纸的两面，再撒以粉状或片状隔离材料而制成的可卷曲的片状防水材料。

按《石油沥青纸胎油毡》（GB 326—2007）的规定，油毡幅宽为 1000mm，其他规格可由供需双方共同商定；按卷重和物理性能，石油沥青纸胎油毡可分为Ⅰ型、Ⅱ型和Ⅲ型。其中，Ⅰ型和Ⅱ型油毡适用于辅助防水、保护隔离层、临时性建筑防水、防潮及包装等；Ⅲ型油毡适用于屋面工程的多层防水。

由于沥青材料的温度敏感性大、低温柔性差、易老化，因而石油沥青纸胎油毡使用年限较短，使用效果不佳，已逐渐被淘汰或禁用。

2) 其他防水卷材

为了克服纸胎的抗拉能力低、易腐烂、耐久性差的缺点，我国发展了玻璃布胎沥青油毡、玻纤毡胎沥青油毡、黄麻胎沥青油毡、铝箔胎沥青油毡等一系列防水卷材。

常用沥青防水卷材的特点及适用范围见表 9-2。

表 9-2 常用沥青防水卷材的特点及适用范围

卷材名称	特点	适用范围	施工工艺
石油沥青纸胎油毡	传统的防水材料，低温柔性差，防水层耐用年限较短，但价格较低	三毡四油、二毡三油叠层设的屋面工程	热玛琋脂、冷玛琋脂粘贴施工
玻璃布胎沥青油毡	抗拉强度高，胎体不易腐烂，材料柔韧性好，耐久性比纸胎油毡提高一倍以上	多用作纸胎油毡的增强附加层和突出部位的防水层	热玛琋脂、冷玛琋脂粘贴施工
玻纤毡胎沥青油毡	具有良好的耐水性、耐腐蚀性和耐久性，柔韧性也优于纸胎沥青油毡	常用作屋面或地下防水工程	热玛琋脂、冷玛琋脂粘贴施工

续表

卷材名称	特点	适用范围	施工工艺
黄麻胎沥青油毡	抗拉强度高，耐水性好，但胎体材料易腐烂	常用作屋面增强附加层	热玛琋脂、冷玛琋脂粘贴施工
铝箔胎沥青油毡	有很高的阻隔蒸汽的渗透能力，防水性能好，且具有一定的抗拉强度	与带孔玻纤毡配合或单独使用，宜用于隔汽层	热玛琋脂粘贴施工

3) 沥青防水卷材的贮存、运输和保管

（1）不同规格、标号、品种、等级的产品不得混放。

（2）卷材应保管在规定温度下，粉毡和片毡不高于45℃。

（3）石油沥青纸胎油毡和玻纤毡胎沥青油毡需立放，高度不超过两层，所有搭接边的一端必须朝上面。

（4）玻璃布胎沥青油毡可以同一方向平放堆置成三角形，最高码放10层，并应存放在远离火源、通风、干燥的室内，防止日晒、雨淋和受潮。

（5）用轮船和铁路运输时，卷材必须立放，高度不得超过两层；短途运输可平放，不宜超过4层；不得倾斜或横压；必要时加盖苫布。

2. 高聚物改性沥青防水卷材

高聚物改性沥青防水卷材（high polymer modified asphalt waterproof membrane）是以合成高分子聚合物改性沥青为涂盖层、纤维织物或纤维毡为基胎，粉状、粒状、片状或薄膜材料为防粘隔离层制成的防水卷材，具有高温不流淌、低温不脆裂、拉伸强度高、延伸率较大等优异性能。

高聚物改性沥青防水卷材常用品种有弹性体改性沥青防水卷材、塑性体改性沥青防水卷材等。

1) 弹性体改性沥青防水卷材（SBS卷材）

弹性体改性沥青防水卷材（styrene butadiene styrene modified bituminous sheet material）是以热塑性弹性体（SBS）作改性剂，以聚酯毡或玻纤毡为胎基，两面覆以聚乙烯膜（PE）、细砂（S）、粉料或矿物粒（片）料（M）制成的卷材，简称SBS卷材，属弹性体卷材。

SBS卷材按照《弹性体改性沥青防水卷材》（GB 18242—2008）的规定分为六个品种：聚酯毡-聚乙烯膜、玻纤毡-聚乙烯膜、聚酯毡-细砂、玻纤毡-细砂、聚酯毡-矿物粒、玻纤毡-矿物粒。卷材幅宽为1000mm，聚酯毡的厚度有3mm和4mm两种，玻纤毡的厚度有2mm、3mm和4mm三种。

SBS卷材属高性能的防水材料，保持了沥青防水的可靠性和橡胶的弹性，提高了柔韧性、延展性、耐寒性、黏附性、耐气候性，具有良好的耐高低温性，可形成高强度防水层，并耐穿刺、硌伤、撕裂和疲劳，出现裂缝能自我愈合，能在寒冷气候条件下施工，且热熔搭接密封可靠。

SBS卷材广泛应用于各种领域和类型的防水工程，尤其适用于以下工程：工业与民用建筑常规及特殊屋面的防水；工业与民用建筑地下工程的防水、防潮及室内游泳池等的防水；各种水利设施及市政工程的防水。

2) 塑性体改性沥青防水卷材（APP 卷材）

塑性体改性沥青防水卷材（atactic polypropylene modified bituminous sheet material）是指以无规聚丙烯（APP）或聚烯烃类聚合物作改性剂，以聚酯毡或玻纤毡为胎基，两面覆以隔离材料制成的防水卷材，简称 APP 卷材。

APP 卷材的品种、规格、外观要求同 SBS 卷材；其物理力学性能应符合《塑性体改性沥青防水卷材》（GB 18243—2008）的规定。

APP 卷材具有良好的防水性、耐高温性和较好的柔韧性（耐－15℃不裂），能形成高强度、耐撕裂、耐穿刺、耐紫外线照射、耐老化的防水层，采用热熔法黏结，可靠性强。APP 卷材广泛应用于各种领域和类型的防水工程，尤其适用于以下工程：工业与民用建筑屋面及地下工程的防水；地铁、隧道桥和高架桥上沥青混凝土桥面的防水。APP 卷材使用时必须用专用胶黏剂黏结。

常用高聚物改性沥青防水卷材的特点和适用范围见表 9-3，在防水设计中可参照选用。

表 9-3 常用高聚物改性沥青防水卷材的特点和适用范围

卷材名称	特点	适用范围	施工工艺
SBS 卷材	耐高低温性有明显提高，卷材的弹性和耐疲劳性明显改善	单层铺设或复合使用的屋面防水工程，适合于寒冷地区和结构变形频繁的建筑	冷施工铺贴或热熔铺贴
APP 卷材	具有良好的强度、延伸性、耐热性、耐紫外线照射及耐老化性	单层铺设，适合于紫外线辐射强烈及炎热地区屋面使用	热熔法或冷粘法铺贴
再生胶改性沥青防水卷材	有一定的延伸性，且低温柔性较好，有一定的防腐蚀能力，价格低廉，属低档防水卷材	变形较大或档次较低的防水工程	热沥青粘贴
废橡胶粉改性沥青防水卷材	比普通石油沥青纸胎油毡的抗拉强度、低温柔性均有明显改善	叠层使用于一般屋面防水工程，宜在寒冷地区使用	热沥青粘贴

3. 合成高分子防水卷材

合成高分子防水卷材（synthetic polymeric waterproof material）是以合成橡胶、合成树脂或它们两者的共混体为基料，加入适量的化学助剂和填充料等，经过混炼、压延或挤出等工序加工制成的防水材料。合成高分子防水卷材有加筋增强型和非加筋增强型两种类型。

合成高分子防水卷材具有拉伸强度高、延伸率大、耐热性和低温柔性好、耐腐蚀等一系列优点，是值得大力推广的新型防水卷材。合成高分子防水卷材目前多用于高级宾馆、游泳池、厂房等要求有良好防水性能的屋面和地下防水工程。常用合成高分子防水卷材的特点和适用范围见表 9-4。

表9-4 常用合成高分子防水卷材的特点和适用范围

卷材名称	特点	适用范围	施工工艺
再生胶防水卷材	有良好的延伸性、耐热性、耐寒性和耐腐蚀性,价格低廉	单层非外露部位及地下防水工程,或加盖保护层的外露防水工程	冷粘法施工
氯化聚乙烯防水卷材	具有良好的耐候性、耐臭氧性、耐热老化性、耐油性、耐化学腐蚀性及抗撕裂性	单层或复合使用于紫外线强的炎热地区	冷粘法或自粘法施工
聚氯乙烯防水卷材	具有较高的抗拉和抗撕裂强度,伸长率较大,耐老化性好,原材料丰富,价格便宜,容易黏结	单层或复合使用于外露或有保护层的防水工程	冷粘法或热风焊接法施工
三元乙丙橡胶防水卷材	防水性能优异,耐候性好,耐臭氧性、耐化学腐蚀性、弹性好,抗拉强度大,对基层变形开裂的适用性强,质量轻,使用温度范围宽,寿命长,但价格高,黏结材料尚需配套完善	防水要求较高,单层或复合使用于防水层耐用年限长的工业与民用建筑	冷粘法或自粘法施工
三元丁橡胶防水卷材	有较好的耐候性、耐油性、抗拉强度和伸长率,耐低温性稍低于三元乙丙橡胶防水卷材	单层或复合使用于要求较高的防水工程	冷粘法施工
氯化聚乙烯橡胶共混防水卷材	不但具有氯化聚乙烯特有的高强度和优异的耐臭氧性、耐老化性,而且具有橡胶所特有的高弹性、高延伸性及良好的低温柔性	单层或复合使用,尤其适宜用于寒冷地区或变形较大的防水工程	冷粘法施工

【工程案例9-1】 沥青防水卷材的质量问题

概况:某住宅楼屋面于8月施工,铺贴沥青防水卷材全是白天施工,之后卷材出现鼓包、渗漏现象,请分析原因。

原因分析:夏季中午炎热,屋顶受太阳辐射,温度较高。此时铺贴沥青防水卷材基层中的含水率超标时,水汽会蒸发,并集中于铺贴的卷材内表面,从而导致卷材鼓包。此外,高温时沥青防水卷材软化,卷材膨胀,当温度降低后卷材会产生收缩开裂,从而导致卷材渗漏。还需指出的是,沥青中含有对人体有害的挥发物,在强烈阳光照射下,会使操作工人得皮炎等疾病。故铺贴沥青防水卷材时应尽量避开高温。

9.1.2 防水涂料

防水涂料(waterproof coating)是以合成高分子聚合物等为主要成膜物质,加入各种助剂、改性材料、填充材料等加工制成的涂料。按主要成膜物质不同,防水涂料可分为乳化沥青类防水涂料、改性沥青类防水涂料、合成高分子类防水涂料和水泥基防水涂料等。按涂料的介质不同,防水涂料可分为溶剂型、水乳型和反应型三种。溶剂型防水涂料的黏结性较好,但会污染环境;水乳型防水涂料的价格较低,但黏结性较差;反应型防水涂料结合了前两者的优点,具有优越的防水性和环保性。

防水涂料固化前呈黏稠状液态,可用刷、喷等工艺涂布在基层表面,经溶剂或水分挥发或各组分间的化学反应,形成具有一定弹性和一定厚度的连续薄膜,使基层表面与水隔绝,起到防水、防潮的作用。防水涂料广泛适用于工业与民用建筑的屋顶、地下室、浴室和外墙等需要进行防水处理的基层表面的防潮、防渗等。

防水涂料要满足防水工程的要求,必须具备以下性能,具体见表9-5。

表9-5 防水涂料的工程要求

性能	定义	作用
固体含量	指防水涂料中所含固体与成膜物的比例	由于涂料涂刷后由涂料中的固体成分形成涂膜,因此成膜厚度及涂膜质量与固体含量多少密切相关
耐热度	指防水涂料成膜后的防水薄膜在高温下不发生软化变形、不流淌的性能	反映防水涂膜的耐高温性能
低温柔性	指防水涂料成膜后的膜层在低温下保持柔韧的性能	反映防水涂料在低温下的施工和使用性能
不透水性	指防水涂料在一定水压(静水压或动水压)和一定时间内不出现渗漏的性能	是防水涂料满足防水功能要求的主要质量指标
延伸性	指防水涂膜适应基层变形的能力	防水涂料成膜后必须具有一定的延伸性,以适应由温差、干湿等因素造成的基层变形,保证防水效果

1. 沥青基防水涂料

沥青基防水涂料(asphalt based waterproof coating)是以沥青为基料,通过溶解或形成水分散体构成的防水涂料,有溶剂型和水乳型两种。沥青基防水涂料的分类如图9-2所示。下面主要介绍其中的冷底子油和石灰乳化沥青防水涂料。

1)冷底子油

冷底子油(adhesive bitumen primer)是将石油沥青(30号、10号或60号)加入汽油、柴油或用煤沥青(软化点为50~70℃)加入苯溶合而成的沥青溶液。冷底子油作为打底材料与沥青胶配合使用,可增加沥青胶与基层的黏结力。

冷底子油一般不单独作防水材料使用,常用配合比为:①石油沥青:汽油=30:70;②石油沥青:煤油或柴油=40:60。冷底子油一般现用现配,并用密闭容器储存,以防溶剂挥发。

2)石灰乳化沥青防水涂料

石灰乳化沥青防水涂料(lime emulsified asphalt waterproof coating)是指以沥青为基料,配以石灰膏为分散剂、石棉绒为填充料加工而成的一种冷沥青悬乳液。将石灰乳化沥青防水涂料铺抹于基层以后,由于水分蒸发,悬乳体的内部结构将重新分布,分散的极细

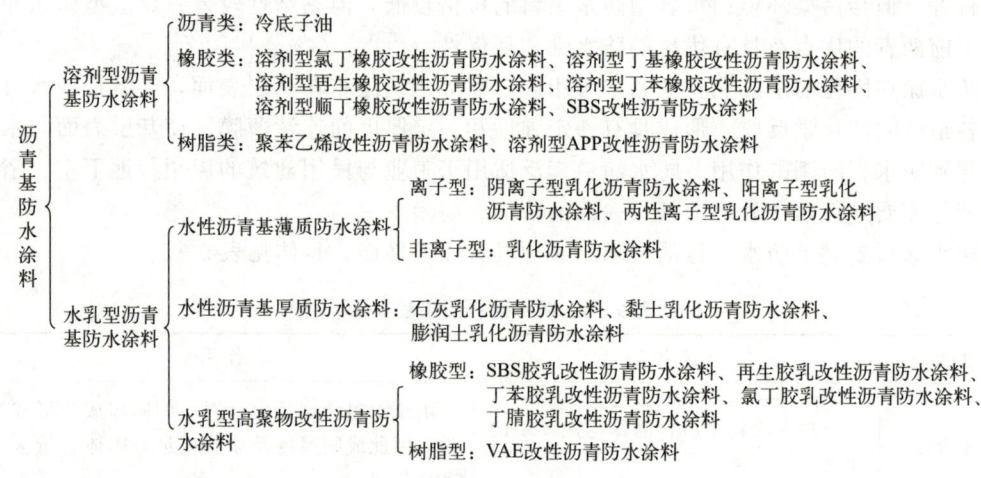

图 9-2 沥青基防水涂料的分类

沥青颗粒、石灰和石棉绒会互相挤压包裹，沥青会凝结成膜，石灰在沥青中将形成均匀的蜂窝状骨架，而成为一种耐热性高、抗老化性好的防水层。石灰乳化沥青防水涂料具有耐候、耐温性能好，能在潮湿基面上施工，与基层黏结性能好，无毒、无污染，施工简单方便等优点，被广泛使用于地下室、卫生间、厨房、屋面、公路、桥梁等防水工程中。

2. 改性沥青类防水涂料

改性沥青类防水涂料（modified asphalt waterproof coating）指以沥青为基料，用合成高分子聚合物进行改性，制成的水乳型或溶剂型防水涂料，如溶剂型橡胶改性沥青防水涂料等。改性沥青类防水涂料在柔韧性、抗裂性、拉伸强度、耐高低温性能、使用寿命等方面比沥青基防水涂料均有明显改善。这类涂料可应用于Ⅱ级、Ⅲ级、Ⅳ级防水等级的屋面、地面、混凝土地下室和卫生间等的防水工程中。

3. 合成高分子防水涂料

合成高分子防水涂料（synthetic polymer waterproof coating）是以合成橡胶或合成树脂为主要成膜物质，加入其他辅料配制而成的单组分或多组分防水涂料。合成高分子防水涂料的品种很多，常见的有硅酮、氯丁橡胶、聚氯乙烯、聚氨酯、丙烯酸酯、丁基橡胶、氯磺化聚乙烯、偏二氯乙烯等防水涂料。合成高分子防水涂料向着高性能、多功能化的方向迅速发展，粉末态、反应型、纳米型、快干型等各种功能性涂料逐渐被开发并应用。常用合成高分子防水涂料的成分、优点及应用见表 9-6。

表 9-6 常用合成高分子防水涂料的成分、优点及应用

类别	成分	优点	应用
聚氨酯防水涂料	单组分（S）：一种反应型湿固化成膜的防水涂料，使用时涂覆于防水基层，通过和空气中的湿气反应而固化交联成坚韧、柔软和无接缝的橡胶防水膜	固化时体积收缩很小，可形成较厚的防水涂膜，其弹性高，延伸率大，耐高低温性能好，耐酸、耐碱、耐老化等性能优异	适用于屋面、厕浴间、地下室、蓄水池、墙面等的防水、防渗、防潮

续表

类别	成分	优点	应用
聚氨酯防水涂料	双组分（M）：使用时将甲、乙两组分按比例混合均匀，涂刷在防水基层表面上，经常温交联固化形成一种具有高弹性、高强度、耐久性的橡胶弹性膜，从而起到防水作用	固化时体积收缩很小，可形成较厚的防水涂膜，其弹性高，延伸率大，耐高低温性能好，耐酸、耐碱、耐老化等性能优异	适用于屋面、厕浴间、地下室、蓄水池、墙面等的防水、防渗、防潮
水性丙烯酸酯防水涂料	以纯丙烯酸共聚物、改性丙烯酸或纯丙烯酸酯乳液为主要成分，加入适量填料和助剂配制而成的水性单组分防水涂料	具有优良的防水性、耐候性、耐热性和耐紫外线性。涂膜延伸性好，弹性好，温度适应性强，可以调制成各种色彩，兼有装饰和隔热效果	是良好的环保型涂料。适用于各类建筑防水工程，如钢筋混凝土、轻质混凝土、沥青和油毡、金属表面、外墙、卫生间、地下室、冷库工程等，也可用作防水层的维修和用作保护层等
硅橡胶防水涂料	以硅橡胶胶乳及其他乳液的复合物为主要基料，掺入无机填充料及各种助剂配制而成的乳液型防水涂料	具有良好的防水性、抗渗透性、成膜性、弹性、黏结性、延伸性和耐高低温性能，适应基层变形的能力强。可渗入基底，与基底牢固黏结，成膜速度快，可在潮湿底基层上施工，可刷涂、喷涂或滚涂，特别是它环保无毒	适用于各类工程，尤其是地下工程的防水、防渗和维修工程，对水质不会造成污染

4. 水泥基渗透结晶型防水涂料

水泥基渗透结晶型防水涂料（cementitious capillary crystalline waterproof coating），是1942年德国化学家Lauritz Jensen（劳伦斯·杰逊）在解决水泥船渗漏水的实践中发明的，由于其综合性能及性价比均优于其他类型的防水材料，因此迅速成为全世界最主流的防水材料之一，主要用于隧洞、地下连续墙、电缆隧道、地下涵洞、工业与民用建筑地下室、地下车库等工程的防水施工中。水泥基渗透结晶型防水涂料的组成、防水机理和优点见表9-7。

表9-7 水泥基渗透结晶型防水涂料的组成、防水机理和优点

类别	组成	防水机理	优点
水泥基渗透结晶型防水涂料	由硅酸盐水泥、石英砂、特殊活性物质及添加剂组成的无机粉末状防水涂料	与水作用后，硅酸盐活性离子通过载体向混凝土内部扩散渗透，与混凝土孔隙中的钙离子进行化学反应，生成不溶于水的硅酸盐结晶体填充于混凝土毛细孔道中，使混凝土结构致密，从而实现防水功能	可以与混凝土组成完整、耐久的整体；可以在新鲜或初凝混凝土表面施工；固化快，48h后可以进行后续施工；可以抵抗海水和其他盐分的化学侵蚀，起到保护混凝土和钢筋的作用；无毒，可用于饮水工程

【思考与讨论 9-1】

火神山、雷神山医院建设中用到了哪些新型防水材料？这些新型防水材料除具有防水功能外，还需要具备哪些性能？

【参考答案】

9.2 绝热材料

绝热材料（thermal insulation material）指用于结构物与环境热交换的一种功能材料。在建筑中，习惯上把用于控制室内热量外流的材料称为保温材料，把防止室外热量进入室内的材料叫作隔热材料。保温材料和隔热材料统称为绝热材料。

9.2.1 绝热材料的工作原理

热量本质上是由组成物质的分子、原子和电子等，在物质内部移动、转动和振动所产生的能量，即热能。在任何介质中，当两点之间存在温差时，就会产生热能传递现象，热能将由温度较高点传递至温度较低点，不同类型材料的传热机理如下。

1. 多孔型绝热材料的绝热机理 [图 9-3(a)]

当热量 Q 从高温面向低温面传递时，在未碰到气孔之前，热量主要通过固相中的导热进行传递。然而，当热量碰到气孔后：一条路线仍然是通过固相传递，但其传热方向发生变化，总的传热路线大大增加，热阻增加，从而使传递速度减缓；另一条路线是通过气孔内的气体传热，其中包括高温固体表面对气体的辐射与对流传热、气体自身的对流传热、气体的导热、热气体对低温固体表面的辐射与对流传热，以及热固体表面和冷固体表面之间的辐射传热。

由于在常温下对流和辐射传热热量在总的传热热量中所占比例很小，故以气孔中气体的导热为主，但由于空气的导热系数仅为 0.029W/(m·K)，远远小于固体的导热系数，故热量通过气孔传递的阻力较大，从而使传热速度大大减缓。这就是含有大量气孔的材料能起绝热作用的原因。

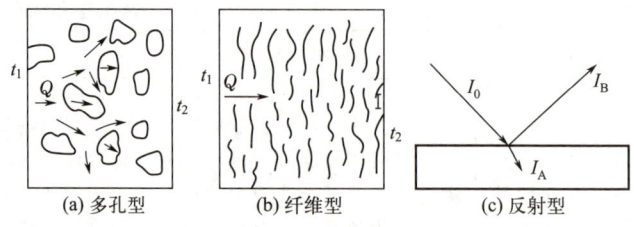

图 9-3 绝热材料的绝热机理

2. 纤维型绝热材料的绝热机理 [图 9-3(b)]

纤维型绝热材料的绝热机理基本上与多孔型绝热材料相似，其传热方向和纤维方向垂直时的绝热性能比传热方向和纤维方向平行时要好一些。

3. 反射型绝热材料的绝热机理〔图 9 - 3(c)〕

当外来的热辐射能量 I_0 投射到物体上时，通常会将其中一部分热辐射能量 I_B 反射掉，另一部分热辐射能量 I_A 则被吸收（一般热射线都不能穿透建筑材料，故透射部分可忽略不计）。

凡是反射能力强的材料，吸收热辐射的能力就小；反之，如果吸收热辐射能力强，则其反射率就小。故利用某些材料对热辐射的反射作用（如铝箔的反射率为 0.95），在需要绝热的部位表面贴上这种材料，就可以将绝大部分外来热辐射（如太阳光）反射掉，从而起到绝热的作用。

9.2.2 绝热材料的性能要求

1. 导热系数

导热系数（thermal conductivity）是材料导热性能的一个物理指标。材料的保温性能主要用导热系数作指标，材料的导热系数越小则其导热性越差，反之亦然。导热系数能说明材料本身热量传导能力的大小，它受材料本身的物质构成、孔隙率、材料所处环境的温度和湿度及热流方向的影响，具体见表 9 - 8。

表 9 - 8 导热系数的影响因素

影响因素	影响规律	原理
材料本身的物质构成	化学组成和分子结构越简单的物质，导热系数越大	金属材料以电子导热为主，故其导热系数比非金属材料大；无机材料以离子键、共价键结合，故其导热系数较有机材料大；各向异性材料的导热系数随导热方向不同而改变
孔隙率	孔隙率越大，导热系数越小	固体物质的导热系数比空气的导热系数大得多
材料所处环境的温度	温度越高，导热系数越大	温度升高，材料固体分子的热运动加剧，同时材料孔隙中空气的导热和孔壁间的辐射作用也有所增强
材料所处环境的湿度	湿度越大，导热系数越大	水的导热系数比空气的导热系数要大约20倍，而冰的导热系数约为空气的导热系数的80倍
热流方向	热流方向与纤维排列方向垂直时，材料表现出的导热系数要小于平行时的导热系数	热流方向与纤维排列方向垂直可对空气的对流等作用起到有效的阻止作用

2. 温度稳定性

绝热材料在受热作用下保持其原有性能不变的能力，称为绝热材料的温度稳定性（temperature stability）。温度稳定性通常用材料不致丧失绝热性能的极限温度来表示。

3. 吸湿性

绝热材料从潮湿环境中吸收水分的能力，称为绝热材料的吸湿性（hygroscopicity）。一般吸湿性越强，对绝热效果越不利。

4. 机械强度

绝热材料的机械强度（mechanical strength）和其他建筑材料一样是用极限强度来表示的。在绝热材料的范畴内，抗压强度和抗折强度是两个常见的强度参数。

由于绝热材料中含有大量孔隙，其强度一般均不大，因此不宜将绝热材料用于承受外界荷载的部位。对于某些纤维型绝热材料，有时常用其达到某一变形时的承载能力作为其强度代表值。

选用绝热材料时，应考虑其主要性能达到如下指标：导热系数不宜大于 0.23W/(m·K)，块状材料的抗压强度不低于 0.3MPa，绝热材料的最高使用温度应高于实际使用温度。在实际应用中，由于绝热材料抗压强度一般都很低，因此常将绝热材料与承重材料复合使用。另外，由于大多数绝热材料都具有一定的吸水、吸湿能力，故在实际使用时，需在其表层加防水层或隔汽层。

9.2.3 常用绝热材料

1. 无机绝热材料

1) 多孔状无机绝热材料

多孔状无机绝热材料（porous inorganic thermal insulation material）是指含有大量封闭、不连通气孔的隔热保温材料，见表 9-9。

表 9-9 多孔状无机绝热材料

材料种类	原料和制作工艺	性质	用途
微孔硅酸钙	由粉状二氧化硅材料（硅藻土）、石灰、纤维增强材料及水等，经搅拌、成型、蒸压处理和干燥等工序而制成	以托贝莫来石为主要水化产物的微孔硅酸钙，其表观密度约为 200kg/m³，导热系数为 0.047W/(m·K)，最高使用温度约为 650℃。 以硬硅钙石为主要水化产物的微孔硅酸钙，其表观密度约为 230kg/m³，导热系数为 0.056W/(m·K)，最高使用温度可达 1000℃	用于围护结构及管道保温，效果较水泥膨胀珍珠岩和水泥膨胀蛭石好
泡沫玻璃	由玻璃粉和发泡剂等经配料、烧制而成	气孔率为 80%~95%，气孔直径为 0.1~5.0mm，且有大量封闭而孤立的小气泡。 其表观密度为 150~600kg/m²，导热系数为 0.058~0.128W/(m·K)，抗压强度为 0.8~15.0MPa。 采用普通玻璃粉制成的泡沫玻璃，最高使用温度为 300~400℃；用无碱玻璃粉生产时，最高使用温度可达 800~1000℃	耐久性好，易加工，可用于多种绝热需要

材料种类	原料和制作工艺	性质	用途
泡沫混凝土	由水泥、水、松香泡沫剂混合后，经搅拌、成型、养护而制成。也可用粉煤灰、石灰、石膏和泡沫剂制成粉煤灰泡沫混凝土	其表观密度为300～500kg/m²，导热系数为0.082～0.186W/(m·K)	一种多孔、轻质、保温、绝热、吸声材料
硅藻土	由水生硅藻类生物的残骸堆积而成	其孔隙率为50%～80%，导热系数为0.060W/(m·K)	可用作填充料或制成制品

2) 纤维状无机绝热材料

纤维状无机绝热材料（fibrous inorganic thermal insulation material）是指以矿棉、玻璃棉等无机物质为主要原料制成的纤维状结构的绝热材料。这类绝热材料可以制成板、筒、毡等形状的保温隔热制品，广泛用于住宅建筑和热工设备、管道等领域。这类绝热材料通常也是良好的吸声材料，见表9-10。

表9-10 纤维状无机绝热材料

材料种类		原料	性质	应用
矿棉及其制品	矿渣棉	高炉硬矿渣、铜矿渣等，并加入一些调节原料（钙质和硅质原料）	具有轻质、不燃、绝热和绝缘等性能，且原料来源广，成本较低	可制成矿棉板、矿棉毡及管壳等，可用作建筑物的墙壁、屋顶、天花板等处的保温隔热和吸声材料，以及热力管道的保温材料
	岩石棉	天然岩石（白云石、花岗石或玄武岩等）		
玻璃棉及其制品	短棉	玻璃原料或碎玻璃	其体积密度为40～150kg/m²，导热系数为0.035～0.058W/(m·K)	可制成沥青玻璃棉毡（板）及酚醛玻璃棉毡（板）等制品，广泛用作温度较低的热力设备和房屋建筑中的保温隔热材料，同时还是良好的吸声材料
	超细棉		直径约4μm，体积密度可小至18kg/m²，导热系数为0.028～0.037W/(m·K)，绝热性能更为优良	

3) 散粒状无机绝热材料

散粒状无机绝热材料（granular inorganic thermal insulation material）主要由无机物质组成，呈现散粒状的形态。常见的散粒状无机绝热材料有膨胀蛭石及其制品和膨胀珍珠岩及其制品，见表9-11。

表 9-11 散粒状无机绝热材料

材料类别		膨胀蛭石及其制品	膨胀珍珠岩及其制品
形成		是一种复杂的镁、铁含水铝硅酸盐矿物，由云母类矿物经风化而成	由地下喷出的熔岩在地表水中急冷而成
结构		层状结构	类似玉髓的隐晶结构
特性	密度	80~900kg/m^2（体积密度）	40~500kg/m^3（堆积密度）
	导热系数	0.046~0.070W/(m·K)	0.047~0.070W/(m·K)
	最高使用温度	1000~1100℃	800℃
特点		不蛀、不腐，但吸水性较大	吸湿小、无毒、不燃、抗菌、耐腐、施工方便
应用		①呈松散状铺设于墙壁、楼板、屋面等夹层中，起绝热、隔声的作用 ②与水泥、水玻璃等胶凝材料配合，浇制成板	①用作填充材料 ②与水泥、水玻璃、沥青、黏土等结合制成膨胀珍珠岩绝热制品

2. 有机绝热材料

1) 泡沫塑料

泡沫塑料（foamed plastic）是以各种树脂为基料，加入各种辅助材料经加热发泡制得的轻质保温材料。泡沫塑料目前广泛用作建筑上的保温隔声材料，其表观密度很小，隔热性能好，加工使用方便。常用的泡沫塑料有聚苯乙烯泡沫塑料、脲醛泡沫塑料、聚氨酯泡沫塑料、聚氯乙烯泡沫塑料、酚醛泡沫塑料等。

2) 硬质泡沫橡胶

硬质泡沫橡胶（rigid foam rubber）是一种用化学发泡法制成的具有硬质特性的泡沫橡胶材料。其特点是导热系数小而强度大。硬质泡沫橡胶的体积密度在 0.064~0.12g/cm^3 之间，其表观密度越小，保温性能越好，但强度越低。硬质泡沫橡胶抗碱和盐侵蚀的能力较强，但强的无机酸及有机酸对它有侵蚀作用。它不溶于醇等弱溶剂，但易被某些强有机溶剂软化溶解。硬质泡沫橡胶为热塑性材料，耐热性不好，在65℃左右便开始软化。硬质泡沫橡胶具有良好的低温性能，低温下强度较高且具有较好的体积稳定性，可用于冷冻库。同类的材料还有绝热用硬质酚醛泡沫制品和建筑绝热用硬质聚氨酯泡沫塑料等。

此外，还有一些绝热材料新品种，如彩钢夹芯板、多孔陶瓷、绝热涂料、PE/EVA发泡塑料、气凝胶等。表9-12列出了常用绝热材料的组成及基本性能。

表 9 – 12　常用绝热材料的组成及基本性能

名称	主要组成	导热系数 [W/(m·K)]	主要应用
硅藻土	无定形 SiO_2	0.060	填充料、硅藻土砖等
膨胀蛭石	铝硅酸盐矿物	0.046~0.070	填充料、轻集料等
膨胀珍珠岩	铝硅酸盐矿物	0.047~0.070	填充料、轻集料等
微孔硅酸钙	水化硅酸钙	0.047~0.056	绝热管、砖等
泡沫玻璃	硅、铝氧化物玻璃体	0.058~0.128	绝热砖、过滤材料等
岩棉及矿棉	玻璃体	0.044~0.049	绝热板、毡、管等
玻璃棉	钙硅铝系玻璃体	0.035~0.041	绝热板、毡、管等
泡沫塑料	高分子化合物	0.031~0.047	绝热板、管及填充料等
纤维板	木材	0.058~0.307	墙壁、地板、顶棚等

【工程案例 9‑2】　保温材料对比

概况：某冰库原采用水玻璃胶结膨胀蛭石而成的膨胀蛭石板作隔热材料，经过一段时间后，发现隔热效果逐渐变差。后以聚苯乙烯泡沫作为墙体隔热夹芯板，在内墙喷涂聚氨酯泡沫层绝热材料，取得良好的效果。

原因分析：膨胀蛭石板用于冰库易受潮，受潮后其绝热性能下降。而聚苯乙烯泡沫隔热夹芯板和聚氨酯泡沫层绝热材料均不易受潮，且有较好的低温性能，故用于冰库可取得良好的效果。

【参考答案】

【思考与讨论 9‑2】

20 世纪 90 年代以来，国内外许多高层住宅加装了可燃材料的外墙保温层，其后果是可能引发全楼重大火灾，请以建筑物火灾事故为例，讨论外墙保温材料对建筑物防火性能的影响。

9.3　吸声隔声材料

9.3.1　吸声材料

吸声材料（sound absorption material）是一种能在较大程度上吸收由空气传递的声波能量，降低噪声的材料。吸声材料凭借自身的多孔性、薄膜作用或共振作用而对入射声能具有吸收作用。吸声材料按其物理性能和吸声方式可分为多孔吸声材料和共振吸声结构两大类。后者包括薄板振动吸声结构、共振腔吸声结构、穿孔板组合共振腔吸声结构、柔性吸声材料、悬挂空间吸声体、帘幕吸声体等。

1. 吸声材料的性能要求

为发挥吸声材料的作用,材料的气孔应是开放的,且应相互连通。吸声材料的气孔越多,其吸声性能越好。由于大多数吸声材料强度较低,因此吸声材料应设置在护壁台以上,以免撞坏。吸声材料易于吸湿,安装时应考虑到胀缩的影响,要做好吸声材料的防潮处理。此外,还应考虑吸声材料的防水、防腐、防蛀等问题。应尽可能使用吸声系数较高的材料,以便使用较少的材料达到较好的效果。在音乐厅、影剧院、博物馆、大会堂、播音室等内部的墙面、地面、顶棚等部位,适当采用吸声材料,能提高声波在室内传播的质量,保持良好的音响效果和较少噪声的危害。图9-4所示为吸声材料应用场景。

(a) 音乐厅

(b) 影剧院

(c) 博物馆

图9-4 吸声材料应用场景

2. 吸声材料的种类和特点

建筑上常用的吸声材料及其吸声结构有以下几种形式。

1) 多孔吸声材料

多孔吸声材料(图9-5)是比较常用的一种吸声材料。多孔吸声材料的吸声性能与材料的表观密度和内部构造有关。在建筑装修中,吸声材料的厚度、材料背后的空气层及材料的表面状况也会对吸声性能产生影响。

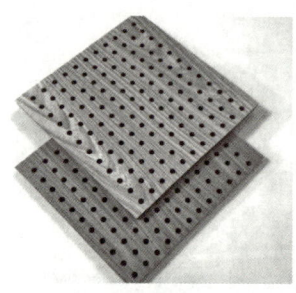
(a) 木质吸声板

(b) 多孔石膏板

(c) 吸音棉

图9-5 多孔吸声材料

多孔吸声材料与绝热材料的区别在于:绝热材料一般具有封闭的互不连通的气孔,这种气孔愈多,则保温绝热效果愈好;而多孔吸声材料则具有开放的互相连通的气孔,这种气孔愈多,则其吸声性能愈好。

2) 薄板振动吸声结构

薄板振动吸声结构的特点是具有低频吸声特性,同时还有助于声波的扩散。

建筑中常用胶合板、薄木板、硬质纤维板、石膏板、石棉水泥板或金属板等，把它们周边固定在墙或顶棚的龙骨上，并在背后留有空气层，即成为薄板振动吸声结构。

薄板振动吸声结构是在声波作用下发生振动，通过板振动时板内部与龙骨间的摩擦损耗，将声能转变为机械能并耗散，从而起到吸声的作用。由于低频声波比高频声波更容易激起薄板的振动，因此这种结构的主要特点是具有低频吸声特性。

建筑中常用的薄板振动吸声结构的共振频率为80～300Hz，在此共振频率附近的吸声系数最大，为0.2～0.5，而在其他频率附近的吸声系数较低。

3）共振腔吸声结构

共振腔吸声结构具有封闭的空腔和较小的开口，很像个瓶子。当瓶腔内空气受到外力激荡时，会按一定的频率振动，这就是共振吸声器。每个单独的共振吸声器都有一个共振频率，在其共振频率附近，颈部空气分子在声波的作用下会像活塞一样进行往复运动，这种往复运动会产生摩擦，进而消耗声能，达到吸声的效果。若在腔口覆盖一层细布或疏松的棉絮，则可以在一定程度上改变共振吸声器的吸声性能。这种覆盖物可以增加共振频率的范围，同时提高吸声量。

4）穿孔板组合共振腔吸声结构

穿孔板组合共振腔吸声结构与单独的共振吸声器相似，可以看作由多个单独的共振吸声器并联而成。这种吸声结构是将穿孔的胶合板、硬质纤维板、石膏板、石棉水泥板、铝合板、薄钢板等的周边固定在龙骨上，并在其背后设置空气层而构成。这种吸声结构在建筑中使用比较普遍。穿孔板组合共振腔吸声结构具有中频吸声特性，其吸声性能受穿孔板厚度、穿孔率、孔径、孔距、背后空气层厚度及是否填充多孔吸声材料等因素的影响。

5）柔性吸声材料

柔性吸声材料是具有密闭气孔和一定弹性的材料，如聚氯乙烯泡沫塑料，其表面仍为多孔材料。柔性吸声材料的吸声原理：这种材料具有密闭气孔，声波引起的空气振动不易直接传递至材料内部，只能相应地在材料表面产生振动。在振动过程中，由于克服材料内部的摩擦力会消耗声能，从而导致声波衰减。这种材料的吸声特性是在一定的频率范围内出现一个或多个吸收频率。

6）悬挂空间吸声体

悬挂空间吸声体是一种悬挂于室内的空间吸声体。悬挂的空间吸声体，由于声波与吸声材料的两个或两个以上的表面接触，增加了有效的吸声面积，产生了边缘效应，加上声波的衍射作用，从而大大提高了实际的吸声效果。实际使用时，可根据不同的使用地点和要求，设计成各种形式（平板形、球形、圆锥形、棱锥形等）的悬挂于顶棚下的空间吸声体。

7）帘幕吸声体

帘幕吸声体是一种利用具有通气性能的纺织品制成的吸声体。其结构特点为安装在离墙面或窗洞一定距离处，背后设置空气层。这种吸声体对中、高频都有一定的吸声效果。帘幕吸声体的吸声效果尚与材料种类和褶裥有关。帘幕吸声体安装、拆卸方便，兼具装饰作用，应用价值较高。

部分吸声材料及吸声结构的构造见表9-13。

表 9-13　部分吸声材料及吸声结构的构造

类别	多孔吸声材料	薄板振动吸声结构	共振腔吸声结构	穿孔板组合共振腔吸声结构	特殊吸声结构
构造图例					
举例	玻璃棉 矿棉 木丝板 半穿孔纤维板	胶合板 硬质纤维板 石棉水泥板 石膏板	共振吸声器	穿孔胶合板 穿孔铝板 微穿孔板	悬挂空间吸声体 帘幕吸声体

【拓展阅读】 微粒吸声材料，如何实现绿色降噪和以废降噪？

微粒吸声材料是一种环保新材料（正升环境科技股份有限公司2014年开始研发），以天然砂粒或经环保处理的固废颗粒（如镍渣、粉煤灰、矿渣等）为集料，加以环保胶凝剂，通过压振工艺，生产出具有大量相互连通微小孔隙的新型材料。它的吸声原理同时包含了多孔材料吸声原理和共振吸声原理：一方面其内部有许多相互连通的形状各异的微小细孔，当声音入射到表面时，声波会透入微粒吸声板内部在细孔中传播，此时，由于空气运动产生的黏滞性和摩擦阻力作用，声能将逐渐转化为热能而消耗，产生阻性吸声作用；另一方面在微粒吸声板后设置空腔，微粒吸声板和板后空腔形成了微孔共振吸声结构，当声音进入空腔后，会在空腔里面来回反射，再消耗掉部分声能。图 9-6 所示为微粒吸声板。

(a) 彩色微粒吸声板

(b) 纹理微粒吸声板

(c) 微粒吸声板应用场景

图 9-6　微粒吸声板

9.3.2　隔声材料

隔声材料（sound insulation material）是指能起到隔绝声音作用的材料。声波传播到材料时，因一部分声能会被材料吸收，透过材料的声能总是小于作用于材料的声能，这样，材料就起到了隔声作用。材料的隔声能力可通过材料对声波的透射系数 τ 来衡量。透射系数 τ 指透射声能（E_τ）与入射声能（E_0）之比，材料的透射系数越小，说明材料的隔声性能越好。

对于不同的声波传播途径的隔绝可采取不同的措施，选择适当的隔声材料。隔声的分类和提高措施见表 9-14。

表 9-14 隔声的分类和提高措施

分类		提高隔声的措施
空气声隔绝	单层墙的空气声隔绝	1. 提高墙体的单位面积质量和厚度 2. 墙与墙接头不存在缝隙 3. 粘贴或涂抹阻尼材料
	双层墙的空气声隔绝	1. 采用双层分离式隔墙 2. 提高墙体的单位面积质量 3. 粘贴或涂抹阻尼材料
	轻型墙的空气声隔绝	1. 轻型材料与多孔或松软吸声材料多层复合 2. 各层材料质量不等，避免非结构谐振 3. 加大双层墙间的空气层厚度
	门窗的空气声隔绝	1. 采用多层门窗 2. 设置铲口，采用密封条等材料填充缝隙
结构声隔绝	撞击声的隔绝	1. 面层增加弹性层 2. 采用浮筑接面技术，使面层和结构层之间减振 3. 增加吊顶

【思考与讨论 9-3】

电影院对于室内的隔声要求很高，各个房间播放的电影不同，而且声音很大，如果相互影响，就会严重影响观众的视听体验，所以要对电影院内部房间进行隔声装修，确保各个包厢之间不会相互影响。那么要使用图 9-7 中哪几种隔声材料对电影院进行隔声装修呢？

【参考答案】

(a) 隔声材料1　　　(b) 隔声材料2　　　(c) 隔声材料3

图 9-7　三种不同的隔声材料

9.4　装饰材料

建筑装饰材料（decoration material）一般是指主体结构工程完成后，进行室内外墙面、顶棚、地面的装饰等所需的材料。其作用是装饰建筑物，美化室内外环境，同时可以满足一定的功能要求。建筑装饰材料的种类繁多,而且新品种不断出现,质量也不断提高。表 9-15 列出了常用建筑装饰材料的分类。

表 9-15 常用建筑装饰材料的分类

分类	名称	举例
按材质分类	木质装饰材料	各种人造板、装饰纤维板、软质吸声板、薄木贴面板、硬质装饰天花板等
	石质装饰材料	花岗岩、大理石、水磨石、石膏饰面板、水泥饰面板、人造石装饰板等
	陶瓷装饰材料	陶瓷锦砖、面砖、瓷砖、地砖、陶瓷壁画等
	化工装饰材料	塑料饰面板、钙塑装饰板、玻璃钢饰面板、塑料壁纸、无纺贴墙布、化纤地毯、橡胶地板等
	金属装饰材料	铝合金饰面板、铝合金外墙板、塑钢板等
	玻璃装饰材料	彩色玻璃、压花玻璃、饰面玻璃、玻璃马赛克等
	粉刷涂料类装饰材料	彩色水泥、乳胶漆、内墙涂料、外墙涂料、地面涂料、水泥色浆、瓷粉、金粉、银粉等
按建筑部位分类	顶棚装饰材料	石膏装饰吸声板、珍珠岩装饰吸声板、软质纤维装饰吸声板、钙塑装饰吸声板、人造板等
	墙面装饰材料	花岗岩、大理石、陶瓷锦砖、面砖、人造板、塑料贴面板、薄木贴面板、粉刷涂料等
	地面装饰材料	地面涂料、地砖、陶瓷锦砖、化纤地毯、水磨石板、橡胶地板、塑胶地板等

9.4.1 装饰石材

1. 天然石材

凡是从天然岩石开采出来的,经加工或未加工的石材,统称为 天然石材(natural stone)。我国使用天然石材有着悠久的历史和丰富的经验,如古代的赵州桥及现代建筑中的北京人民大会堂等,无不显示出我国劳动人民利用石材的辉煌成就。

天然石材在地壳中蕴藏量丰富,分布广泛,便于就地取材。在性能上,天然石材具有抗压强度高、耐久、耐磨等特点。在建筑立面上使用天然石材,可以赋予建筑物坚定、稳重的质感,并取得庄重、雄伟的艺术效果。

1) 花岗岩

花岗岩(granite)俗称花岗石,属于火成岩,也叫酸性结晶深成岩,是火成岩中分布最广的一种岩石,由长石、石英和云母组成,其成分以二氧化硅为主,占 65%~75%,岩质坚硬密实,如图 9-8(a)所示。花岗岩强度高,吸水率小,耐酸性、耐磨性及耐久性好，常用于室内或室外的墙面及地面。但花岗岩耐火性差，因为石英在高温时（573℃、870℃）会发生晶型转变产生膨胀而破坏岩石结构。此外，还需注意某些花岗岩具有放射性污染的问题。

2）大理岩

大理岩（marble），俗称大理石，是指沉积岩中碳酸盐类岩石经变质而成的岩石，原产于云南省大理。纯大理岩为白色，含杂质时带有各种杂色，具美丽条纹，如图 9‐8(b) 所示。大理岩主要用来做装饰建筑石料及雕刻石料，主要化学成分为 $CaCO_3$ 和 $MgCO_3$，易被酸侵蚀，故除个别品种（汉白玉、艾叶青等）外，一般不宜用作室外装修，否则会受到酸雨及空气中酸性氧化物遇水形成的酸类侵蚀，从而失去表面光泽，甚至出现斑点等现象。大理石的硬度相对较小，使用过程中应避免用在耐磨性能高的场合，如作为公共场合的地面材料。

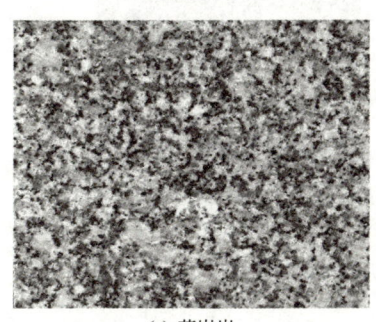 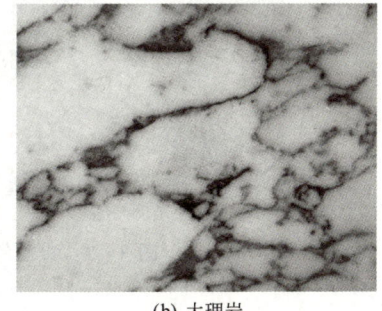

(a) 花岗岩　　　　　　　　(b) 大理岩

图 9‐8　花岗岩和大理岩

《天然大理石建筑板材》（GB/T 19766—2016）规定，天然大理石建筑板材按矿物组成分为方解石大理石（代号为 FL）、白云石大理石（代号为 BL）、蛇纹石大理石（代号为 SL）；按形状分为毛光板（代号为 MG）、普型板（代号为 PX）、圆弧板（代号为 HM）、异型板（代号 YX）；按表面加工分为镜面板（代号为 JM）和粗面板（代号为 CM）。

2. 人造石材

人造石材（artificial stone）是以不饱和聚酯树脂为黏结剂，配以天然大理石或方解石、白云石、硅砂、玻璃粉等无机物粉料，以及适量的阻燃剂、颜料等，经配料混合、浇筑、振动压缩、挤压等方法成型固化制成的一种石材。

《人造石》（JC/T 908—2013）将人造石分为人造石实体面材、人造石英石和人造石岗石等产品。人造石英石的强度及耐磨性高于人造石岗石。人造石可利用天然石开采剩余的废料作为主要原料，属资源循环利用的环保产品。人造石具有色彩艳丽、韧性好、结构致密、坚固耐用、放射性低等优点，已广泛应用于台面、家具及商业装饰等。

9.4.2　建筑装饰陶瓷

凡以黏土、长石、石英等为基本原料，经配料、制坯、干燥、熔烧而制得的成品，统称为陶瓷制品（ceramics）。用于建筑装饰工程的陶瓷制品，则称为建筑装饰陶瓷（architectural decoration ceramic）。建筑装饰陶瓷通常构造致密，质地较为均匀，有一定的强度、耐水、耐磨、耐化学腐蚀、耐久性好等，能拼制出各种色彩图案。典型的建筑装饰陶瓷（图 9-9）有釉面砖、墙地砖、陶瓷锦砖、琉璃制品和陶瓷壁画等。

 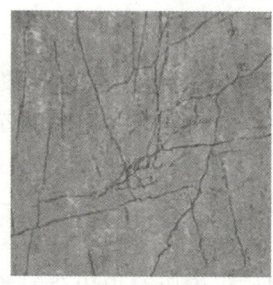 

(a) 釉面砖　　　　　　　(b) 墙地砖　　　　　　　(c) 陶瓷锦砖

(d) 琉璃制品　　　　　　(e) 陶瓷壁画

图 9-9　典型的建筑装饰陶瓷

1. 釉面砖

釉面砖（glazed tile）又称瓷砖，是建筑装饰工程中最常用、最重要的饰面材料之一，由优质陶土等烧制而成，属精陶制品。它具有坚固耐用、色彩鲜艳、易于清洁、防火、防水、耐磨、耐腐蚀等优点。

釉面砖正面施釉，背面有凹凸纹，以便于粘贴施工。釉面砖因其所用釉料及其生产工艺不同，有许多品种，如白色釉面砖、彩色釉面砖、印花釉面砖等。另外，为了配合建筑内部转角处的贴面等要求，还有各种配角砖，如阴角砖、阳角砖、压顶条等。

普通釉面砖的生产一般采用生坯的素烧和釉烧的二次烧成工艺。近年来，釉面砖的烧制技术有了新的进展，特别是低温快速烧成法的出现，不仅提高了生产效率，还降低了能耗和成本。

2. 墙地砖

墙地砖（ceramic tile）是墙砖和地砖的总称。由于这类材料通常可墙、地两用，故称为墙地砖。墙地砖包括建筑物外墙装饰贴面用砖和室内外地面装饰铺贴用砖。

墙地砖是以品质均匀、耐火度较高的黏土作为原料，经压制成型，在高温下烧制而成的，具有坚固耐用、易清洗、防火、防水、耐磨、耐腐蚀等特点，可制成平面、麻面、仿花岗石面、无光釉面、有光釉面、防滑面、耐磨面等多种产品。其背面为了与基材有良好的黏结，常具有凹凸不平的沟槽等。墙地砖品种规格繁多，尺寸各异，以满足不同的使用环境条件的需要。

3. 陶瓷锦砖

陶瓷锦砖（ceramic mosaic tile）俗称"马赛克"，源于"Mosaic"。它是以优质瓷土烧制而成的小块瓷砖，有挂釉和不挂釉两种，目前各地产品多为不挂釉陶瓷锦砖具有美观、耐磨、不吸水、易清洗、抗冻性能好、坚固耐用、造价较低等特点，主要用于室内铺贴地面，也可作为建筑物的外墙饰面，起到装饰作用，并增强建筑物的耐久性。

4. 琉璃制品

琉璃制品（liuli products）是用优质黏土塑制成型后烧成的，表面上釉，釉的颜色有黄、绿、黑、蓝、紫等颜色，经久耐用。

琉璃制品在中国古代建筑中占有重要地位，其中使用最为广泛的制品是琉璃瓦。琉璃瓦主要有筒瓦与板瓦两种形式。琉璃瓦多用于具有民族色彩的宫殿式大屋顶建筑中。其他屋面用琉璃瓦有屋脊、兽头、人物、宝顶等。

5. 陶瓷壁画

陶瓷壁画（ceramic mural）是以陶瓷面砖、陶板、锦砖等为原料制作的具有较高艺术价值的现代装饰材料。它不是原画稿的简单复制，而是艺术的再创造。它巧妙地将绘画技法和陶瓷装饰艺术融于一体，经过放样、制版、刻画、配釉、施釉、烧成等一系列工序，采用浸点、涂、喷、填等多种施釉技法和丰富多彩的窑变技术而形成神形兼备、巧夺天工的艺术效果。陶瓷壁画既可镶嵌在高层建筑上，也可陈设在公共场所，如候机室、候车室、大型会议室、会客室、园林旅游区等地。

【工程案例9-3】 釉面砖开裂问题

概况：某家装公司进行室外装修时，将釉面砖贴在窗台上，在使用3年后发现大多釉面砖已开裂，试分析其开裂的原因。

原因分析：釉面砖的坯体吸水率大，而釉面层致密、吸水率小。因此，若将釉面砖用于外墙贴面，由于吸水率不同，干湿变形不一致，尤其受冻融循环作用，釉面砖极易产生开裂、掉釉或脱落等问题。

【思考与讨论9-4】

请思考用于室外和室内的建筑装饰材料在主要性能方面存在哪些差异？在实际选用时该如何考虑？

【参考答案】

9.5 建筑功能材料的新发展

9.5.1 绿色建筑功能材料

所谓绿色建材又称生态建材、环保建材和健康建材，其本质内涵是相通的。绿色建材不是指单独的建材产品，而是对建材"健康、环保、安全"品性的评价。其中，绿色建筑功能材料注重建材对人体健康和环保所造成的影响及安全防火性能，具有消磁、消声、调光、调温、隔热、防火、抗静电的性能，并具有调节人体机能的特种新型功能。绿色建筑功能材料是指采用清洁生产技术，不用或少用天然资源和能源，大量使用工农业或城市废弃物生产的无毒害、无污染、无放射性，达到使用周期后可回收再利用，有利于环境保护和人体健康的建筑材料。

绿色建筑功能材料一般具有以下特征。

（1）在满足建筑设计的力学性能、使用功能和寿命的条件下，其生产所用原料尽可能少用天然资源，大量使用尾渣、垃圾、废液等废弃物。

（2）在生产、使用过程中具有最小的环境负荷影响，寿命终结时可实现再生循环利用，对自然环境友好且符合可持续发展原则。

（3）能够满足对人类健康无伤害的原则，甚至具有有利于提高人类生活质量水平的功能特性。

（4）在产品配制或生产过程中，不得使用甲醛、卤化物溶剂或芳香族碳氢化合物，产品中不得含有汞及其化合物的颜料和添加剂。

【拓展阅读】 绿色环保建筑装饰材料在室内设计中的应用

（1）低辐射镀膜玻璃。在室内设计与施工中，玻璃是主要材料之一，在使用时应倾向于选择低辐射镀膜玻璃，从而降低玻璃对人体造成的辐射影响。该类型玻璃具有一层电镀膜，膜中含有多层金属元素或者金属化合物，可有效降低玻璃的辐射。该类型玻璃可作为新型环保材料，在节能及采光等方面展现出了明显的优势。镀膜还有控制热量的作用，在冬季气温较低时，该类型玻璃能够使室内温度保持在较舒适的范围。

（2）光触媒装饰材料。光触媒装饰材料属于光半导体性质，具有光催化的功能，常见的光触媒装饰材料为纳米级二氧化钛。如果将光触媒装饰材料涂抹在普通的建筑原料表面，则能够在类似光合作用下产生催化和降解的作用，对空气中的有毒和有害气体进行杀菌，同时将细菌产生的有毒物质进行无害处理，尤其在抗污等方面作用明显。该新型材料在当前的室内施工中还未达到大面积普及，但未来应用会越发广泛，可有效发挥降低污染和能耗的作用。

（3）合成石。合成石由废渣和尾矿等制成，与天然石材相比，其具有明显的成本优势；此外，其出现裂缝的概率较低，能有效避免色泽、风化及金属矿物含量超标等问题。在建筑装饰领域中应用该类型材料可有效避免辐射作用，也能提升室内设计的艺术性，在防火方面也具有较为理想的功能。近年来，该类型材料的使用率日益提升，多用于雕塑。

9.5.2 智能建筑功能材料

智能建筑功能材料是指材料本身具有自我诊断和预告失效、自我调节和自我修复的功能，并可继续使用的建筑材料。当这类材料的内部发生异常变化时，其能将材料内部的状况反映出来，以便在材料失效前采取措施，甚至材料能够在其失效初期自动进行自我调节，恢复材料的使用功能。智能建筑功能材料可以极大地改变建筑的未来，使建筑更加高效和可持续。下面介绍几种常见的智能建筑功能材料。

（1）自愈合与自修复混凝土。自愈合与自修复混凝土是一种具有特殊性能的新型复合材料。它模仿动物的骨组织结构受创伤后的恢复、再生机理，采用修复胶黏剂和混凝土材料相复合的方法，对材料损伤破坏具有自修复和再生的功能，能够恢复甚至提高材料性能。

（2）智能调光玻璃（图 9-10）。智能调光玻璃是两层玻璃之间夹着一层液晶膜（LC

film），俗称调光膜，液晶膜由PVB膜覆盖在最中央，然后置于高压釜或一般的一步法炉子里经过高温高压的过程胶合而成。智能调光玻璃能根据外部光线的强弱，自动调节透光率，保持室内光线的强度平衡。该种玻璃既避免了强光对人的伤害，又可调节室温和节约能源。

(a) 透光效果

(b) 不透光效果

图9-10　智能调光玻璃

【拓展视频】

（3）全息玻璃（图9-11）。全息玻璃又称全息影像玻璃（polyholo glass或hologram glass），是一种经由透明全息膜夹层而成的夹层玻璃分支产品。全息膜采用全息光栅技术，在膜上面印制全息图案，图案可根据要求定制或挑选制造商现成的全息图案，全息图案在灯光的照耀下，不同角度呈现不同的全息效果，可立体、可平面，并能根据光线照射的不同角度显示不同的颜色和质感，是一款现代感十足的高科技玻璃产品。该种玻璃主要用于外围护墙，但也可用于室内隔墙。

图9-11　全息玻璃幕墙

【参考答案】

【思考与讨论9-5】
如果设计和研发一种新型建筑功能材料，你会考虑哪些性能？如何从原材料和生产工艺方面体现绿色环保？

【拓展阅读】　4D打印智能材料

4D打印技术是在3D打印技术基础上发展起来的新兴智能增材制造技术，其智能特性

表现在打印产品具备应激自动响应特性方面，可在不同激励条件下实现相应的形态及性质上的演变，是一种"动态"产品。

【拓展视频】

使用在成型前具有良好软弹性的前驱体陶瓷可以进行陶瓷 4D 打印，打印的软弹性产品具有一定的形状记忆特性，施加应力可变形，并具有回弹恢复能力，满足 4D 打印的演变需求，最后待功能确定后再经高温烧结，即可实现到陶瓷的转化，这也开创了新型陶瓷材料 4D 打印的新方法。新型陶瓷材料在未来将会有更多的发展机会与更大的发展空间。

形状记忆聚合物（SMP）材料密度更小、可加工性更强、形状记忆性能更优且成本更加低廉，是目前 4D 打印材料中应用最广泛、种类最繁多的智能材料。依据 SMP 材料的成型及相应激励机制，其主要可以分为热响应 SMP 材料、磁响应 SMP 材料、水响应 SMP 材料及光响应 SMP 材料等多种。其中热响应 SMP 材料最为常见，其依托材料内部不相容的两相结构，即可实现自身形状随温度变化的功能。

本章小结

本章主要介绍了防水材料、绝热材料、吸声隔声材料、装饰材料的分类、性能、特点和应用范围，以及绿色建筑功能材料和智能建筑功能材料的发展趋势。通过本章的学习，学生应了解建筑功能材料在建筑设计和施工中的重要作用，掌握选择适当材料对建筑物性能和功能的影响，了解最新的建筑功能材料技术、趋势和应用前景。通过案例分析、思考与讨论等，培养学生对不同建筑功能材料品种的选择和应用能力，能够根据具体项目需求，综合考虑建筑的功能、美学和可持续性等因素，做出合理的材料选择。

练习题

一、基础题

（一）填空题

1. 与传统的沥青防水卷材相比较，合成高分子防水卷材的优点有_____。
2. 胶黏剂对被粘物体的浸润程度越高，则黏结力越_____。
3. 在塑料的组成中，稳定剂可以提高塑料的_____性能。
4. 与花岗岩相比，大理石质地细腻多呈条纹、斑状花纹，其耐磨性比花岗岩_____。
5. 以封闭孔隙为主的泡沫塑料，在建筑上特别适用于作_____材料。

（二）问答题

1. 何谓绝热材料？影响材料导热系数的因素有哪些？
2. 绝热材料为什么总是轻质的？使用时为什么一定要注意防潮？
3. 何谓吸声材料？影响多孔吸声材料吸声效果的因素有哪些？
4. 常用的装饰材料有哪几类？

5. 建筑功能材料的发展主要表现在哪几个方面？

二、拓展题

1. 在本章所列的装饰材料中，你认为哪些适宜用于外墙装饰？哪些适宜用于内墙装饰？

2. 吸声材料和隔声材料有何不同？为什么不能简单地将一些吸声材料用作隔声材料？

【在线答题】

第10章 高分子材料

📚 知识框架

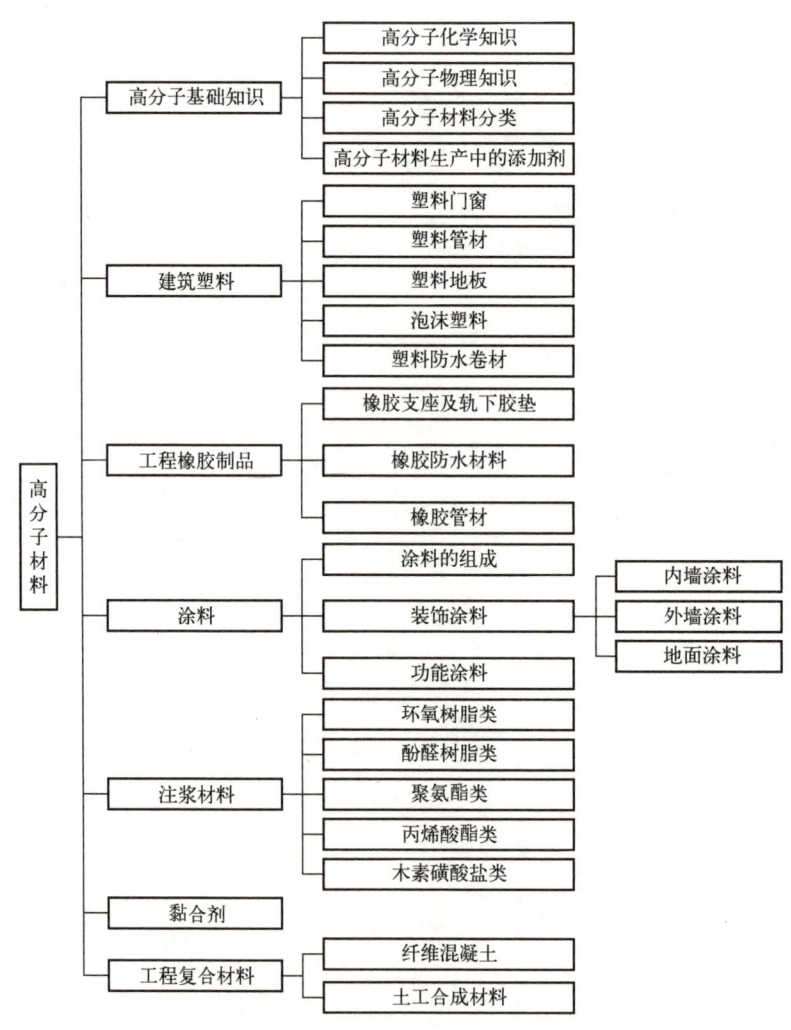

第10章 高分子材料

学习目标

知识目标	了解高分子的结构与性质，熟悉高分子材料的分类、组成
	理解土木工程领域相关的高分子材料性能及应用范围
能力和素质目标	能根据实际工程需要选择相应的高分子材料，能认知高分子材料对社会发展的作用，树立良好的工程伦理观念和责任担当意识

沉管隧道"滴水不漏"的关键

从伶仃洋到大连湾，"智"造海底隧道吹响了中国攀登沉管隧道技术之巅的号角。在湖北襄阳市，国内整体建设规模最大的内河沉管隧道——襄阳东西轴线鱼梁洲段沉管隧道（图10-1），从关键技术、核心装备、特殊材料、智能建造等方面成功实现了沉管建设全产业链国产化，展现了中国向"创造强国"迈进的决心和行动力。

党的二十大报告指出，要加快实施创新驱动发展战略；以国家战略需求为导向，集聚力量进行原创性引领性科技攻关，坚决打赢关键核心技术攻坚战；加强企业主导的产学研深度融合，强化目标导向，提高科技成果转化和产业化水平；强化企业科技创新主体地位，发挥科技型骨干企业引领支撑作用。

中交第二航务工程局有限公司以"七个首创"，成功打造出首条全产业链国产化沉管隧道。沉管隧道"滴水不漏"的关键之一就是橡胶止水带。用于沉管隧道管节连接处的GINA止水带就像水杯的密封圈，利用橡胶材料高弹性和压缩变形的特点使深埋江底的沉管"滴水不漏"，它是保障沉管隧道百年寿命的核心构件。但长期以来，GINA止水带的生产技术只有荷兰、日本等少数国家掌握；中交第二航务工程局有限公司联合株洲时代新材料科技股份有限公司经过两年多的试验，如今已成功研发出国产新型GINA止水带。

图10-1 鱼梁洲段沉管隧道

[来源：https://zhuanlan.zhihu.com/p/450863237（有改动）]

思考：高分子材料有哪些类别？其具有什么特点？在土木工程领域中有哪些应用？

10.1 高分子基础知识

高分子化合物（又称聚合物）是一种通过共价键将多个不同原子（如 C、H、O、N 等）连接而成的相对分子量很大的化合物。一般来说高分子化合物主要具备以下特点：分子量大、分子量分布具有分散性、分子结构复杂等。以常见的聚乙烯为例，它由许多乙烯单体（$CH_2=CH_2$）通过共价键连接而成，聚乙烯分子结构式为 $\{CH_2-CH_2\}_n$，n 为重复单元数也称聚合度，聚乙烯相对分子量在 1 万至 100 万之间。

按物理性质及用途分类，高分子材料一般分为塑料、橡胶、纤维、涂料、黏合剂等几大类。与传统的金属材料、无机非金属材料相比，高分子材料具有密度低、比强度（强度与质量之比）高、抗渗及耐水性好、减振隔热及吸声性好、易于加工成型等优点，在土木工程领域得到了广泛应用。

10.1.1 高分子化学知识

1. 聚合机理

根据单体结构和反应类型，高分子的聚合机理主要分为缩合聚合、加成聚合和开环聚合三大类。主要聚合机理特点及举例见表 10-1。

表 10-1 主要聚合机理特点及举例

聚合机理	主要特征	举例
缩合聚合	单体官能团之间多次缩合形成高分子。反应过程中会伴随水、醇、氨等小分子副产物的生成	对苯二甲酸和乙二醇通过缩合聚合生成聚对苯二甲酸乙二醇酯和水。 $nHO-C(O)-C_6H_4-C(O)-OH + nHOCH_2CH_2OH \longrightarrow$ 对苯二甲酸　　　　乙二醇 $HO-[C(O)-C_6H_4-C(O)-O-CH_2-CH_2-O]_n-H + (2n-1)H_2O$ 聚对苯二甲酸乙二醇酯
加成聚合	烯类单体 π 键断裂后进行加成聚合。加成聚合的单体与结构单元组成相同，仅电子结构有所变化；得到的高分子的相对分子量为单体相对分子量的整数倍	氯乙烯通过加成聚合得到聚氯乙烯。 $CH_2=CH(Cl) \longrightarrow -[CH_2-CH(Cl)]_n$ 氯乙烯　　　　聚氯乙烯

续表

聚合机理	主要特征	举例
开环聚合	环状单体开环聚合成线形聚合物的反应。得到的聚合物和单体的化学组成相同。环的大小、环上的取代基、构成环的元素（碳环或杂环）等对开环的难易都有影响	环氧乙烷通过开环聚合得到聚环氧乙烷。$\mathrm{CH_2\!\!-\!\!CH_2\atop\diagdown O\diagup} \longrightarrow \ \ [\!CH_2\!-\!CH_2\!-\!O]_n$ 环氧乙烷 → 聚环氧乙烷

除上述三类聚合机理外，还有聚加成、消去聚合、异构化聚合等。

2. 聚合方法

聚合方法是指制备聚合物所使用的方法。以相容性为标准，聚合方法分为均相聚合和非均相聚合。根据物料状态，聚合方法可分为本体聚合、溶液聚合、悬浮聚合及乳液聚合（其中前两者属于均相聚合，后两者属于非均相聚合）。聚合方法的主要特点及举例见表10-2。

表10-2 聚合方法的主要特点及举例

聚合方法	主要特点	举例
本体聚合	不加入其他介质，单体在引发剂、热、光或辐射源作用下引发的聚合方法。本体聚合具有体系组成简单、产物纯净的优点。本体聚合体系主要由单体和引发剂或催化剂组成	聚甲基丙烯酸甲酯、聚苯乙烯、聚氯乙烯等均可通过本体聚合方法制备
溶液聚合	单体和引发剂或催化剂溶解在溶剂中进行的聚合方法。由于溶剂的加入，有利于聚合热的导出，同时可以降低聚合体系的黏度。溶液聚合体系主要由单体、引发剂或催化剂、溶剂组成	聚丙烯腈、聚乙酸乙烯酯、聚丁二烯等均可通过溶液聚合方法制备
悬浮聚合	单体以小液滴状态悬浮在分散介质中进行的聚合方法。对于每一个单体小液滴而言，相当于一个小型的本体聚合。悬浮聚合既有本体聚合反应速率快的特点，又能快速导出反应热。悬浮聚合体系主要由单体、引发剂、悬浮剂及分散介质组成	聚氯乙烯、聚苯乙烯、聚丙烯酰胺等均可通过悬浮聚合方法制备
乳液聚合	单体分散于水中，并在乳化剂的作用下分散成乳液状态再进行的聚合方法。乳液聚合具有聚合速率快、分子量高、成本较低的优点。但是由于乳化剂的引入，所生成的产物纯度偏低。乳液聚合体系由单体、引发剂、乳化剂及分散介质组成	苯乙烯-丁二烯共聚物、丁二烯-丙烯腈共聚物、聚氯丁烯等均可通过乳液聚合方法制备

3. 相对分子量及分布

相对分子量是表征高分子大小的一个重要指标，也是高分子链结构的重要组成部分。高分子的相对分子量具备以下两个特点：相对分子量大，通常可达到$10^3 \sim 10^7$；分子量不均一，具有多分散性，可以用分布曲线或分布指数来描述分子量的分布情况。

相对分子量的大小显著影响着高分子材料的力学性能、加工性能。当相对分子量过低时，材料的力学性能较差；随着相对分子量的增大，材料的力学性能逐渐变好；但当到达临界分子量后，材料的力学性能无明显变化。此外，随着相对分子量的增大，高分子熔体黏度增加、加工流动性下降。

10.1.2 高分子物理知识

1. 高分子结构

1）高分子结构的组成

高分子结构通常可分为高分子链结构和高分子凝聚态结构两部分。

（1）高分子链结构是指单个高分子链的原子或原子团的几何排列情况，决定了高分子材料的基本性能特点，其主要分为近程结构和远程结构。近程结构主要包括结构单元化学组成、单个分子链的交联与支化、单元主体空间排列；远程结构主要包括高分子链的相对分子量及分布、高分子链的构象及柔顺性。

（2）高分子凝聚态结构是指许多高分子链凝聚所形成的高分子材料的内部结构，即分子之间的结构，其与高分子材料的性能有直接关系，包括高分子材料的晶态、非晶态、液晶态和取向态结构。高分子凝聚态结构模型如图10-2所示。

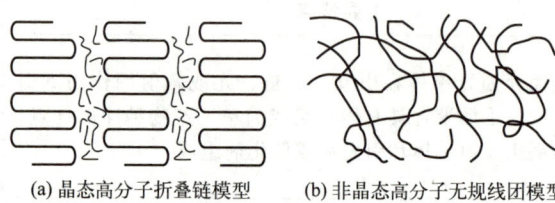

(a) 晶态高分子折叠链模型　　(b) 非晶态高分子无规线团模型

图10-2　高分子凝聚态结构模型

2）高分子结构的基本模型

线形、支链形和交联形是高分子结构的三种基本模型（图10-3），每种模型都有其独特的微观结构和宏观性能。

（1）线形高分子。线形高分子是指高分子链呈直链状，没有分支，每个重复单元通过单一的化学键相连的高分子。线形高分子具有良好的溶胀性和热塑性，因为它们可以在适当的溶剂中溶解，并在加热时熔融，冷却后固化成形。例如，聚乙烯和聚丙烯等就属于线形高分子。

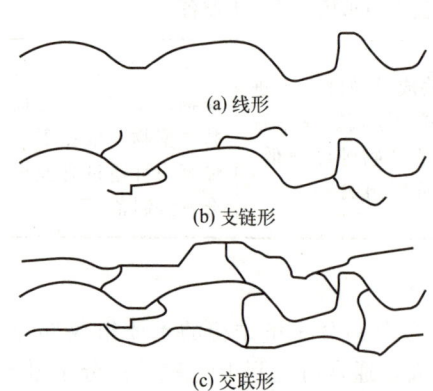

(a) 线形

(b) 支链形

(c) 交联形

图10-3　线形、支链形和交联形高分子模型

（2）支链形高分子。支链形高分子则包含主链和若干个侧链，侧链可以是短的也可以是长的，与主链通过单个或多个化学键相连。支链的存在影响了高分子的结晶性，使得它们通常较难结晶，但也可能增加其柔韧性和溶解性。例如，支链形聚丙烯比线形聚丙烯更难结晶，但具有更好的加工性能。

（3）交联形高分子。交联形高分子是由多个线形或支链形高分子通过交联键连接在一起形成的三维网络结构。交联可以是物理交联（如氢键、范德华力）或化学交联（如共价键）。交联程度的不同决定了材料的性质差异。交联程度较低的高分子在加热时可以软化但不熔融，而交联程度较高的高分子则成为不溶不熔的固体，表现出优异的机械强度和耐久性。

2. 分子运动及转变

高分子链结构是决定分子运动的内在条件，而性能是分子运动的宏观表现，了解分子运动的规律可以从本质上解释高分子复杂结构与性能之间的关系。其中，温度对高分子材料分子运动的影响显著，根据温度对高分子形变的影响，高分子材料可分为三种状态：玻璃态、高弹态和黏流态。当温度较低时，高分子材料又硬又脆，难以变形且容易断裂，此时高分子材料处于玻璃态。当温度超过某一临界温度时，高分子材料变得柔软、富有弹性，此时转变为高弹态，这时的临界温度称为玻璃化转变温度（T_g）。如果温度继续升高，高分子材料就会渐渐熔化，变为黏稠的流体，这个状态叫黏流态，相应的转变温度称为黏流态转变温度（T_f）。玻璃化转变温度是非晶态热塑性塑料（如聚苯乙烯、聚甲基丙烯酸甲酯等）的使用温度上限，玻璃化转变温度和黏流态转变温度之间为橡胶或热塑性弹性体（如天然橡胶、顺丁橡胶、热塑性聚氨酯等）的使用温度区间。黏流态转变温度以上，高分子材料即进入黏流态对应高分子材料的成型加工温度。非晶态高分子材料的温度-形变曲线如图 10-4 所示。

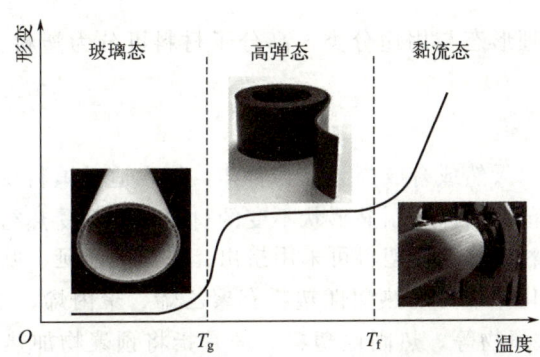

图 10-4 非晶态高分子材料的温度-形变曲线

3. 高分子材料的黏弹性

高分子材料同时具有固体的弹性及液体的黏性两种特征，这种性质称为高分子材料的黏弹性。高分子材料的力学性质随时间变化的现象称为力学松弛，最基本的力学松弛现象包括蠕变、应用松弛、滞后和力学损耗等。以最常见的蠕变和应力松弛为例，蠕变是指在一定温度和较小的恒定应力下，材料应变随时间的增加而增大的现象；应力松弛就是在恒定温度和形变保持不变的情况下，聚合物内部的应力随时间增加而逐渐衰弱的现象。

4. 高分子材料的力学性能

在较大外力的持续作用下或者强大外力的短期作用下，高分子材料会产生较大的形变直至宏观破坏或断裂，高分子材料对这种破坏或断裂的抵抗能力称为强度。应力-应变试验是一种使用广泛的力学性能测试试验。以半结晶聚合物的应力-应变曲线为例，该曲线可分为两部分：Y 点（材料的屈服点）之前为弹性区域，材料呈现出弹性行为，除去外力材料可以恢复原状；Y 点之后为塑性区域，材料呈现出塑性行为，此时除去外力，材料不能恢复原状，这种塑性形变只有在玻璃化转变温度（T_g）以上将材料进行退火处理后才能恢复。材料的断裂方式与其形变性质有着密切的联系。脆性断裂是缺陷快速扩展的结果，而韧性断裂是屈服后的断裂。不同聚合物的应力-应变曲线如图 10-5 所示。

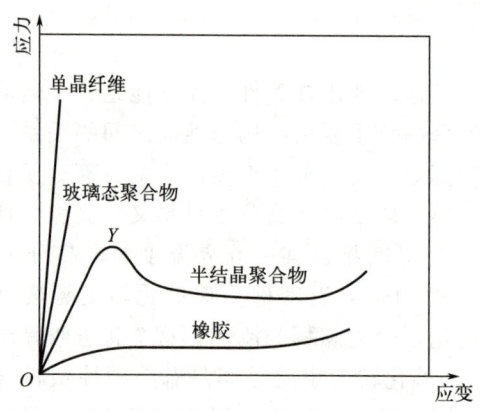

图 10-5　不同聚合物的应力-应变曲线

10.1.3　高分子材料分类

按高分子材料的物理形态与用途分类，高分子材料可分为塑料、橡胶、纤维、涂料、黏结剂等。

1. 塑料

常用的塑料主要是以天然或合成高分子为基体，加入适量填料及添加剂，在一定条件下成型，且在使用温度范围内保持制品形状不变的材料。按其受热行为分类，塑料可分为热塑性塑料和热固性塑料。热塑性塑料可采用挤出、注塑、压延、吹塑等工艺成型，其成型过程基本上是物理变化。常见的热塑性塑料有聚乙烯、聚丙烯、聚苯乙烯、丙烯腈-丁二烯-苯乙烯（ABS）共聚物等。热固性塑料一般是指将预聚物加热软化后固化形成交联大分子结构的塑料类型，其固化过程含化学变化，不能重复塑化，常用浸渍、模压、浇筑等工艺成型，常见的热固性塑料有环氧树脂、酚醛树脂、不饱和聚酯树脂等。按用途和功能不同分类，塑料还可分为工程塑料和通用塑料。工程塑料是指可作为结构材料使用，具有优异的力学性能和良好的尺寸稳定性的塑料。通用塑料是指产量大、价格低、主要作为非结构材料使用的塑料。

2. 橡胶

橡胶是指具有柔性分子链，在外力作用下可产生较大形变、外力撤去后可迅速恢复原状，在使用条件下具有高弹性的一种高分子材料。利用硫化剂将柔顺的线形分子交联为体形分子，可提高橡胶制品的强度、变形性、耐久性及抗剪切性能。常用的橡胶均为硫化橡胶。按性能和用途不同分类，橡胶可分为通用合成橡胶（如丁苯橡胶等）和特种合成橡胶（如丁腈橡胶等）。

3. 纤维

纤维是指具有较大长径比且有一定柔韧性的细长物质。高分子纤维一般含有极性基团，这些基团可增加次价力，其弹性模量和抗张拉强度较高、不易变形。纤维一般可分为天然纤维（如棉花、石棉等）和化学纤维（如尼龙、涤纶、氨纶等）。

4. 涂料

涂料是指涂布在物体表面且能形成具有保护及装饰作用的膜层材料。涂料是多组分体系，主要包含成膜剂、颜料和溶剂等。常见的涂料有合成树脂乳液涂料等。

5. 黏合剂

黏合剂也称胶黏剂，是一种能把各种材料紧密结合在一起的物质。一般来说，相对分子质量不大的高分子材料都可用作黏合剂。例如，用作黏合剂的热塑性树脂有聚乙烯醇、聚乙酸乙烯酯等；作为黏合剂的热固性树脂有环氧树脂、酚醛树脂等；作为黏合剂的橡胶有氯丁橡胶、丁腈橡胶等。

10.1.4 高分子材料生产中的添加剂

在高分子材料生产过程中出于增量、增强、降低成本或改善材料性能的目的，会在聚合物基体中加入相应的添加剂，一般可分为填充材料、增强材料和助剂。

(1) 填充材料。对聚合物基体起增量及降低成本作用的固体粉粒状物质称为填充材料，简称填料。常见的填料有高岭土、硅灰石、二氧化硅、蒙脱土、碳酸钙、炭黑等。

(2) 增强材料。对聚合物基体起到增强作用的纤维（短/长）状物质称为增强材料。常见的增强材料有玻璃纤维、碳纤维、芳纶纤维等。

(3) 助剂。根据高分子材料的性能要求还需加入相应的助剂。以下为几种常见的助剂。

① 增塑剂。增塑剂一般为与聚合物相容性较好、沸点较高的低分子油状物。增塑剂均匀分布在大分子链之间，可降低分子间的相互作用力，从而降低聚合物的玻璃化转变温度和黏流态转变温度，可有效改善制品的低温柔性和熔体加工流动性。常见的增塑剂有邻苯二甲酸酯、磷酸酯、脂肪族二元酸酯等。

② 稳定剂。高分子材料在自然环境中会逐渐老化，为了延长其使用寿命，需加入适量稳定剂。常见的稳定剂有抗氧剂、紫外线吸收剂、热稳定剂等。

③ 润滑剂。为了防止制品在加工过程中发生粘模现象，一般需要加入润滑剂。润滑剂主要分为内润滑剂和外润滑剂两类。内润滑剂与聚合物有良好的相容性，能降低聚合物分子间的内聚力，从而提高聚合物熔体的流动性，并降低因内摩擦而导致的升温。外润滑剂不溶于聚合物，其主要功能是在聚合物与模具界面处形成润滑层，使制品能顺利脱模。常用的内润滑剂有低相对分子质量的聚乙烯，常用的外润滑剂有硬脂酸及其金属盐类。

④ 阻燃剂。阻燃剂是一种用来提升高分子材料阻燃性的助剂，能够避免高分子材料燃烧或延缓高分子材料的燃烧速度。阻燃剂常被添加到电线电缆、建筑隔热材料及墙体材料等建筑材料中。常见的阻燃剂有十溴二苯乙烷、聚磷酸铵、焦磷酸哌嗪等。

⑤ 着色剂。着色剂是为了获得所需的色彩和光泽、改善制品的装饰性而添加的一类助剂。着色剂应与聚合物基体具有较好的相容性，并在加工成型和使用过程中保持稳定。常用的着色剂主要分为有机颜料和无机颜料。

10.2 建筑塑料

用于建筑工程的塑料统称为建筑塑料，建筑塑料具有质轻、电绝缘、耐化学腐蚀、导热系数低、易加工成型等优点。以塑料为基体制作的建筑材料，可以有效提高建筑物的品质。目前，建筑塑料主要应用于门窗、管材、地板、泡沫及防水卷材等领域。

10.2.1 塑料门窗

塑料门窗是化学建材中重要的种类之一，具有良好的密封、隔热、隔声、节能和美观等优点。

1. 硬质聚氯乙烯（PVC-U）塑料门窗

目前，塑料门窗主要是指由硬质聚氯乙烯（PVC-U）经挤出成型、加工组装而制得的门窗制品。聚氯乙烯（PVC）产量大（仅次于聚乙烯和聚丙烯）、价格低且具有一定阻燃性，可安全使用。但PVC-U型材的耐热性能和尺寸稳定性并不太理想，为增强PVC-U塑料门窗的刚性，常在门窗框内嵌入金属型材，而成为复合塑料门窗（又称塑钢门窗）。与其他门窗相比，PVC-U塑料门窗具有密封、隔热、隔声性能好，耐腐蚀性强，防火安全系数较高，装饰性好，维护保养方便等优点，在建筑工程中应用广泛。

2. 其他树脂原料塑料门窗

除PVC-U塑料门窗外，以其他树脂作为原料的塑料门窗产品很少。目前，由玻璃纤维增强的酚醛树脂塑料门窗、以木粉为填料的聚丙烯塑料窗、改性聚丙烯塑料窗、玻璃钢门窗等有一定的开发和应用。

10.2.2 塑料管材

塑料管材是以高分子材料为原料，采用挤出、注塑等加工成型工艺制成的各种管道和管件。塑料管材在建筑工程、市政工程及工业等领域用途十分广泛。

与金属管材相比，塑料管材具有质轻、安装及维修方便、不生锈、表面光滑、流体阻力小、不易积垢、耐腐蚀、韧性好、使用寿命长、品种多样等优点，可满足诸多行业的使用需求。常见的塑料管材见表10-3。

表10-3 常见的塑料管材

管材种类	主要特点及应用	图例
硬质聚氯乙烯（PVC-U）管	PVC-U管是指未添加或添加少量增塑剂的产品，它通常分为三种类型：Ⅰ型为普通PVC-U管，Ⅱ型为改性PVC-U管，Ⅲ型为具有良好耐热性和抗冲击性的氯化PVC管。PVC-U管可用于建筑、桥梁排水管道等	

续表

管材种类	主要特点及应用	图例
聚乙烯（PE）管	PE 管可分为高密度聚乙烯（HDPE）管和低密度聚乙烯（LDPE）管。与 PVC 管相比，PE 管无毒、韧性好、耐腐蚀、低温性能较好，用作给水管道时冬季不易冻裂。PE 管可用于工业与民用建筑的给排水管道、天然气管道、工业耐腐蚀管道等	
聚丙烯（PP）管	PP 管的刚度、强度高，耐化学腐蚀性好，耐热性优于 PVC 管、PE 管；在 100～120℃的温度下，仍能保持一定的强度，适用于热水管。改性无规共聚丙烯（PP-R）管的强度、耐热性等各项性能更佳。PP 管可用于建筑给水管道、地暖管道等	
丙烯腈-丁二烯-苯乙烯（ABS）管	ABS 管具有优良的韧性、坚固性和耐腐蚀性，特殊牌号的 ABS 管还具有较高的耐热性。ABS 管可用于卫生、洁具系统的排水、排污管道等	
铝塑复合管	铝塑复合管为多层复合材料，其中间层骨架是薄壁铝管，内外层是塑料（PE），其综合性能优于其他塑料管材。铝塑复合管可用于工业与民用建筑中的冷热水管路系统、室内燃气管道系统等	

10.2.3 塑料地板

塑料地板是指合成树脂（如 PVC 等）加入适量填料、助剂及颜料，经混料、热压而成的用于地面覆盖的材料。

塑料地板与传统的地面材料相比，具有质轻、美观、耐腐蚀、防潮、隔声、隔热、有弹性、施工简便且易清洗保养等特点，从而被广泛使用。

塑料地板按其使用状态可分为块材（地板砖）和卷材（地板革）两种；按其材质可分为硬质、半硬质和软质三种，其中硬质地板多为块材，软质地板多为卷材。塑料地板砖在使用过程中如出现破损可进行局部更换而不影响整体外观；但其接缝较多，施工速度较慢。塑料地板革铺设速度快、接缝少，较厚的卷材不用黏合剂便可直接铺设在基层上；但其局部破损修复不便，全部更换又浪费大量材料。

塑料地板按其基体原料可分为 PVC、PE 和 PP 等数种（质量好的表面有聚氨酯耐磨层）。其中 PVC 地板具有较好的阻燃性和自熄性，可以通过改变增塑剂和填料的种类及添加量来调节制品性能，因此应用广泛。

10.2.4 泡沫塑料

泡沫塑料是将大量气体微孔分散于固体塑料制品中而形成的一类高分子材料，具有质轻、隔热、吸声、减振等特性,且介电性能优于基体树脂,用途很广。

大部分塑料均可制成泡沫塑料,发泡成型已成为塑料加工中的一个重要领域。泡沫塑料按其柔韧性可分为软质泡沫塑料、硬质泡沫塑料和介于两者之间的半硬质泡沫塑料。硬质泡沫塑料可用作热绝缘材料和隔声材料、管道和容器等的保温材料、漂浮材料及减振包装材料等;软质泡沫塑料主要用作衬垫材料、泡沫人造革等;半硬质泡沫塑料可用作保温隔热包装,如冰淇淋杯、快餐容器及保温鱼箱等。常用的泡沫塑料基体有聚氨酯、聚乙烯、聚苯乙烯、酚醛等。常用泡沫塑料见表 10-4。

表 10-4 常用泡沫塑料

品种	主要特点及应用领域
硬质聚氨酯泡沫塑料（PUR）	使用温度高,一般可达 100℃。PUR 中发泡剂会因扩散作用不断与环境中的空气进行置换,致使导热系数随时间而逐渐增大,为克服这一缺点可采用压型钢板等不透气材料做面层将其密封。现场喷涂 PUR 施工便捷、使用温度高、压缩性能高,适用于屋面保温;用于管道（尤其是地下直埋管道）和屋面保温时应采取可靠的防水、防潮处理措施;由于其使用温度较高、发烟温度低、遇火时会产生大量浓烟与有毒气体,且吸水率低,因此多用于供暖管道保温,不宜用作内保温材料且不能兼作防水材料
聚乙烯泡沫塑料（PE）	几乎不吸水、不透水蒸气,在潮湿环境下长期使用不受潮,因而导热系数能够保持不变（EPS、PUR、PF 等无法与之相比）。制品为软质泡沫塑料,具有良好的柔韧性,但压缩性能不佳,在受压状态下使用时存在压缩蠕变。其适用于低温管道和空调风管
模塑聚苯乙烯泡沫塑料（EPS）	质轻且具有一定的抗压、抗拉强度,靠自身强度能支承抹面保护层,不需要拉接件,可避免形成热桥。密度为 15~22kg/m³ 的 EPS 板适合用作外保温材料。用于冷库、空调等低温管道保温时,必须在 EPS 外表面设置隔汽层
挤塑聚苯乙烯泡沫塑料（XPS）	与 EPS 相比,具有密度大、抗压缩蠕变性能较好、导热系数小、水蒸气渗透系数小、吸水率低等特点。在长期高湿或浸水环境下,XPS 仍能保持其优良的保温性能,能在 70% 相对湿度下两年后热阻保留率仍在 80% 以上。其适用于倒置式屋面和空调风管
酚醛泡沫塑料（PF）	除压缩性能偏低外,PF 的其他各项性能和价格与 PUR 相当,但耐温性和防火性能优于 PUR,长期使用温度可达 200℃。其复合材料大量应用于交通载具、隧道、油井、矿山等防火要求严格的领域,也可用作轻质保温彩钢板、房屋隔热材料、中央空调系统管道、石油化工管道等

10.2.5 塑料防水卷材

高分子防水材料是土建工程防止水透过建筑物结构层而使用的一种建筑材料,是不可或缺的主要建筑材料之一。

高分子防水材料分为防水卷材（塑料、橡胶两类）、防水密封材料和防水涂料三大类。其中,合成高分子防水卷材是以合成橡胶、合成树脂或它们两者的共混体为基料,加入适量的化学助剂和填料等,采用橡胶或塑料的加工工艺所制成的可卷曲片状防水材料。按合成高分子材料种类,合成高分子防水卷材可分为橡胶类、塑料类和橡塑共混类。合成高分子防水卷材具有均质性好，抗拉强度、断裂伸长率、抗撕裂强度高，耐热性、低温柔性好，耐腐蚀性好，施工技术要求高，后期收缩大等特点。

本部分主要介绍塑料防水卷材，橡胶防水卷材、防水密封材料和防水涂料分别在橡胶制品和涂料部分进行介绍。常用塑料防水卷材见表 10-5。

表 10-5　常用塑料防水卷材

品种	主要特点及应用领域
聚氯乙烯（PVC）防水卷材	PVC 自身刚性较大，软化剂或增塑剂的加入增大了分子间距，起到了稀释、润滑作用，提高了卷材的变形能力和低温柔性，且有利于卷材生产。PVC 防水卷材具有抗拉强度较高、伸长率较大、耐高低温性及热熔性较好等特点，适用于屋面、地下室，以及水坝、水渠等工程防水
氯化聚乙烯（CPE）防水卷材	含氯量为 30%~40% 的氯化聚乙烯，除具有热塑性树脂的性质外，还具有橡胶的弹性、耐水性、低温柔性、拉伸强度、耐热老化性、耐化学侵蚀性好等特点，适用于屋面、地下室、隧道及大堤堤面的防水
聚乙烯（PE）防水卷材	具有无毒无味、防水性能良好、柔韧性好、抗拉和抗穿孔能力较强、耐老化性好等优点，适用于屋面、地下室等防水工程，特别适用于严寒地区的防水工程
乙烯-乙酸乙烯酯共聚物（EVA）防水卷材	具有优良的防渗性、抗穿刺性、阻隔性、低温柔性、耐老化性、耐化学腐蚀性，并可在低温下施工，适用于隧道、地铁、水利、公路、排水工程等多场景的防水、防渗工程

10.3　工程橡胶制品

橡胶材料具有弹性高、压缩变形大、缓冲减振性好等优点，在土木工程领域应用广泛。工程橡胶制品是指应用于建筑、道路、桥梁、铁路、地铁、涵洞等场景，起减振、降噪、防护等作用的橡胶制品，大致包括橡胶支座及轨下胶垫、橡胶防水材料、橡胶管材等。

10.3.1　橡胶支座及轨下胶垫

橡胶支座是指用以支承容器或设备，并使其固定于一定位置的支承部件，其还要承受操作时的振动与地震荷载。轨下胶垫是指用橡胶或塑料制成的、设在钢轨和混凝土轨下部件之间起绝缘减振作用的垫板。

常见的橡胶支座主要有板式支座、盆式支座、球形支座等。其中，板式支座按形状可划分为矩形、圆形两种产品，按是否能够提供水平位移又可划分为聚四氟乙烯滑板橡胶支座和普通板式支座。常见橡胶支座及轨下胶垫见表 10-6。

表 10-6 常见橡胶支座及轨下胶垫

支座种类	主要特征	图例
板式支座	普通板式支座是由多层橡胶与至少两层相同厚度的薄钢板镶嵌、黏合、硫化而成的一种桥梁支座产品。 矩形（圆形）普通板式支座有足够的竖向刚度以承受垂直荷载，且能将上部构造的压力可靠地传递给墩台，有良好的弹性以适应梁端转动，有较大的剪切变形以满足上部构造的水平位移。其在桥梁建筑、水电工程、房屋抗震设施上已广泛应用；与钢支座相比，其具有构造简单、安装方便、节约钢材、价格较低、养护简便等优点	
	聚四氟乙烯滑板橡胶支座是于普通板式支座上粘接一层厚 2~3mm 的聚四氟乙烯板而成的。除具有普通板式支座的竖向刚度与弹性变形等特性外，因四氟乙烯与梁底不锈钢板间的低摩擦系数，可使桥梁上部构造的水平位移不受限制，所以可用作大跨度桥梁、简支梁连续板桥和多跨连续梁桥的活动支座，或用作连续梁顶推、T 形梁横移和大型设备滑移时的滑块	
盆式支座	盆式支座的结构原理是安置于密封钢盆中的橡胶板，在三向受力的情况下产生反力，承受桥梁的垂直荷载；同时利用橡胶的弹性，满足梁端的转动，通过焊接在上支座板上的不锈钢板与聚四氟乙烯的自由滑移，来完成桥梁上部构造的水平位移。盆式支座承载能力大、变形小、水平位移量大、转动灵活，并具有良好的缓冲性能，是建筑连续式桥梁的较好支座。此外，由于其具有质量轻、结构简单紧凑、建筑高度低、加工制造方便等优点，因此也适宜大跨度桥梁使用	
球式支座	球式支座由上支座板、下支座板、球形板、聚四氟乙烯滑板及橡胶挡圈组成，它将盆式支座中的橡胶板改为球面聚四氟乙烯板而得名。由于球式支座中间钢板及底盘均改为球面，因此降低了摩擦系数。其位移由上支座板与球面聚四氟乙烯板之间的滑动来实现，满足支座转角的需要。通过在上支座板上设置导向槽或导向环来约束支座的单向或多向位移，可以制成球式单向活动支座、双向活动支座和固定支座	
轨下胶垫	轨下胶垫是重载线路扣件系统的组成部分，轨下胶垫应用于钢轨下方，主要作用是缓冲车辆通过路轨时产生的高速冲击振动，保护路基和枕木，并对铁路信号系统进行电绝缘	

10.3.2 橡胶防水材料

【拓展视频】

橡胶防水材料是一种由橡胶制成的防水材料，主要包括橡胶止水带、橡胶密封垫、橡胶防水卷材等。

1. 橡胶止水带及密封垫

橡胶止水带是以天然橡胶或合成橡胶为基体，掺入各种助剂及填料，经塑炼、混炼、压制成型、硫化等工序制成的止水材料。根据使用情况，橡胶止水带可分为背贴式橡胶止水带和埋式橡胶止水带。该类止水材料具有良好的弹性、耐磨性、耐老化性和抗撕裂性，适应变形能力强、防水性能好，使用温度范围为－45～60℃；当温度超过70℃及受强烈氧化作用或受油类等有机溶剂侵蚀时，均不得使用橡胶止水带。

橡胶密封垫是一种由橡胶材料制成的用于密封的垫片。橡胶密封垫具有多种性能特点，包括良好的密封性能、较高的耐磨性、良好的弹性和韧性。然而，某些橡胶密封垫对温度和化学物质敏感，容易老化，且成本较高。这些性能特点使得橡胶密封垫在多种应用场景中表现出色，但也需要在选择和使用时注意其局限性。

常见橡胶止水带及密封垫制品见表10－7。

表10－7 常见橡胶止水带及密封垫制品

制品类别	主要特征	图例
背贴式橡胶止水带	通常由橡胶或塑料（如PVC）制成，主要被安装在地下构筑物的混凝土变形缝或沉降缝的壁板外侧的迎水面位置。该止水带通过自身的弹性结构和材料特性来适应混凝土的弹性变形，从而达到防水和密封的目的	
埋式橡胶止水带	利用橡胶的高弹性和压缩变形性的特点，在各种荷载下产生弹性变形，从而起到有效紧固密封，防止建筑漏水、渗水及减振缓冲的作用。该止水带主要用于混凝土变形缝、伸缩缝的防水和密封	
金属板橡胶止水带	是工程中的常用材料，可采用钢板、铜板、合金钢板等金属材料制成。该止水带主要用于钢筋混凝土结构、水坝及其他大型工程的施工缝防水	
GINA止水带	在混凝土浇筑过程中部分或全部浇埋进混凝土中，待上一段混凝土浇筑完成，施工缝界面硬化并表干后，清除界面浮渣，在浇筑混凝土以前要使其在界面部位保持平展，接头部分粘接紧固，止水带接头必须粘接良好。该止水带可用于沉管隧道管节接头的防水和密封	
OMEGA止水带	利用橡胶的高弹性、压缩变形性及制品结构形式在各种荷载作用下产生的弹性变形，从而起到紧固密封作用，有效地防止建筑构件的漏水、渗水，并起到减振缓冲的作用。该止水带主要用于沉管隧道管节及节段接头的防水，也可用于其他工程结构接缝的二次防水	
遇水膨胀橡胶止水条	一种独特的橡胶新产品，是有遇水膨胀性能的腻子型止水条和制品型止水条的统称。该种止水条在遇水后能产生2～3倍的膨胀变形，并充满接缝的所有不规则表面、空穴及间隙，同时产生巨大的接触压力，可以彻底防止渗漏，主要用于盾构隧道接缝的防水和密封	

续表

制品类别	主要特征	图例
三元乙丙橡胶密封垫	三元乙丙橡胶是乙烯、丙烯和少量第三单体非共轭二烯烃的共聚物，具有良好的弹性、抗压缩变形性、耐气候老化性、耐臭氧性、耐化学腐蚀性，以及较宽的使用温度范围。该密封垫主要用于盾构法、顶管法隧道施工的拼装式隧道管片接缝的防水和密封，也可用于其他给排水管道接头的防水和密封	

2. 橡胶防水卷材

橡胶防水卷材是指用于粘贴在屋顶、地下，以防止水渗漏入室内或建筑体内，具有较大面积的片状橡胶产品。常用橡胶防水卷材见表10-8。

表10-8　常用橡胶防水卷材

品种	主要特点及应用领域
三元乙丙橡胶防水卷材	基体中加入交联剂、软化剂、填料等，经密炼、压延或挤出、硫化等工序制成的高弹性防水卷材。该防水卷材具有质轻、耐臭氧性及耐老化性较好、抗拉强度高、抗裂性强、耐酸碱腐蚀性好、使用温度范围宽等特点，可用作屋面、地下室和蓄水池等工程的防水材料
氯磺化聚乙烯橡胶防水卷材	基体中加入适量软化剂、交联剂、填料、着色剂等，经密炼、压延或挤出、硫化等工序制成。该防水卷材耐臭氧、耐老化、耐酸碱等性能突出，且抗拉强度高、耐高低温性好、断裂伸长率高，对防水基层伸缩和开裂变形的适应性强，适用于对有腐蚀介质影响的部位做防水与防腐处理，也可用于其他防水工程
氯丁橡胶防水卷材	基体中加入适量的交联剂、填料等，经密炼、压延或挤出、硫化等工序制成。该防水卷材抗拉强度及断裂伸长率高，耐油性、耐臭氧性及耐候性良好。与三元乙丙橡胶防水卷材相比，该防水卷材除耐低温性能稍差外，其他性能基本相同
塑料-橡胶共混防水卷材	为进一步改善防水卷材的性能，可将热塑性塑料与橡胶进行共混制成塑料-橡胶共混防水卷材。该防水卷材既保留了热塑性塑料的耐候性和高强度，又保留了橡胶良好的低温柔性和伸长率。该防水卷材主要包括聚乙烯-三元乙丙橡胶共混防水卷材、氯化聚乙烯-橡胶共混防水卷材等，适用于有保护层的屋面、地下室等防水工程

【拓展视频】

【工程案例10-1】　GINA止水带用于沉管隧道防水

概况：2017年3月7日，万众瞩目的港珠澳大桥海底隧道完成了最后一个管节的安装，这意味着这个"世纪工程"打赢了沉管安装的"收官之战"。这条5.6km的海底隧道，在攻破重重技术难关之后，保证了40m水压下的"滴水不漏"，打破了世界纪录。那么拼接的沉管隧道是如何防水的？

原因分析：沉管隧道一般是由一节节的钢筋混凝土管子拼接起来的。港珠澳大桥海底隧道是先用钢筋把8个22.5m长的钢筋混凝土管的节段拼接成180m的一个整体管节，再拖到海面在预定的沉放位置使其下沉，并最终将33个管节在海底连成一个整体。需要补充说明的是，港珠澳大桥海底隧道首末两端的管节只有6个节段，隧道两端是两个人工填筑的小岛，海上大桥到海底隧道的接驳是在小岛上完成的。

工程师在两个节段"硬碰硬"的地方垫上一层橡胶，即止水带。为保证密封效果，工程中用了很多预应力钢筋把各节段串起来，然后把钢筋张拉得很紧，这样相邻两个节段就挤在了一起，它们之间的橡胶也压得很紧。这里使用的大尺寸止水带就是GINA止水带（图10-6）。GINA止水带的体积大，压缩后变形也很大（图10-7），橡胶高弹性和压缩变形性的特点让深埋海底的沉管"滴水不漏"，它是保证沉管隧道百年寿命的核心构件。

图10-6　GINA止水带的安装示意图

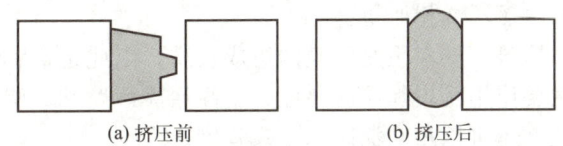

图10-7　GINA止水带的防水原理示意图

［来源：https：//zhuanlan.zhihu.com/p/29536788（有改动）］

10.3.3　橡胶管材

橡胶管材是以橡胶为主要原料加工而成的用来输送气体、液体、浆状物料或粒状物料的管状橡胶制品。

橡胶管材主要可分为天然橡胶管、合成橡胶管和硅橡胶管三大类。

（1）天然橡胶管：材料基体为天然橡胶，具有较好的弹性和拉伸性，耐磨损、耐压缩变形、耐寒性较好，但耐热性和耐油性较差，广泛应用于农业、石化、医疗器械等领域。

（2）合成橡胶管：材料基体为合成橡胶，如丁腈橡胶、丁苯橡胶、氯丁橡胶、氟橡胶等，具有优异的耐油、耐酸、耐碱、耐热、耐腐蚀和耐老化等性能，广泛应用于汽车制造、建筑工程、食品加工、制药等领域。

（3）硅橡胶管：材料基体为硅橡胶，具有优异的耐高温、耐低温、耐氧化、耐辐射、电绝缘等性能，广泛用于航空、航天、电器、医疗等领域。

10.4 涂料

涂料是指涂敷于物体表面，且与物体表面黏结牢固，并能形成连续性薄膜，对物体起到装饰、保护或使物体具有某些功能的材料。涂料在物体表面干结形成的薄膜称为涂膜（涂层）。

涂料是应用最广泛的建筑材料之一，其色彩多样、品种繁多，按功能可以分为装饰涂料和功能涂料。装饰涂料主要起到装饰和保护作用，如外墙涂料、内墙涂料、地面涂料等；功能涂料一般具有特殊功能，如防水涂料、防火涂料、防霉涂料、防静电涂料、防腐蚀涂料等。

10.4.1 涂料的组成

涂料主要由基料、填料、颜料、助剂及溶剂组成。

（1）基料。基料是涂料中的主要成膜物质，其在涂刷施工后与物体表面紧密结合成膜，并起到黏结填料和颜料的作用。基料的性质对涂料的物理和化学性质起着决定性作用。建筑涂料的基料以合成树脂为主，常用的合成树脂有乙酸乙烯树脂、环氧树脂、丙烯酸树脂、聚乙烯醇树脂、氯乙烯树脂等。

（2）填料、颜料。填料、颜料也是涂膜的组成物质，因此也被称为次要成膜物质，多为天然矿物。填料的主要作用是增加涂膜厚度、提高涂膜耐磨性、降低涂料成本等。颜料不仅能改善涂膜的性能，还可以提高涂膜的美观程度。

（3）助剂。为提高涂料的综合性能、赋予涂膜某些功能，常常需要加入助剂。各种助剂对涂料的生产、储存、施工及成膜后的各项性能均有重要影响。提高涂料固化前性能的助剂主要有分散剂、乳化剂、增稠剂、消泡剂、防冻剂等；改善涂料固化后性能的助剂主要有增塑剂、抗氧剂、紫外线吸收剂等。此外，根据具体应用需求还可加入催干剂、防霉剂、阻燃剂等。

（4）溶剂。溶剂作为分散介质可以溶解基料，并在涂料逐渐干燥的过程中挥发，最终在形成的涂膜中无残留，对涂料的施工性能和成膜性能有重要影响。常见的有机溶剂有二甲苯、乙酸乙酯、乙醇、丙酮、正丁醇等；水是水性涂料的溶剂。

10.4.2 装饰涂料

装饰涂料主要分为内墙涂料、外墙涂料和地面涂料。内墙涂料的主要功能是装饰和保护室内墙面，使人们的居住环境美观整洁。外墙涂料的主要功能是装饰和保护建筑物外墙，延长其使用寿命，并起到美化城市环境的作用。地面涂料的主要功能是装饰和保护建筑物室内地面，使地面整洁美观。常见的装饰涂料见表10-9。

表 10-9 常用的装饰涂料

类别	品种	主要特点
内墙涂料	水溶性涂料	将聚乙烯醇溶解在水中,再加入颜料等其他助剂而成。该类涂料具有无毒、无臭等优点。由于其成膜物是水溶性的,因此用湿布擦洗后会留下痕迹,其耐久性不佳,易泛黄变色;但其价格低,施工方便
	合成树脂乳液涂料	以苯乙烯-丙烯酸酯共聚物、丙烯酸酯类、乙酸乙烯酯类等聚合物的水溶液为成膜物质,加入多种助剂而成。该类涂料成膜物为非水溶性的,因此涂膜的耐水性及耐候性明显优于水溶性涂料,用湿布擦洗后不会留下痕迹。该类涂料有平光、高光等不同类型
	粉末涂料	是近年来新兴起的一种涂料。粉末涂料可以直接兑水配合专用模具施工。该类涂料包括硅藻泥、海藻泥、活性炭墙材等
	水性仿瓷涂料	以水溶性甲基纤维素和乙基纤维素的混合液作为分散剂,加入轻质碳酸钙、方解石粉、锌白粉等填料而成。该类涂料装饰效果细腻、光洁、价格不高,但施工工艺烦琐且耐湿擦性差
外墙涂料	过氯乙烯涂料	以过氯乙烯树脂为主要成膜物质,将增塑剂、稳定剂、颜料、填料等分散到有机溶剂中。该类涂料具有良好的耐水性、耐腐蚀性,涂膜柔韧、富有弹性、美观。该类涂料可与混凝土、砖墙、抹灰面、纤维板等黏结良好
	丙烯酸乳液涂料	以丙烯酸树脂乳液为基料,掺入颜料、填料和各种助剂等。该类涂料无毒、无刺激性气味、干燥快、施工方便,可涂刷于混凝土或砂浆表面
	聚乙烯醇丁醛涂料	以聚乙烯醇丁醛树脂为成膜物质,同颜料、填料分散到醇类物质中。该类涂料耐水、耐磨、柔韧性好,且有一定的耐酸碱性
	氯化橡胶涂料	以氯化橡胶、瓷土等为主要成分,耐水、耐候性好,对混凝土、钢铁附着力强,可用于水泥、混凝土外墙及抹灰面
地面涂料	地坪漆	同传统的地面饰面相比,地面涂料具有用料省、造价低、施工简单、便于维修等优点,但其有效使用年限不长。常见的地面涂料品种有环氧树脂涂料、聚氨酯涂料、过氯乙烯涂料、氯化橡胶涂料等

10.4.3 功能涂料

许多建筑物涂刷涂料除有保护、装饰的目的外,还有某些特殊性能需求,如防水、防火、防霉、防腐蚀、防静电等,这时就需要使用功能涂料。其中,防水涂料的种类较多,在建筑工程中应用较广。常用的防水涂料见表 10-10,其他常用的功能涂料见表 10-11。

表 10-10 常用的防水涂料

品种	主要特点
聚氨酯防水涂料	为双组分反应型涂料,甲组分含异氰酸基预聚体,乙组分含多羟基的固化剂、增塑剂、稀释剂等,两组分混合发生固化反应后形成涂膜。该类涂料具有固化体积收缩率小、弹性较好、耐高低温性好、耐油、耐化学腐蚀等优点;主要用于屋面、地下室、卫生间、水池、地下管道等防水工程
丙烯酸酯防水涂料	以丙烯酸酯乳液为主,加入适量填料、颜料等制成。该类涂料具有耐高低温性好、耐候性好、便于制成多种颜色制品等优点,但其延伸率较小;可在各种复杂基层表面施工,常用于外墙防水及各种彩色防水层
水乳型橡胶沥青防水涂料	以沥青、橡胶、树脂为成膜物质,加入乳化剂、稳定剂、颜料等制成乳液。该类涂料具有较好的成膜性、黏附性、抗裂性,可用于屋面、地下室、卫生间等防水工程
聚合物水泥基防水涂料	由高分子乳液(如聚丙烯酸酯、聚乙酸乙烯酯、丁苯橡胶乳液等)、助剂、粉料(如特种水泥、砂等组成)复合而成。该类涂料兼具聚合物弹性好和无机材料耐久性好的优点;适用于室内外混凝土结构、预制混凝土结构、砖墙等结构,也可用于石材、瓷砖、木地板等铺贴之前的抹底处理

表 10-11 其他常用的功能涂料

品种	主要特点
防火涂料	涂刷在易燃材料表面,以提高其耐火能力或减缓火焰蔓延速度。防火涂料的作用机理包括:隔离火源与可燃物接触(如聚磷酸铵、硼酸等)、降低环境及可燃物表面温度(涂层在高温或火焰作用下能发生相变,吸收大量的热)、降低空气中氧气的浓度(涂层受热分解出 CO_2、NH_3 及 H_2O 等不燃气体)。根据应用场景,防火涂料主要分为钢结构防火涂料、隧道防火涂料、饰面防火涂料等
防霉涂料	霉菌在自然条件下大量存在,并在适宜条件下能够大量繁殖,它们对建筑物表面有腐蚀作用。防霉涂料是通过在某些普通涂料中掺入适量相容性较好的防霉剂制成的,其类型与品种同普通涂料。常用的防霉剂有五氯酚钠、乙酸苯汞、多菌灵等,部分种类防霉剂毒性较大,使用时需多加注意
防静电涂料	防静电涂料能够排除静电荷,防止因静电积累产生事故,还可以屏蔽电磁干扰和防止吸附灰尘,适应于电厂、微机室、电子厂车间等。例如,环氧防静电地坪漆是将高效导电材料分散到环氧树脂中制成的,它具有抗静电效果优良持久、耐磨、防潮、光洁平整等优点
防腐蚀涂料	建筑物的腐蚀主要源自两类因素:水汽、阳光、海水等自然因素及酸、碱、盐、各类有机腐殖质等污染源。防腐蚀涂料是通过形成一层紧密而牢固的保护膜,有效隔绝空气、水分、化学物质等侵蚀因素的进入,从而保护基材免受腐蚀侵害。防腐蚀涂料具有隔绝功能,耐候性、耐化学腐蚀性好,强度和硬度高。常用防腐蚀涂料主要包括环氧树脂系、聚氨酯系、橡胶树脂系和呋喃树脂系防腐蚀涂料

其他功能涂料还有防雾涂料、防辐射涂料、热涂料(热反射或保温)、隔声涂料(吸声或隔声)等。上述功能涂料基本上都是在普通涂料中掺入相应的特种填料或助剂而制得的,因而兼具普通涂料的性能。部分功能涂料应用示例如图 10-8 所示。

(a) 卫生间聚氨酯防水涂料

(b) 阳台聚合物水泥基防水涂料

(c) 地铁隧道丙烯酸酯防水涂料

(d) 钢结构防火涂料

(e) 隧道防火涂料

(f) 污水处理厂环氧树脂系防腐蚀涂料

图 10-8 部分功能涂料应用示例

10.5 注浆材料

在某些工程领域，注浆材料也被称为灌浆材料。注浆是将具有填充、黏结性能的材料配成浆液，利用注浆设备将其注入到相应介质的裂缝、孔洞等内部空间，待浆液凝结、硬化后形成强度高、防水抗渗性能强、化学稳定性良好的"结石体"，以达到填充、加固、防渗及堵漏的目的。

注浆技术是高效的加固和堵漏方法，已广泛应用于城市地下工程、地基、矿山、路桥、隧道、边坡、水利等工程领域。注浆材料一般分为固体注浆材料和化学注浆材料两大类。固体注浆材料是由固体颗粒和水组成的注浆体，常用的有水泥基浆、黏土浆、水泥黏土浆、水泥固废物浆等。化学注浆材料按照组成可分为无机和有机两类：无机注浆材料以硅酸钠为主要原料，有机注浆材料以各种高分子材料为主要原料。常用的高分子基注浆材料见表 10-12。各类高分子基注浆材料功能各异，适用场景不同。环氧树脂类和丙烯酸类浆液均适用于结构补强，其中环氧树脂类固结体强度更高，丙烯酸酯类固结体可压缩性更好。酚醛树脂类和聚氨酯类浆液均适用于应急封堵抢修，其中酚醛树脂类浆液价格更低，聚氨酯类浆液稳定性更高。各类高分子基注浆材料的抗渗效果需结合被注浆介质、浆液充填率和耐久性等因素综合评价。

表 10-12 常用的高分子基注浆材料

品种	主要特点
环氧树脂类	以环氧树脂为主体，加入适量固化剂、稀释剂、增韧剂等制成。该类材料固化后黏结力强、收缩率低、稳定性好，是结构混凝土的主要补强材料，也能用于漏水裂缝的处理

续表

品种	主要特点
酚醛树脂类	酚醛树脂是由间苯二酚与甲醛反应生成的缩聚物，胶凝时间可通过调节 pH 值控制。该类材料黏度低，可用于固结土质，其强度与树脂含量成正比；其缺点是对干湿循环的抵抗能力较差
聚氨酯类	由多元异氰酸酯和多元醇或其他含有羟基的聚合物如聚醚、聚酯等制成。聚氨酯与水反应，发泡、交联而形成水合凝胶体，既能起到稳定土质的作用，又能达到止水的效果。该类材料主要用于地下工程的渗漏缝处理
丙烯酸酯类	以甲基丙烯酸甲酯、甲基丙烯酸丁酯为主要原料，加入过氧化苯甲酰、二甲基苯胺和对甲苯亚磺酸等制成。该类材料黏度低、渗透力强，聚合后强度和黏结力都很高，可用于大坝、油管、船坞等混凝土的补强和堵漏
木素磺酸盐类	主要成分是木素磺酸盐，来源于造纸废液，具有原料来源丰富、价格低廉、溶液黏度低、胶凝时间可控、稳定性较好等优点；但该类材料凝胶体的强度较低、抗渗性较差，由于采用重铬酸盐作固化剂（六价铬离子毒性高），该类材料消费量已逐渐减少

【拓展阅读】"坝道工程医院"为基建维修开"环保药方"

地埋水管道渗漏的水会淘蚀管道埋土进而引发路面坍塌，造成严重的人身安全危害和财产损失。在我国众多基础设施当中，每年都有大量类似的问题发生。比如河流堤坝被水侵蚀、高速公路受地下雨水淘蚀后塌陷（图 10-9）等。如果用材料补填的方法来处理，是否可行呢？

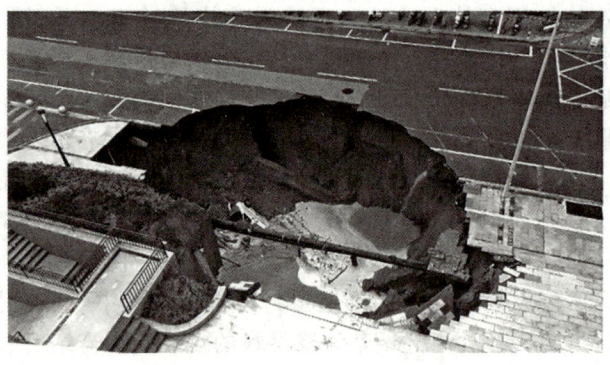

图 10-9　道路坍塌

王复明院士和专家组发现，用水泥去填堵根本不行，首先水泥固化时间长，其次有水流动时材料没法堆积。而如果用水反应高聚物材料填充，则水反应高聚物材料固化后会出现强度下降、膨胀的情况，无法做到真正的堵漏和隔水。王院士及其团队跨专业邀请化学和材料学专家，共同研发出新型的非水反应高聚物材料。这种材料强度和密度可调性大，无论施工现场有水无水都能有效做到防渗防涌、填充脱空、顶升沉降的效果，而且其使用寿命长、对环境无污染。

这种材料问世后，很快就被用在高速公路路面的塌陷维修上。其使用方法为：首先对路面进行无损探测，找出公路地基内部是否有空陷，在确定空陷深度后，通过高压注浆的方法将材料填入地基内，同时排出地基内部的淤泥和水，从而撑起原先塌陷的路面，达到整平修复的效果，并且其强度丝毫不逊于水泥。这种方法不但成本低，而且效率非常高，通常在几十分钟就可以完成工作，大大降低了对高速路的通车影响（而修理塌陷路面的传统方法是挖开路面、清理泥沙、填充混凝土砂浆、路面再整平、固化，其过程耗时长，容易造成高速路堵塞，且尘土飞扬，甚至还会破坏土壤和周边植被，可谓费时、费力、费钱还破坏环境）。不仅在高速公路，王院士及其团队还为国内许多基础设施解决了紧急问题和隐蔽病害，如地铁地下水防渗、污水管道裂开后的封堵（图10-10）、堤坝内部空陷及高铁无砟轨道和机场跑道路基塌陷的填补等。王院士及其团队研究出的无损检测和非开挖修复技术，得到了社会各界的广泛认可。2017年11月，在王院士的倡导下，全球首家"工程医院"在河南成立。这家"医院"聚焦解决在建与在服役基础工程设施的"疑难急险"，由于这些基础工程多为堤坝和道路，因此取名为"坝道工程医院"，同时也是一个多学科交叉的基础工程综合服务平台。

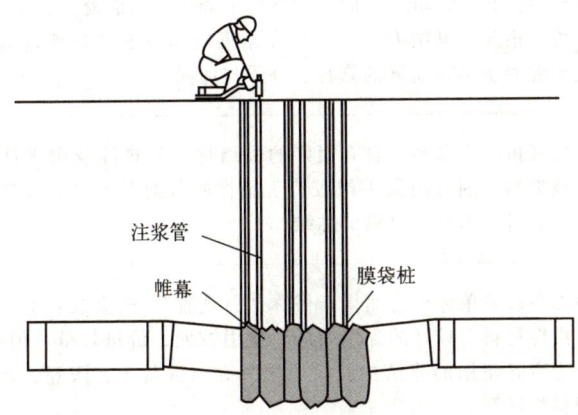

图 10-10　非水反应高聚物注浆材料用于封堵破裂管道

作为新时代的青年工程人，我们要学习行业前辈的开拓创新精神和责任担当意识，在攻克工程难题的同时，考虑材料与环境的协调发展，践行可持续发展理念，落实"绿水青山就是金山银山"的时代需求。

[来源：https://www.huanbao-world.com/a/zixun/2018/0419/13551.html（有改动）]

10.6　黏合剂

黏合剂也称胶黏剂，是能把两种相同或不同的材料紧密结合在一起的物质。

黏合剂在现代化建筑施工中已成为装修、修补及加固工程所用的重要的化学建筑材料。黏合剂的分类方法很多，按黏结强度分类，黏合剂可分为结构胶、非结构胶和特殊黏合胶；按使用方法分类，黏合剂可分为单组分胶、双组分胶和多组分胶；按主要原料分类，黏合剂可分为热塑性树脂黏合剂、热固性树脂黏合剂和橡胶型黏合剂等。

1. 黏合剂的组成

黏合剂是多组分材料，通常包括主体材料和辅助材料两部分。主体材料是指黏料，起黏结作用并赋予胶层一定强度，决定胶的主要性能，如各种树脂、橡胶等高分子材料或硅胶、硅酸钠等无机材料。辅助材料是为完善主体材料性能而加入的物质，包括固化剂、催化剂、增塑剂、稀释剂、着色剂、填料等。

2. 常用的黏合剂

常用的黏合剂见表 10-13。

表 10-13　常用的黏合剂

品种	主要特点
环氧树脂黏合剂	俗称"万能胶"，由环氧树脂、固化剂、稀释剂、增韧剂、填料等组成。改变其组成可得到不同性质和用途的黏合剂。该类黏合剂黏结力强、固化收缩率低、耐酸碱腐蚀性较好，可在不同温度条件下固化，对混凝土、金属、陶瓷、硬塑料、木材等均有很强的黏力。尤其在黏结混凝土方面其性能远远超过其他黏合剂，广泛用于混凝土结构裂缝的修补、补强与加固
酚醛树脂黏合剂	以酚醛树脂为黏料，具有很好的黏结性、耐热性及耐水性，但固化后的胶层较脆。该类黏合剂可用氯丁橡胶、丁腈橡胶等对其改性，改性后其柔性好，可用于金属、塑料、木材等材料的黏结
聚乙酸乙烯黏合剂	由乙酸乙烯单体聚合而得，俗称"白乳胶"。该类黏合剂含有较多极性基团，对各种极性材料有较好的黏结效果，使用方便、价格较低，但耐水性、耐热性较差，常作为室温使用的非结构胶，可用来黏结混凝土、陶瓷、玻璃、纤维织物、木材及塑料板材等
丙烯酸酯黏合剂	以丙烯酸酯树脂为主体，具有黏结力强、成膜性好、室温下固化快速、耐腐蚀、耐老化等优点。该类黏合剂可用于金属、玻璃、陶瓷、木材、纸张、皮革等材料的黏结
双组分聚氨酯黏合剂	聚氨酯胶中最重要的产品，通常分开包装两个组分——含羟基组分或聚氨酯预聚体的甲组分及含游离异氰酸酯基团的乙组分，使用前按一定比例混合即可。该类黏合剂具有优良的黏结力、耐磨、耐化学品等优点，可黏结金属、橡胶、塑料、木材、皮革等
氯丁橡胶黏合剂	由氯丁橡胶、氧化锌、氧化镁、填料及辅助剂组成，是应用较广的一种橡胶黏合剂。该类黏合剂可在室温下固化，对水、油、弱酸、弱碱及醇类物质具有良好的抵抗力，但耐热性及强度不高，易老化。该类黏合剂常用在水泥混凝土、水泥砂浆地面上，也可在墙面上黏结塑料或橡胶制品等

续表

品种	主要特点
硅酮建筑密封胶	也称有机硅密封胶。单组分硅酮建筑密封胶由有机硅氧烷聚合物、交联剂、填料等组成，具有优异的耐热性、耐寒性、耐水性，以及良好的耐候性和抗伸缩疲劳性。硅酮建筑密封胶除对玻璃、陶瓷等少数材料有较高的黏结性外，对大多数材料的黏结性较差，使用时需对材料的表面进行预处理。高模量的硅酮建筑密封胶主要用于建筑物的结构型防水密封部位，如玻璃幕墙、门窗的密封等；中模量的硅酮建筑密封胶除不能用于有很大伸缩性的接缝外，其他部位均可使用；低模量的硅酮建筑密封胶主要用于建筑物的非结构型密封部位，如混凝土墙板、大理石板、花岗石板等

10.7 工程复合材料

10.7.1 纤维混凝土

以水泥浆、砂浆或混凝土作基材，以纤维作增强材料所组成的水泥基复合材料，称为纤维混凝土。

水泥浆、砂浆及混凝土的主要缺点是抗拉强度低、极限延伸率小、性脆；而纤维混凝土中的纤维材料抗拉强度大、延伸率大，能控制基体混凝土裂纹的进一步发展，从而提高混凝土的抗拉、抗弯、抗冲击强度及延伸率。纤维混凝土的主要品种有钢纤维混凝土、玻璃纤维混凝土、聚丙烯纤维混凝土等。本节主要介绍聚丙烯纤维混凝土。

聚丙烯纤维混凝土的施工工艺分为搅拌法与喷射法。纤维的掺量因工艺不同而异：采用搅拌法使用的聚丙烯纤维长度为40～70mm，体积率为0.4%～1%；采用喷射法使用的聚丙烯纤维长度为20～60mm，体积率为2%～6%。聚丙烯纤维混凝土力学强度不高，抗压强度也无明显改善，但抗冲击强度可提高2～10倍，收缩率可降低75%。聚丙烯纤维混凝土可用于非承重地板、停车场等。

【拓展视频】

【拓展阅读】 新型纤维混凝土成为房屋加固新选择

2008年汶川地震后，国家重新修订了《建筑抗震设计规范》，对房屋的抗震性能提出了更高的要求。与钢筋混凝土建筑相比，农村还有一部分砌体房屋达不到此标准，有的甚至是"危房"，其抗震能力亟待提高。由于采用推倒重建的方式来提高抗震能力在经济上花费巨大，因此可以采用房屋加固的方式。传统的加固方式是在房屋四周浇筑钢筋混凝土，但这种加固方式会让房屋外围体积变大，不但破坏房屋外观，而且会影响人们的起居生活。

西安建筑科技大学邓明科教授研发的新型纤维混凝土为房屋加固提供了新的选择。汶川地震后，邓明科教授作为专家之一深入汶川灾区现场进行危房排查，"我当时是第一批到地震现场的，身为四川人，看到家乡被毁的场景，无法用语言描述内心的感受。老旧建筑倒塌，让我意识到研究房屋抗震加固的重要性"。此后，邓明科教授团队"十年磨一剑"，经过上千次试验，终于研发出可"弯曲"的高延性纤维混凝土。这种新型纤维混凝土具有高强度、高韧性、高抗裂性的特点。混凝土中网状的合成纤维可以将散开的混凝土材料"抓"在一起，允许产生一定程度的形变，达到弯而不裂的效果。只需将这种新型纤维混凝土涂抹在房屋关键部分即可起到显著的加固作用，这种方式成本低、工期短、效果好。纤维混凝土增强机制示意图如图 10-11 所示，纤维混凝土加固房屋示意图如图 10-12 所示。

图 10-11 纤维混凝土增强机制示意图　　图 10-12 纤维混凝土加固房屋示意图

作为青年工程人，我们应该学习这种责任担当意识和"十年磨一剑"的工匠精神，为社会发展积极贡献自己的力量。

[来源：CCTV 科教频道、新浪网（有改动）]

10.7.2　土工合成材料

土工合成材料是应用于土木工程的高分子合成材料的总称，它以人工合成的聚合物（塑料、橡胶、纤维等）为原料制成各种类型的产品，置于土体内部、表面或各层土体之间，起到加固或保护土体的作用。

土工合成材料被称为继钢材、水泥、木材之后的"第四大建筑材料"，是基础设施建设不可或缺的一种新型岩土工程材料，具有过滤、排水、隔离、加筋、防渗、防护等作用，广泛应用于铁路、公路、建筑、水利、电力、海港、采矿等领域。

土工合成材料可分为土工织物、土工格栅、土工格室、土工网、土工膜等类型。常见的土工合成材料见表 10-14，部分土工合成材料的应用示例如图 10-13 所示。

表 10-14　常见的土工合成材料

制品类别	主要特征	图例
土工织物	俗称"土工布"，为透水土工合成材料，一般采用丙纶（聚丙烯纤维）、涤纶（聚酯纤维）等制成，按其制造方法与物理特性可分为无纺土工织物与有纺土工织物。土工织物主要用于土体的稳定、水土流失的防止、土层的排水及不同土层的隔离，如用作建造水坝或湖泊护岸的加固材料，在修建道路时可覆盖在土层或岩石上面，以分离下层土与填充土等	

续表

制品类别	主要特征	图例
土工格栅	以聚丙烯、聚乙烯、聚酯、聚酯纤维等为原料,整体由抗拉材料联结构成的、呈规则孔状的一种平面聚合物结构体。土工格栅可以通过抗压拉伸、黏合或编织而成,主要包括拉伸塑料土工格栅、经编涤纶土工格栅、焊拉聚酯土工格栅、焊接钢塑土工格栅、玻璃纤维土工格栅、纤塑土工格栅等。土工格栅常用作加筋土结构的筋材,适用于各种公路、铁路、机场等工程的路基路面增强和边坡防护等	
土工格室	将聚合物(如高密度聚乙烯)加工片材,经超声波焊接、插接或注塑等方法连接,展开后形成蜂窝状或网格状的三维结构,施工时填充土、砂、砾石或混凝土,能有效地限制格室内的填料,构成具有高侧向约束和高刚度的三维结构。土工格室可用作垫层处理软土地基,铺设在坡面上作为坡面防护、建造加筋支挡结构等	
土工网	以聚乙烯或聚丙烯为主要原材料,加入抗紫外线助剂等辅料,制成的平面或三维的网状材料。土工网常用于公路、铁路路基边坡防护、排水和防风固沙等	
土工膜	以低密度聚乙烯、高密度聚乙烯、乙烯-乙酸乙烯酯共聚物等为基础原材料制成的相对不透水薄膜,也可用土工布复合形成复合土工膜。土工膜可用于垃圾填埋场、尾矿储存场、水库、隧道、渠道、堤坝等工程防渗	
土工织物膨润土垫	是一种新型土工合成材料,将经过级配的天然钠基膨润土颗粒和相应外加剂固定在两层土工布之间,采用针刺、缝合或黏结剂黏合的方法制成,具有低渗透性及良好的膨胀性、耐久性和抗冻性,因此有优异的防水(渗)性能和自我修复能力。土工织物膨润土垫可用于垃圾填埋场、污水处理池、河流堤坝、人工湖、水库、地下室、地铁、隧道等工程防渗	

【工程案例10-2】 加筋土挡墙

概况:新型加筋土挡墙技术首次在成昆铁路应用(图10-14)。思考一下,加筋土挡墙的组成包括哪些?其具备哪些特点?

原因分析:加筋土挡墙是铁路路基支撑结构的一种,由填土、筋材、包裹体、面板等组成。成昆铁路使用的筋材为高密度聚乙烯单向拉伸塑料土工格栅。该加筋土挡墙主要有以下特点:①节约用地,与普通的边坡路基相比,6m高的加筋土挡墙每千米可以节省占地27亩(1亩=666.67m^2),节约土石方填筑量$6×10^4 m^3$;②工程造价低,较常规的重力式挡墙可以节省投资40%~50%;③抗震性能好,特别适合在成昆铁路这样的地震区修

图 10-13 部分土工合成材料的应用示例

建;④整体刚度大,能够满足高速铁路对沉降变形的严格要求。中国铁道学会标准化专业技术委员会专家认为该技术具备在全国铁路推广应用的价值。

图 10-14 加筋土挡墙示意图

[来源:搜狐视频(有改动)]

本章小结

本章主要介绍了高分子材料的概念、分类、性质特点及不同种类高分子材料在土木工程领域的应用等。通过本章的学习,学生应掌握高分子材料的分类及性质特点,理解不同种类高分子材料性质与应用的关系及其在工程实践中的意义。

练习题

一、基础题

1. 按照物理形态与用途，高分子材料可以分成哪几类？
2. 热塑性塑料和热固性塑料的主要区别是什么？
3. 温度对高分子材料形变的影响有哪些？不同类别高分子材料的温度使用范围分别是什么？

二、拓展题

1. 某工程中需要对地下室进行防水处理，应选择何种涂料？
2. 沉管隧道管节及节段接头处可选择何种止水带？
3. 混凝土裂缝修补可选择哪种黏合剂？

【在线答题】

附录
AI伴学内容及提示词

序号	AI伴学内容	AI提示词
1.	AI伴学工具	生成式人工智能（AI）工具，如 DeepSeek、Kimi、豆包、通义千问、文心一言、ChatGPT 等
2.	绪论	当前土木工程材料面临哪些挑战和机遇
3.		国际上关于土木工程材料的研究热点及其对我国土木工程领域的启示
4.		土木工程材料为何需要标准化
5.		举例介绍常用土木工程材料的测试标准有哪些
6.		解读发展绿色低碳土木工程材料的必要性
7.		低碳土木工程材料技术路线有哪些
8.		土木工程材料的耐久性对工程寿命有何影响
9.		国际绿色建筑规范有哪些
10.		绿色建材选择中的社会责任有哪些
11.		AI在土木工程领域的应用前景（3000字）
12.	第1章 土木工程材料的基本性质	土木工程材料各种物理指标、含义及其对材料性能的影响
13.		土木工程材料各种力学指标、含义及其在工程中的重要性
14.		举例介绍材料组成、结构（构造）与材料性能的关系
15.		举例介绍材料在不同环境（高温、低温、潮湿、腐蚀等）条件下的适应性
16.		解读材料的全生命周期与评估方法
17.		举例介绍材料的微观结构如何影响其宏观性能
18.		举例介绍土木工程材料的可持续性
19.		举例介绍一些新型土木工程材料的创新点与应用前景
20.		材料性能预测如何与AI结合
21.		出一套关于土木工程材料基本性质的自测题
22.	第2章 气硬性胶凝材料	气硬性胶凝材料在建筑领域的应用及优势
23.		气硬性胶凝材料的定义、分类及其主要特性

续表

序号	AI伴学内容	AI提示词
24.	第2章 气硬性胶凝材料	气硬性胶凝材料的改性方法及其对性能的影响
25.		举例介绍气硬性胶凝材料在实际应用中常见的质量问题与解决措施
26.		举例介绍气硬性胶凝材料在施工过程中的技术要点与注意事项
27.		气硬性胶凝材料如何与AI结合
28.		出一套石灰、石膏和水玻璃的自测题
29.	第3章 水泥	水泥生产过程中的关键工艺环节及其对产品质量的影响有哪些
30.		水泥生产对环境的影响及应对措施
31.		水泥的环保型生产方法
32.		硅酸盐水泥的水化过程及主要水化产物特性是怎么样的
33.		硅酸盐水泥的主要技术性质与要求有哪些
34.		水泥石的腐蚀类型及防腐措施
35.		举例说明水泥在不同建筑工程中的应用特点和要求
36.		六大通用水泥的特点和适用范围如何
37.		举例介绍新型低碳水泥替代产品的性能、特点、应用优势与挑战
38.		举例介绍水泥与智能材料的结合及其在建筑工程中的应用前景
39.		水泥生产过程优化如何与AI结合
40.		出一套水泥的自测题
41.	第4章 水泥混凝土	举例介绍如何根据原材料特性和工程要求进行合理的混凝土配合比设计
42.		举例介绍混凝土的生产工艺流程及施工过程中的注意事项
43.		介绍混凝土领域的新技术和发展趋势
44.		我国水泥混凝土的标准体系框架是怎样的
45.		混凝土碳化机理与防护技术有哪些
46.		建筑废弃物资源化利用技术有哪些
47.		混凝土强度与碳足迹如何平衡
48.		举例介绍高性能混凝土在超高层建筑、大跨度桥梁和海洋工程等领域的应用
49.		控制混凝土裂缝的有效技术途径有哪些
50.		调控混凝土材料组成与优化微观结构的关键思路和技术手段
51.		混凝土中掺加矿物掺合料的技术经济意义
52.		混凝土耐久性的评价及仿真方法
53.		延长混凝土寿命的技术方案有哪些
54.		混凝土优化设计与性能提升如何与AI结合
55.		AI在监测混凝土结构健康方面的创新应用
56.		出一套普通混凝土的自测题
57.	第5章 建筑砂浆	砌筑砂浆配合比设计关键步骤有哪些
58.		超高性能砂浆的发展现状与应用前景
59.		预拌砂浆和干粉砂浆的工程应用特点

续表

序号	AI 伴学内容	AI 提示词
60.	第 5 章 建筑砂浆	新型建筑砂浆的性能特点、制备方法及工程应用
61.		建筑砂浆的绿色生产对环境保护的贡献
62.		建筑砂浆行业实现可持续发展的策略
63.		砌筑砂浆生产如何与 AI 结合
64.		出一套建筑砂浆的自测题
65.	第 6 章 墙体材料	墙体材料对世界环境资源有何影响
66.		各种新型砌块的优缺点有哪些
67.		目前的新型墙板材料有哪些
68.		墙体材料的未来发展方向如何
69.		墙体材料如何与 AI 结合
70.		出一套墙体材料的自测题
71.	第 7 章 建筑钢材	建筑钢材的主要分类及其工程应用场景分析
72.		建筑钢材的力学性能指标对工程安全有何影响
73.		低碳钢与高碳钢的微观结构差异及其性能特点
74.		冷加工与热轧工艺对建筑钢材性能的影响机理是什么
75.		钢材的晶体结构和组成成分如何影响性能
76.		如何根据工程特点合理选用不同类型的钢筋
77.		钢结构设计规范中对建筑钢材选型的技术要求有哪些
78.		建筑钢材耐腐蚀性的先进防护技术有哪些
79.		建筑钢材如何与 AI 结合
80.		出一套建筑钢材的自测题
81.	第 8 章 沥青及其混合料	石油沥青的主要技术性质、评价指标及测定方法
82.		举例介绍石油沥青的技术标准及选用
83.		沥青混合料中各组成成分的作用及其对混合料性能的影响
84.		沥青混合料施工过程中的质量控制要点有哪些
85.		举例介绍不同道路等级对沥青混合料性能的要求及应用特点
86.		沥青混合料生产与施工过程中的环保措施
87.		沥青混合料配合比设计优化如何与 AI 结合
88.		出一套沥青及其混合料的自测题
89.	第 9 章 功能材料	建筑功能材料的主要组成成分及其在建筑中的作用是什么
90.		建筑功能材料在实际应用中需要满足哪些性能要求
91.		吸声材料和隔声材料的异同点有哪些
92.		建筑功能材料如何与智能建筑技术结合
93.		如何利用 AI 工具优化建筑功能材料的性能测试和数据分析
94.		出一套建筑功能材料的自测题

续表

序号	AI伴学内容	AI提示词
95.	第10章 高分子材料	高分子材料在土木工程中的主要应用领域及其优势
96.		高分子材料在土木工程中的创新应用及其对工程性能的提升
97.		高分子材料在土木工程应用中的技术挑战与发展方向
98.		高分子材料在建筑防水与保温中的应用及其性能特点
99.		出一套高分子材料的自测题

参 考 文 献

陈德鹏，吕忠，荣辉，2024. 土木工程材料 [M]. 2版. 北京：机械工业出版社.
陈正，2020. 土木工程材料 [M]. 北京：机械工业出版社.
杜红秀，周梅，2020. 土木工程材料 [M]. 2版. 北京：机械工业出版社.
冯韬，孟正华，郭巍，2022. 4D打印智能材料及产品应用研究进展 [J]. 数字印刷（3）：1-16.
葛勇，2007. 土木工程材料学 [M]. 北京：中国建材工业出版社.
华幼卿，金日光，2019. 高分子物理 [M]. 5版. 北京：化学工业出版社.
黄国鑫，2020. 绿色环保建筑装饰材料在室内设计中的应用研究 [J]. 中国建材科技，29（6）：128+99.
柯国军，2012. 土木工程材料 [M]. 2版. 北京：北京大学出版社.
刘娟红，梁文泉，2023. 土木工程材料 [M]. 2版. 北京：机械工业出版社.
刘玲，2018. 土木工程材料 [M]. 2版. 武汉：武汉大学出版社.
宋少民，孙凌，2013. 土木工程材料 [M]. 2版. 武汉：武汉理工大学出版社.
苏达根，2024. 土木工程材料 [M]. 5版. 北京：高等教育出版社.
徐凤纯，王丽玫，2013. 钢筋混凝土与砌体结构 [M]. 2版. 北京：中国水利水电出版社.
杨杨，钱晓倩，孔德玉，2023. 土木工程材料 [M]. 3版. 武汉：武汉大学出版社.
张君，阎培渝，覃维祖，2008. 建筑材料 [M]. 北京：清华大学出版社.
张兴英，程珏，赵京波，等，2013. 高分子化学 [M]. 2版. 北京：化学工业出版社.
赵晖，陈爽，2022. 节能环保装饰材料在建筑施工中的应用 [J]. 资源节约与环保（1）：4-7.
周爱军，张玫，2012. 土木工程材料 [M]. 北京：机械工业出版社.